JN099375

Sample Program for DOWNLOAD

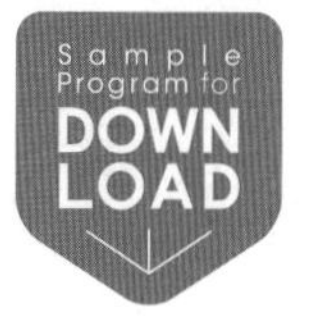

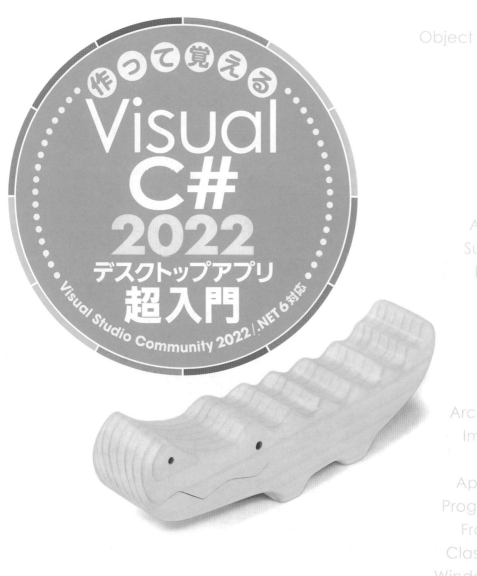

作って覚える

Visual C# 2022 デスクトップアプリ超入門

Visual Studio Community 2022/.NET 6対応

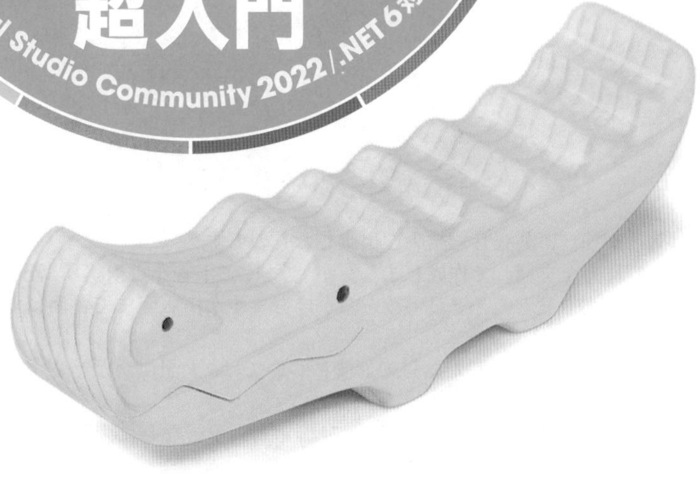

Object Oriented
Property
Method
Event
Class
Instance
Variable
Function
Argument
Subroutine
Interface
LINQ
WPF
Project
Solution
Compile
Architecture
Implement
Coding
Application
Programming
Framework
Class Library
Windows Form
Conditional Branch
Exception Handling
Integrated Development Environment
IntelliSense
Debug

荻原裕之 宮崎昭世●著

秀和システム

注意

(1) 本書は著者が独自に調査した結果を出版したものです。
(2) 本書は内容に万全を期して作成しましたが、万一、ご不審な点や誤り、記載漏れなどお気づきの点がありましたら、お手数をおかけしますが出版元まで書面にてご連絡ください。
(3) 本書の内容に関して運用した結果の影響については、上記にかかわらず責任を負いかねますので、あらかじめご了承ください。
(4) 本書およびソフトウェアの内容に関しては、将来、予告なしに変更されることがあります。
(5) 本書の例に登場する名前、データ等は特に明記しない限り、架空のものです。
(6) 本書およびソフトウェアの一部または全部を出版元から文書による許諾を得ずに複製することは禁じられています。

商標

(1) Microsoft、Visual C#、Visual Basic、Visual Studio、およびVisual Studioの各ロゴは、米国および他の国におけるMicrosoft Corporationの商標または登録商標です。
(2) その他、社名および商品名、システム名称などは、一般に各社の商標または登録商標です。
(3) 本文中では、©マーク、®マーク、™マークは省略し、また一般に使われている通称を用いている場合があります。

はじめに

2022年は、.NETが誕生してから20周年を迎える記念すべき年です。また、C#も同じ頃に誕生しているので、こちらも20年以上の歴史があるプログラミング言語となります。

2021年11月、Microsoft社は統合開発環境のVisual Studio 2022を発表しました。64bitに対応し、必要に応じて拡張可能になっていて、新しいフレームワークである.NET 6も搭載。AIを用いたコード入力が楽になる機能なども追加されています。2002年の誕生から日進月歩で進化する.NETを見ていると、プログラミングの未来は私たちの想像よりも遙かに先に進んでいそうで、C#を勉強することで、その世界を体験できると思うと楽しみで仕方がありません。

Visual Studio 2022は、プログラミング言語の特性と、.NET Frameworkの機能を最大限に利用できる開発環境です。昔は開発環境を手に入れるのに費用がかかったり、専門的な知識が必要だったりしました。しかし、Visual Studio 2022の学習用エディションとして無償でリリースされたVisual Studio Community 2022を使えば、最新のプログラミング環境を使って簡単にアプリを作成できます。プログラミングを始めたいと思っていても、障壁があって先に進めないと思っていた方には、今が最適な時期であると言えます。

教科書的な文法きっちりの本ではなく、もっと柔らかい感じの、作りながら楽しく自然にコードや文法を学ぶことができるようなもの……。私もマニュアルを触らずにとりあえず使ってみたい派ですので、そんな本があると楽しいな、というコンセプトで本書を書き上げました。

本書で作成するアプリは、それほど高機能なものではありませんが、「アプリをどう作っていくか？」「どう機能を追加していくか？」「エラーをどう見つけるか？」についても解説しており、これから主流となる.NETアプリの開発の基礎を学ぶ方にピッタリの1冊となっています。

今回でシリーズ17作目となりますが、開発現場の意見などを聞いて内容をブラッシュアップするとともに、誌面もオールカラーでパワーアップしました。特に筆者自身が.NET開発の講師の経験から得た「入門者や初心者の方がわからないポイント」を丁寧に解説しています。また用語でつまずく方も多いため、難しい用語は極力避け、迷子にならずに学習するためのロードマップを作成し、実際の現場でどのように応用されるかついてはコラムなどで解説しています。理解したことを確認できるように、章末にドリルも用意しました。

さらに本書『作って覚えるVisual C# 2022 デスクトップアプリ超入門』を読んだ後、どのような本を読むといいのかというガイドも追加しました。著者の目線ですが、出版社の枠を取り払って記載していますので、参考になればと思います。また2部作として、「Visual C#」「Visual Basic」で同じ内容を扱っております。このため、言語による違いを比較していただくこともできるかと思います。ぜひ、この機会に本書でWindowsでのアプリ開発を体験していただければと思います。

最後になりましたが、読者の目線でさまざまなアイディアをいただいたAvanadeの新卒社員の皆様に感謝いたします！

著者記す

学習のロードマップ

章	準備編		初級編	中級編
章	Chapter 1 **プログラミングの基礎**	Chapter 2 **Visual Studio Community 2022 の基本操作**	Chapter 3 **プログラム作成の基本を覚える**	Chapter 4 **簡単なアプリケーションを作成する**
内容	プログラミングの概念	開発用ソフトの基本的な操作方法	C#の記述方法と開発環境の使い方	4種類の簡単なアプリの作成
料理にたとえると	そもそも料理って、どういうことでしょう？　料理をするための準備には何が必要？ 	料理をするための準備です。料理をするのに必要な道具を準備します。 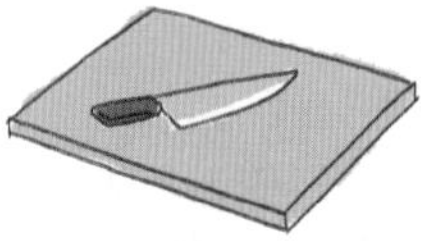	買ってきた具材をそのまま並べるだけの簡単な料理を作りながら、環境になれていきます。 	簡単な手順でできる料理を作ってみましょう。 
作れるもの				
節	1.1 1.2 1.3 1.4 1.5 1.6 1.7	2.1 2.2 2.3 2.4 2.5 2.6	3.1 3.2 3.3 3.4 3.5 3.6 3.7 3.8	4.1 4.2 4.3 4.4 4.5

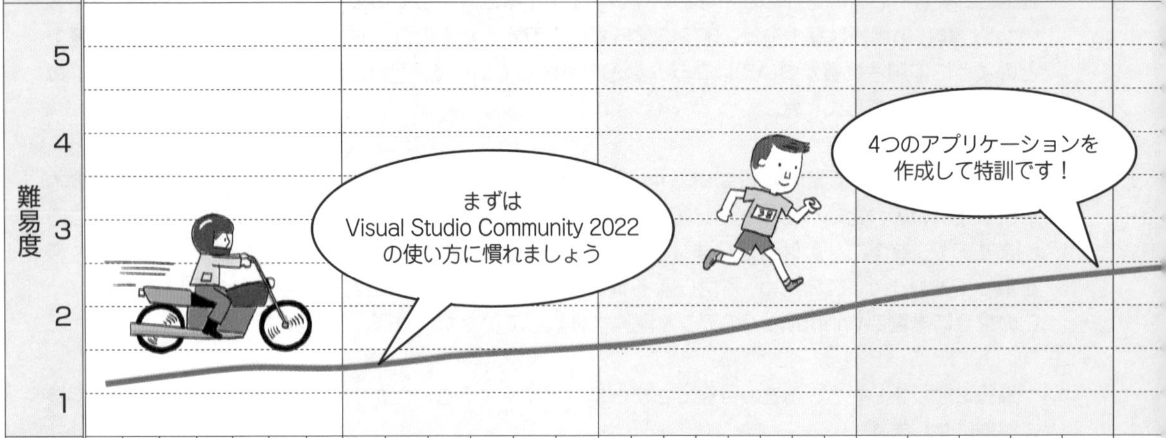

難易度 1 2 3 4 5

まずは
Visual Studio Community 2022
の使い方に慣れましょう

4つのアプリケーションを
作成して特訓です！

中級編	上級編		
Chapter 5 **デバッグモードで動作を確認する**	Chapter 6 **オブジェクト指向プログラミングの考え方**	Chapter 7 **難しいアプリケーションの作成に挑戦**	Chapter 8 **最後に**
プログラムのデバッグ方法	オブジェクト指向プログラミングの概要	本格的なアプリケーションの作成	開発に役立つ情報の入手
料理の出来栄えをチェック！　味見が重要ですね。 	料理をする上でのコツを説明します。先人の知恵の紹介です。 	ある程度慣れてきたので、本格的な料理をしましょう。いろんな具材を活かせるレシピを作ります。 	困ったときはここを見ましょう。 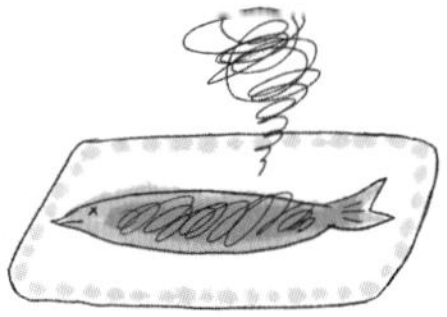
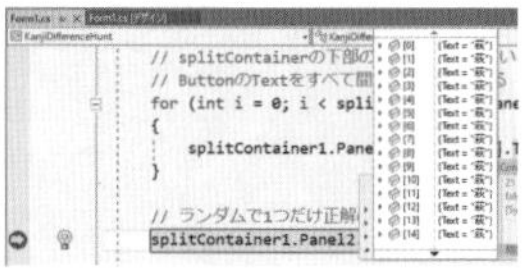 5.1 5.2 5.3 5.4 5.5 5.6 5.7	 6.1 6.2 6.3 6.4 6.5 6.6 6.7 6.8 6.9	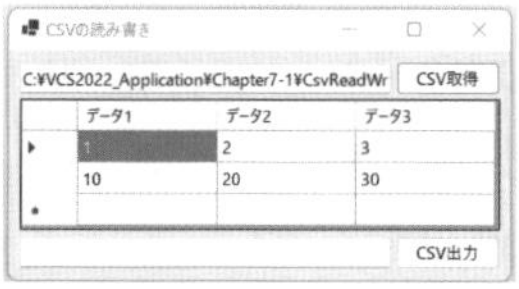 7.1 7.2 7.3 7.4	 8.1

プログラムを書いても、すべてが動くわけではありません。
そんな時にはデバッグを行います

初心者の方にとって、ハードルが高いのがオブジェクト指向です

ここがクライマックス。
がんばれ！

Contents

初級編 プログラムを作ってみよう！

Chapter 4 簡単なアプリケーションを作成する 147

Column目次

●サンプルプログラムのダウンロード

本書で使用しているいくつかのプログラムは、秀和システムのホームページからダウンロードすることができます（なお、本書は自分で「作って覚える」ことを目的としているため、プログラムはすべて完成版のみになっています）。

以下の方法でデータをダウンロードしてください。

❶ インターネットに接続し、
https://www.shuwasystem.co.jp
にアクセスします。

※サポートページが見つからない場合、以下のホームページからでもデータがダウンロードできます。
https://www.shuwasystem.co.jp/support/7980html/6833.html

■注意

ダウンロードできるデータは著作権法により保護されており、個人の練習目的のためにのみ使用できます。著作者の許可なくネットワークなどへの配布はできません。
また、ホームページ内の内容やデザインは予告なく変更されることがあります。

●本文イラスト　河合 美波
●カバー写真協力　木工房ゆうむ
●カバーデザイン　成田 英夫（1839DESIGN）

準備編　開発環境を使ってみよう！

Chapter 1

プログラミングの基礎

最初に、このChapterでプログラミングの経験のない方に向けて、プログラミングの概念を解説します。

このChapterの目標

- ✓ アプリケーションが動作する仕組みを理解する。
- ✓ プログラミング言語について理解する。
- ✓ Windows用アプリケーションの特徴と、.NETの特徴を理解する。
- ✓ 開発環境について理解する。

プログラムは、なぜ動くのか

まずは、アプリケーションが動作する仕組みを考えます。そこから、プログラムはなぜ動くのかを考えていきます。アプリケーションの動作の仕組みを考えることによって、自分でアプリケーションを作る際に、何が必要なのかを理解しましょう。

●アプリケーションが動作する仕組み

みなさんは普段、パソコンでどのようなアプリケーションを使っていますか？

アプリケーションとは、「アプリケーションプログラム*（application program）」の略で、簡単に言ってしまえば、人間の代わりにコンピューターを使って仕事を処理するために作られたプログラムのことです。

文章を作るためには、Wordなどに代表される「文章作成アプリケーション」、表計算を行うためにはExcelなどに代表される「表計算アプリケーション」など、様々なアプリケーションがあります。

では、そのアプリケーションは、どのように動作しているのでしょうか？ 「文章作成アプリケーションを起動して、文章を書いて保存する」という一連の操作の流れと、アプリケーション内部の動作を順番に書くと、下の図のようになります。

❶ユーザーが文章作成アプリケーションを起動

文章作成アプリケーションを表示し、メニューなども表示

❷ユーザーが新規文章作成を選択

初期化処理（空白の文章を表示する、フォントなどを初期状態にする等）を実行

❸ユーザーが文章を作成

設定されたフォント、色のついた文字などを文章として表示

❹ユーザーが作成した文章を保存

保存処理（保存ウィンドウの表示、保存するディレクトリ名の表示等）を実行

図1-1：**ユーザーの操作とアプリケーション内部の動作**

ユーザーの操作に応じて、アプリケーションの内部では、保存処理などの決められた処理が行われ、コンピューターに指示を与えています。

＊**アプリケーションプログラム**　似たような用語に「ソフトウェア（software）」があるが、パソコン本体など物理的な装置を意味する「ハードウェア」に対比させた用語で、ソフトウェアの意味する範囲は、アプリケーションよりも広くなる。

図1-2：ユーザーからコンピューターへの指示の流れ

このように、コンピューターに与える指示を順番に記述したものを**プログラム**と呼びます。アプリケーションは、プログラムによって指示された通りに動くというわけです。

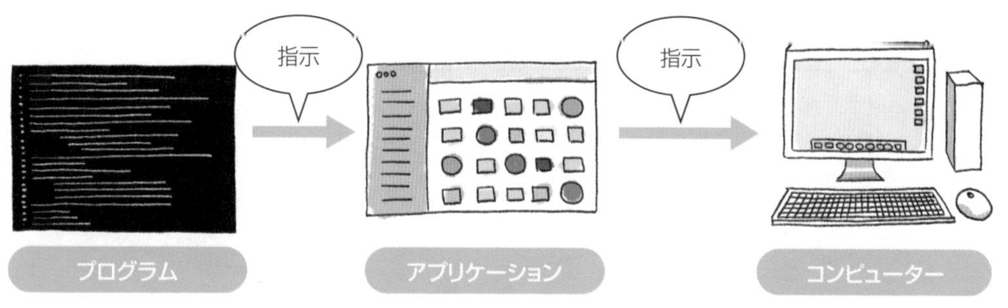

図1-3：プログラムからコンピューターへの指示の流れ

それでは、アプリケーションを作るためには何をすればよいのでしょうか？　それを次の1.2節で考えてみます。

まとめ

◉ **アプリケーションは、プログラムによって指示された通りに動く。**

用語のまとめ

用語	意味
アプリケーション	アプリケーションプログラム（application program）の略。人間の代わりにコンピューターを使って仕事を処理するために作られたプログラムのこと
プログラム	コンピューターに与える指示を順番に記述したもの

プログラミングとは何か

この節では、「プログラミング」が何かを理解し、アプリケーションを作るためには、何が必要かを学びましょう。

●アプリケーションとプログラムの関係

アプリケーションは結局のところ、**データ**と**処理**の集まりでできています。

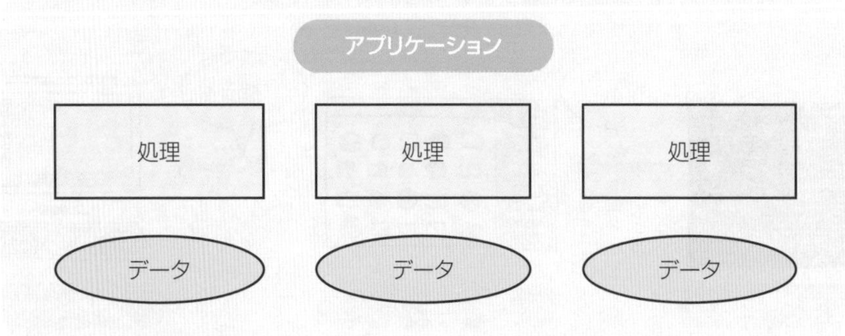

図1-4：アプリケーションを構成する要素

この処理の順番を考えて指示を与えること、つまりコンピューターに指示を与えることを**プログラム**と呼びましたが、その指示を与えるプログラムを作ることは**プログラミング**と言います。

私たちユーザーの意図することを、コンピューターに理解できる言葉で伝えることがプログラミングの目的になります。

そうなると、アプリケーションを作るためにはプログラミングができればよい、ということになります。

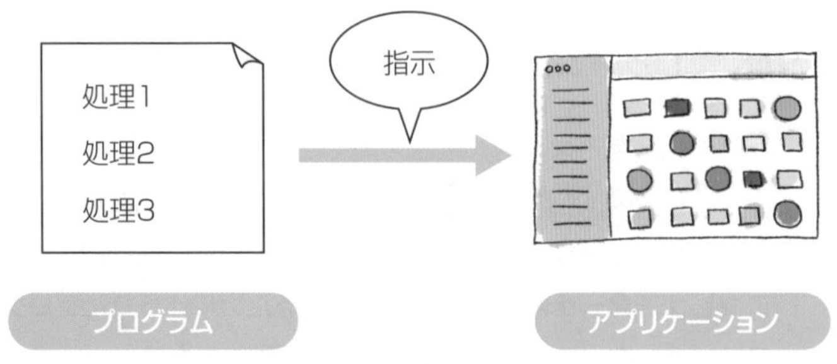

図1-5：プログラムで処理を伝える

プログラミングをするためには何が必要でしょうか？　アプリケーションを実行する、つまりコンピューターに指示を与えるためには、コンピューターがわかる言葉で指示を与える必要があります。このコンピューターがわかる言葉のことを、**プログラミング言語**と言います。

また、プログラミング言語を用いてアプリケーションを作るためには、専用の設備があった方が効率が良いですよね。このアプリケーションを作るための専用の設備のことを**開発環境**と言います。

つまり、プログラミングをするためにはプログラミング言語と開発環境が必要になるのです。

次節では、まずプログラミング言語の種類から見ていきましょう。

まとめ

- **アプリケーションを作るためには、プログラミングができればよい。**
- **プログラミングするためには、プログラミング言語と開発環境が必要。**

用語のまとめ

用語	意味
プログラミング	プログラムを作ること
プログラミング言語	コンピューターがわかる言葉。プログラムを記述するための言語
開発環境	アプリケーションを作るための専用の設備・環境

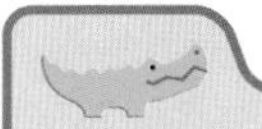

Column アプリケーションの種類

アプリケーションには、本書で扱うWindows向けのアプリケーションのほかにも、Windows StoreやiPhone、Android向けのアプリケーションなどがあり、使用するパソコン（OS）ごとに異なります。しかし、基本的な考え方は、そんなに大きくは変わりません。

また、多くのパソコンで使えるWebブラウザーを使ったWebアプリケーションというものもありますが、こちらは、インターネットのあちら側で動くものとなり、今回説明しているアプリケーションの考え方とは大きく異なりますので注意してください。

3 プログラミング言語の種類

この節では、プログラミング言語の種類や特徴などを説明します。本書では、特にC#(シーシャープ)について詳しく解説します。

●プログラミング言語の種類と特徴

人に用事を頼む場合、その人がわかるように言葉で説明します。

それと同じで、コンピューターに用事を頼む場合も「コンピューターが理解できる言葉」で「処理の流れ」を説明します。

図1-6：用事を頼むには理解できる言葉で

コンピューターは、電気的な信号で動いています。真空管を使った初期のコンピューターは、配線を組み替えて使っていましたが、変更があった場合に、配線を手動で組み替える作業がとても大変でした。

そこで、コンピューターがわかる言葉で指示を与えるという工夫が生まれました。それが**プログラミング言語**です。

ただ、コンピューターがわかる言葉も結局のところ、人間が指示を与えるわけですから、プログラミング言語も人間にとってもわかりやすいように、時代背景と共に進化しています。私たちが話す言葉には、日本語や英語、中国語、フランス語、ドイツ語など様々な種類がありますが、それと同様にプログラミング言語も数多く存在します。

次ページの図は、プログラミング言語の歴史を表したものです。

まず最初に、コンピューターが直接理解できる**機械語**（マシン語）が登場し、その後、より人間にわかりやすいように工夫されたプログラミング言語が次々と登場していきます。

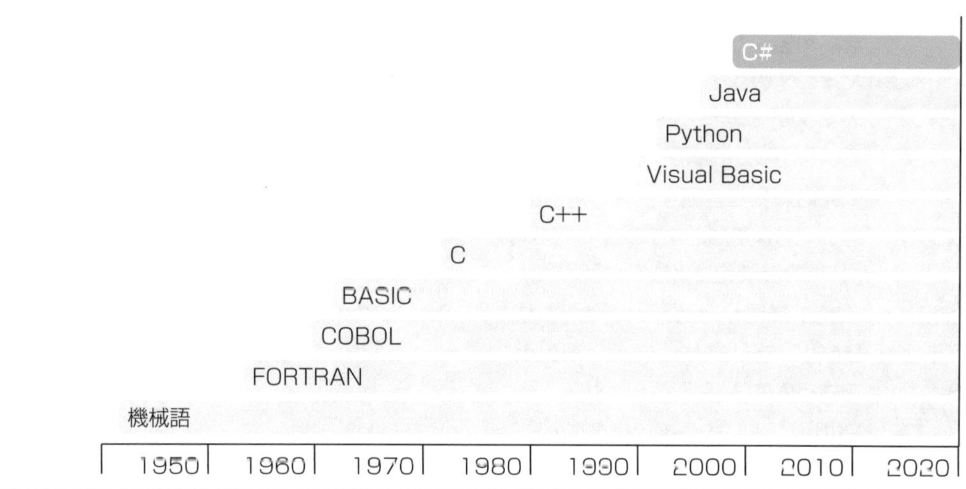

図 1-7：プログラミング言語の歴史（発表された年）

以下の表に、主なプログラミング言語とその特徴を整理しておきます。プログラム例は、「Helloを画面に表示せよ」を書いた例です（機械語とアセンブリ言語を除く）。

表 1-1：主なプログラミング言語とその特徴

言語	特徴	プログラム例
機械語	コンピューターが直接理解できる+－の電気信号の集まりからできている言語	10110000 00000001 （ALレジスタに1を格納せよ）
アセンブリ言語	人間にわかりやすいように、機械語の意味を表す命令文をキーワードに置き換えた言語	MOV AL, 1 （ALレジスタに1を格納せよ）
FORTRAN （フォートラン）	1954年に考案された科学技術計算向けの言語	write(*,*) 'Hello, world !'
COBOL （コボル）	1959年に事務処理用として考案された言語	010 IDENTIFICATION DIVISION. 020 PROGRAM-ID. HELLO-01. 030 ENVIRONMENT DIVISION. 040 DATA DIVISION. 050 PROCEDURE DIVISION. 060 MAIN. 070 DISPLAY "Hello" UPON CONSOLE. 080 STOP RUN.

BASIC (ベーシック)	1960年代にFORTRANを元に初心者用として開発された言語	10 PRINT "Hello"
C言語	1973年に考案された言語。移植性を高めることを目的に開発された。文章の区切りを「;」(セミコロン)で表すフリーフォーマット形式になっている。構造化設計*をサポート	printf("Hello\n");
C++ (シープラスプラス)	1983年にC言語を拡張した言語。クラスの採用などオブジェクト指向*技術の機能を強化している	cout<<"Hello"<<endl;
Visual Basic (ヴィジュアルベーシック)	1991年にMicrosoft社が発表。BASICを元にした、Quick Basicをさらに拡張	Console.WriteLine("Hello")
Python (パイソン)	Pythonは1980年代後半にABC言語の後継として考案され、1991年に最初にリリースされた。	print('Hello')
Java (ジャバ)	1995年にSun Microsystems社が発表。組み込み用プログラミング言語。オブジェクト指向技術の機能をさらに強化している。様々な環境で動作する	System.out.println("Hello");
C# (シーシャープ)	2000年にMicrosoft社が発表した、.NET環境用の言語。C言語、C++を元に拡張。.NET Framework*自体もC#で作成されている	Console.WriteLine("Hello");

機械語とアセンブリ言語に関しては、1をレジスタ(CPU内に設けられた記憶装置)に格納するだけで1行かかっています。ですから、Helloを格納しようとすると、数十行もの処理が必要になってしまいます。

2000年に誕生したC#

プログラミング言語は数多くありますが、その中でも本書で取り扱うC#について見ていきましょう。

C#は「シーシャープ」と読みます。C#の名前の由来は、C++(シープラスプラス)を発展させたという意味を込めて「C++++」とし、+を4つにまとめて、#にしたということです。

* **構造化設計** プログラムをいくつかの塊(かたまり)に分けて設計していくソフトウェア開発手法。6.1節を参照。
* **オブジェクト指向** 「データ」と「処理」の集まりを人間が利用するモノになぞらえた考え方。6.1節を参照。
* **.NET Framework** 異なるOSやハードウェアでも動作する環境を提供するソフトウェア技術のこと。1.4節を参照。

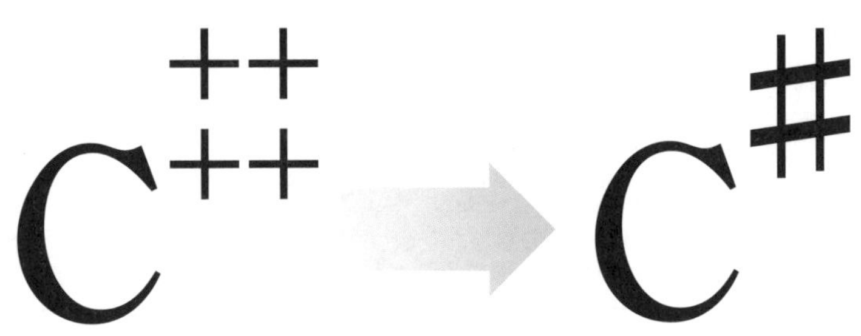

図1-8：+が4つ集まって#になった

プログラミング言語の中で、C#はまだまだ歴史が浅いのですが、簡単に歴史を見てみましょう。

表1-2：C#の歴史

西暦	キーワード	内容
2000年6月	C#発表	Microsoft社が.NETに向けた新言語「C#」を発表
2001年11月	ECMA	国際的な標準化機関であるECMA*に承認される
2003年4月	C# 1.1	.NET Framework 1.1とともにC# 1.1リリース。ECMAに承認された内容を反映
2005年3月	JIS	標準プログラミング言語としてJIS*に制定され（JIS X 3015 プログラム言語C#）、3月22日に公示される
2005年11月	C# 2.0	.NET Framework 2.0とともに、C# 2.0リリース。言語仕様、クラスライブラリを拡張
2007年中頃	C# 3.0	C# 2.0の次のバージョンとして言語仕様が発表される
2008年4月	C# 4.0	C# 3.0の次のバージョンとして言語仕様が発表される
2008年12月	C# 3.0	.NET Framework 3.5と共に、C# 3.0リリース
2010年4月	C# 4.0	.NET Framework 4と共に、C# 4.0リリース
2011年9月	C# 5.0	C# 4.0の次のバージョンとして言語仕様が発表される
2012年8月	C# 5.0	.NET Framework 4.5と共にC# 5.0リリース
2013年11月	C# 5.0	.NET Framework 4.5.1リリース。ただしC#のバージョンは5.0のまま変わらず
2014年	C# 6.0	C# 6.0の言語仕様が発表される（C# 6.0は小出しに発表されたので、正確なリリース時期が特定できない）
2015年7月	C# 6.0	.NET Framework 4.6リリース。C# 6.0は更新の最終版をリリース
2017年3月	C# 7.0	.NET Framework 4.7リリース。C# 7.0をリリース
2019年4月	C# 8.0	.NET Framework 4.8リリース。C# 8.0をリリース
2020年11月	C# 9.0	.NET 5.0 リリース。C# 9.0 リリース
2021年12月	C# 10.0	.NET 6.0 リリース。C# 10.0 リリース

* **ECMA**　European Computer Manufacturers Associationの略。欧州電子計算機工業会。
* **JIS**　Japanese Industrial Standardの略。日本工業規格。

現在のC#は、**C# 10.0**と呼ばれます。C# 10.0と、この後に説明するVisual Studioを組み合わせて使う場合の特徴をまとめると、以下のようになります。

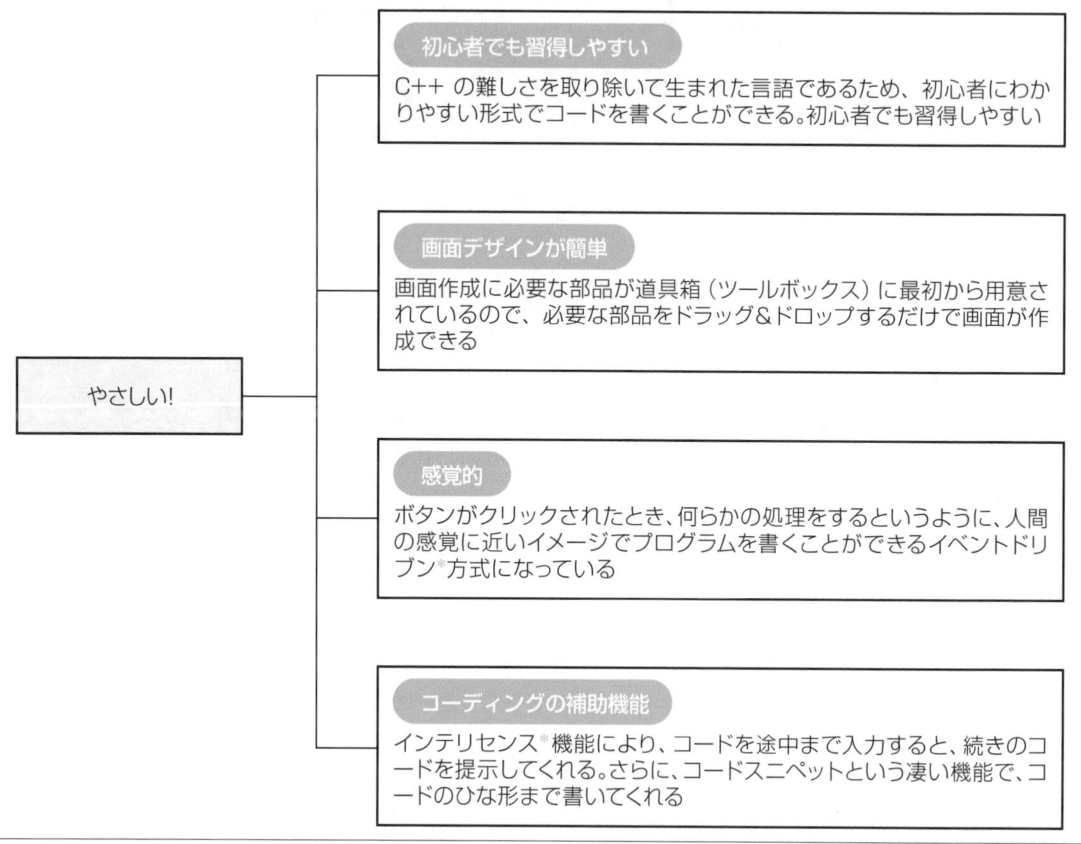

図1-9：**C# 10.0は、やさしいプログラミング言語**

また、その一方で、C# 10.0は、オブジェクト指向にも完全対応し、大規模開発も可能な本格的なプログラミング言語でもあります。

* **イベントドリブン**　通知されるメッセージに応じて処理を行うプログラムの実行形式のこと。
* **インテリセンス**　プログラムで使うキーワードを候補表示したり、タイプミスを自動的に修正してくれる入力支援機能のこと。3.5節を参照。

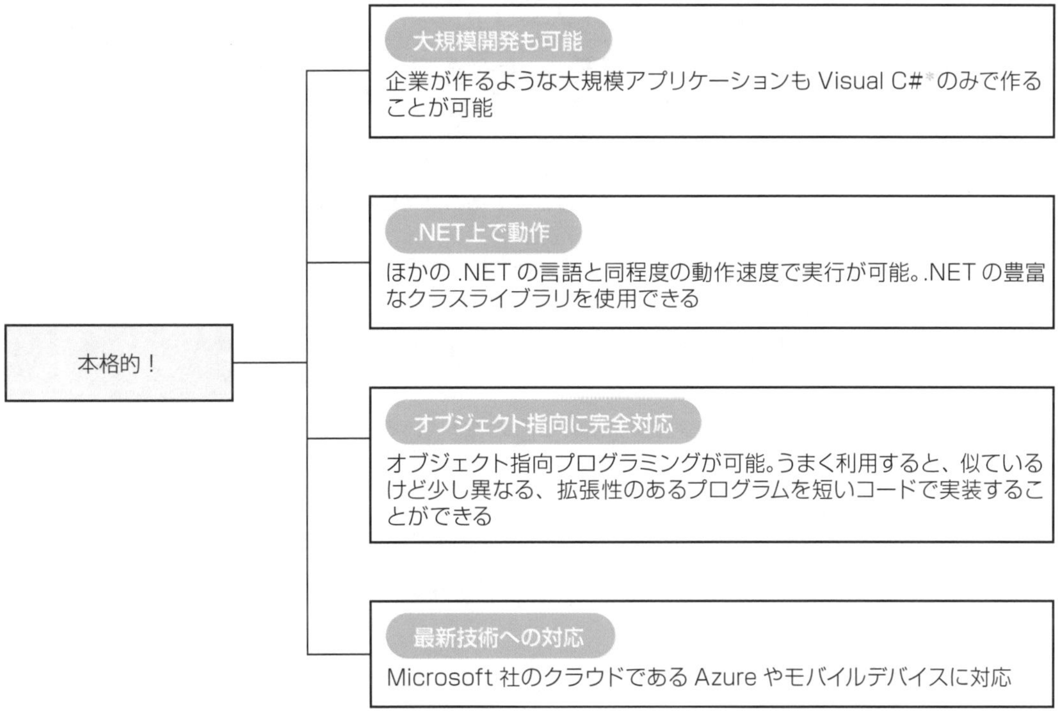

本格的！

大規模開発も可能
企業が作るような大規模アプリケーションも Visual C#*のみで作ることが可能

.NET上で動作
ほかの .NET の言語と同程度の動作速度で実行が可能。.NET の豊富なクラスライブラリを使用できる

オブジェクト指向に完全対応
オブジェクト指向プログラミングが可能。うまく利用すると、似ているけど少し異なる、拡張性のあるプログラムを短いコードで実装することができる

最新技術への対応
Microsoft 社のクラウドである Azure やモバイルデバイスに対応

図1-10：C# 10.0は、本格的なプログラミング言語

では、プログラミング言語は、どのように使うのでしょうか？　実際にプログラミング言語を用いてアプリケーションを作るためには、専用の環境（開発環境）があるとプログラムを書く効率が良くなります。

次の1.4節では、プログラミング言語を使うための環境について見ていきます。

まとめ

- **プログラミング言語とは、人間がわかりやすいように進化した、コンピューターに処理の流れを伝えるための言葉である。**
- **プログラミング言語には様々な種類があり、本書で取り扱うC#も日々進化してきた。**

* **Visual C#**　Visual Studio上で動くC#を**Visual C#**と呼ぶ。

Windows用アプリケーションの特徴

この節では、Windows用アプリケーションの特徴を説明します。さらに、.NET（ドットネット）の環境の仕組みもあわせて理解しましょう。

Windows用アプリケーションの特徴

Windows OS上で動くアプリケーションをよく見てみると、いろいろと共通した特徴があることがわかります。

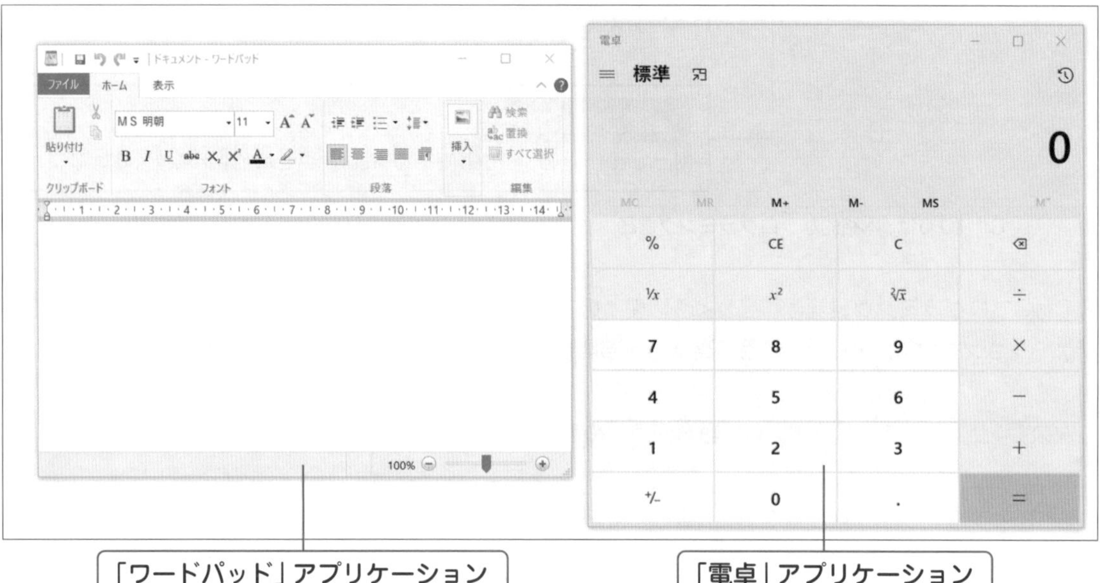

「ワードパッド」アプリケーション　　「電卓」アプリケーション

いかがでしょうか。何か共通点は見つかりましたでしょうか？　次の表でまとめてみます。

表1-3：Windows用アプリケーションの特徴

アプリケーションの操作など	共通した特徴
アプリケーションの起動	・メニューから起動する ・アイコンをダブルクリックする
アプリケーションの終了	・メニューから終了する ・画面右上の［×］ボタンをクリックする ・［Alt］キー＋［F4］キーを押す
外観	・左上にアイコンがある ・右上に3つのボタン［-］［□］［×］がある ・Windowsのテーマに合わせた画面に変化する
画面の操作	・画面の最大化、縮小、最小化ができる
アプリケーションの起動中	・タスクマネージャーのプロセス一覧にリストされている ・タスクバーにアイコンがある

このように、Windows OS上で動作するアプリケーションの動作を共通化させて、一貫した操作を実現するための画面のことを**Windowsフォーム**と言います。

ただ、これらの特徴を満たすように毎回プログラミングしていると、とても大変です。

料理を作ることに例えると、以下のようになります。

ご飯を食べるために、稲を栽培したり、おかずになる野菜を栽培したり、狩りに出かけたりと、大昔は大変だったかと思います。

現代では、お米を買ってきて、おかずはスーパーマーケットですでに完成したカット野菜や、お惣菜を使うと、少ない労力で短時間にご飯を作ることができますね。

図1-11：材料が用意されていると作業が早い

アプリケーションを作る場合も同じように進化しています。現代のアプリケーションは、まさに少ない労力で、短時間にアプリケーションが作れる仕組みが用意されているというわけです。

この仕組みを提供するのが、**Microsoft .NET**（マイクロソフト・ドットネット）です。

.NETの環境の仕組み

Microsoft .NETは、簡単に言ってしまうと、2000年6月に発表されたMicrosoft社のビジョンと戦略に名前を付けたものです。Microsoft社は、1900年代まではWindows 95に代表されるOSや、WordやExcelといった単体で動くアプリケーションを提供し、「すべてのデスクトップにPC（パソコン）を」という企業ビジョンを掲げていました。

しかし、インターネットの爆発的な普及を背景に、パソコンという閉じられた世界からインターネットを意識した「いつでも、どこでも、どんなデバイス（装置）でも優れたソフトウェアで人々の可能性を広げる」というビジョンを発表しました。この新しいビジョンを実現するために考え出されたものが、Microsoft.NETなのです。

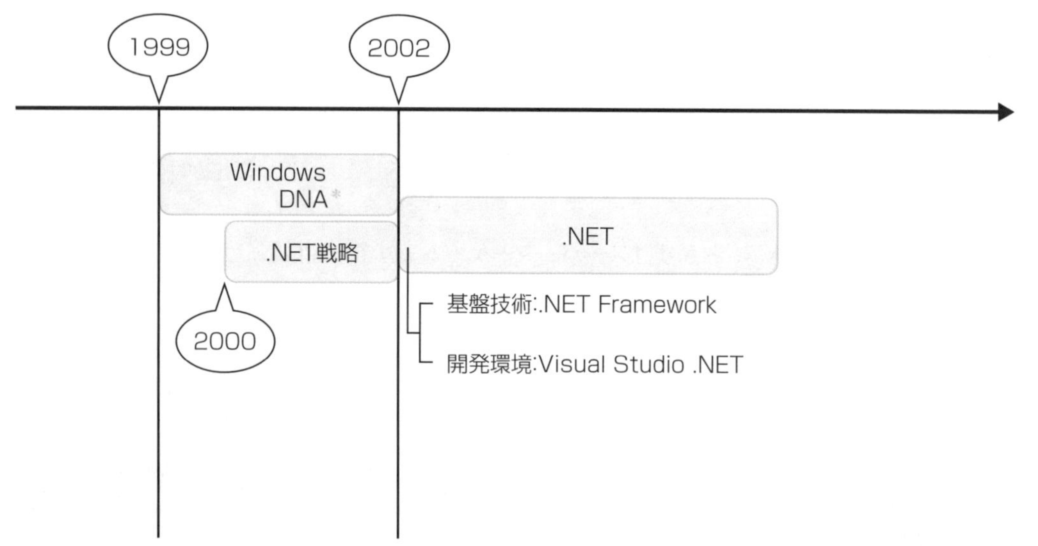

図1-12：Microsoft社のビジョンと戦略

Microsoft.NETの構想の中で生まれたものの中に、**.NET Framework**（ドットネット・フレームワーク）と呼ばれるものがあります。.NET Frameworkには、様々な技術が組み込まれています。

アプリケーション開発という観点から見ると、この.NET FrameworkがWindows OSの違いや、.NETに対応したプログラミング言語の違いを吸収し、少ない労力で短時間にアプリケーションが完成する仕組みを提供します。

＊**Windows DNA**　Windows Distributed interNet Applicationの略で、昔のWindowsを使った開発方法のこと。

表1-4：.NET Frameworkに組み込まれた技術

項目	.NET Frameworkとの関係
OS	Windows 10、Windows 11、Windows Server 2019、Windows Server 2022といったWindows OSの種類を問わず、アプリケーションを動作させることができる
開発環境	.NET Frameworkの良いところを最大限に引き出すために工夫されたプログラム開発を行うための環境が**Visual Studio**（ヴィジュアル・スタジオ）
プログラミング言語	C#、Visual Basic、C++/CLIなど.NETに対応する言語が数十あり、その言語でプログラムを書くことができる
実行環境	.NET対応アプリケーションを動作させるための環境。.NETに対応する言語であれば、共通の言語基盤（CLI）という仕組みにより、言語の種類を問わず動作させることができる
クラスライブラリ	料理に例えると巨大な冷蔵庫の食材群にあたるもの。アプリケーションを作成するためにあると便利な部品群。.NETには、数千を超えるクラスライブラリがある。Windowsアプリケーション用のクラスライブラリも用意されている
フレームワーク	アプリケーションを作るための機能がワンセットになったもの。アプリケーションを作成する際、ある特定の処理をルールに基づいて自動で行ってくれる枠組みにあたる。メモリ管理や例外といった複雑な処理を代わりに行ってくれる
アーキテクチャー	アプリケーションを作るための考え方、思想にあたるもの
セキュリティ	アプリケーションを安全に動作させるための工夫がされている

また、実行する際にも、アプリケーションの不具合により、OSが破壊されないような「例外処理」といった仕組みや、アプリケーションが内部で使用した「メモリの管理や後片付け」といったことを代わりに行ってくれます。

次ページに、イラストを使って.NET Frameworkに組み込まれた技術を簡単にまとめます。

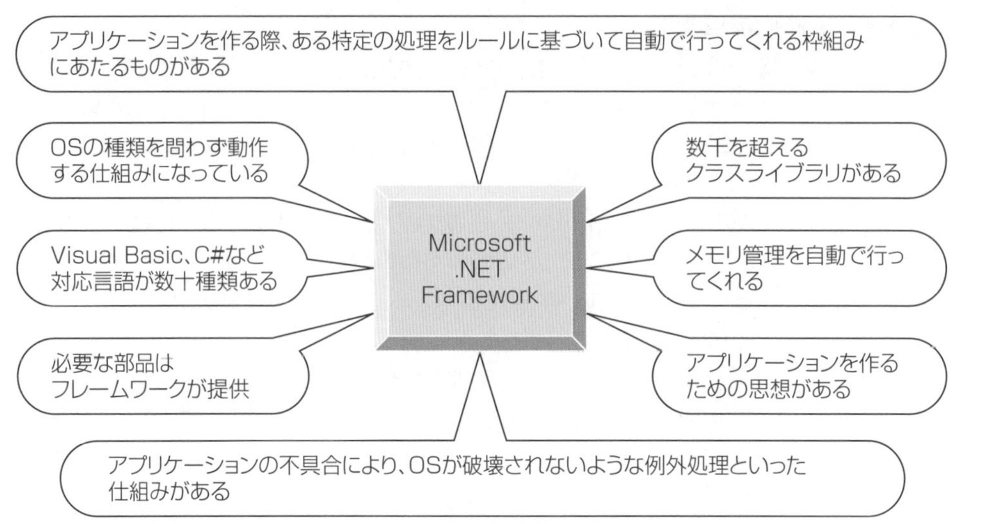
アプリケーションを作る際、ある特定の処理をルールに基づいて自動で行ってくれる枠組みにあたるものがある
OSの種類を問わず動作する仕組みになっている
数千を超えるクラスライブラリがある
Microsoft .NET Framework
Visual Basic、C#など対応言語が数十種類ある
メモリ管理を自動で行ってくれる
必要な部品はフレームワークが提供
アプリケーションを作るための思想がある
アプリケーションの不具合により、OSが破壊されないような例外処理といった仕組みがある

図1-13：.NET Frameworkに組み込まれた技術

概念が難しいので、.NET Frameworkの役割について「おでんセット」を使って料理を作ることに当てはめて考えてみます。

おでんセットという枠組みの中で、コンニャクの切り方を変えたり、大根の切り方を変えたり、自由に料理できる。沸騰させてから10分煮るといったルールがある
どんな場所でも同じ料理ができる
豊富な食材があらかじめ用意されている
食事が終わった後の後片付けも行ってくれる
だれが作っても同じ味
おでんセットを作るための考え方がある
間違ってソースを使ってしまうこともありません
おでんセットの作り方を間違えて、食事をする際にリビングや台所が使えなくなるような事態を防いでくれる工夫がある
おでんセット

図1-14：おでんセットから考える.NET Frameworkの役割

いかがでしょうか？ .NET Frameworkを用いることで、アプリケーションの作成が簡単にできることが想像できましたでしょうか。

詳しくは後述しますが、様々な機能がワンセットになった.NET Frameworkというフレームワークを用いたプログラミングのコツは、何でもかんでも自分で作らずに、あらかじめ用意されている「**クラスライブラリを探して使う**」という開発のスタイルになります。

さらに、Windows用アプリケーションを作る場合は、.NET Frameworkが用意している**Windowsフォーム**と言われるクラスライブラリを用いることで、必要最小限のプログラムを書くだけでよいということになります。

.NET Frameworkの進化

「おでんセット」は、20年前、10年前、現在、そして10年後で比べてみると、同じ材料ではなく、その時代のニーズに合わせて変化しています。

実は、.NET Frameworkも同じように、時代のニーズに合わせて進化しています。Windows OSにのみ対応していたものが、**.NET Framework**です。Windowsに加えて、Mac OSやLinux OSでも動作可能になったフレームワークが**.NET Core**と呼ばれるものでした。2021年に「.NET Framework」と「.NET Core」を統合した**.NET 5.0**がリリースされ、本書執筆時（2022年10月）では、それらも統合されて**.NET 6.0**と呼ばれるものになっています。

.NET Frameworkの場合、ちょっとややこしい進化をとげていますので、.NET Frameworkのバージョンと進化の流れを以下の図とともに解説します。

まずは、ざっくりと「いろいろ増えたなぁ！」と感じていただければと思います。

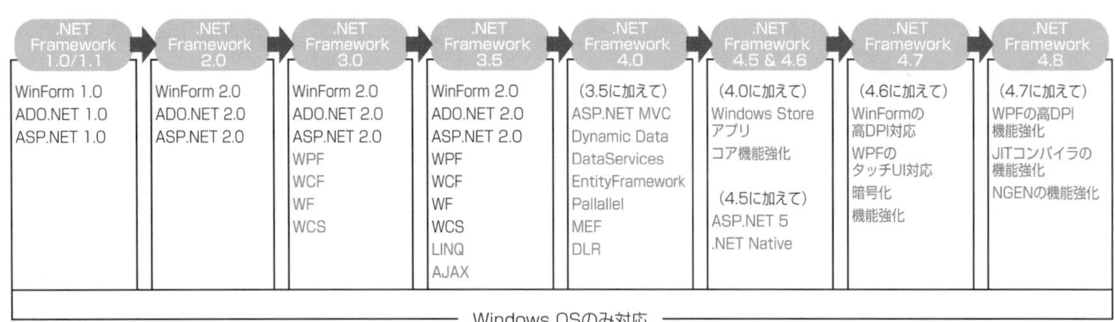

図1-15：.NET Frameworkの進化

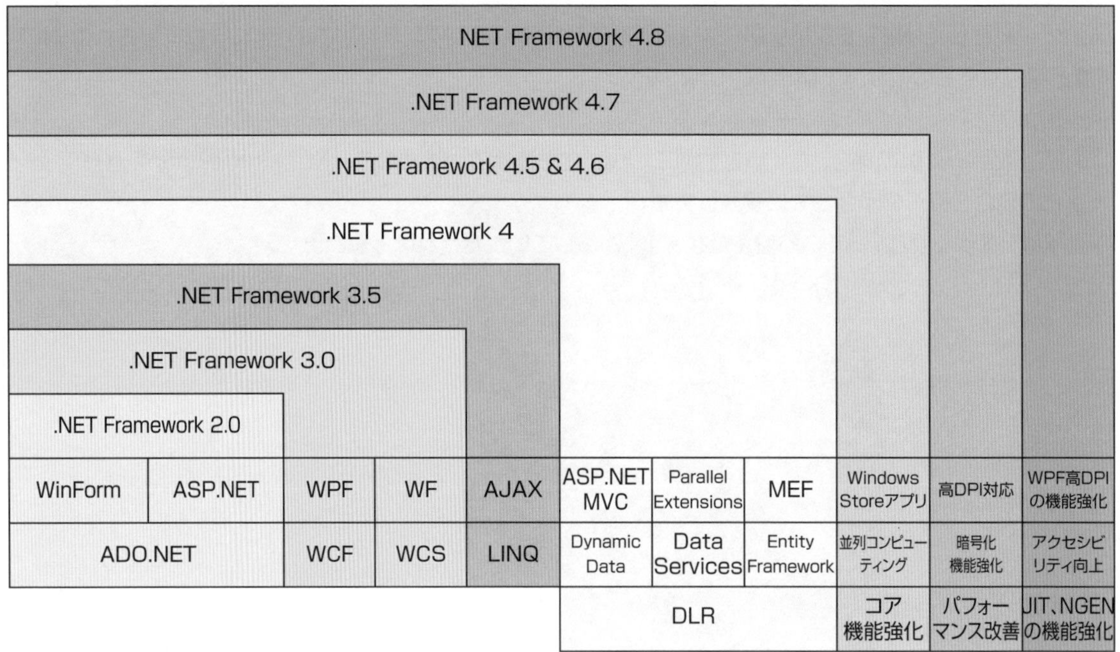

図1-16：.NET Frameworkの機能の拡張

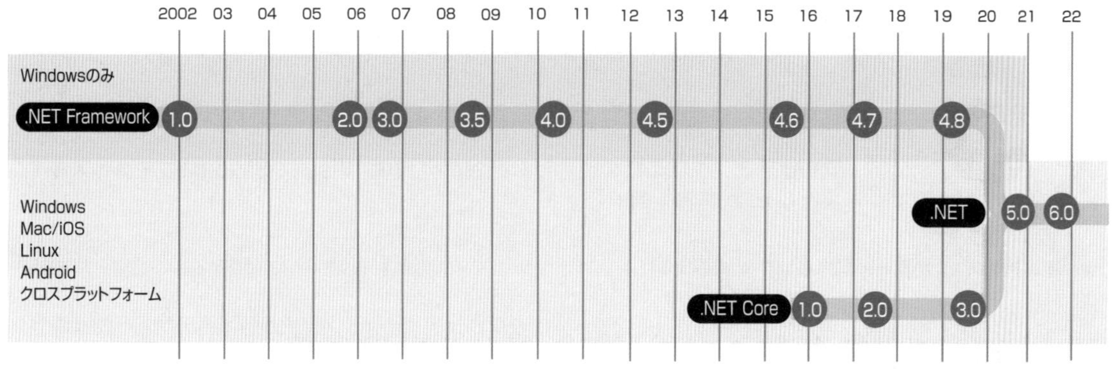

図1-17：.NET の進化の歴史

こんなことができたら便利だな、といったことが次々と盛り込まれています。

まとめ

- Windows OS上で動くアプリケーションの共通的な動作と、あると嬉しい機能が満載されたものが、Windowsフォームである。
- 便利な.NET Frameworkによって、Windowsフォームのアプリケーションを簡単に作ることができる。
- .NET Frameworkも進化していて、最新バージョンは、.NET Framework 4.8である。さらに、.NET Frameworkは .NETに統合され、2022年11月時点で最新の.NETのバージョンは、.NET 6.0である。

用語のまとめ

用語	意味
フレームワーク	アプリケーションを作るための機能がワンセットになったもの
クラスライブラリ	アプリケーションを作るためにあると便利な部品群
Windowsフォーム	Windows OS上で動くアプリケーションの動作を共通化させて、一貫した操作を実現するための操作画面

Visual Studio 2022の概要

プログラミングするために必要な統合開発環境、Visual Studio（ヴィジュアル・スタジオ）の特徴を説明します。

●効率的にプログラミングができる統合開発環境

これまでの説明で、プログラミングとは、どういったものかを理解していただけましたでしょうか。次に、そのプログラミングをどのような方法で行えばよいのかを考えてみましょう。

まず、単純にプログラミングしただけでは、アプリケーションは動きません。コンピューターが理解できるようにするために、**プログラミング言語**で書いたプログラムを**機械語**に翻訳してあげる必要があります。さらに、機械語に翻訳した後は、実際に動作させてみて、プログラムに間違いがあった場合は修正する必要があります。

このような、アプリケーションを作るために必要な操作を効率的に行うことができる道具箱があらかじめ用意されています。それが**統合開発環境（IDE）**＊です。文章を書くならワープロソフトが便利、プログラムを書いてアプリケーションを作るなら統合開発環境が便利というわけです。

これまでは、プログラミング言語ごとに専用の開発環境を各社が提供してきましたが、Microsoft社が提供する最新の統合開発環境、**Visual Studio 2022**ではすべての言語で同じ操作ができるようになっています。Visual Studio 2022の特徴を以下にまとめてみましょう。

ソースコード記述 専用のエディタがある	画面作成 アプリケーションの画面をドラッグ&ドロップで作成できる
フレームワーク連携 プログラム記述時に、インテリセンスというお助け機能があり、入力ミスを事前に防ぐことができる	ビルド 記述したソースコードをコンピューターがわかるように変換する
ファイル管理 プログラムを作るために必要なファイルを管理する	デバッグ プログラムの間違ったコードを修正する。実行中の値の変化などがわかりやすい

図1-18：Visual Studio 2022の特徴

＊**統合開発環境（IDE）**　プログラミングに必要なツールがひとまとめになった開発環境のこと。IDEはIntegrated Development Environmentの略称。

Visual Studio 2022には目的に合わせて機能が制限されており、その違いを**エディション**(Edition)と言います。以下に、各エディションの機能*についてまとめます。

表1-5：Visual Studio 2022のエディション

	Community	Professional	Enterprise
利用可能ユーザータイプ	・個人開発者 ・クラスルーム学習 ・アカデミックな研究 ・オープンソースプロジェクトへの貢献 ・非エンタープライズ組織*最大5ユーザーまで	あらゆるユーザー	あらゆるユーザー
価格	無料	有料	有料
開発プラットフォームのサポート	☆☆☆☆	☆☆☆☆	☆☆☆☆
統合開発環境	☆☆☆	☆☆☆☆	☆☆☆☆
詳細なデバッグと診断	☆☆	☆☆	☆☆☆☆
テスト ツール	☆	☆	☆☆☆☆
クロスプラットフォーム開発	☆☆	☆☆	☆☆☆☆
コラボレーション ツールと機能	☆☆☆☆	☆☆☆☆	☆☆☆☆

入門者にとって最適な開発環境は、**Community**(コミュニティ)になります。Communityは、誰でも無料で使用できますが、商用での利用に制限があります。

まとめ

◉ **Visual Studio 2022は、プログラミング言語の特性と.NET 6.0の機能を最大限に利用できる統合開発環境である(Visual Studio Community 2022は、商用での利用に制限があるものの、誰でも無料で使用できる)。**

* **各エディションの機能**　詳細は、Microsoft社の以下のWebサイトを参考にしてください。
https://visualstudio.microsoft.com/ja/vs/compare/

* **エンタープライズ組織**　エンタープライズ組織とは、PC250台超、または年間収入100万米ドル超の組織。

プログラムを作るための準備

この節では、C# 10.0でプログラムを作るために何が必要かを理解しましょう。

C# 10.0の開発環境

プログラムを作るためには何が必要でしょうか。これまでの話から**プログラミング言語**と**プログラムを開発する環境**が必要だということは理解いただけたかと思います。

これを料理を作ることに置き換えて考えてみましょう。料理を作るには何をしますか？　献立を考えて、レシピを見て、食材を使って台所で料理をしますね。

プログラムを作るときも同じです。献立にあたるものが**設計図**です。どんなアプリケーションを作るのか、どんな画面でどんな機能を持たせて、どんな処理をするのか、どんなデータを扱うのかを考えます。

レシピにあたるものが、**設計思想（アーキテクチャー）**になります。

料理する食材は、**クラスライブラリ**と呼ばれる部品群から必要なものを探して使います。

台所にあたるものは、**統合開発環境（IDE）**ですね。

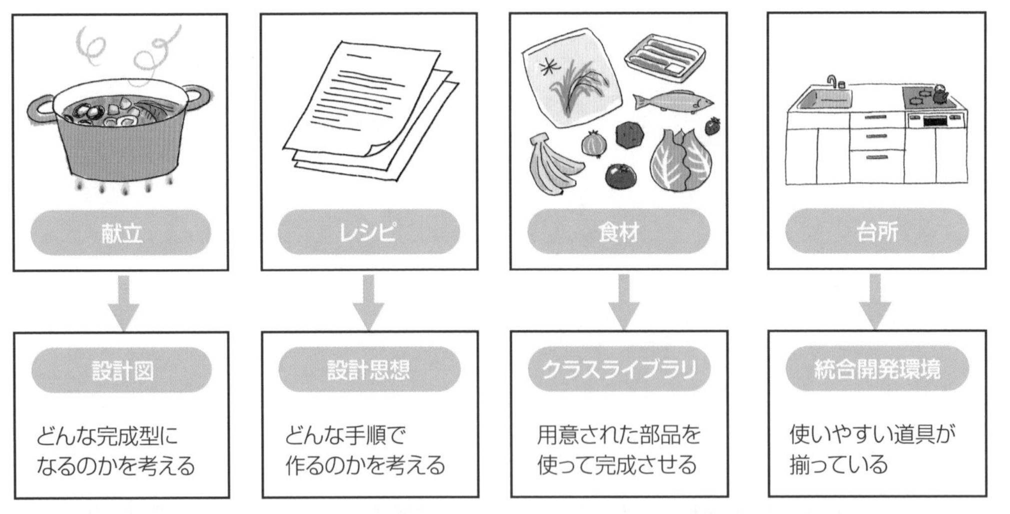

図1-19：プログラミングを料理に例えてみると…

プログラミング言語とプログラムを開発する環境が1つにまとまっていると便利です。

その点、**Visual Studio Community 2022**は、最新のC# 10.0と開発環境が1つになり、Windowsアプリケーションが簡単に作成できる無料のツールが集まった統合開発環境になっています。

もちろん、Windowsフォームを作るのに便利な.NET 6.0のクラスライブラリも無料で利用できます。

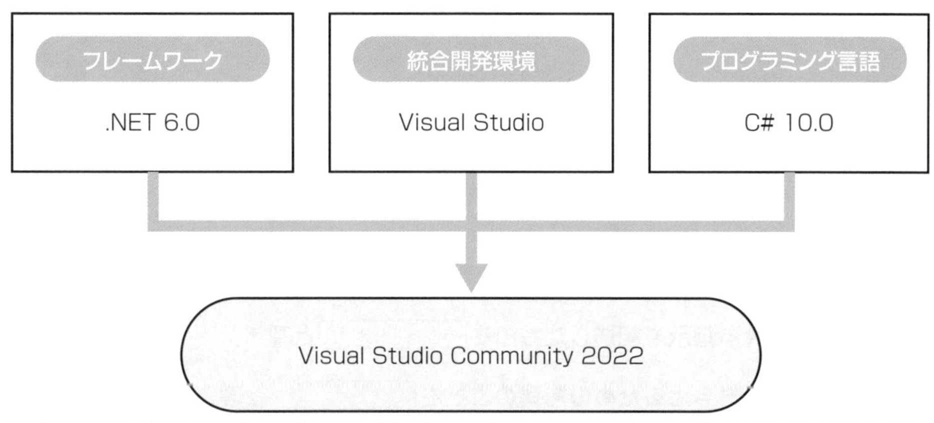

図1-20：Visual Studio Community 2022の要素

料理がうまく作れるようになるためには、慣れが必要です。同様にアプリケーションを開発する際も慣れが必要です。次のChapter2では、Visual Studio Community 2022にまず慣れ親しむことを目標にします。

Visual Studio Community 2022をお持ちでない方も、次のChapter2で入手方法とインストール方法を説明しますのでご安心ください。

まとめ

- **プログラムを効率よく作るためには、自分にあったプログラミング言語と統合開発環境が必要になる。**
- **最新のプログラミング言語（C# 10.0）と統合開発環境（Visual Studio）が1つになった学習用の無料ツールが、Visual Studio Community 2022である。**

7 復習ドリル

いかがでしたでしょうか？　Chapter1を読み終えたところで、プログラムがどういったものかの理解を深めるために、ドリルを用意しました。

●ドリルにチャレンジ！

以下の1～7までの空白部分を埋めてください。

1 コンピューターに与える指示を記述したものを［　　　　］と呼ぶ。

2 コンピューターに指示を与えるための言葉のことを［　　　　］と呼ぶ。

3 アプリケーションを作るための専用の設備のことを［　　　　］と呼ぶ。

4 C言語やC++を拡張して、2000年にMicrosoft社が発表した.NET環境用プログラミング言語が［　　　　］である。

5 Windows用アプリケーションを作る場合は、［　　　　］が用意しているWindowsフォームと言われるクラスライブラリを用いることで、必要最小限のプログラムを書くだけでよい。

6 .NET Framework は .NETに統合され、2022年11月時点で最新の.NETのバージョンは［　　　　］である。

7 ［　　　　］は、最新のプログラミング言語の特性と.NETの機能を最大限に利用できる無料の統合開発環境である。

アプリケーションの作成の
流れはわかったかな？

復習ドリルの答え

1 プログラム
2 プログラミング言語
3 開発環境
4 C#
5 .NET Framework
6 6.0

7 Visual Studio Community 2022

準備編　開発環境を使ってみよう！

Chapter 2

Visual Studio Community 2022の基本操作

　このChapter2では、プログラムを開発するための環境、Visual Studio Community 2022の基本的な操作をマスターします。

このChapterの目標

- ✓ Visual Studio Community 2022がインストールできる。
- ✓ Visual Studio Community 2022が起動できる。
- ✓ プロジェクトを作成し、保存できる。

1 Visual Studio Community 2022のインストール

まず最初に、Microsoft社のWebサイトからVisual Studio Community 2022をダウンロードしてパソコンにインストールする方法を説明します。また、起動する方法についても説明します。

●VS Community 2022のインストール手順

Visual Studio Community 2022（本章では以降、VS Community 2022と表記します）は、以下の手順でインストールします（VS Community 2022をすでにインストールされている方は、ここを飛ばしていただいてかまいません）。

手順❶　インストールが可能かどうかのチェックをします。
手順❷　VS Community 2022をダウンロードしてインストールします。
手順❸　VS Community 2022をセットアップします。

以下のページでは、Windows 11を例にとって、インストールの手順を説明します。Windows 10などでも若干画面が異なりますが、大まかな手順はほぼ一緒です。

●システム要件のチェック

まずは、インストールができるかどうかのチェックです。

表2-1：システム要件

チェック	項目	説明
□	プロセッサ	1.8GHz以上の64ビットプロセッサ。クアッドコア以上が推奨されています。ARMプロセッサは、サポートされていません
□	OS	Visual Studio 2022は、次の64ビットオペレーティングシステムでサポートされています ・Windows 11 バージョン21H2以上（Home、Pro、Pro Education、Pro for Workstations、Enterprise、Education） ・Windows 10 バージョン1909以上（Home、Professional、Education、Enterprise） ・Windows Server 2022（StandardおよびDatacenter） ・Windows Server 2019（StandardおよびDatacenter） ・Windows Server 2016（StandardおよびDatacenter）

□	メモリ	4GB以上のRAM。使用されるリソースには、多くの要因が影響します(一般的なプロフェッショナルソリューションには、16GBのRAMを使用することが推奨されています)
□	ハードディスク容量	最小850MB、最大210GBの空き領域(インストールされる機能により異なります。一般的なインストールでは、20GBから50GBの空き領域が必要です)。パフォーマンスを向上させるには、SSD(ソリッドステートドライブ)にWindowsとVisual Studioをインストールすることが推奨されています
□	グラフィック	WXGA(1366x768)以上のディスプレイ解像度をサポートするビデオカード
□	ディスプレイ	Visual Studioは、1920 x 1080以上の解像度で最適に動作します

準備編 Chapter 2

詳しく知りたい方はこちらをご覧ください。

▼Visual Studio 2022製品ファミリのシステム要件

https://docs.microsoft.com/ja-jp/visualstudio/releases/2022/system-requirements

いかがでしょうか？　システム要件はクリアできましたか？　それではさっそくWebサイトからVS Community 2022をダウンロードしてインストールを始めましょう。

VS Community 2022をダウンロードしてインストールする

VS Community 2022は、Microsoft社のWebサイトから無料でダウンロードしてインストールすることができます。

まず、以下のURLにアクセスしてください。

▼Visual Studio - ホーム

https://www.visualstudio.com/ja

Webサイトが表示されたら、以下の手順に従ってください。

1 Webサイトが表示される

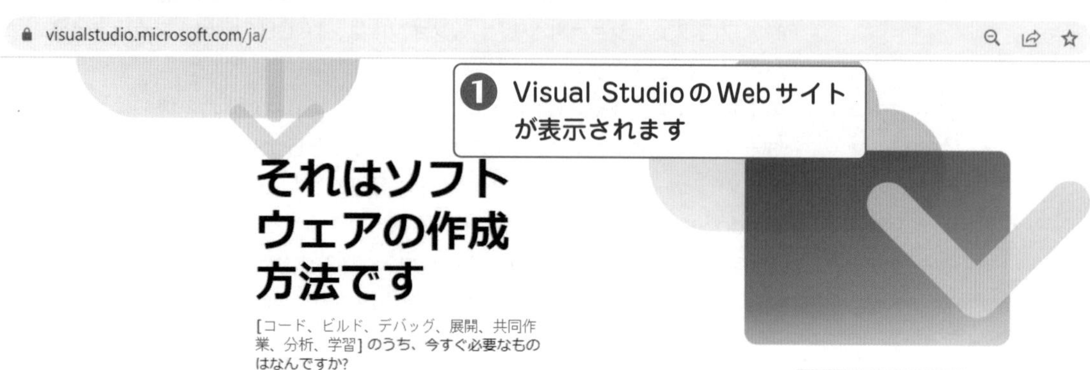

2 エディションの選択画面が表示される

3 ダウンロードのメッセージが表示される

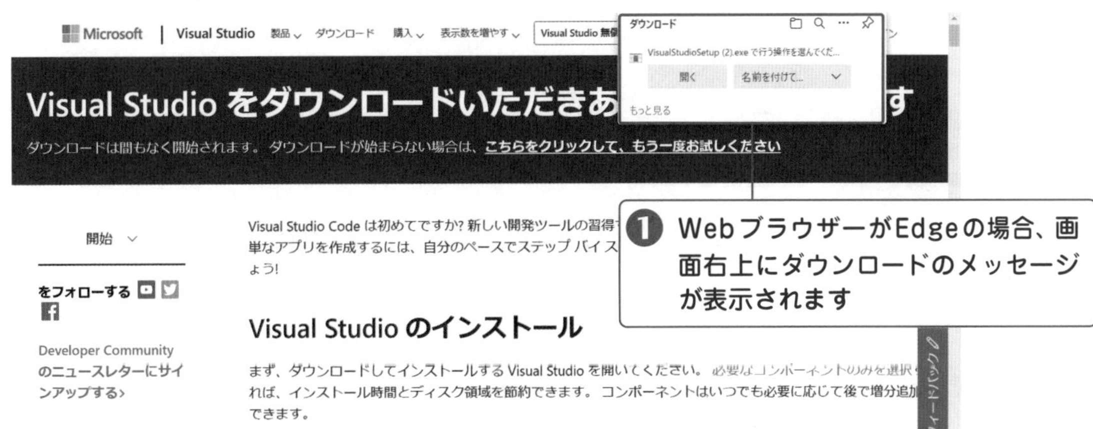

4 「開く」メニューをクリックする

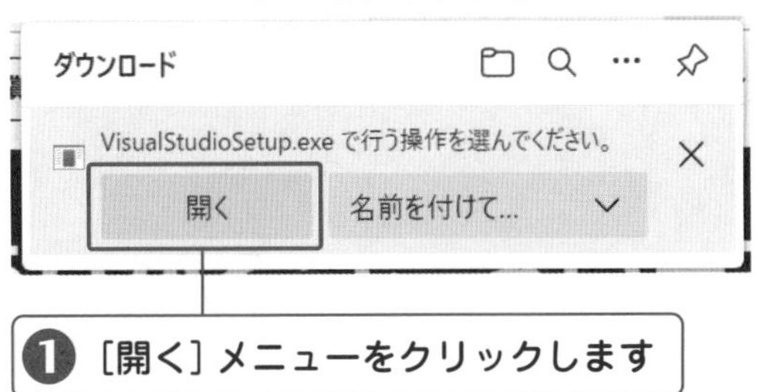

❷ [ユーザーアカウント制御] ウィンドウが開き、「このアプリがデバイスに変更を加えることを許可しますか?」というメッセージが表示されます。[はい] ボタンをクリックします

Tips VisualStudioSetup.exeを保存して実行する

VisualStudioSetup.exeを保存して、直接実行することもできます。

Edgeの右上の [ダウンロード] に表示されるVisualStudioSetup.exeで、[名前を付けて…] の [∨] を展開して [保存] ボタンをクリックし、デフォルトのVisualStudioSetup.exeの名称のまま、「ダウンロード」フォルダーに保存します。

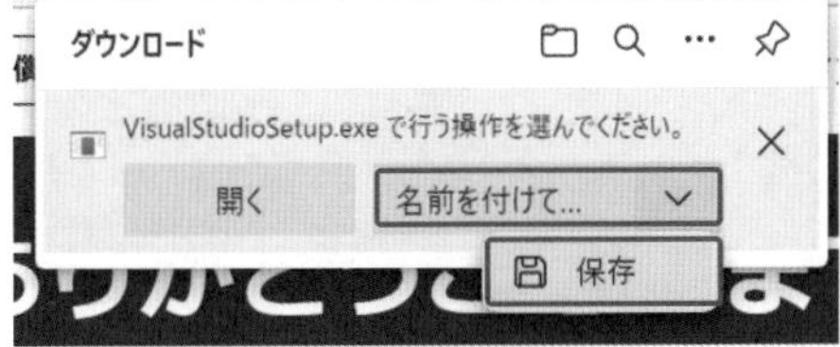

保存できたら、右横にある［フォルダーに表示］アイコンをクリックします。

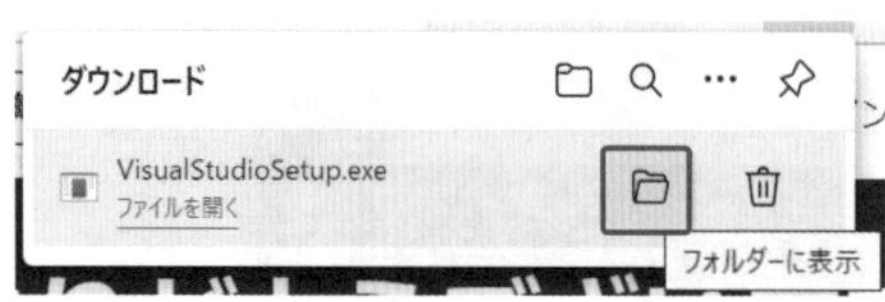

「ダウンロード」フォルダーが表示されます。VisualStudioSetup.exeをダブルクリックして実行します。

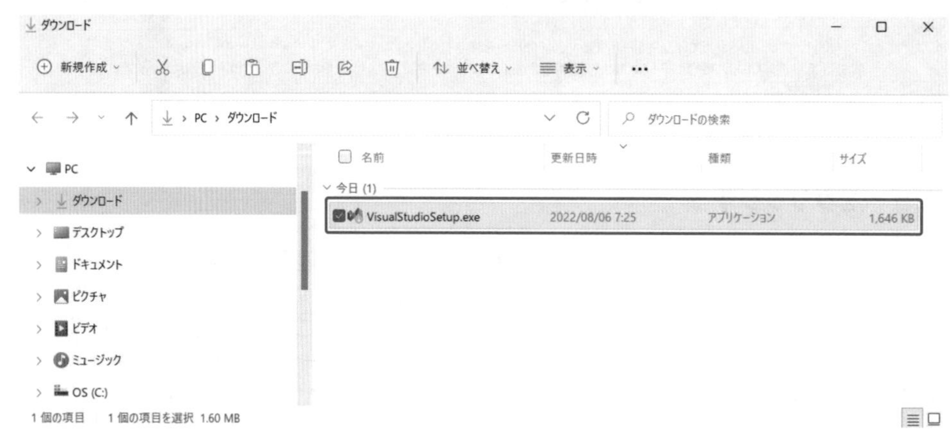

Tips Edge以外のWebブラウザーをお使いの場合

ChromeなどのWebブラウザーをお使いの場合は、［名前を付けて保存］ウィンドウが表示されます。「ダウンロード」フォルダーなどの適当なフォルダーにVisualStudioSetup.exeを保存した後、VisualStudioSetup.exeをダブルクリックして、実行してください。

VS Community 2022をセットアップする

インストールを始めると、セットアップ画面が自動で起動されます。この画面の指示に従ってインストールを続ければ、インストールができます。

5 Visual Studio Installerの確認ポップアップが表示される

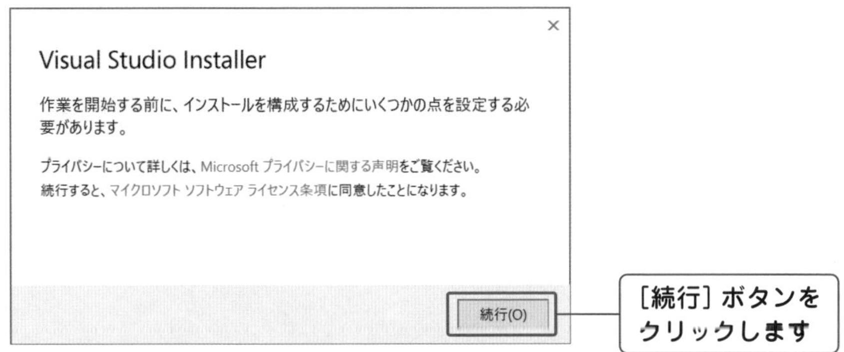

Visual Studioは、様々な種類の開発ができますが、必要なコンポーネント（部品）だけに絞ってインストールすることができます。ここでは、本書の内容を実行するための最低限必要な環境を選びます。

6 インストールするコンポーネント（部品）を選択する

ヒント [.NETデスクトップ開発] は、ワークロードの [Web＆クラウド] の次のカテゴリの [デスクトップとモバイル] の中にあります。また、左側のオプションに関しては、もともと選択されている（デフォルトで選択されている）ものをそのまま選びます。

ヒント [個別のコンポーネント] を見ると、[.NET 6.0 ランタイム] が自動的に選択されています。

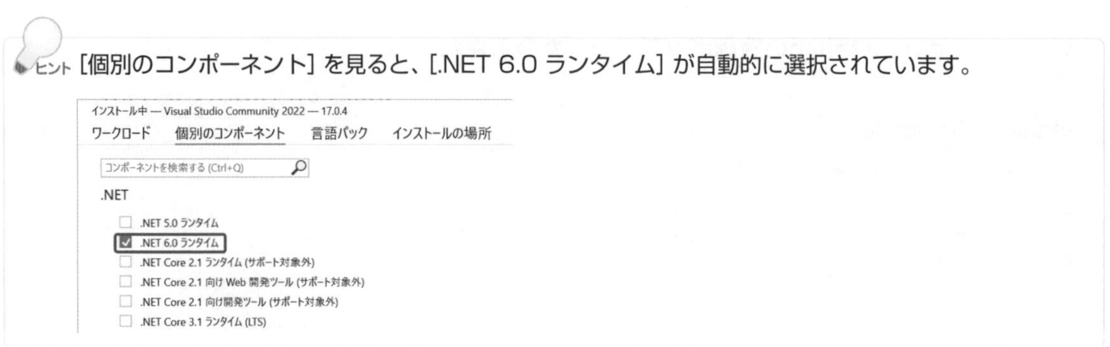

7 インストールが始まる

ヒント [インストール後に起動する] にチェックが入っていることを確認します。

インストールが完了すると、Visual Studio 2022が自動的に起動されます。インストールは、以上で完了です。

VS Community 2022を起動する

インストールが完了すると、Visual Studio 2022が自動的に起動されます。

1 サインインする

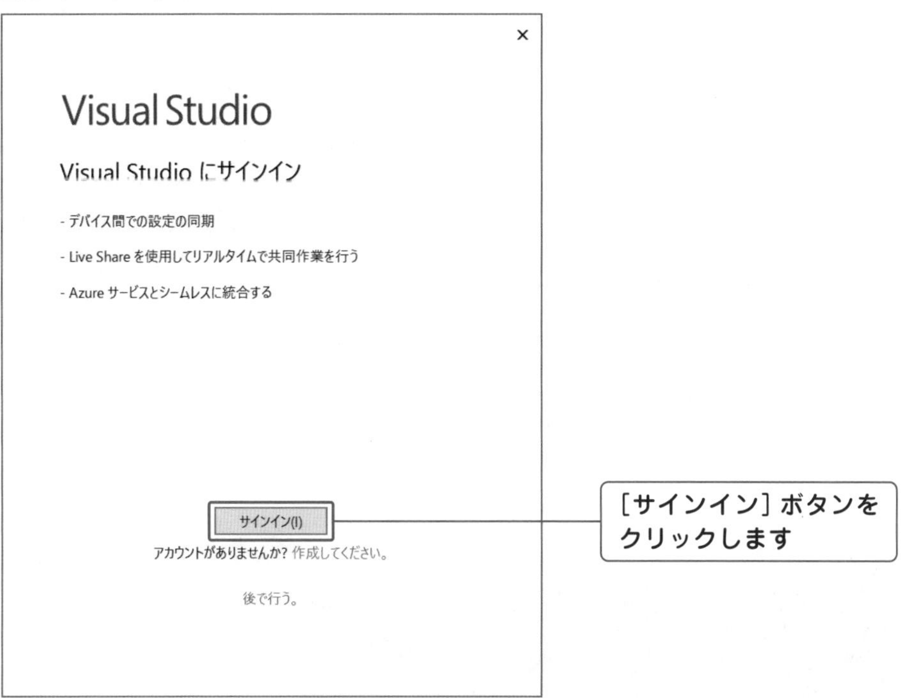

2 Microsoftアカウントでサインインする

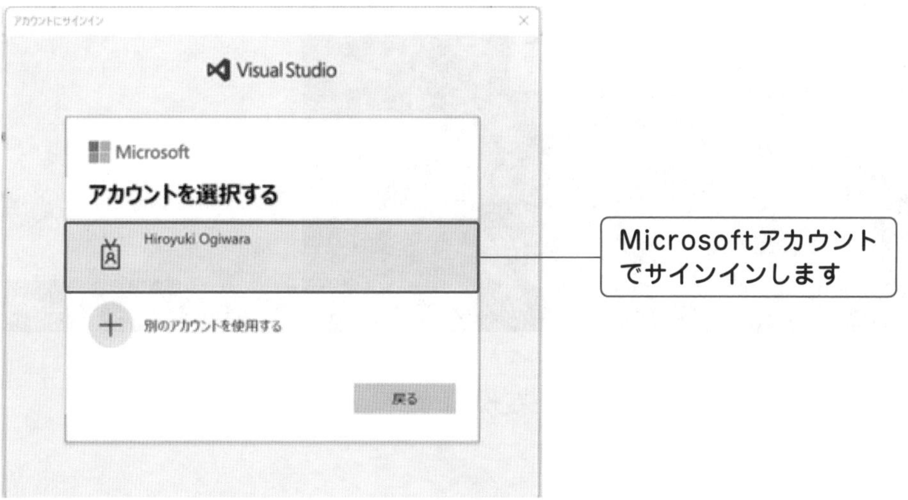

3 ［最近開いた項目］画面が起動する

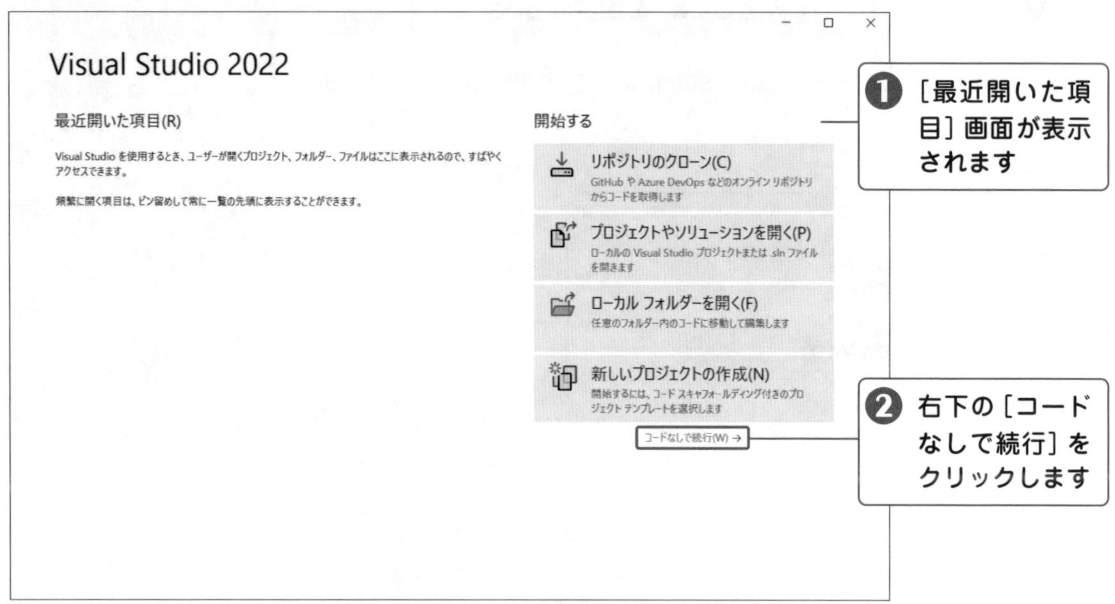

4 起動する

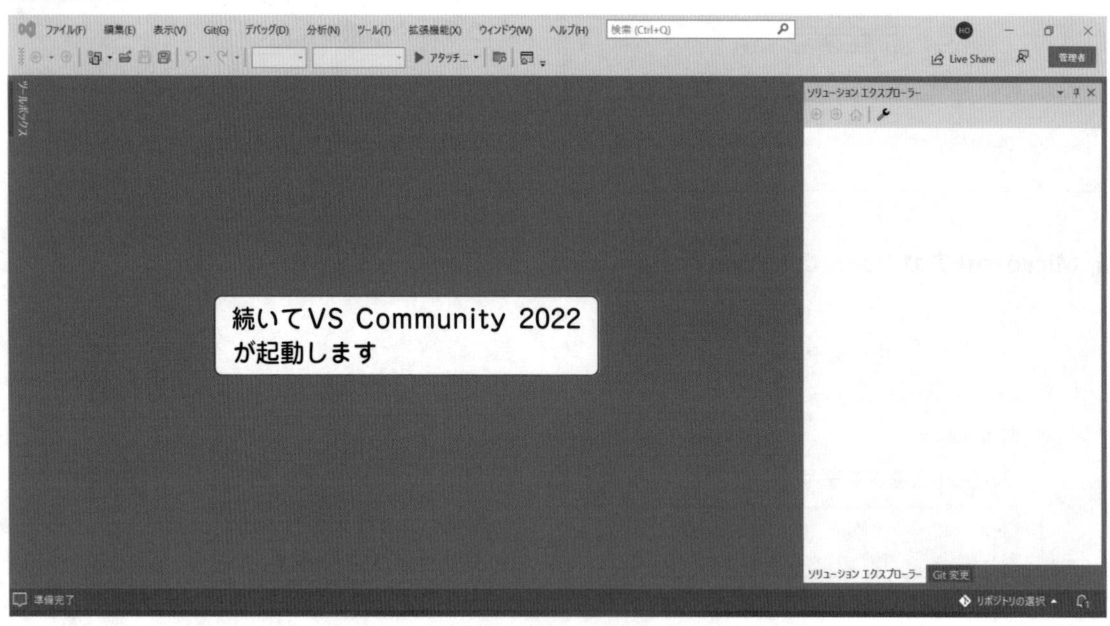

また、Windows 11のメニュー画面から起動する方法もあります。

1 スタートメニューの検索ボックスで検索する

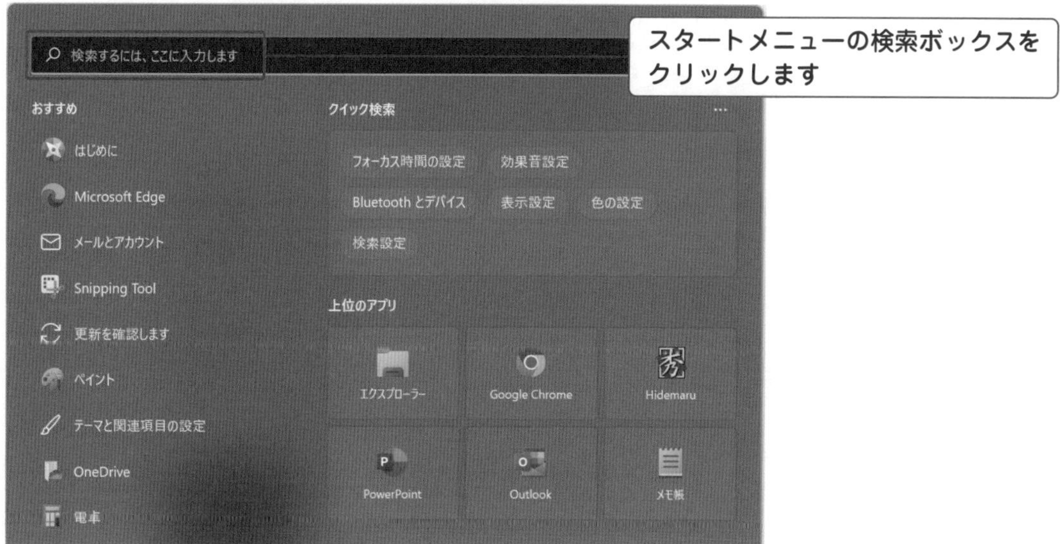

2 キーワードで検索する

3 検索結果をクリックする

4 ［最近開いた項目］画面が起動する

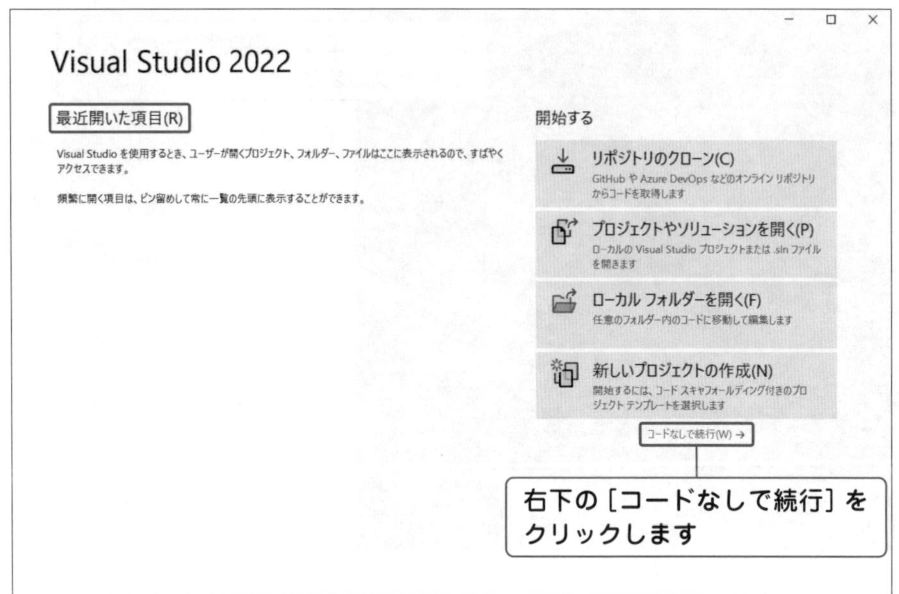

5 Visual Studio 2022が起動する

▼スタート画面にピン留めした例

ヒント 3の検索結果を右クリックして、表示されたメニューから［スタートにピン留めする］や［タスクバーにピン留めする］を設定しておくと、次回から楽に起動できます。

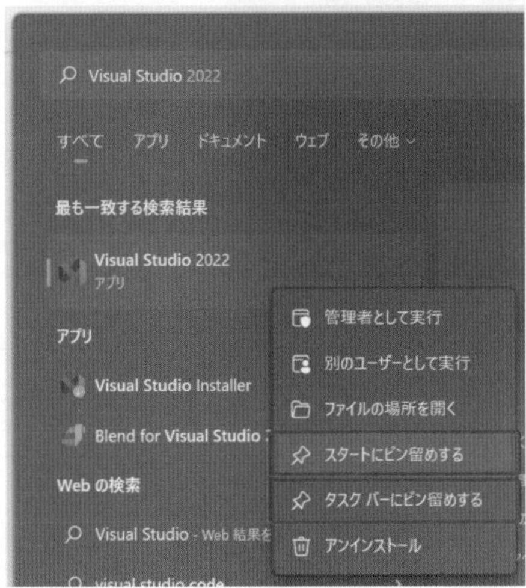

また、検索結果の右側の詳細画面で［スタートにピン留めする］や［タスクバーにピン留めする］をクリックしても同様です。

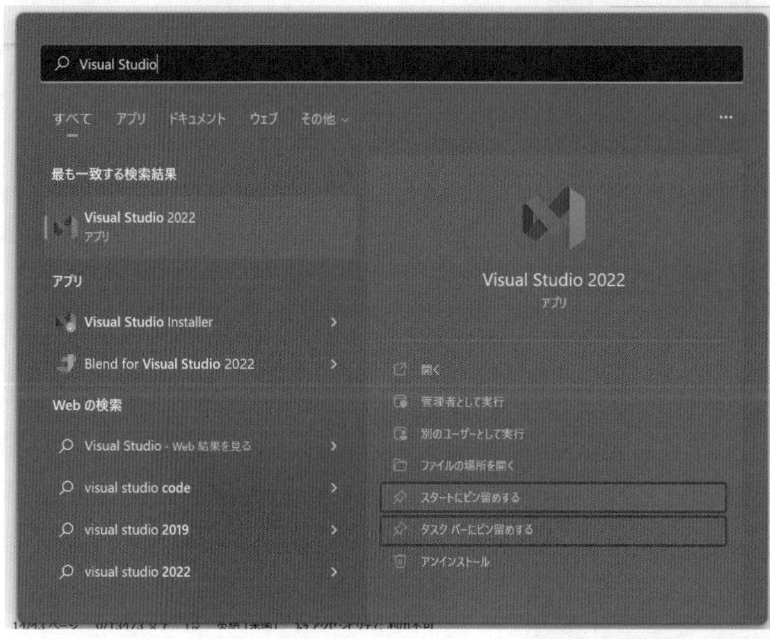

Visual Studio Community 2022の画面構成

VS Community 2022の画面構成を覚えるとともに、統合開発環境（IDE）としての特徴を理解しましょう。

画面の構成

VS Community 2022をうまく起動できましたでしょうか？

ただし、起動した画面を見ても、最初は何をどうすればよいか分からないと思います。まずは、画面の構成に慣れましょう。

VS Community 2022の操作画面には、プログラムを作成する作業の効率が良くなる工夫がされています。画面は、いくつかの領域に分かれていて**起動直後**、**プログラム作成中**、**プログラム実行中**といった状態ごとに効率が良くなるように画面構成が変わります。

起動直後の画面構成

起動直後の画面構成は、このようになります。

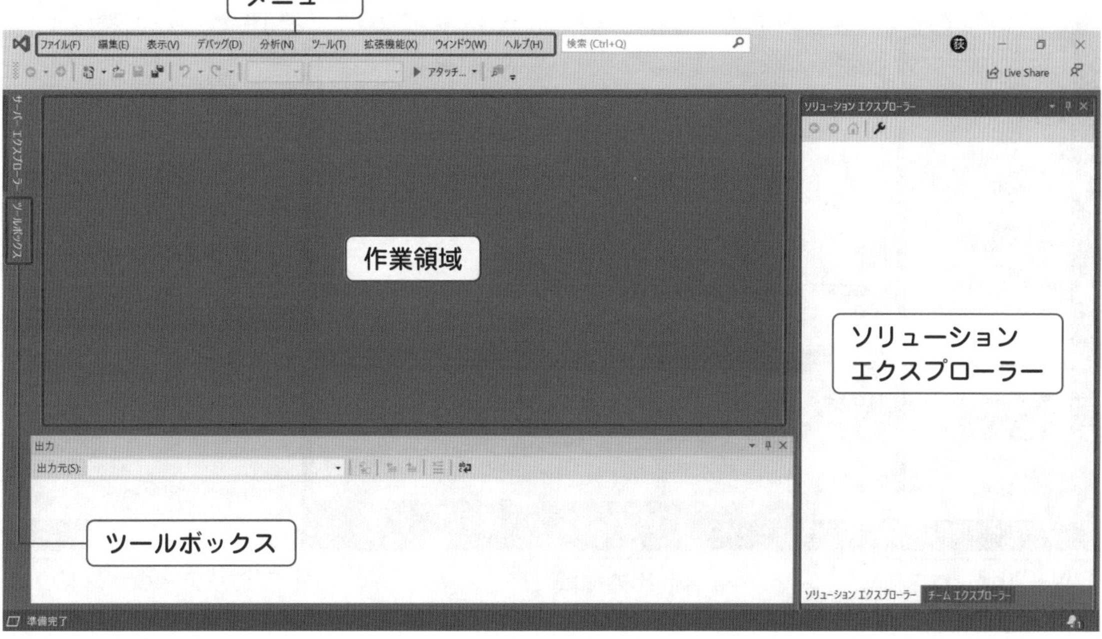

下の表2-2に、VS Community 2022の画面の各領域の機能についてまとめます。

表2-2：各領域の機能（起動直後）

領域	機能
メニュー	VS Community 2022を操作するためのメニューです。起動時、プログラム作成時、プログラム実行時で必要なメニューが表示されます
ソリューションエクスプローラー	プログラムを作成するとき、必要なファイルの情報が表示されます。エクスプローラー風に表示して、ファイルを管理します
作業領域	プログラムを記述する領域です。画面デザインもこの領域で行うことができます
ツールボックス	プログラム作成時や、画面デザイン時にVS Community 2022が用意した便利な部品をここからドラッグして使います

●プログラム作成中の画面構成

プログラム作成中の画面構成は、このようになります。メニューには新たな項目が増えています。プロパティウィンドウとコンポーネントトレイも表示されました。

下の表2-3に、新しく表示された画面の各領域の機能をまとめます。

表2-3：各領域の機能（プログラム作成中）

領域	機能
プロパティウィンドウ	画面に貼り付けた部品の値を設定・変更する領域です。プログラム作成時にコードを書かなくても部品の値を変更できます
コンポーネントトレイ	画面がない部品はこの領域に表示されます。画面がない部品を使用していない場合は表示されません
出力領域	ビルド*の状況などが表示される領域です

●プログラム実行・修正時の画面構成

プログラム実行・修正時の画面構成は、このようになります。

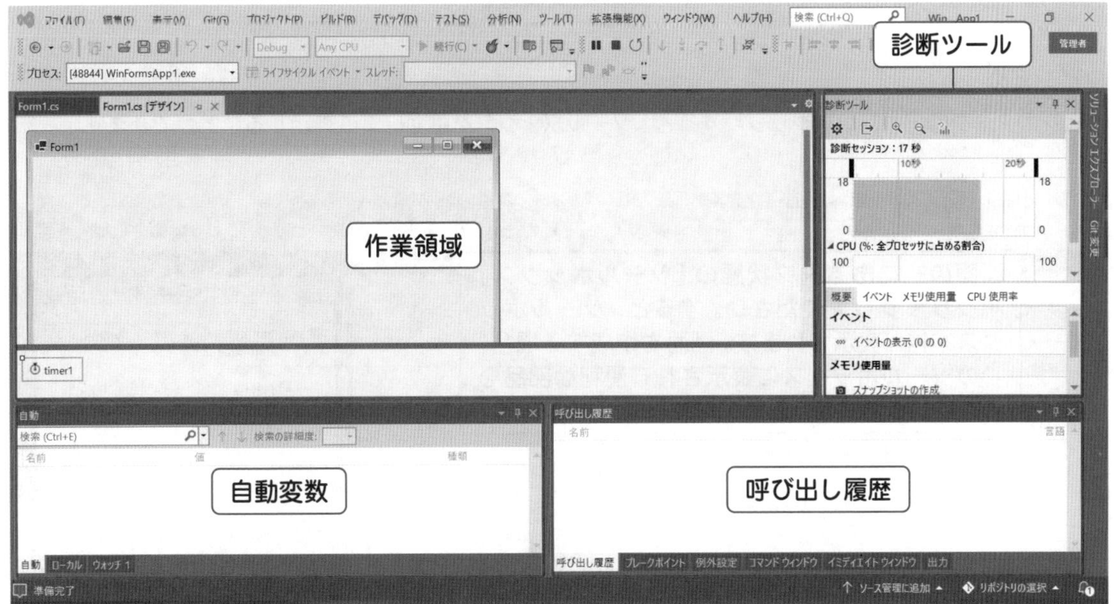

＊**ビルド**　この後の2.5節で説明します。

下の表2-4に、まだ紹介していない画面の領域の機能についてまとめます。

表2-4：各領域の機能（プログラム実行・修正時）

領域	機能
自動変数	プログラムの中の変数*の値を確認できる領域です。デバッグ時に便利な情報で、一部機能については、Chapter5で解説します
呼び出し履歴	プログラムの中のファンクション*の呼び出し履歴（呼び出し順）の情報を確認できる領域です
診断ツール	プログラムがどれくらいCPUやメモリを使っているかを確認できる領域です

画面をカスタマイズする

プログラムしやすいように、画面の構成を自分の好きなようにカスタマイズできます。最後に元の状態に戻す方法も説明していますので、いろいろ試してみてください。

ピン留め

ピンのマークのアイコンをクリックすると、ツールボックスを画面に常に表示することができます。

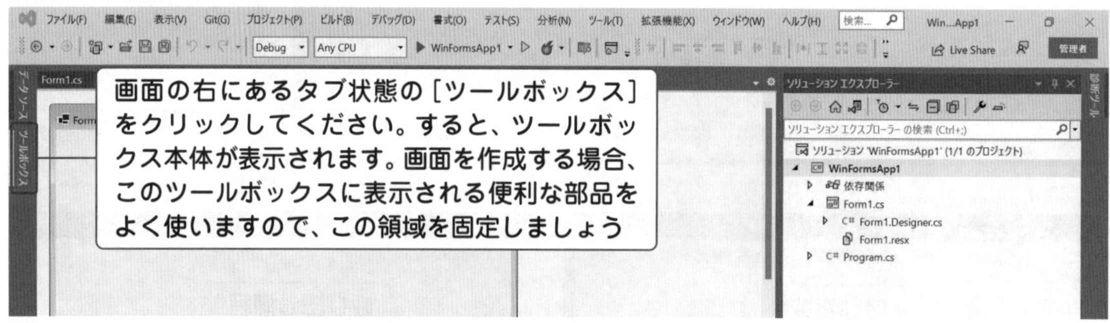

画面の右にあるタブ状態の［ツールボックス］をクリックしてください。すると、ツールボックス本体が表示されます。画面を作成する場合、このツールボックスに表示される便利な部品をよく使いますので、この領域を固定しましょう
ソリューション エクスプローラー
WinFormsApp1
Form1.cs
Form1.Designer.cs
Form1.resx
Program.cs

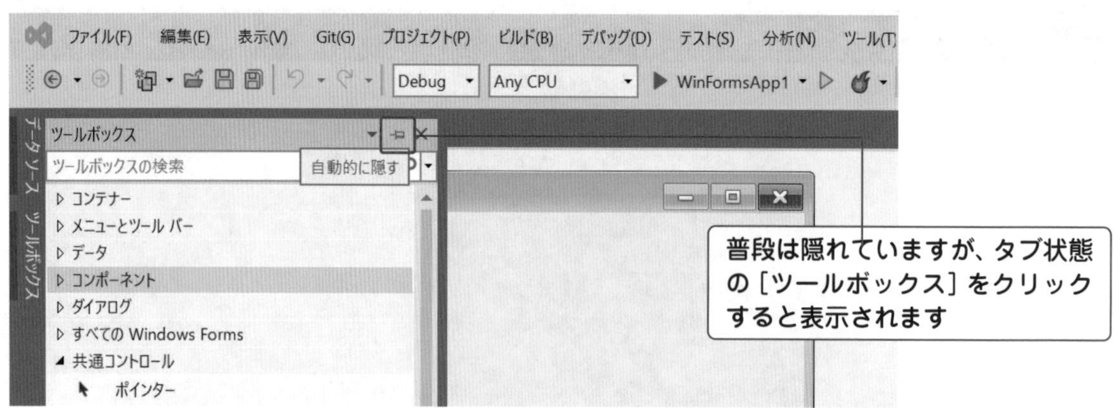

＊**変数**　3.4節で説明します。
＊**ファンクション**　3.7節で説明します。

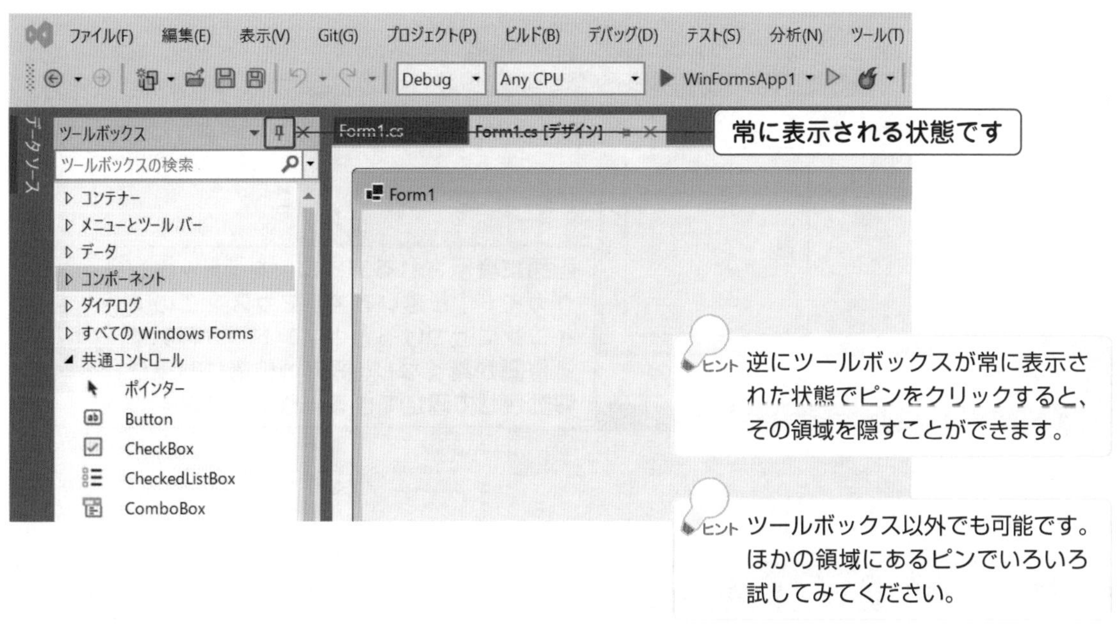

本書では、ツールボックスをピン留めした状態の画面構成で説明します。

●ウィンドウの移動

VS Community 2022のそれぞれの領域にあるウィンドウは、移動させることができます。

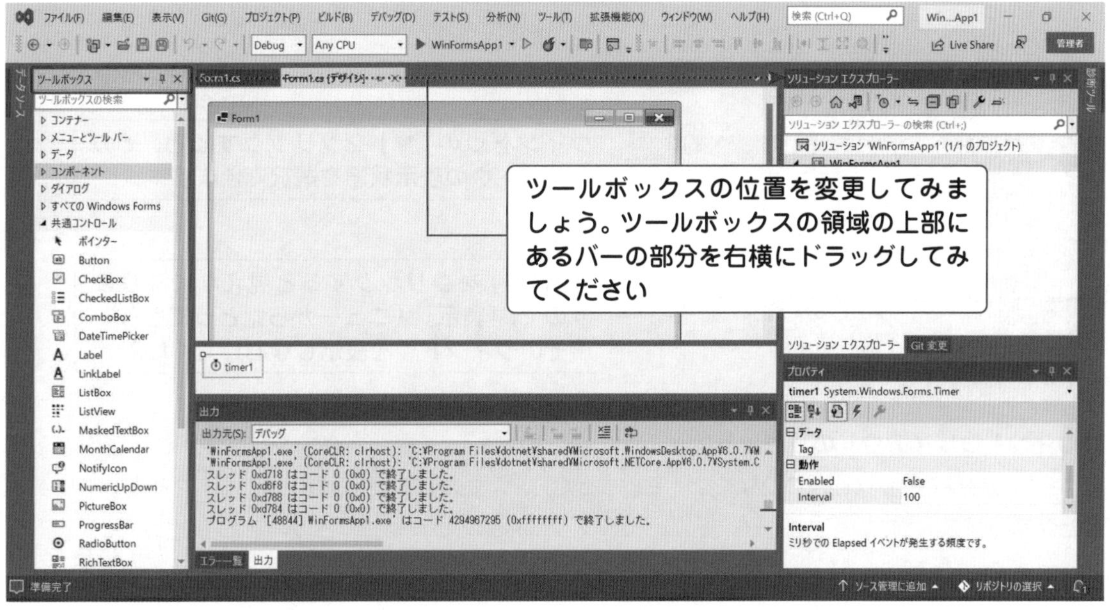

ツールボックスの位置を変更してみましょう。ツールボックスの領域の上部にあるバーの部分を右横にドラッグしてみてください

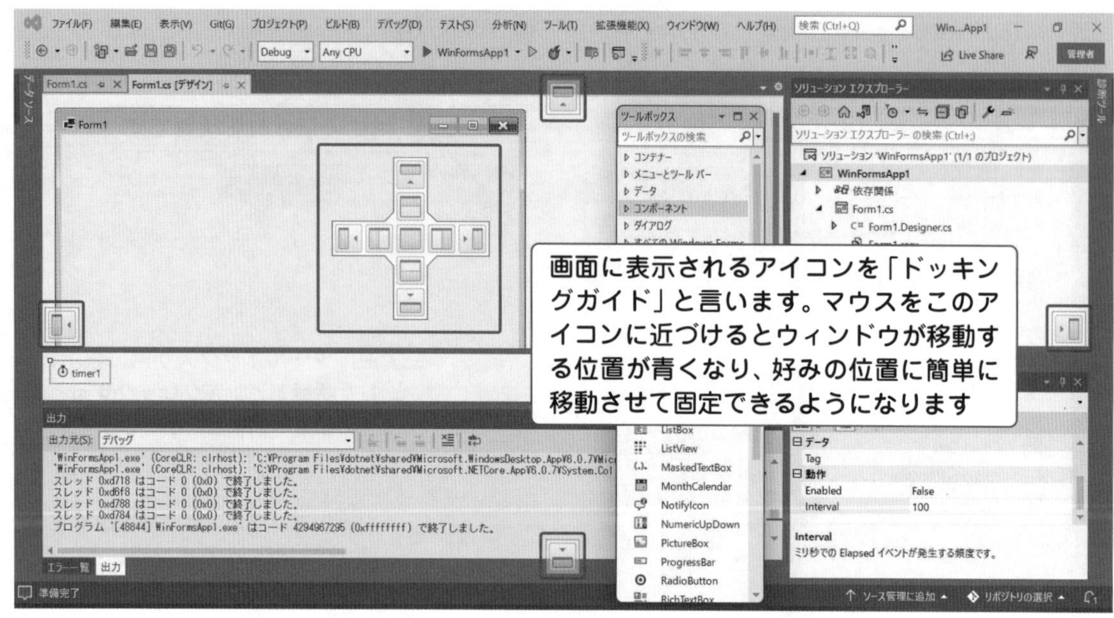

画面に表示されるアイコンを「ドッキングガイド」と言います。マウスをこのアイコンに近づけるとウィンドウが移動する位置が青くなり、好みの位置に簡単に移動させて固定できるようになります

ヒント 後でツールボックスは元の位置に戻しておきましょう。

●ウィンドウの表示・非表示

作業に合わせてウィンドウを表示させたり、非表示にしたりできます。

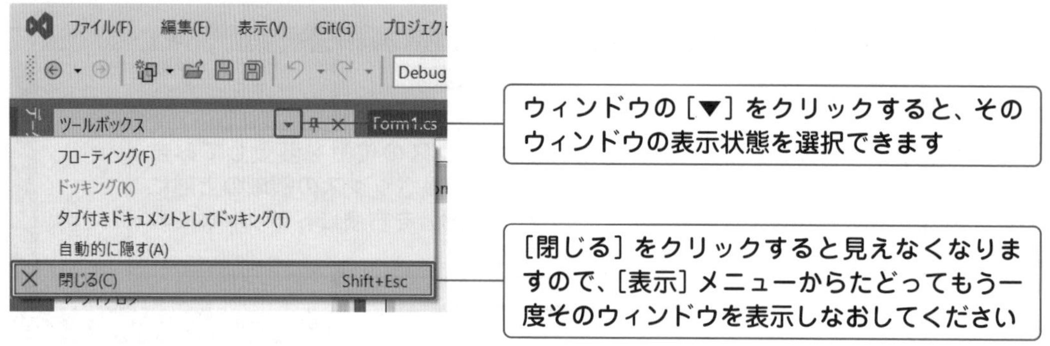

●ウィンドウレイアウトのリセット

いろいろ触って取り返しがつかなくなってしまった方、大丈夫です。画面のレイアウトを初期状態に戻すことができます。

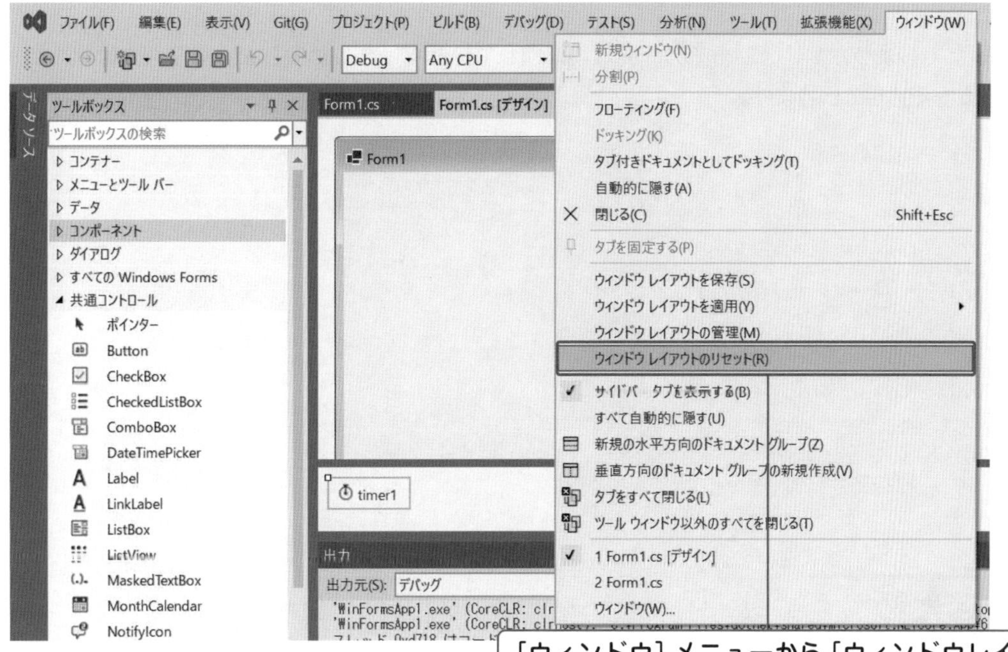

●実行中のウィンドウの一覧

実行中のウィンドウの一覧を表示させることができます。開発中に複数のファイルを編集している場合などに便利な機能です。

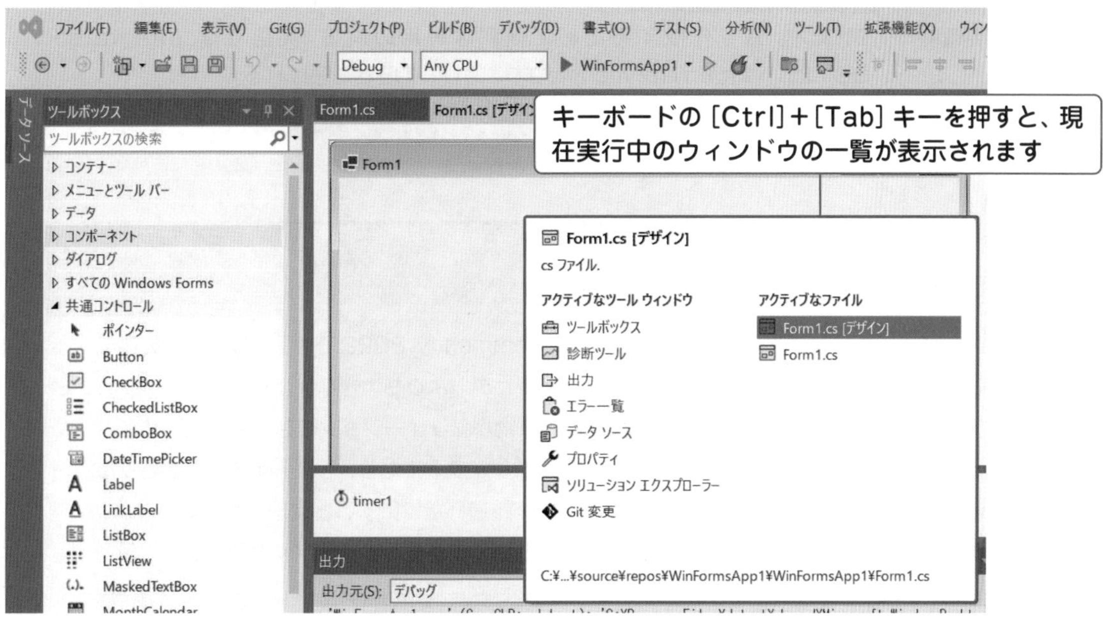

いかがでしたでしょうか？　はじめての開発環境に慣れていただけましたでしょうか？　次は、いよいよ、プログラムを記述していきます。

まとめ

- VS Community 2022の画面には、プログラミングの効率が良くなる工夫がされている。
- ピン留め、ウィンドウの移動、実行中のウィンドウの一覧など、画面を好きなようにカスタマイズできる。

用語のまとめ

用語	意味
統合開発環境	プログラムを作成するために便利な専用の環境。英語では、Integrated Development Environmentとなり、略してIDEとも呼ばれる

Column プロジェクトとソリューション

次の2.3節で説明しますが、統合開発環境のVS Community 2022では、プログラムを作成する単位はプロジェクトで行われます。そして、そのプロジェクトよりも大きな集まりをソリューションと言います。つまり、プロジェクトをいくつも集める入れ物がソリューションになります。

料理に例えると、肉料理、魚料理の１つひとつがプロジェクトになり、それらすべてを含むフルコースがソリューションにあたります。肉料理に必要な材料、道具だけにすると管理しやすいですよね。プロジェクトもまとまった単位で分けると、アプリケーションの開発がやりやすくなるというわけです。

3 プロジェクトの作成

いよいよVS Community 2022を用いて簡単なアプリケーションの作成を行います。アプリケーションを作成する「お作法」を学びましょう。

●アプリケーションの種類を選ぶ

VS Community 2022では、**プロジェクト**という単位でアプリケーションを作成します。

プロジェクトとは、プログラムファイルの集まりを開発環境でまとめて管理する単位のことです。簡単に言えば、アプリケーションを開発するために必要なものの集まりです。

ただし、VS Community 2022が、このあたりの管理作業を自動的に行ってくれますので、あまり深く考えなくても問題ありません。

アプリケーションを作成するには、プロジェクトを作成する必要があります。プロジェクトを作成する手順は以下のようになります。

●スタートメニューから起動して、プロジェクトを作成する場合

まず、Windowsメニューの検索ウィンドウから、「Visual Studio 2022」を検索し、その結果を選択します。そして、スタートにピン留めした場合、スタートメニューから直接「Visual Studio 2022」を選択できます。

1 [スタートメニュー] を開く

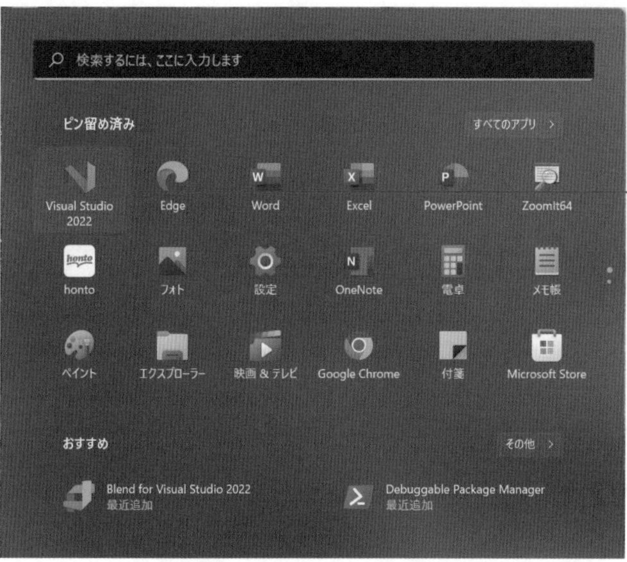

[スタートメニュー] から [Visual Studio 2022] を選択します

2 ［新しいプロジェクトの作成］を選択する

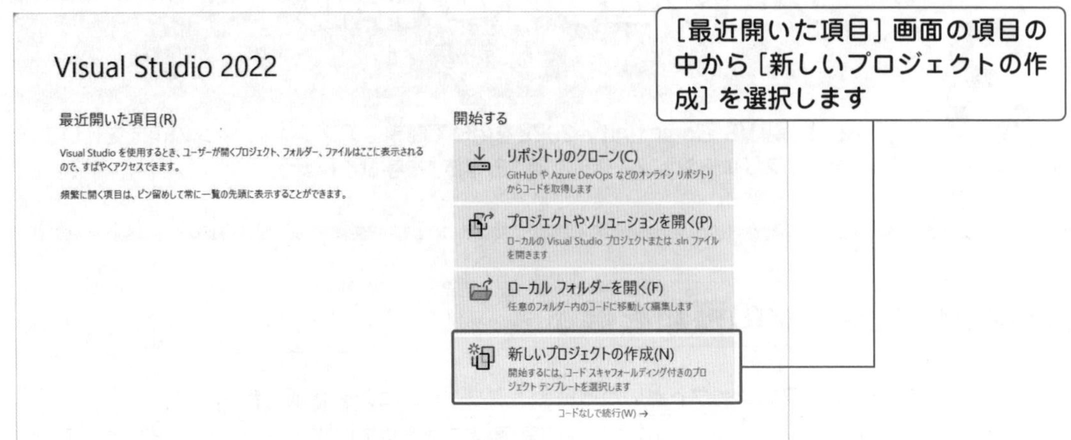

Visual Studio 2022で作成可能なプロジェクトの**ひな形**が**テンプレート**として用意されているので、作成したいアプリケーションの種類に応じたテンプレートを選択します。

このテンプレートは、インストールした項目によって増減します。

3 テンプレートを選択する

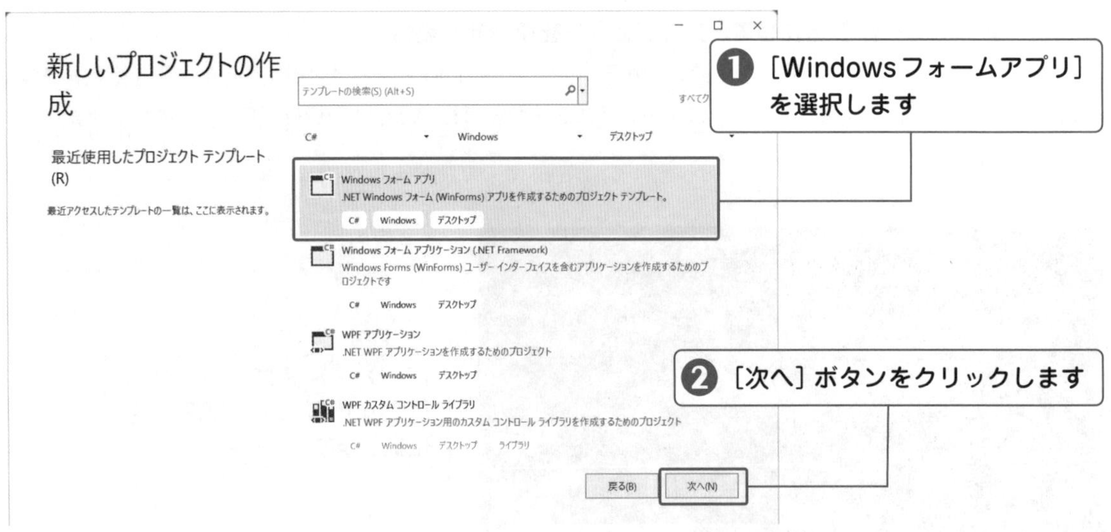

ヒント ［Windowsフォームアプリケーション(.NET Framework)］ではありません。［Windowsフォームアプリ］は、.NET 6.0がベースになっています。一方、［Windowsフォームアプリケーション(.NET Framework)］は、.NET Framework 4.8がベースになっており、古い技術がベースになっています。どちらでも同じWindowsフォームを作成することは可能ですが、本書では、最新の.NET 6.0ベースをメインに説明します。

ヒント テンプレートの種類が多いので、言語、プラットフォーム、プロジェクトの種類で絞り込むことができます。言語を［C#］、プラットフォームを［Windows］、プロジェクトの種類を［デスクトップ］を選択して絞り込むと楽に見つかります。

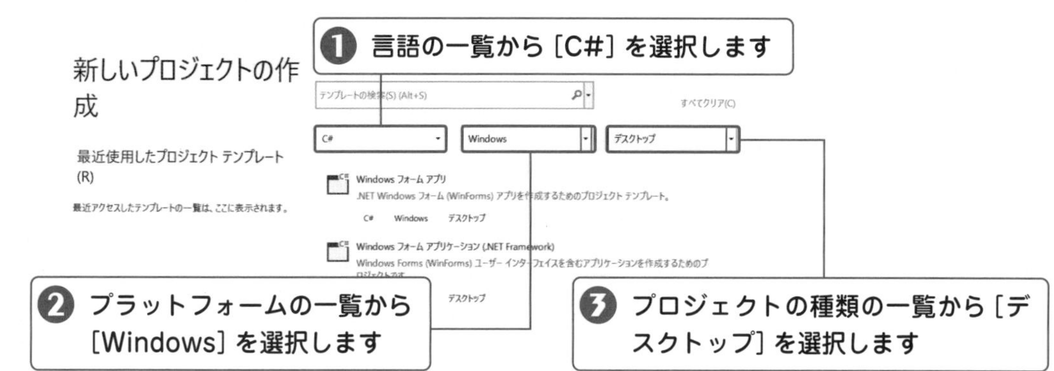

ヒント 前回、選択したプロジェクトの種類が、［最近使用したプロジェクトテンプレート］に一覧表示されますので、2回目以降、同じプロジェクトの種類を選ぶときは楽に選ぶことができます。

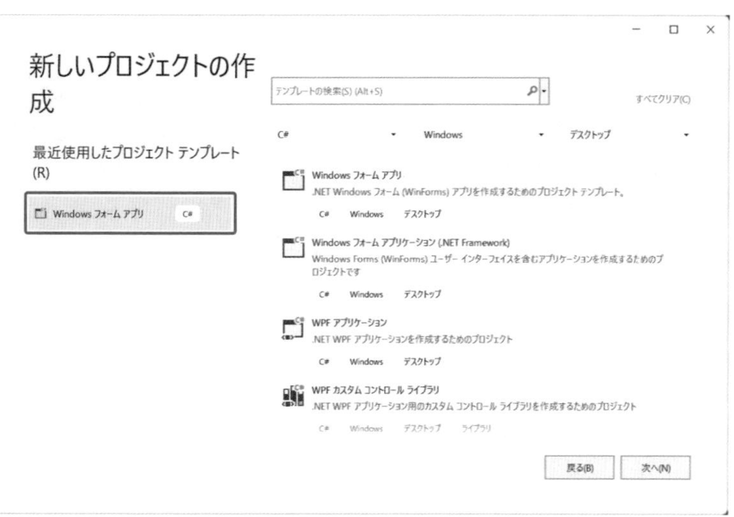

プロジェクト名、場所（保存するフォルダーの位置）を細かく指定することができます。今回は、表示されたものをそのまま使用してみましょう。

4 新しいプロジェクトを構成する

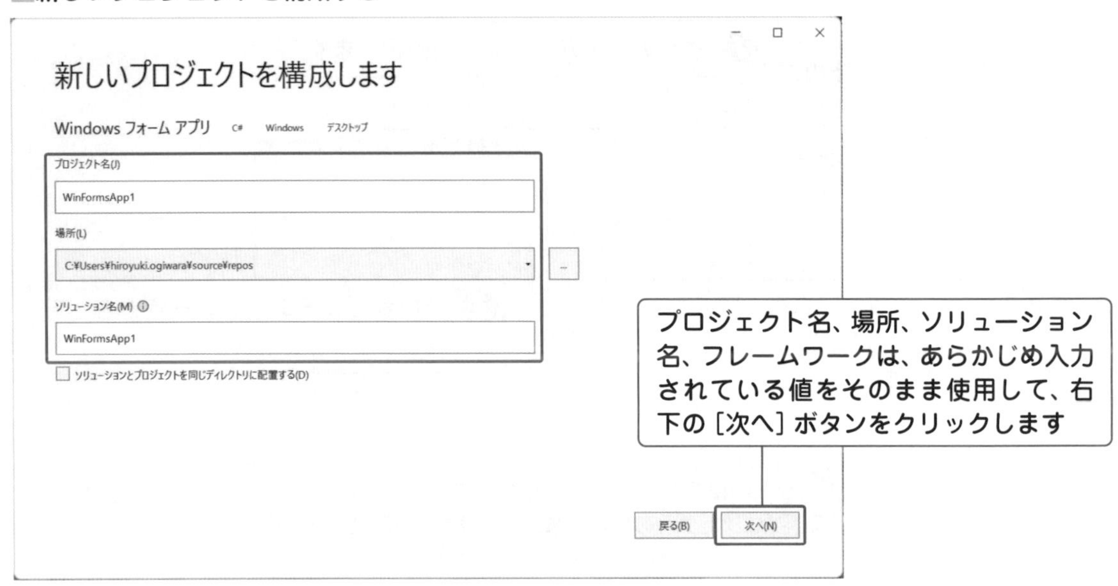

ヒント ［Windowsフォームアプリケーション(.NET Framework)］を選んだ場合は、この画面に.NET Frameworkの種類を選択できる項目が増えています（.NET Frameworkの数値で大きな数字を選ぶと、新しい環境になります。.NET Framework 4.8が最大）。とても微妙な違いですが、デフォルトのプロジェクト名も異なっており、「WindowsFormsApp1」になっています。

5 ［追加情報］画面が表示される

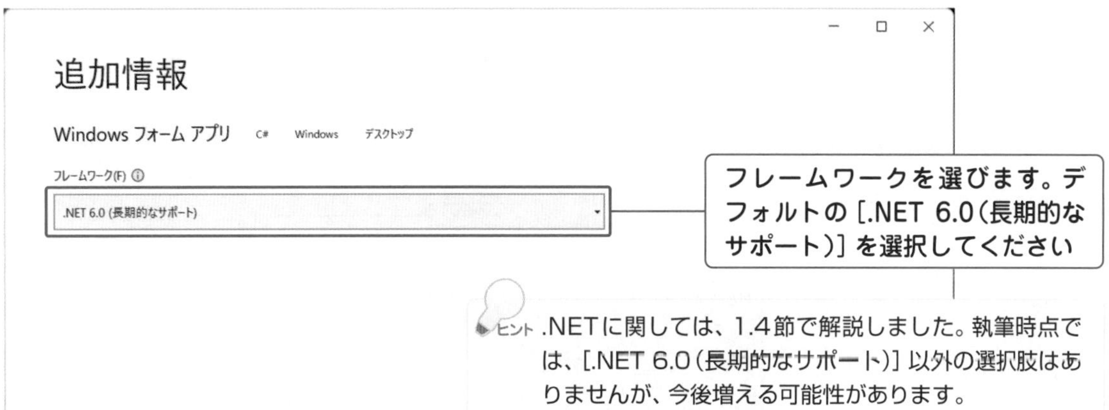
追加情報
Windows フォーム アプリ C# Windows デスクトップ
フレームワーク(F)
.NET 6.0 (長期的なサポート)
フレームワークを選びます。デフォルトの［.NET 6.0（長期的なサポート）］を選択してください
ヒント .NETに関しては、1.4節で解説しました。執筆時点では、［.NET 6.0（長期的なサポート）］以外の選択肢はありませんが、今後増える可能性があります。

6 ひな形の画面が表示された

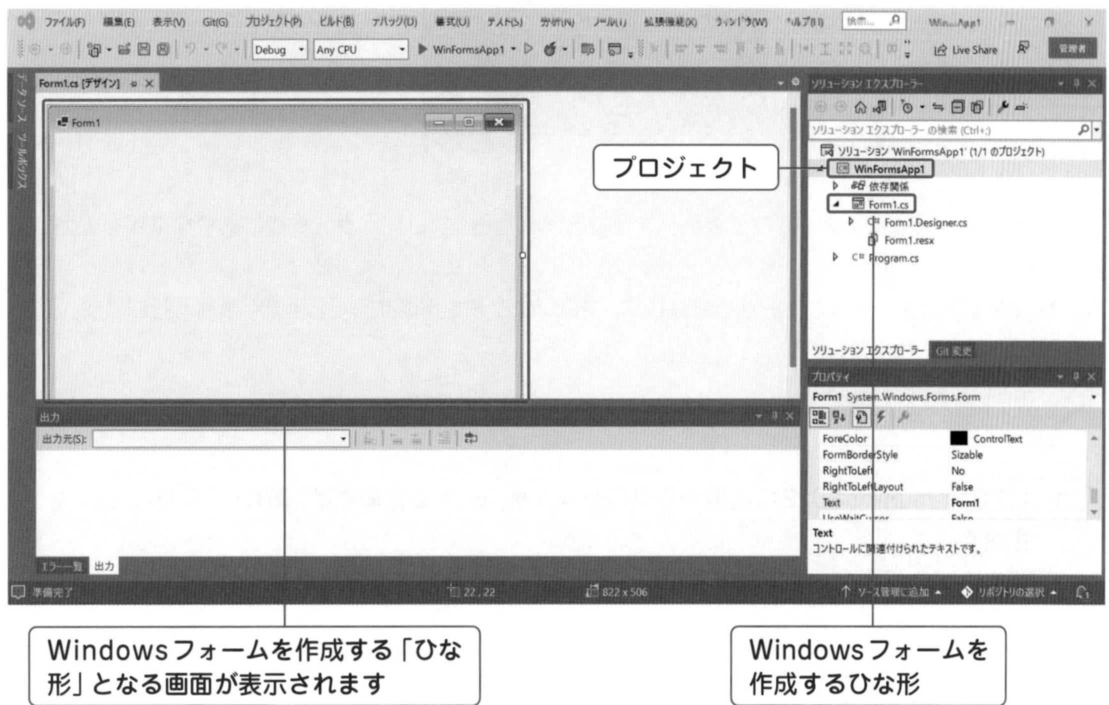
プロジェクト
ソリューション 'WinFormsApp1' (1/1 のプロジェクト)
WinFormsApp1
依存関係
Form1.cs
Form1.Designer.cs
Form1.resx
Program.cs
Windowsフォームを作成する「ひな形」となる画面が表示されます
Windowsフォームを作成するひな形

ソリューションエクスプローラーに表示されている情報を確認してみましょう。

手順4で入力した「WinFormsApp1」という名前が付いたプロジェクトの下に、Windowsフォームを作成するひな形の「**Form1.cs**」というファイルがぶら下がっているという構造になっています。

VS Community 2022では、プログラム作成に必要なファイルをこのようにして管理しています。

●すでにVS Community 2022を起動している場合

VS Community 2022の［最近開いた項目］画面で、コードなしで続行を選んだ場合や、すでにソリューションを作成している状態で、別のアプリケーションを作成したい場合はこちらになります。

1 ［ファイル］メニューを表示する

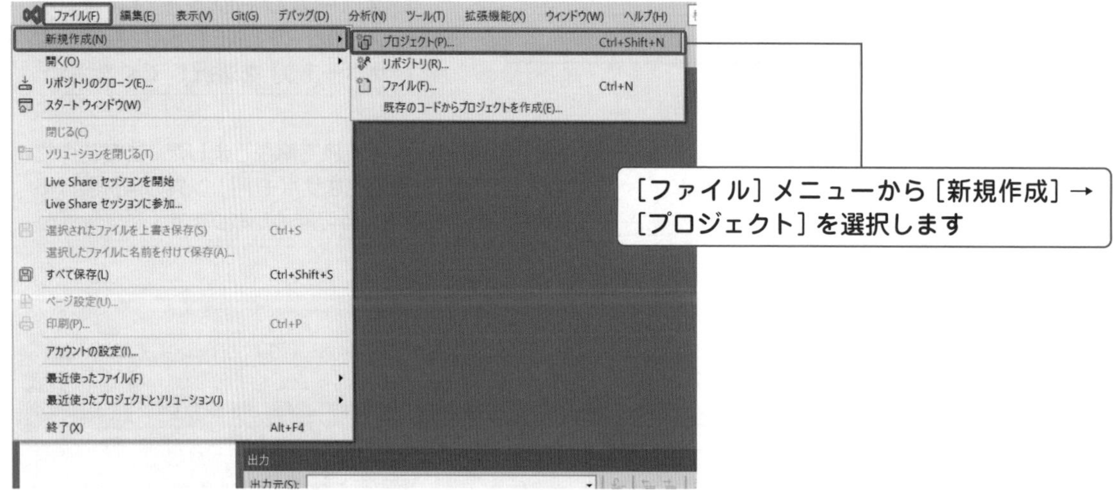

［新しいプロジェクト］ダイアログボックスが表示されたら、プロジェクト作成に必要な情報を入力します。

これ以降は、「スタートメニューから起動して、プロジェクトを作成する場合」の手順3と同じです。

まとめ

- VS Community 2022の環境からプログラムを作成するためには、新しいプロジェクトを作成する。
- 新しいプロジェクトを作成するには、メニューから選択する方法とアイコンをクリックする方法がある。

用語のまとめ

用語	意味
プロジェクト	プログラムファイルの集まりを開発環境でまとめて管理する単位
ソリューション	1つ以上の複数のプロジェクトを集めて管理する単位。VS Community 2022では「.sln」という拡張子で管理する。「*.sln」ファイルをダブルクリックするとVS Community 2022が起動する

4 プログラムの記述

アプリケーションを作る場合、アプリケーションの画面をまず先に作ります。そして、画面に見えている値を設定します。このデザイン画面で値を設定することもできます。ここでは、雰囲気だけつかんでください。

●デザイン画面で値を設定する

いよいよ**プログラムを書く***作業に入ります。まずは準備です。VS Community 2022を起動した後、ツールボックスを常にピン留めして表示する状態にしておき、見やすくします。以降、本書ではこの設定で画面の説明を行います。

1 ［Label］コントロールをドラッグ&ドロップする

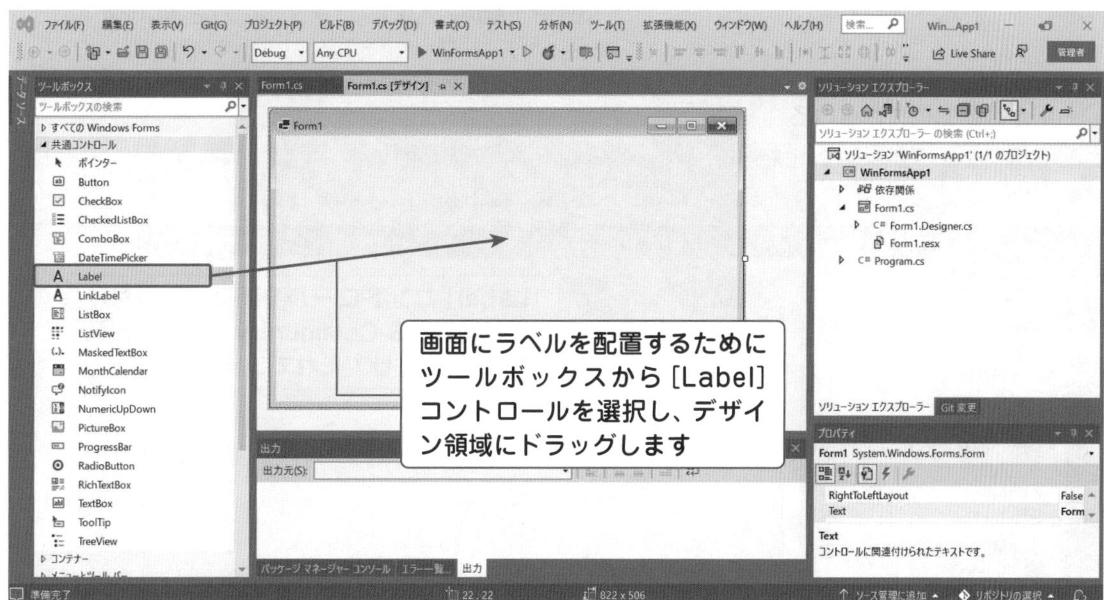

画面にラベルを配置するためにツールボックスから［Label］コントロールを選択し、デザイン領域にドラッグします

ヒント ［Label］コントロールは、ツールボックスの［共通コントロール］の中にあります。見つからない場合は、ツールボックスの検索ウィンドウに［label］と入力すると見つかります。共通コントロールの中にあるコントロールは、頻繁に使いますので、ある程度位置を覚えておくことをお勧めします。

* **プログラムを書く**　プログラムを書くことを「コーディング」と言う。

2 ガイド線が表示される

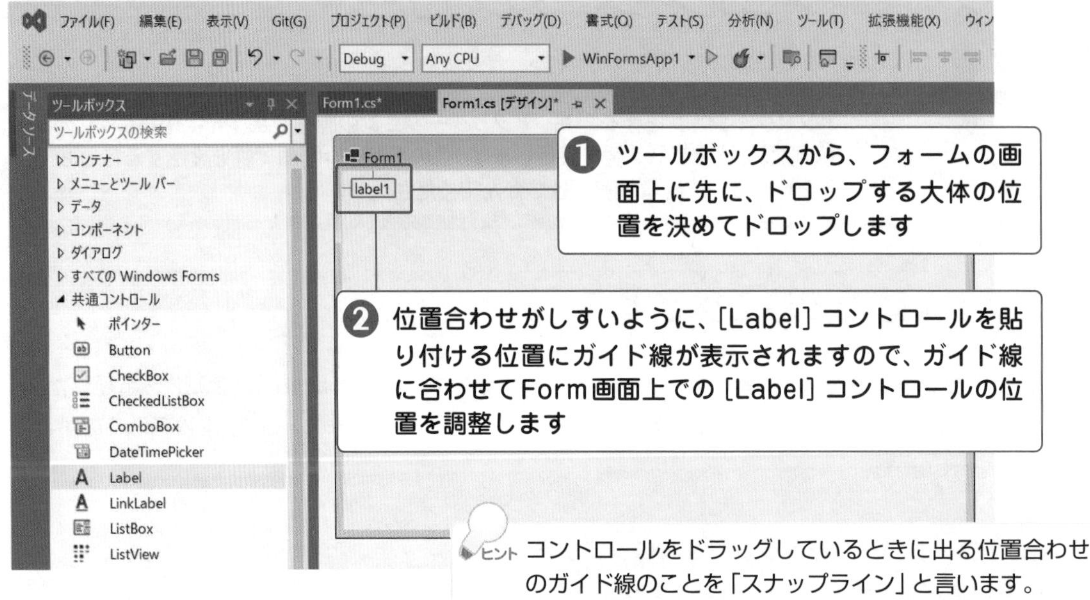

❶ ツールボックスから、フォームの画面上に先に、ドロップする大体の位置を決めてドロップします
❷ 位置合わせがしすいように、[Label] コントロールを貼り付ける位置にガイド線が表示されますので、ガイド線に合わせてForm画面上での [Label] コントロールの位置を調整します

ヒント コントロールをドラッグしているときに出る位置合わせのガイド線のことを「スナップライン」と言います。

3 名前が自動的に付けられる

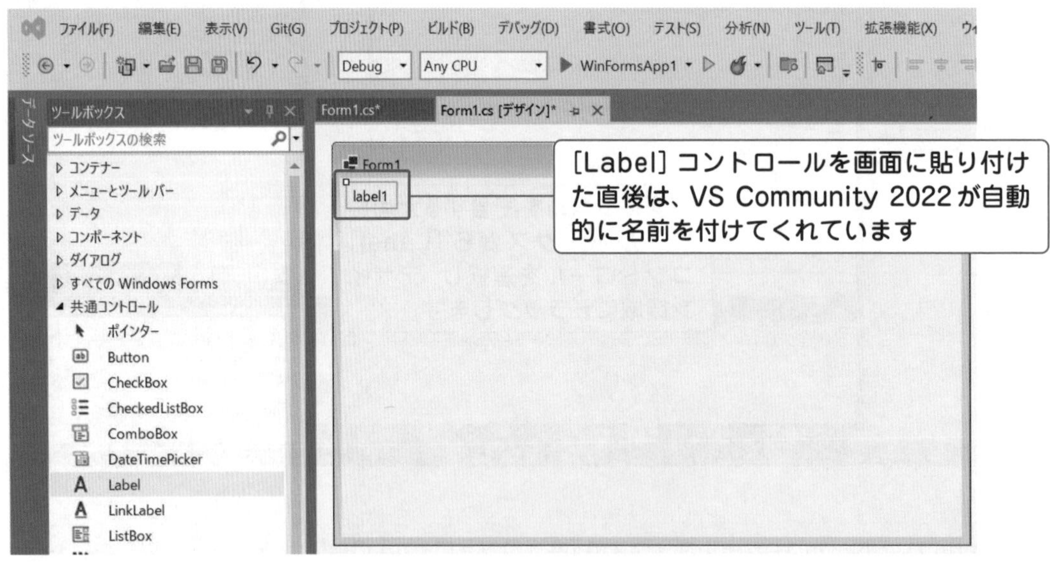

[Label] コントロールを画面に貼り付けた直後は、VS Community 2022が自動的に名前を付けてくれています

自動的に付けられた名前は、次のようになっています。

コントロール名＋数値

このままにしておくと、後からこの部品を使いたいとき、どんな目的の部品だったのか忘れてしまうので、ご自分で名前を付けることをお勧めします。名前は、画面右下のプロパティウィンドウを使って、[Label]コントロールの(Name)プロパティに新しい名前を入力します。詳しくは、3.3節で説明しますので、今は「label1」のままにしておきます。

次に、新しくできた「label1」に表示する値をプロパティウィンドウで設定します。

1 Textプロパティの値を設定する

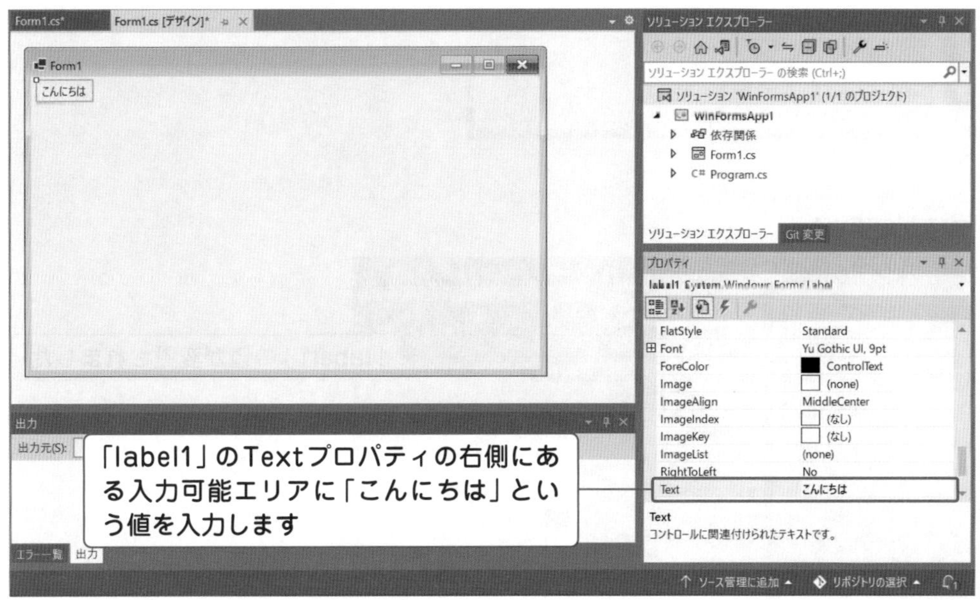

「label1」のTextプロパティの右側にある入力可能エリアに「こんにちは」という値を入力します

ヒント Form1のデザイン画面で、先程画面に置いたlabelコントロールをクリックした状態で右下のプロパティにlabelのプロパティが表示されます。Textプロパティは、[Design][データ][配置]などのカテゴリ分けの一番下の[表示]のカテゴリにアルファベット順で表示されています。プロパティの最後からたどると見つけやすいです。

ヒント Textの値が直接変更できない場合は、入力エリア右側の［∨］ボタンをクリックして入力領域を拡張してください。

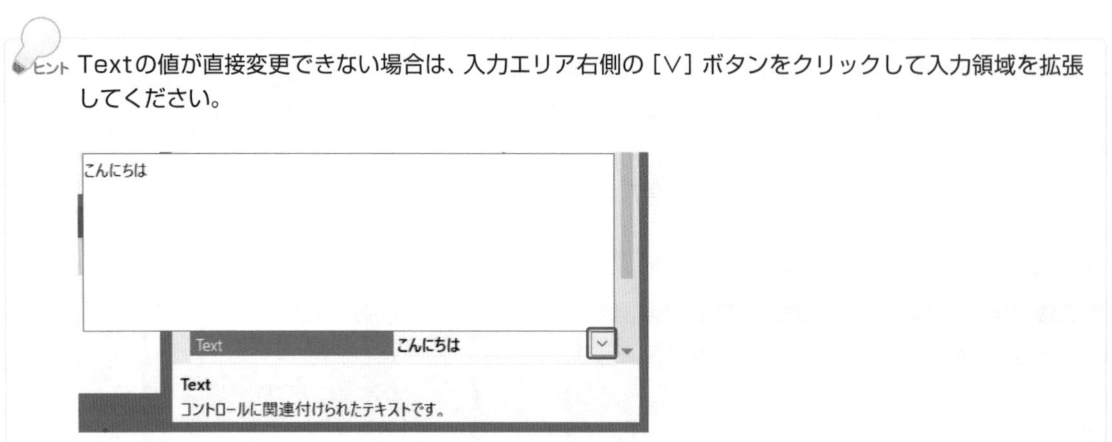

2「label1」の値が変更された

これでプログラムはひとまず完成です。あれ？　ちょっと物足りないですか？　ここまでですと、ほとんどVS Community 2022の便利な機能が行ってくれてしまうため、プログラムコードを書く必要がありません。

プログラムコードで値を設定する

今度は、プログラムコードで値を設定してみます。まずプログラムコードを表示させます。

1 Windowsフォームをダブルクリックする

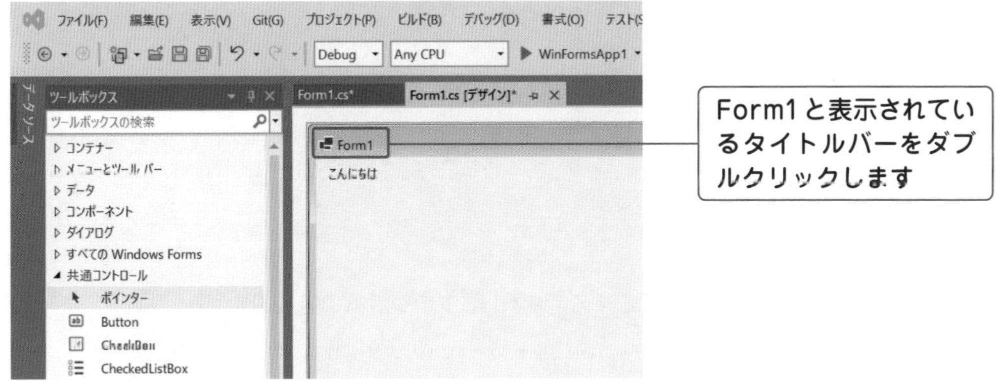

Form1と表示されているタイトルバーをダブルクリックします

2 プログラムコードが表示される

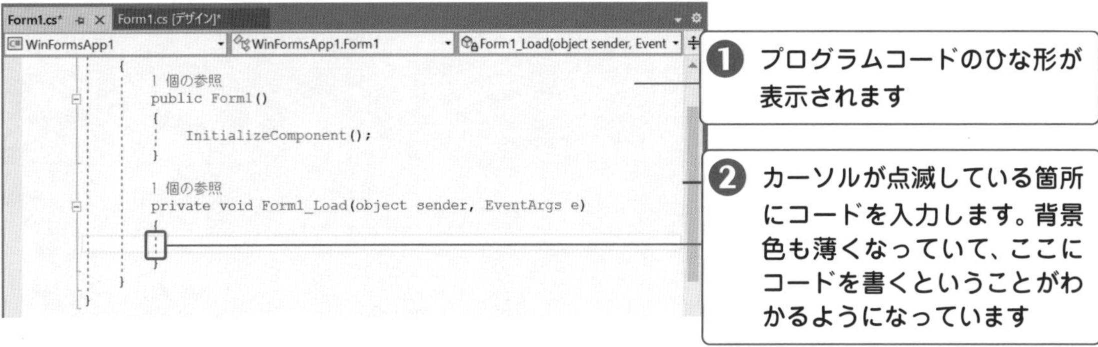

❶ プログラムコードのひな形が表示されます
❷ カーソルが点滅している箇所にコードを入力します。背景色も薄くなっていて、ここにコードを書くということがわかるようになっています

3 [Text] プロパティの値を設定する

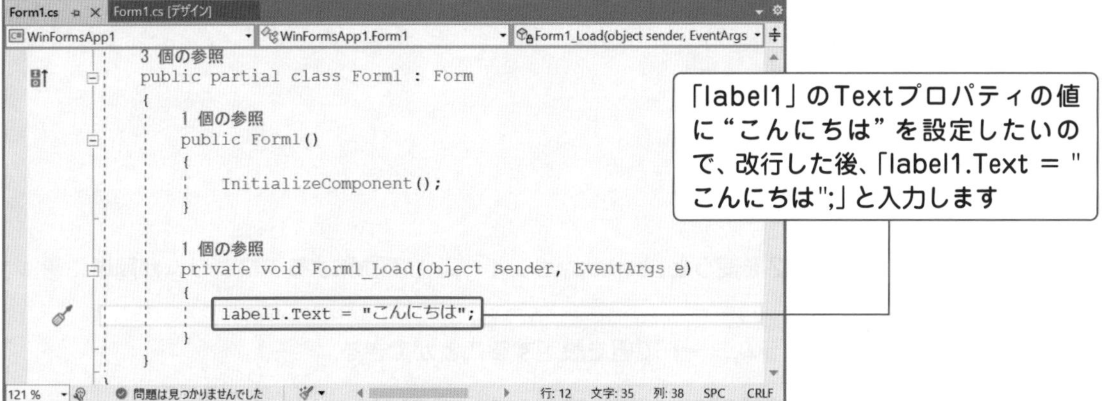

「label1」のTextプロパティの値に"こんにちは"を設定したいので、改行した後、「label1.Text = "こんにちは";」と入力します
label1.Text = "こんにちは";

なお、英数字と記号は、必ず**半角**で入力してください。英語のスペルは大文字と小文字の区別も正確に入力する必要があります。全角で入力すると正しく動作しないので、注意してください。

次の画面は、間違って全角で入力した例です。赤い波線が表示されて、間違いが指摘されます。赤い波線が表示された場合は、何らかの間違いがありますので、修正しましょう。詳しい修正の方法等は、Chapter6で学習します。

いかがでしょうか、入力できましたか？　ここまでできれば、プログラムの完成です。

まとめ

- VS Community 2022を使うと、Windowsフォーム上で動作するプログラムが簡単に書ける。
- デザイン画面やプログラムコードで値を設定することができる。

プログラムのコンパイルと実行

この節では、プログラムをコンパイルしてアプリケーションで実行する方法とコンパイル、ビルドの概念を説明します。

●プログラムをコンパイルする

画面の作成は終わりました。今度は実際にプログラムを動かしてみたいですね。プログラムを動かすためには、コンピューターにわかる言葉の**機械語***に翻訳する必要があることを前に説明しましたが、この翻訳作業のことを**コンパイル**と言います。

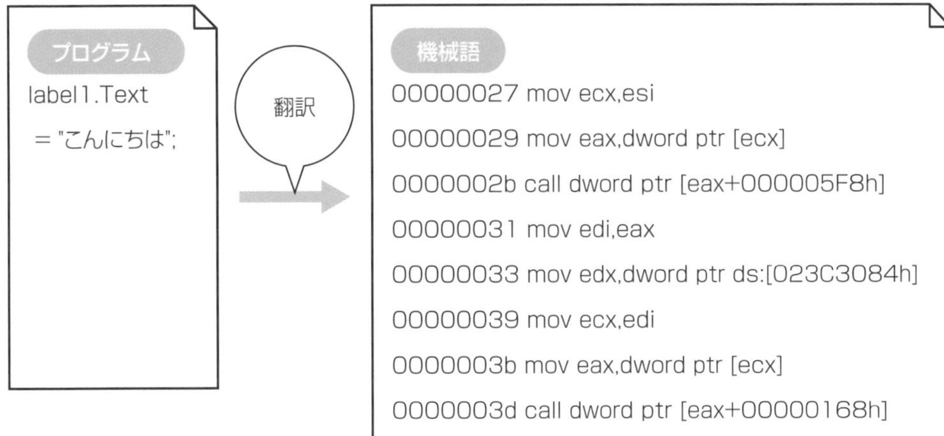

図2-1：コンパイルのイメージ

コンパイルでは、1つのプログラムファイルを機械語に翻訳する作業だけになります。実際に動くようにするには、関連する様々な情報をくっつけてあげなくてはいけません。関連する様々な情報をくっつけることを**リンク**と言います。

Windowsアプリケーションの場合は、.NET 6.0という便利な仕組みがあるため、直接、機械語に翻訳されず、**中間言語**に変換されます。

* **機械語** 機械語は、コンピューターが直接理解できる言語となるため、正確には23ページの表1-1の説明のように、0と1だけの2進数で表現されます。ただし、図2-1、図2-2では、0と1だけだと雰囲気がわからないため、書いたコードをコンピューターに伝える形式に変換されている様子がイメージできるように、アセンブリ言語のコードにしています（.NETの場合は、中間言語になります）。

このようなコンパイル、リンク、中間言語生成までの一連の作業をまとめて行ってくれるVS Community 2022の便利な機能のことを**ビルド**と言います。

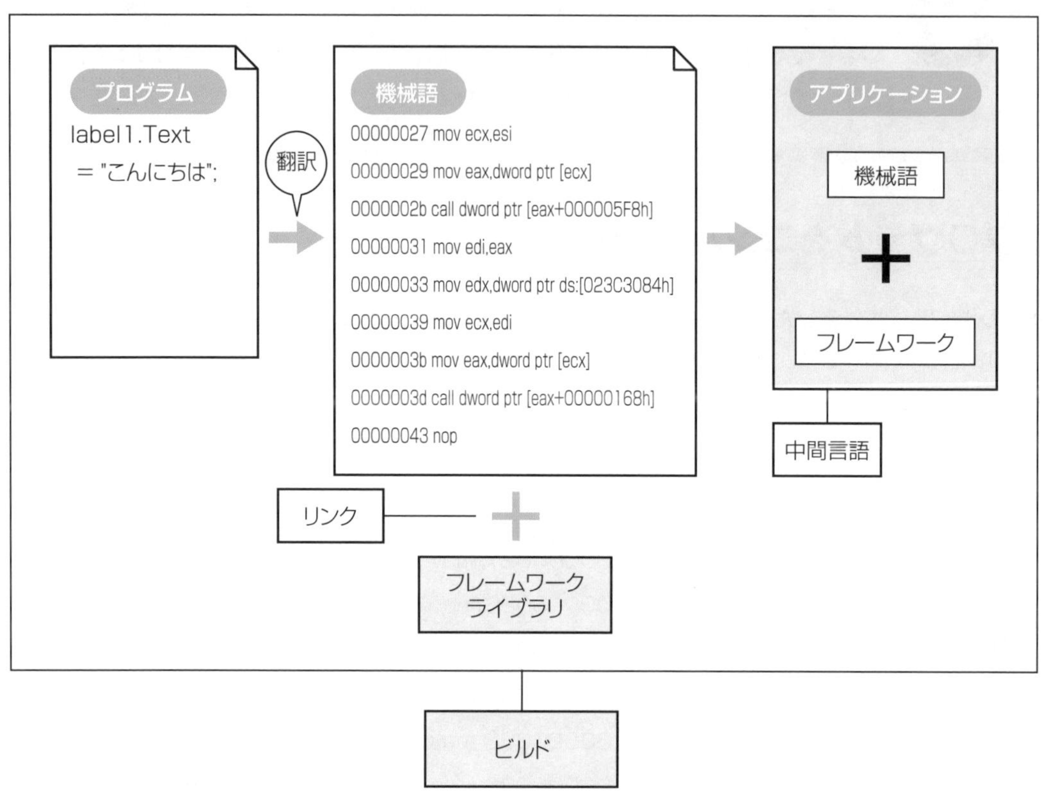

図2-2：**ビルドのイメージ**

VS Community 2022を用いて作成されたプログラムは、ビルドをすることで実行できるようになります。

●アプリケーションを実行する

VS Community 2022で作成されたアプリケーションを実行するためには、［▶（プロジェクト名）］ボタンをクリックします。

間違いを修正する作業のことを**デバッグ**と言いますが、［▶（プロジェクト名）］ボタンをクリックすると、ビルドとともにプログラムの間違いを修正しながらアプリケーションを実行し始めます。

1 [▶WinFormsApp1] ボタンをクリックする

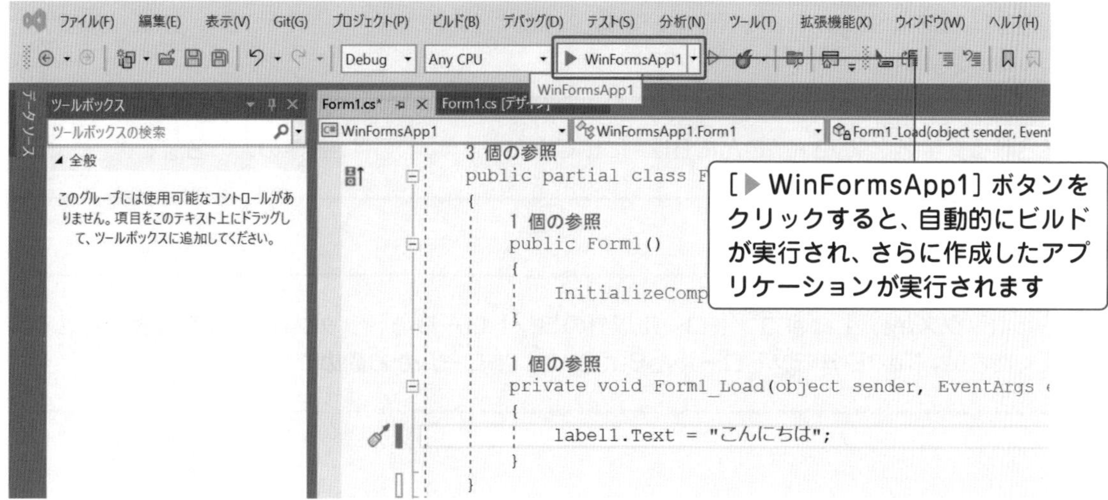

ヒント [Windows フォームアプリケーション (.NET Framework)] を選んだ場合は、[▶開始] ボタンになっています。

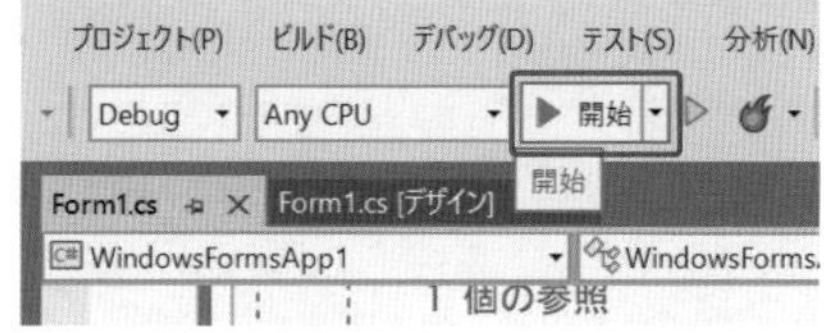

2 Form1 が起動する

Form1
こんにちは
プログラムに間違いがなければデザインしたForm1 が起動されて、「こんにちは」と表示されます

以上の操作で、プログラムのビルドと実行が完了しました！

ここまで、いかがだったでしょうか？　理解を深めるために次の練習問題にもチャレンジしてみてください。

練習 1

表示される文字を“○○さん、こんにちは”にしてみましょう。○○は、任意の人の名前です。

練習 2

ツールボックスから、Labelコントロール以外のコントロールをドラッグして、文字を表示させてみてください。TextBoxコントロールとButtonコントロールがお勧めです。

まとめ

◎ **VS Community 2022で作成されたアプリケーションの実行方法は、[▶（プロジェクト名）] ボタンをクリックする。**

用語のまとめ

用語	意味
コンパイル	プログラミング言語で書いたプログラムをコンピューターにわかる言葉である機械語に翻訳すること
リンク	実際に動くものを作るために、必要な情報をくっつけること
中間言語	.NETの仕組みの１つ。.NETに対応する言語で作成されたプログラムは、ビルドされた後、いったん中間言語に翻訳され、さらにアプリケーションの実行時に機械語に翻訳される
実行	コンパイル、リンクが終わったプログラムを動作させること
ビルド	コンパイル～リンクまでの一連の作業をまとめて行ってくれる、VS Community 2022の便利な機能のこと

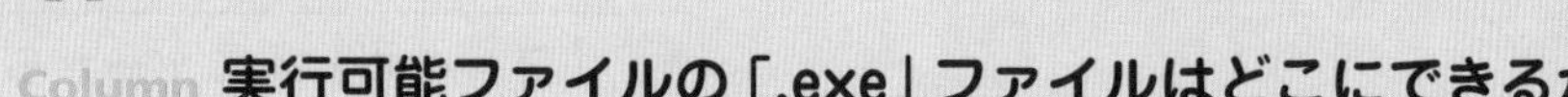

Column 実行可能ファイルの「.exe」ファイルはどこにできるか？

作成したアプリケーションは、「.exe」という拡張子になります。このファイルは実際にはどこにできるのでしょうか？　次の2.6節で解説する、プロジェクトを保存する際に指定したフォルダー以下は、下の画面のようにbinの下にDebug、さらに net6.0-windowsのフォルダーがあり、さらにその下に「.exe」があるという構造になっています。

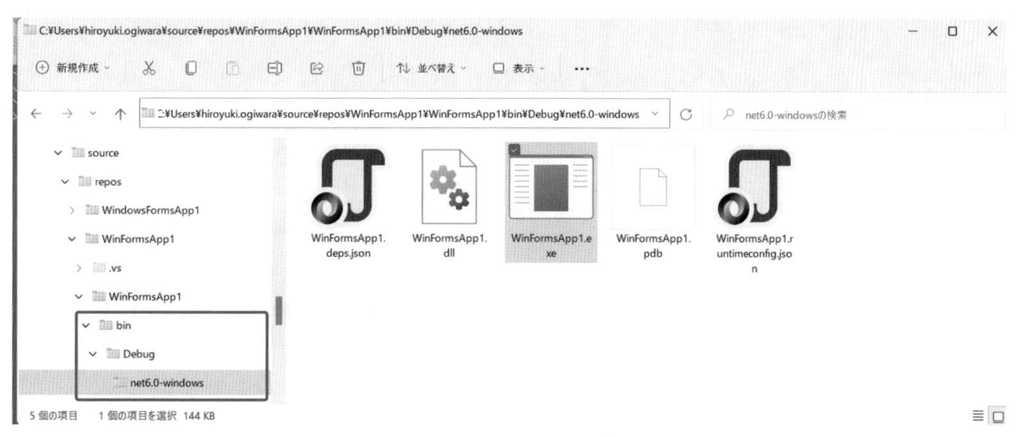

この「.exe」ファイルのことを実行可能ファイルと呼び、コピーすれば、別の場所でも動かすことができます（ただし、動作環境として、.NET 6.0がインストールされている必要があります）。

プログラム（プロジェクト）の保存

文章作成アプリケーションなどのアプリケーションでは、作成途中のデータを保存しておくことができますね。統合開発環境であるVS Community 2022も同様に、作成途中のプロジェクトを保存しておくことができます。

●プロジェクトを保存する

それでは、現在作成中のアプリケーションを保存してみましょう。

保存される単位は、ソリューションエクスプローラーで管理されている**ソリューション**の単位で保存されます。

1 ［ファイル］メニューを表示する

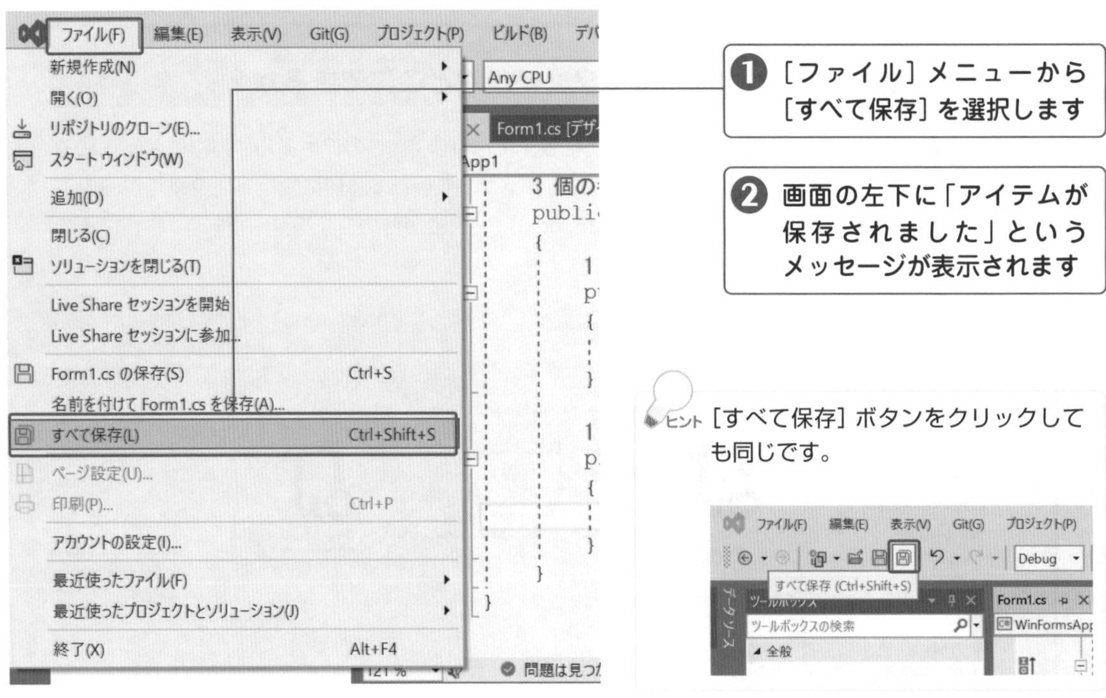

Tips ソリューションのディレクトリ

［新しいプロジェクトを構成します］画面に［ソリューションとプロジェクトを同じディレクトリに配置する］のチェックボックスがあります。

新しいプロジェクトを構成します

Windows フォーム アプリ　C#　Windows　デスクトップ

プロジェクト名(J)

WinFormsApp1

場所(L)

C:¥Users¥hiroyuki.ogiwara¥source¥repos

ソリューション名(M)

WinFormsApp1

ソリューションとプロジェクトを同じディレクトリに配置する(D)

戻る(B)　次へ(N)

このチェックボックスにチェックを入れた場合と入れない場合では、プロジェクトファイル（*.csproj）とソースコードファイルの保存先が異なります。

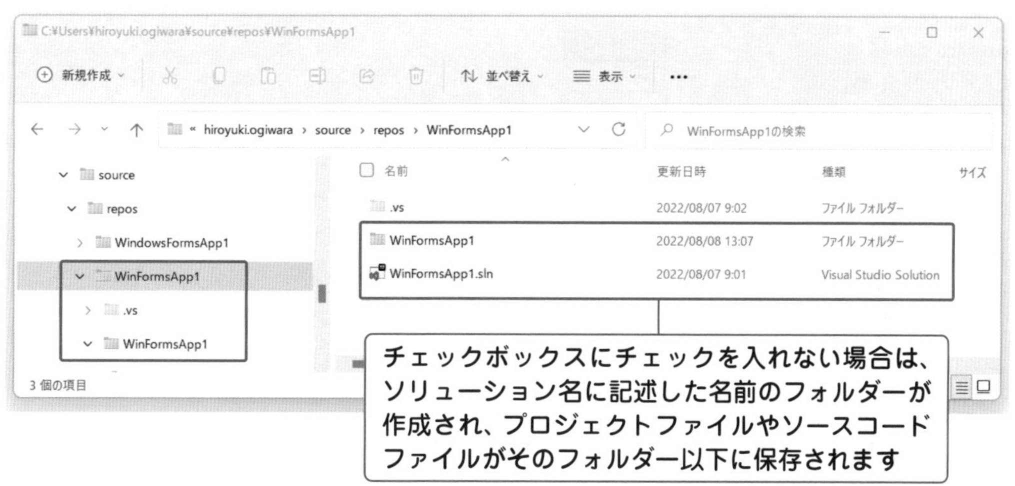

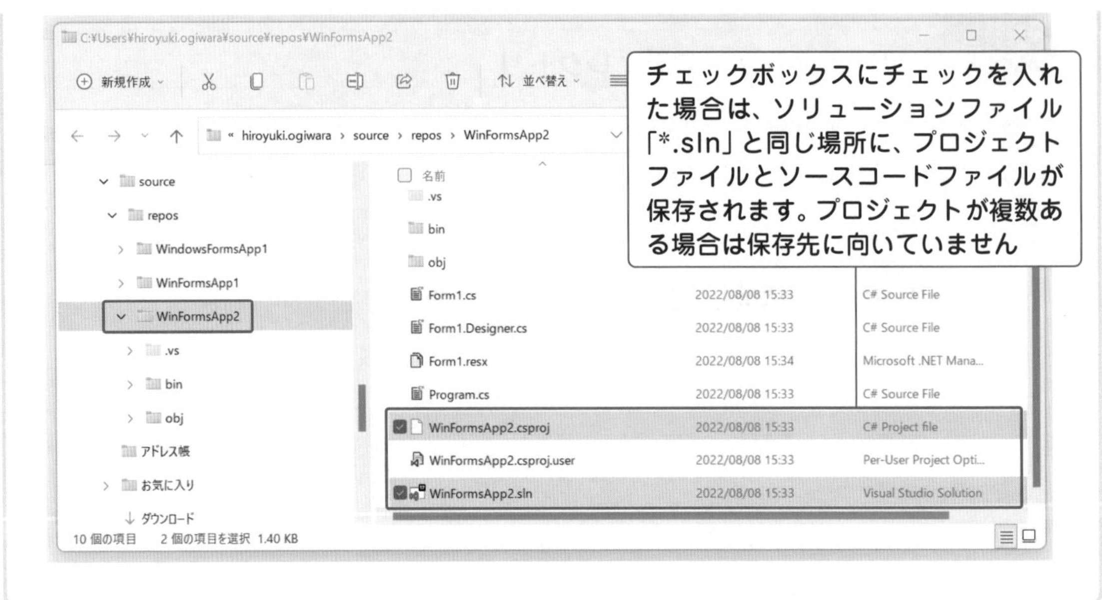

その他の保存方法

アプリケーションの作成中、保存せずにVS Community 2022を閉じた場合、変更の保存を確認するダイアログボックスが表示され、そこからでも保存できます。

1 プロジェクトを保存せずに終了する

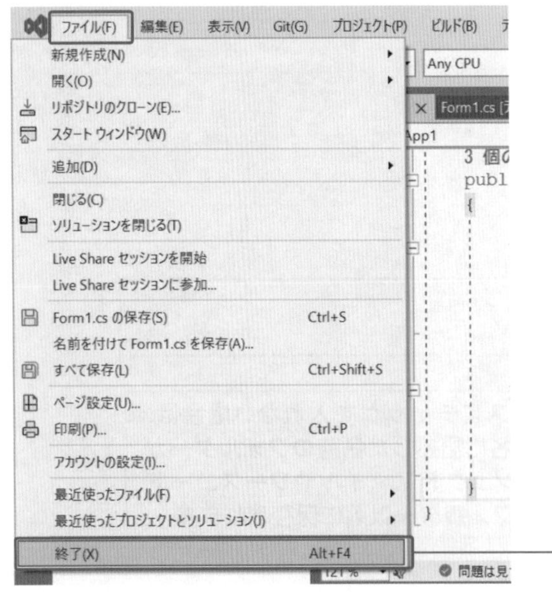

2 変更の保存を確認するダイアログが表示された

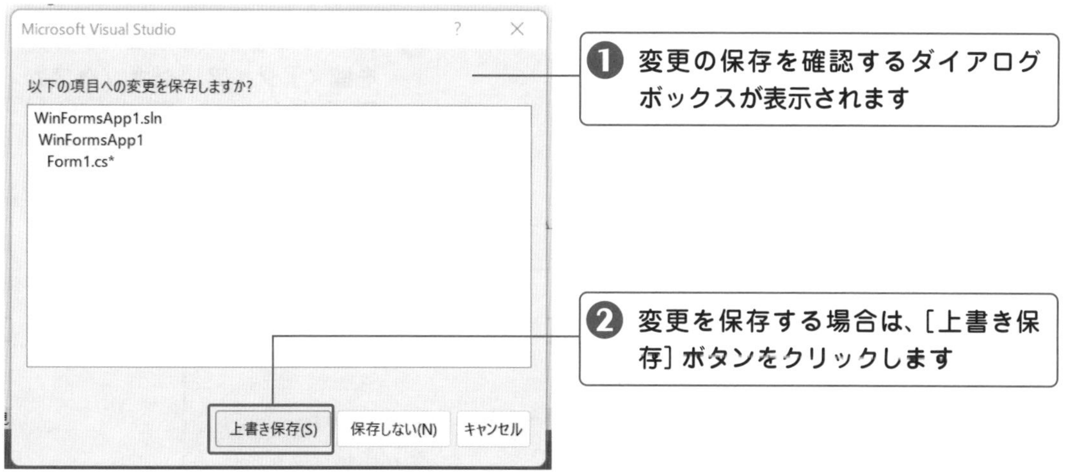

その後は、ソリューションが保存されます。

プロジェクトを開く

保存されたプロジェクトを開く方法を3つ説明します。

メニューから選ぶ方法

1 [ファイル] メニューを表示する

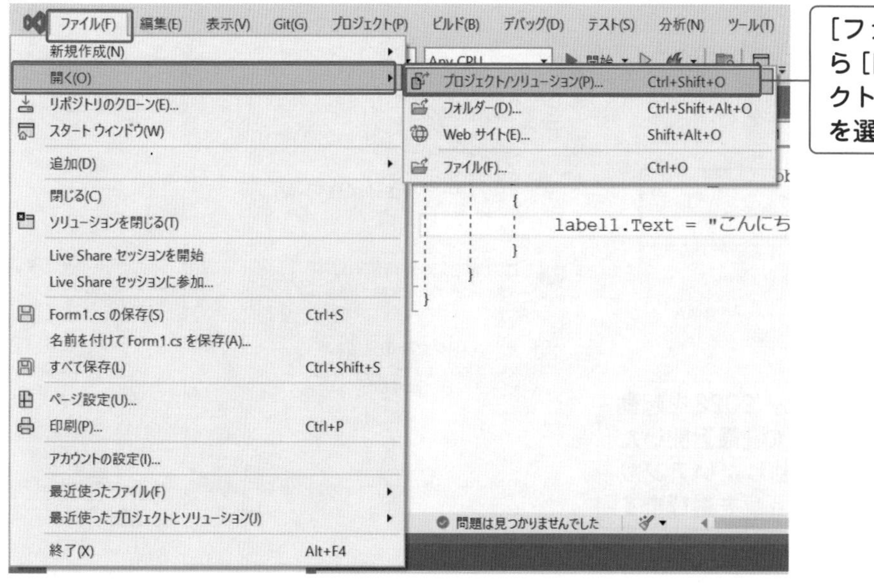

2 [プロジェクト/ソリューションを開く] ダイアログが表示される

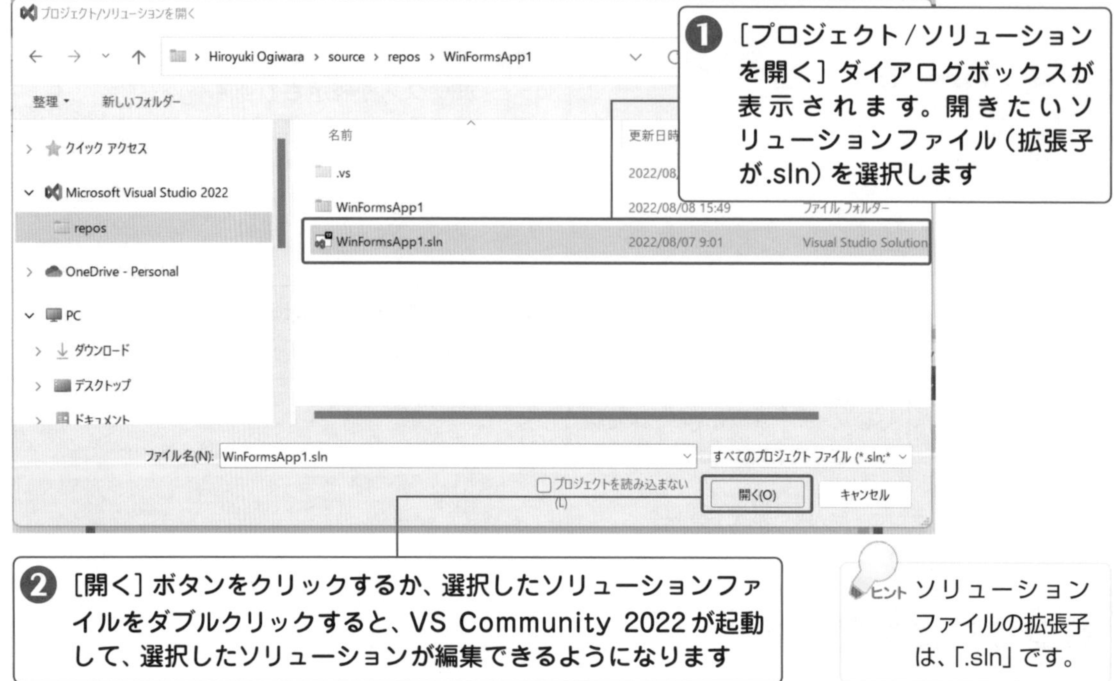

ヒント ソリューションファイルの拡張子は、「.sln」です。

●最近使ったプロジェクトから選択する方法

1 [スタートページ] を表示させる

●アイコンをダブルクリックする方法

1 ソリューションファイルのアイコンをダブルクリックする

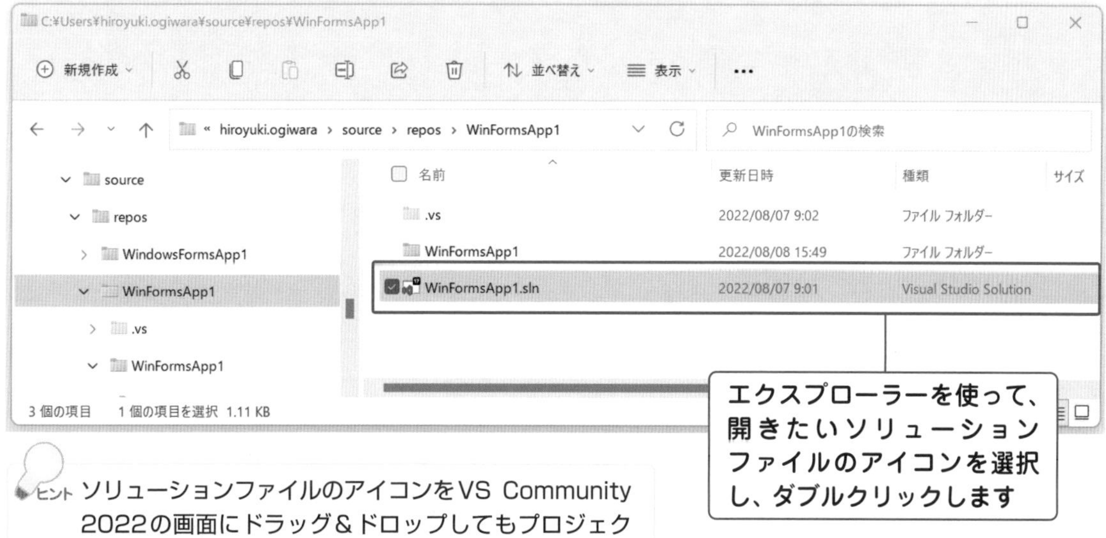

ヒント ソリューションファイルのアイコンをVS Community 2022の画面にドラッグ＆ドロップしてもプロジェクトを開くことができます。

まとめ

- VS Community 2022は、プログラムをプロジェクトまたはソリューションの単位で保存している。
- アプリケーションを作成する小さな単位がプロジェクトで、プロジェクトをまとめたものがソリューションになる。
- 保存したソリューションを開く場合、ソリューションのアイコンをダブルクリックしても開くことができる。

Column 無償の開発環境

Microsoft社が提供する無償の開発環境、Visual Studio Community 2022は、個人でプログラミングをするには、十分な機能を持ちます。

こういった製品がユーザーに対して無償で提供される背景として、ほかの開発環境の多くが無償で提供されているということも無視できません。

ほかの無償で提供される開発環境としては、Eclipse（エクリプス）が有名です。Eclipseは、JavaやPHPなどに対応した開発環境です。また、同じくJavaには、データベースで有名な米Oracle（オラクル）社から提供されているNetBeans（ネットビーンズ）という開発環境もあり、これも無償で提供されています。

これらの開発環境はお互いに、より簡単に開発できるように日々進化し続けています。今後もいいライバル関係を持ってより使いやすい開発環境となるといいですね。

初級編　プログラムを作ってみよう！

プログラム作成の基本を覚える

さて、いよいよプログラムの作成に入ります。簡単なアプリケーションを作りながら、C#の記述方法と、VisualStudio Community 2022の使い方を学んでいきます。

このChapterの目標

- ✔ Visual Studio Community 2022を使って、アプリケーションの画面の作成方法を学ぶ。
- ✔ C#での変数や、代入文の使い方を学ぶ。
- ✔ テキストボックスのデータの取り出し方や、計算した値の表示方法を学ぶ。

簡単計算プログラムの完成イメージ

「簡単計算プログラム」の作成を通して、アプリケーションをどのような手順で作るかを体験しましょう。

●アプリケーション作成の流れ

さっそくアプリケーションを作りましょう。Visual Studio Community 2022（本章では以降、VS Community 2022と表記します）を使い、画面上にボタンがあって、そのボタンをクリックするとアプリケーションが処理を行うという最も基本的なアプリケーションを作ります。

アプリケーション作成の流れは、以下のようになります。

【手順❶】完成イメージを絵に描いて、画面に対する機能を書いてみる。
【手順❷】VS Community 2022で、手順❶の絵のように画面を作成する。
【手順❸】画面の値を設定する。
【手順❹】コードを書く。
【手順❺】動かしてみる。
【手順❻】修正する。
【手順❼】完成したアプリケーションを配る準備をする。

では、流れに沿って、実際にアプリケーションを作成していきましょう。

●完成イメージをつかむ

VS Community 2022でのプログラム作成の雰囲気をつかむために、まず最初に**簡単計算プログラム**というアプリケーションを作ります。「簡単計算プログラム」は「入力した2つの値を足し算して表示させる」というアプリケーションです。

先ほど説明したアプリケーション作成の流れに従い、**完成イメージ**を絵に描いて、画面に対する機能を検討してみることにします。

料理を作るときも同じですが、出来上がりがイメージできないと、その途中の作業の順番もイメージしづらいものです。まずは慣れるまでは、紙などに作りたいアプリケーションのイメージを描くことをお勧めします。やがて、いくつかアプリケーションを作成して慣れてくれば、頭の中でもアプリケーションをイメージできるようになるかと思います。

イメージは、紙に描くのが一番お手軽ですが、ワープロや描画ソフトなどでもかまいません。

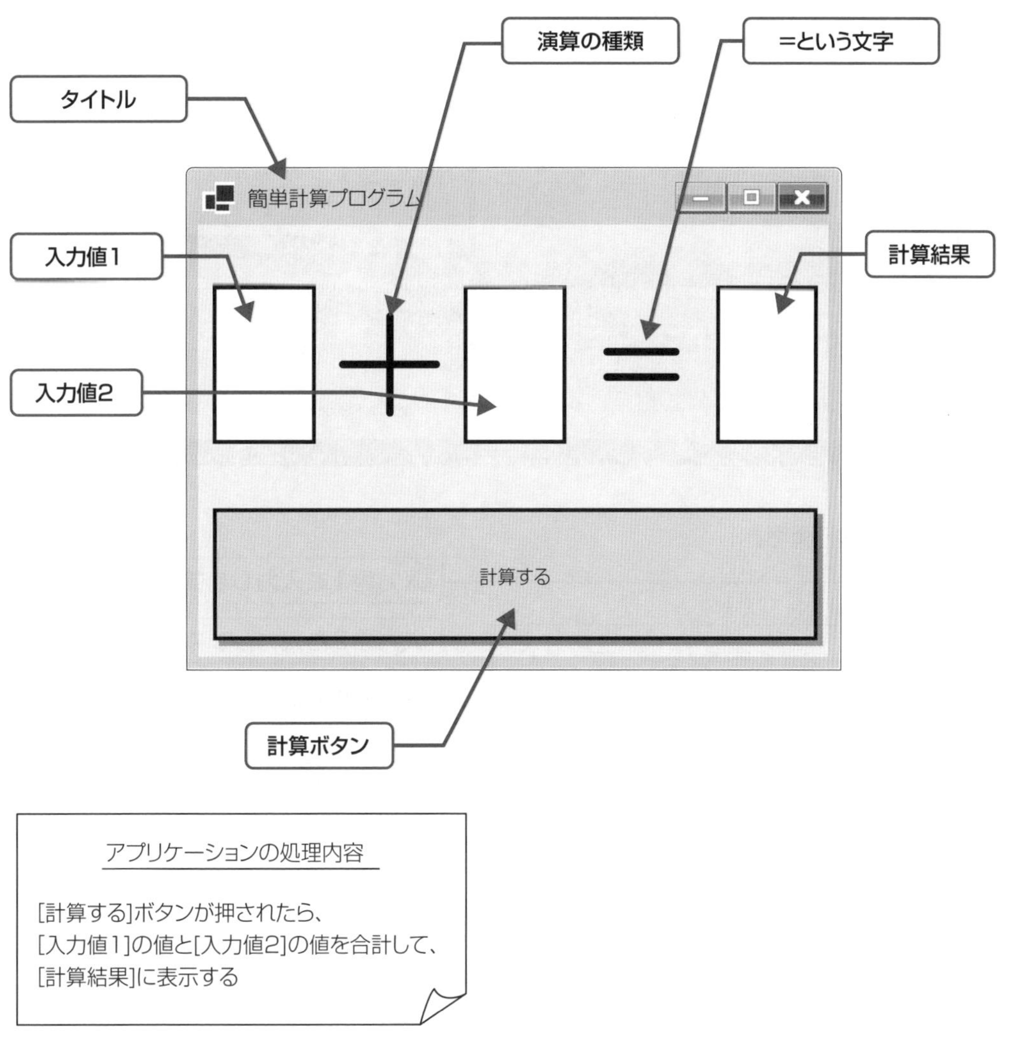

アプリケーションの処理内容

[計算する]ボタンが押されたら、
[入力値1]の値と[入力値2]の値を合計して、
[計算結果]に表示する

図3-1：完成イメージを絵に描いて、画面に対する機能を検討する

このように完成した画面のイメージを描くことを**画面設計**と言います。

実際の完成イメージは、次ページの画面のようになります。いかがでしょうか？　自分でアプリケーションが作れそうですか？

●完成イメージ（デザイン画面）

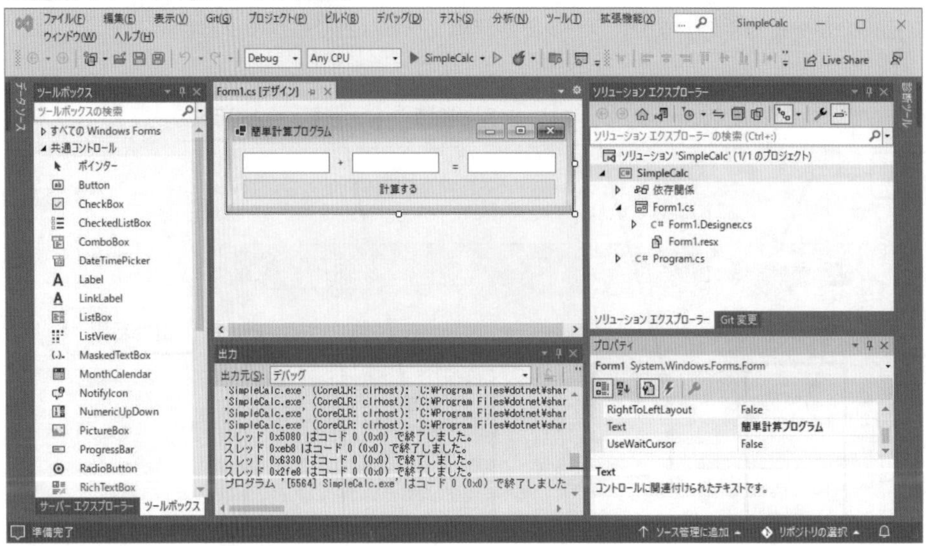

●完成イメージ（実行画面）

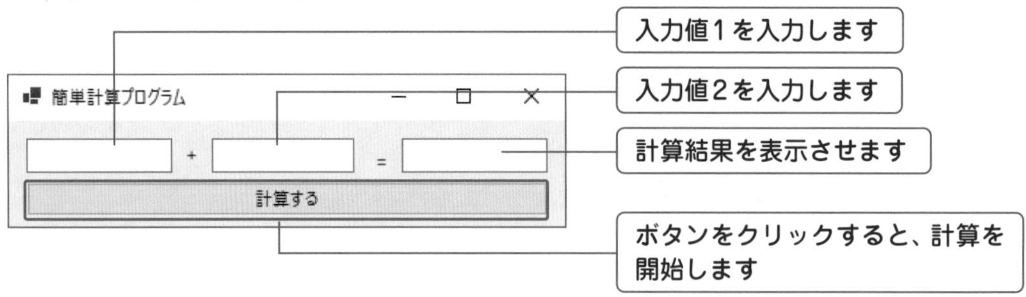

まとめ

- プログラムをする前に、完成イメージをつかむことが大事。
- 画面に対する機能を検討するため、完成イメージを絵に描いてみるとよい。

用語のまとめ

用語	意味
画面設計	完成した画面のイメージを描くこと

2 画面の設計①（フォームの作成）

Windowsアプリケーションの「ひな形」がフォームです。ここでは、画面作成の流れと、画面のひな形の作成方法を覚えましょう。

●画面作成の流れ

古いプログラミング言語では、画面の完成イメージを見ながら、画面の部品をすべてプログラミングしていました。しかし、VS Community 2022では、アプリケーションの画面は、**ひな形***となる画面に部品をドラッグ&ドロップするだけで作成できます。

それではVS Community 2022を起動してください。まずは画面を作成しましょう。

画面の作成は、主に以下の手順で行います。描いた絵に従って画面を設計したら、「ひな形」となる**Windowsフォーム**にいろいろな部品を配置して、画面を作成していきます。

【手順❶】VS Community 2022を起動する。
【手順❷】[ファイル] メニュー➡[新規作成]➡[プロジェクト] を選択する。
【手順❸】テンプレートから、[Windowsフォーム] を選択する。
【手順❹】プロジェクト名を入力する。
【手順❺】Windowsアプリケーションのひな形が完成する。

→ **ひな形の作成**（手順❶～❺）

【手順❻】「入力値1」を画面に配置する。
【手順❼】＋を配置する。
【手順❽】「入力値2」を画面に配置する。
【手順❾】＝を配置する。
【手順❿】「計算結果」を配置する。
【手順⓫】[計算する] ボタンを配置する。
【手順⓬】Windowsフォームに名前を付ける。

→ **画面の作成**（手順❻～⓬）

【手順⓭】動かしてみる。―― **動作確認**

＊**ひな形**　一般的には何かを作るときの元になる定型的なデータやファイル、書式のことを指します。ここでは、Windowsフォームが最低限持っている土台にあたります。「テンプレート」とも言います。

●ひな形を作成する

それでは、3.1節で描いた画面の絵を元に、手順に沿って画面を作成してみましょう。

1 VS Community 2022を起動する

［スタート］メニューから［Visual Studio 2022］をクリックして起動します

2 ［新しいプロジェクトの作成］メニューをクリックする

VS Community 2022が起動したら、［新しいプロジェクトの作成］をクリックします

3 ［Windowsフォームアプリ］を選択する

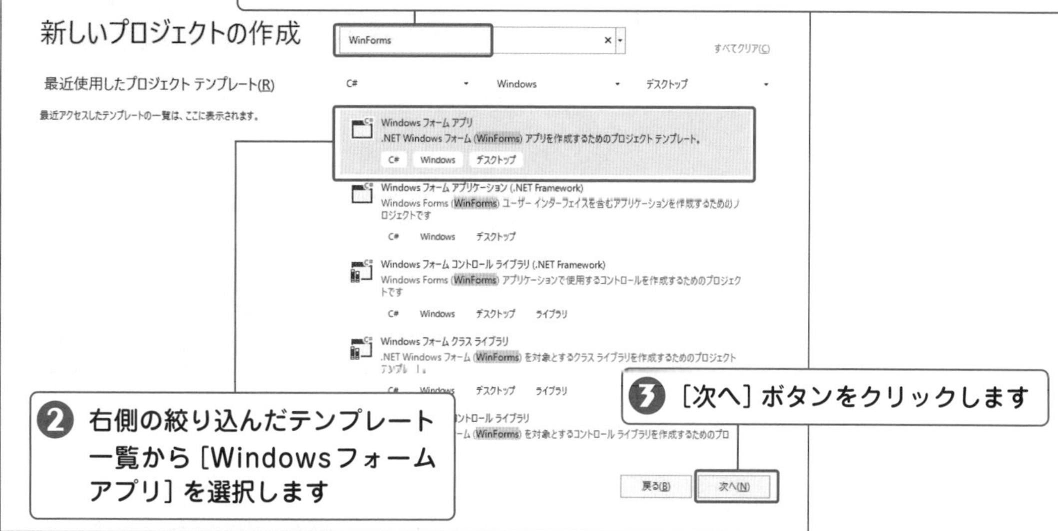

❶［新しいプロジェクトの作成］画面の上部の検索テキストボックスに［WinForms］と入力して、テンプレートの種類を絞り込みます。さらに、言語は［C#］、プラットフォームは［Windows］、プロジェクトの種類は［デスクトップ］を選択して絞り込むこともできます
新しいプロジェクトの作成
WinForms
すべてクリア(C)
最近使用したプロジェクト テンプレート(R)
最近アクセスしたテンプレートの一覧は、ここに表示されます。
C#
Windows
デスクトップ
Windows フォーム アプリ
.NET Windows フォーム (WinForms) アプリを作成するためのプロジェクト テンプレート。
Windows フォーム アプリケーション (.NET Framework)
Windows フォーム コントロール ライブラリ (.NET Framework)
Windows フォーム クラス ライブラリ
❷右側の絞り込んだテンプレート一覧から［Windowsフォームアプリ］を選択します
❸［次へ］ボタンをクリックします
戻る(B)
次へ(N)

ヒント ［Windowsフォームアプリケーション(.NET Framework)］を選択すると .NET Framework アプリの作成となります。どちらでも、同じアプリの作成が可能です。

4 プロジェクト名を入力する

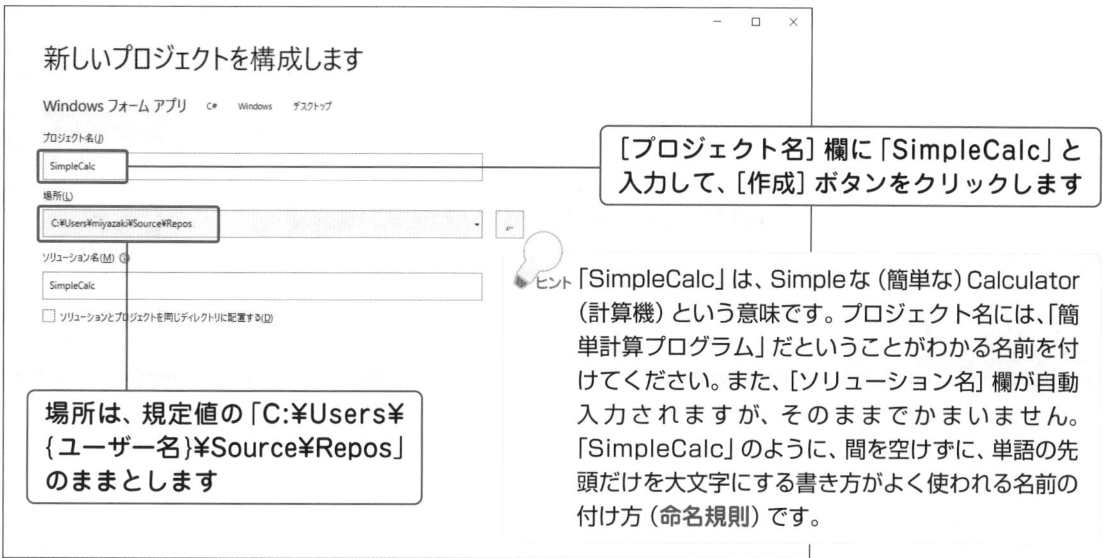

新しいプロジェクトを構成します
Windows フォーム アプリ　C#　Windows　デスクトップ
プロジェクト名(J)
SimpleCalc
場所(L)
C:¥Users¥miyazaki¥Source¥Repos
ソリューション名(M)
SimpleCalc
ソリューションとプロジェクトを同じディレクトリに配置する(D)
［プロジェクト名］欄に「SimpleCalc」と入力して、［作成］ボタンをクリックします
場所は、規定値の「C:¥Users¥{ユーザー名}¥Source¥Repos」のままとします

ヒント 「SimpleCalc」は、Simpleな（簡単な）Calculator（計算機）という意味です。プロジェクト名には、「簡単計算プログラム」だということがわかる名前を付けてください。また、［ソリューション名］欄が自動入力されますが、そのままでかまいません。「SimpleCalc」のように、間を空けずに、単語の先頭だけを大文字にする書き方がよく使われる名前の付け方（**命名規則**）です。

5 フレームワークを選択する

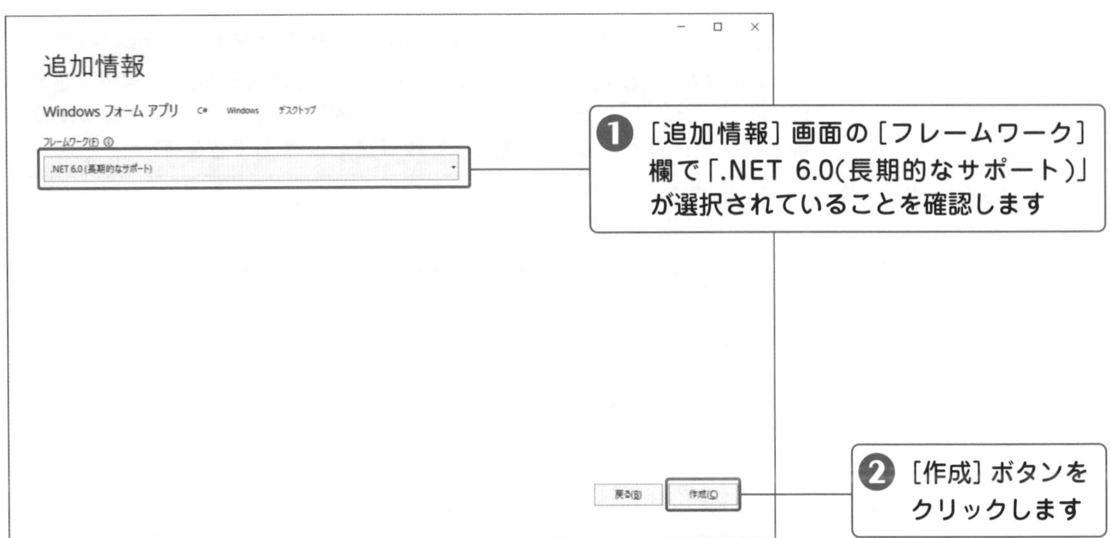

追加情報
Windows フォーム アプリ　C#　Windows　デスクトップ
フレームワーク(F)
.NET 6.0 (長期的なサポート)
戻る(B)
作成(C)
❶ [追加情報] 画面の [フレームワーク] 欄で「.NET 6.0(長期的なサポート)」が選択されていることを確認します
❷ [作成] ボタンをクリックします

6 「ひな形」ができる

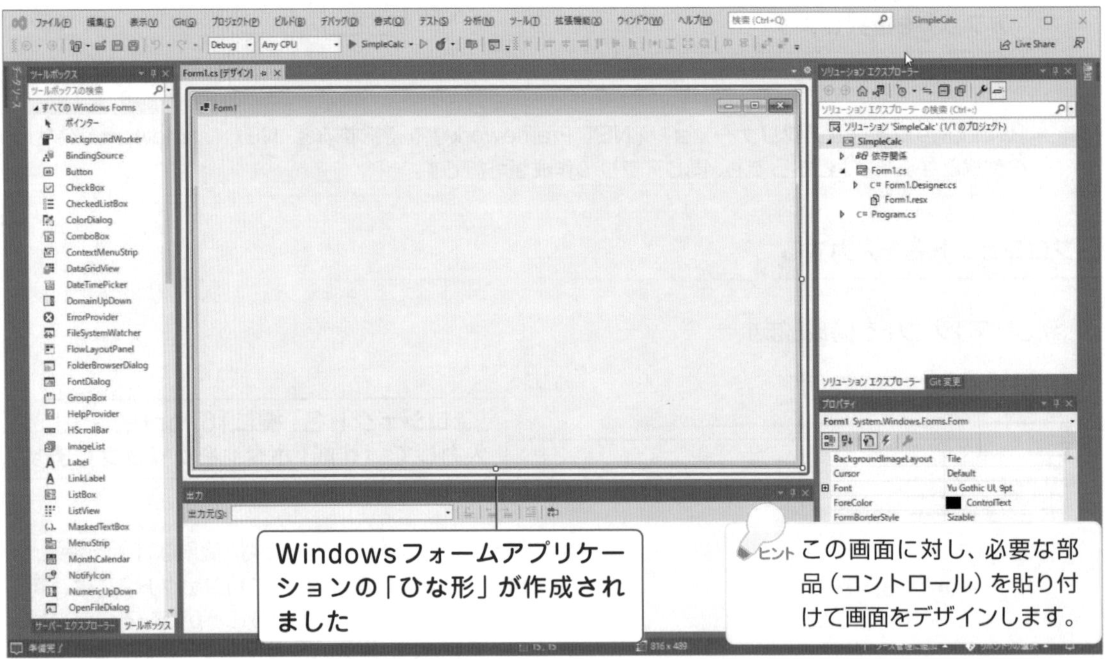

Form1.cs [デザイン]
Form1
ソリューション 'SimpleCalc' (1/1 のプロジェクト)
SimpleCalc
Form1.cs
Form1.Designer.cs
Form1.resx
Program.cs
Windowsフォームアプリケーションの「ひな形」が作成されました
ヒント この画面に対し、必要な部品（コントロール）を貼り付けて画面をデザインします。

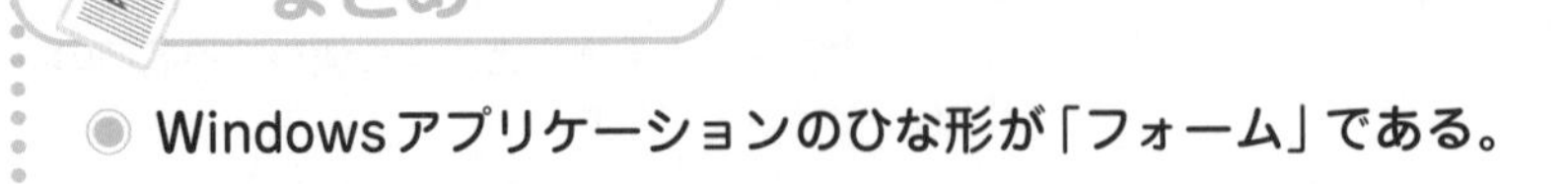

まとめ

◉ Windowsアプリケーションのひな形が「フォーム」である。

3 画面の設計②（画面の作成）

前節で作成したフォームにボタンやテキストボックスと呼ばれる部品を配置する方法と、それぞれの部品が持つ値が設定する方法を覚えましょう。

画面を作成する

次に画面設計でデザインした通りに、画面を作成していきます。

「入力値1」を画面に配置する

まず、「入力値1」を画面に配置します。

1 TextBoxコントロールを画面にドラッグ＆ドロップする

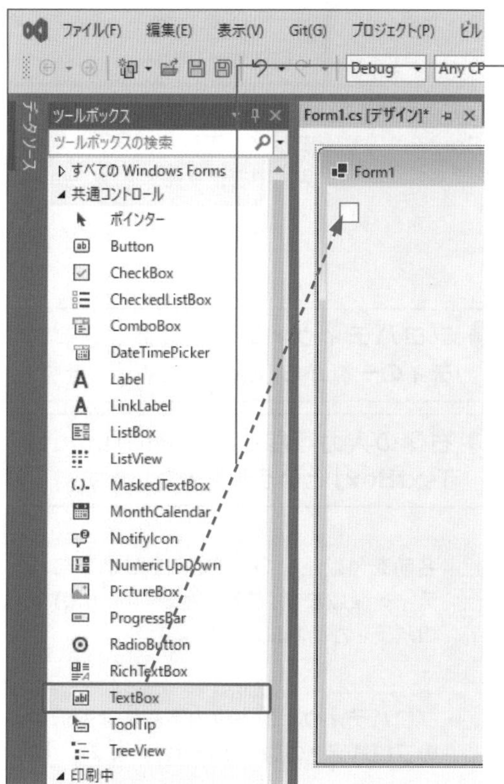

ツールボックスの［コモンコントロール］から［TextBox］コントロールを選んで、画面にドラッグ＆ドロップします

ヒント ツールボックスから適切な部品を選んで画面にドラッグ＆ドロップします。値を入力したいので、この場合、TextBoxコントロールが最適です。

ヒント ツールボックスのどこにあるかわからない場合、［ツールボックスの検索］欄に目的のコントロール名の一部（例えば、textなど）を入力して検索できます。

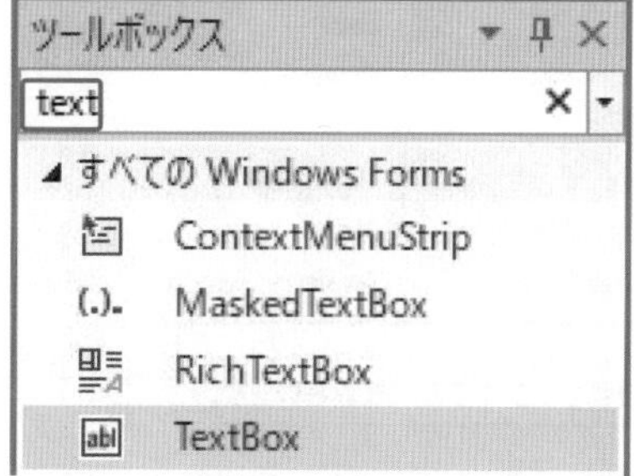

2 TextBoxコントロールが画面に貼り付いた

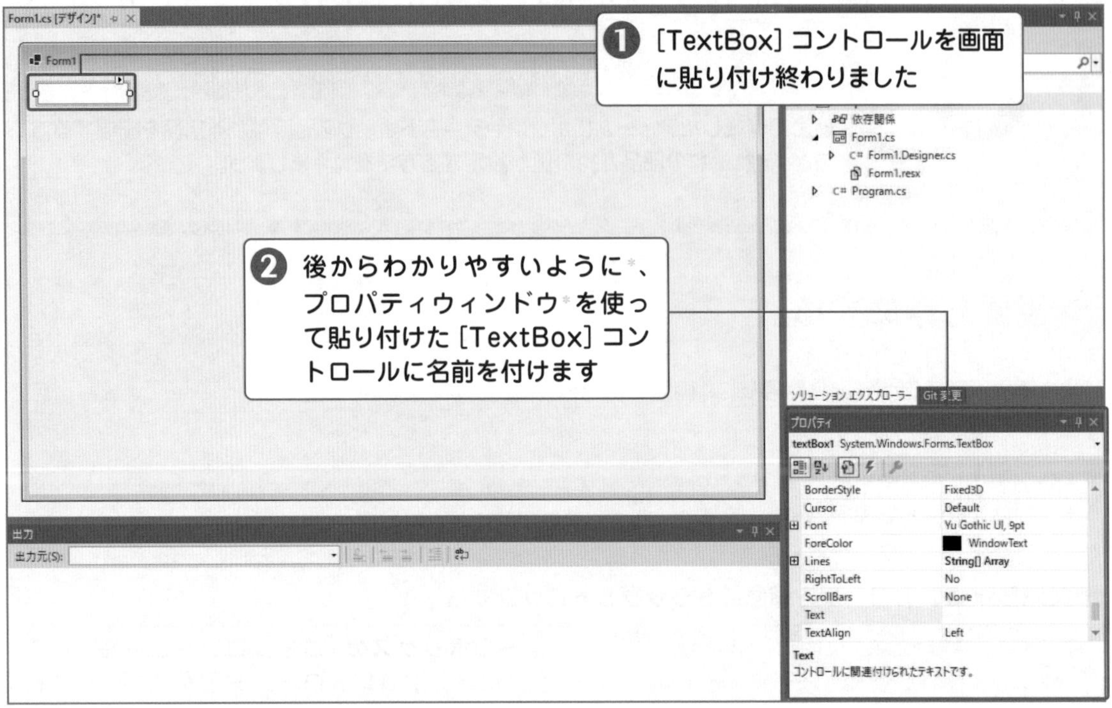

❶ [TextBox] コントロールを画面に貼り付け終わりました

❷ 後からわかりやすいように*、プロパティウィンドウ*を使って貼り付けた [TextBox] コントロールに名前を付けます

ヒント プロパティウィンドウに、この [TextBox] コントロールの内容が示されます。

ヒント デザイン画面に直接、文字を入力できません。

3 TextBoxコントロールに名前を付ける

❶ プロパティウィンドウにあるプロパティの一覧から(Name)を表示します

❷ 右側の入力可能なエリアに「input1TextBox」という値を入力します

ヒント 名前を付けたいので、それらしいプロパティを探します。この場合は、(Name)プロパティがそれにあたります。

ヒント プロパティウィンドウの下側には選択中のプロパティの説明が表示されます。

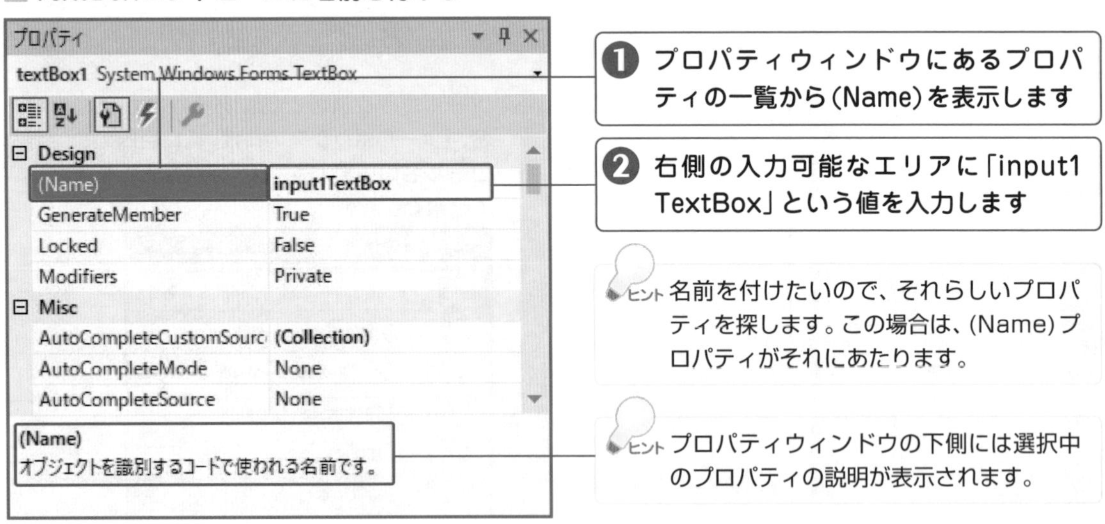

＊ **後からわかりやすいように** TextBoxやLabelなど複数のコントロールを画面に貼り付けた後、コードで操作するときに、TextBox1やTextBox2のままだと、どんな役割を持たせたコントロールなのかがわかりづらいため、それぞれのコントロールの役割がわかるような名前を付けます。

●＋を配置する

次に演算記号の「＋」を画面に配置します。

4 Labelコントロールを画面にドラッグ&ドロップする

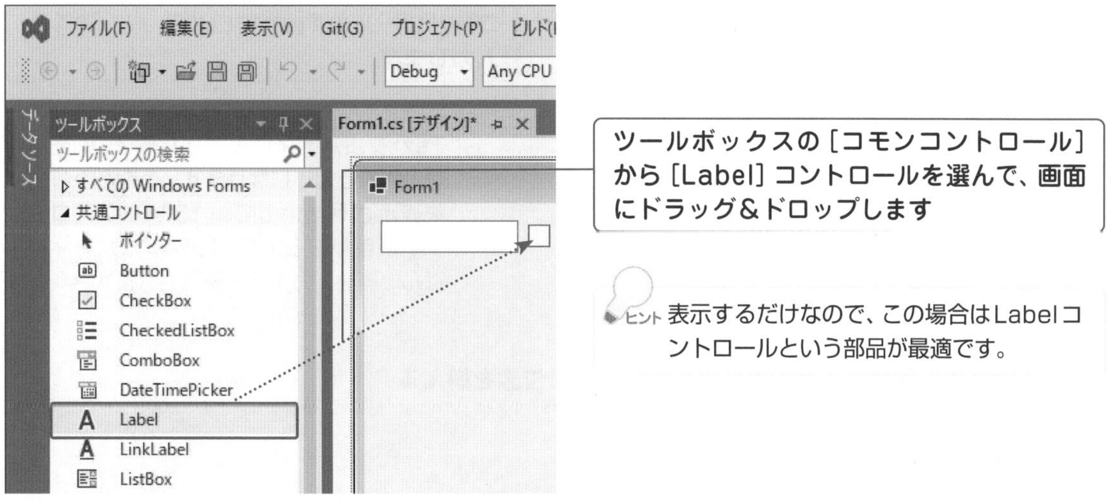

5 Labelコントロールに名前を付ける

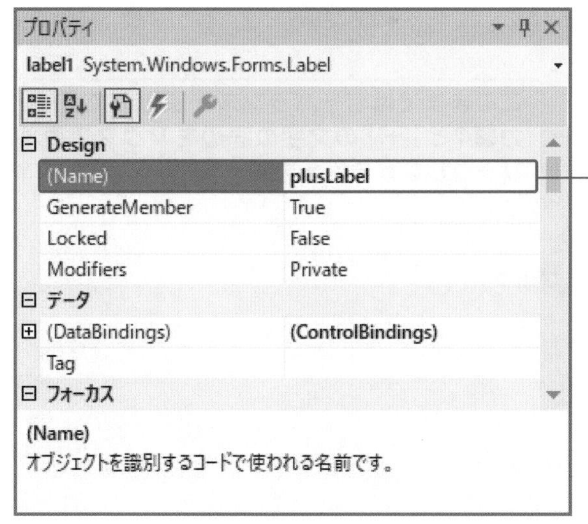

［Label］コントロールに名前を付けるため、プロパティウィンドウの(Name)プロパティに「plusLabel」と入力します

＊ **プロパティウィンドウ** プロパティは、画面に貼り付けた部品の「データ（値）」の部分のこと。プロパティウィンドウは、そのプロパティを設定・変更する領域になる。詳しくは、6.2節「プロパティ、メソッド、イベント、イベントハンドラー」で後述。

6 Textプロパティに「＋」を入力する

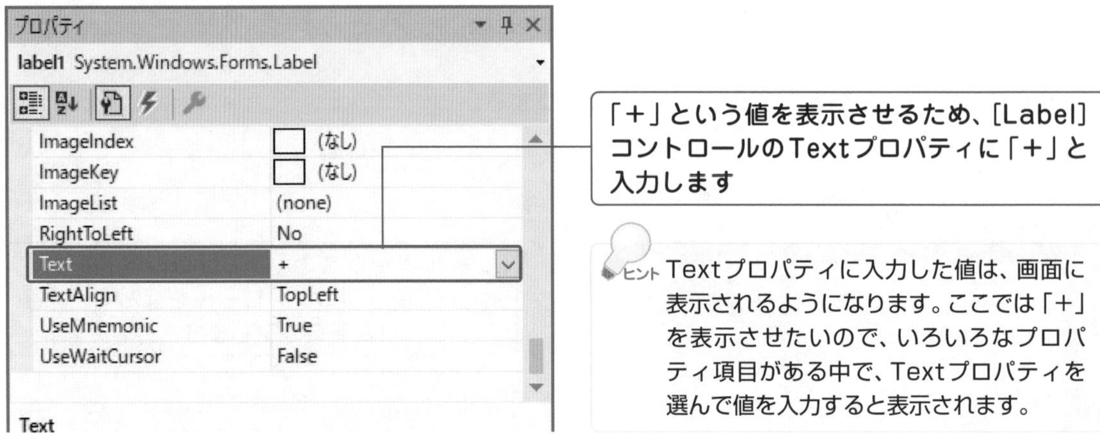
プロパティ
label1 System.Windows.Forms.Label
ImageIndex (なし)
ImageKey (なし)
ImageList (none)
RightToLeft No
Text +
TextAlign TopLeft
UseMnemonic True
UseWaitCursor False
Text
「＋」という値を表示させるため、[Label]コントロールのTextプロパティに「＋」と入力します
ヒント Textプロパティに入力した値は、画面に表示されるようになります。ここでは「＋」を表示させたいので、いろいろなプロパティ項目がある中で、Textプロパティを選んで値を入力すると表示されます。

7 TextBoxコントロールとLabelコントロールの位置を揃える

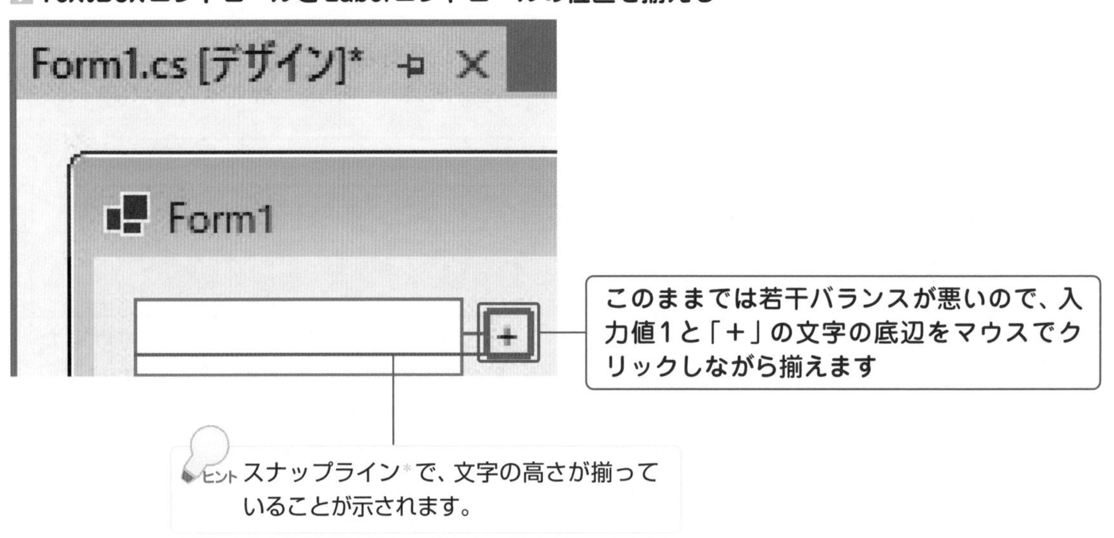
Form1.cs [デザイン]*
Form1
+
このままでは若干バランスが悪いので、入力値1と「＋」の文字の底辺をマウスでクリックしながら揃えます
ヒント スナップライン*で、文字の高さが揃っていることが示されます。

●「入力値2」を画面に配置する

さらに、「入力値2」を画面に配置します。

＊**スナップライン** コントロールをドラッグしているときに表示される位置合わせのガイド線のこと（Chapter2の70ページを参照してください）。

8 TextBoxコントロールを画面にドラッグ＆ドロップする

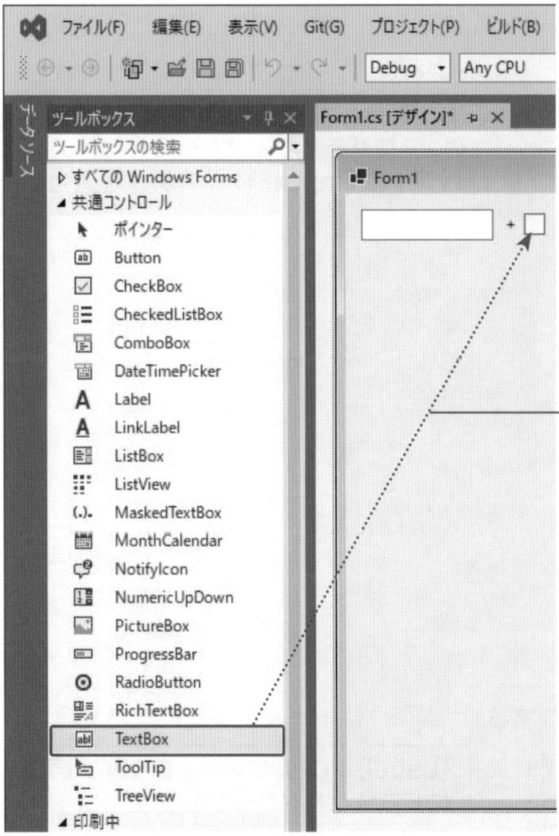

「入力値2」に値を入力したいので、[TextBox] コントロールを同様に画面にドラッグ＆ドロップします

9「入力値1」と「入力値2」の位置を揃える

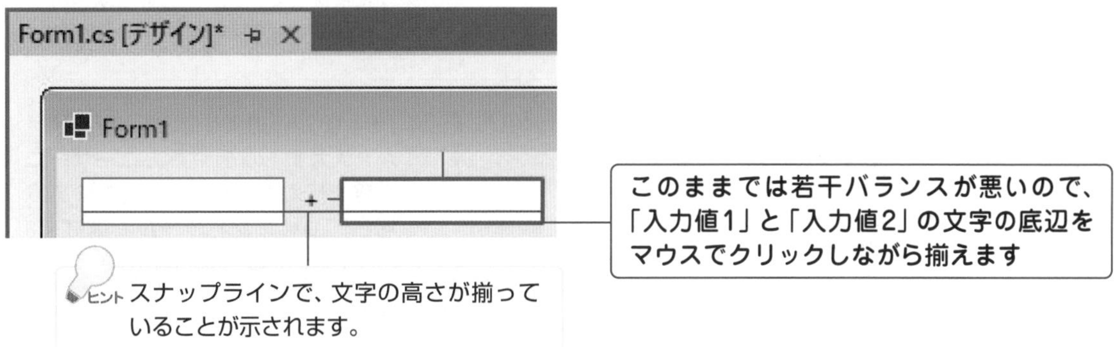

このままでは若干バランスが悪いので、「入力値1」と「入力値2」の文字の底辺をマウスでクリックしながら揃えます

ヒント スナップラインで、文字の高さが揃っていることが示されます。

⑩ TextBoxコントロールに名前を付ける

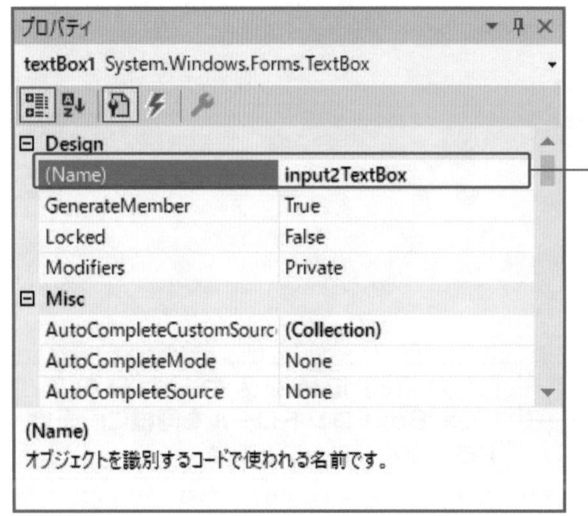

[TextBox] コントロールに名前を付けるため、プロパティウィンドウの(Name)プロパティに「input2TextBox」と入力します

●=を配置する

今度は、等号の「=」を画面に配置します。

⑪ Labelコントロールを画面にドラッグ&ドロップする

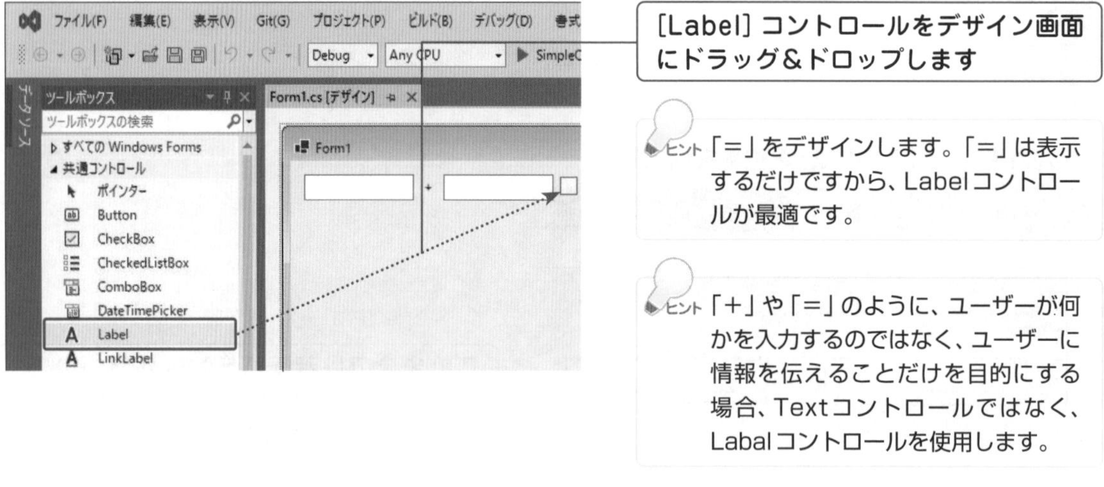

[Label] コントロールをデザイン画面にドラッグ&ドロップします

ヒント 「=」をデザインします。「=」は表示するだけですから、Labelコントロールが最適です。

ヒント 「+」や「=」のように、ユーザーが何かを入力するのではなく、ユーザーに情報を伝えることだけを目的にする場合、Textコントロールではなく、Labalコントロールを使用します。

12 Labelコントロールに名前を付ける

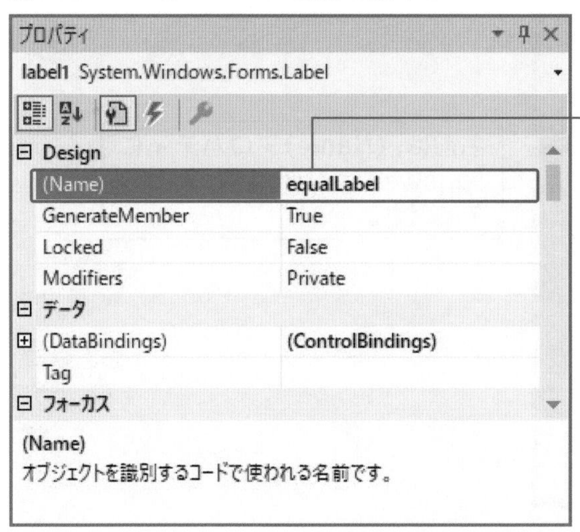

❶ [Label] コントロールに名前を付けるため、プロパティウィンドウの(Name)プロパティに「equalLabel」と入力します

❷ 同様にLabel1のTextプロパティに「=」と入力します

13 Labelコントロールの位置を揃える

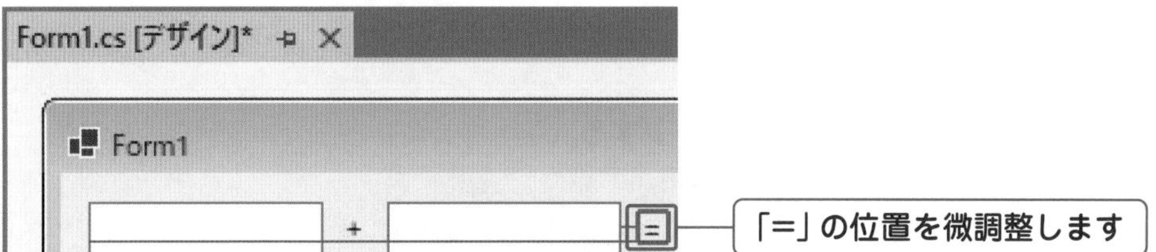

「=」の位置を微調整します

●「計算結果」を配置する

今度は、「計算結果」を画面に配置します。

14 TextBoxコントロールを画面にドラッグ&ドロップする

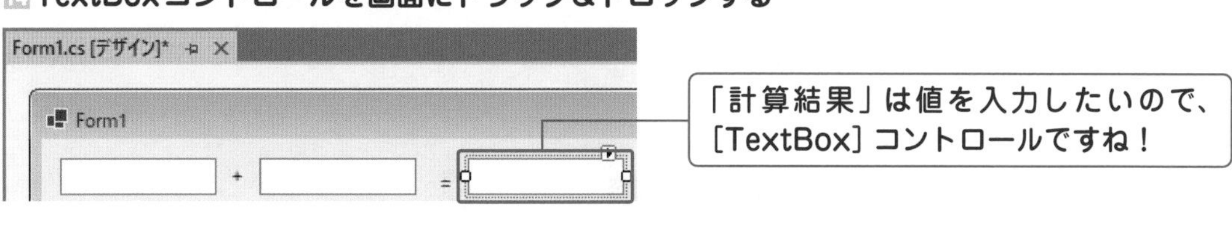

「計算結果」は値を入力したいので、[TextBox] コントロールですね！

ヒント いかがでしょうか。説明がなくても想像できましたか？

15 TextBoxコントロールに名前を付ける

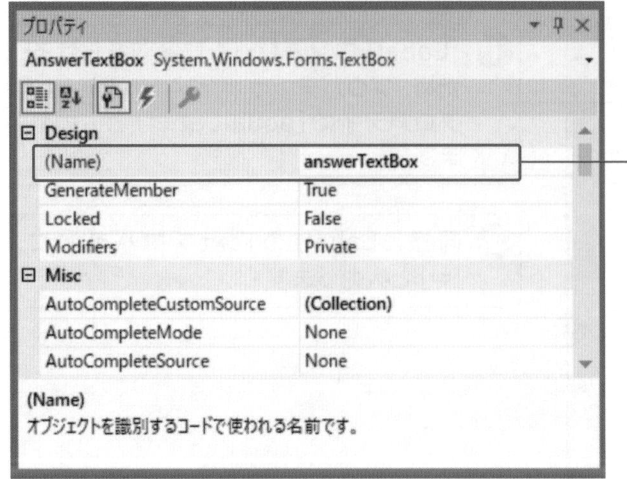

名前は、(Name)プロパティに「answerTextBox」と入力してください

●［計算する］ボタンを配置する

さらにアプリケーションに計算を実行させるためのボタンを配置します。

16 Buttonコントロールを画面にドラッグ&ドロップする

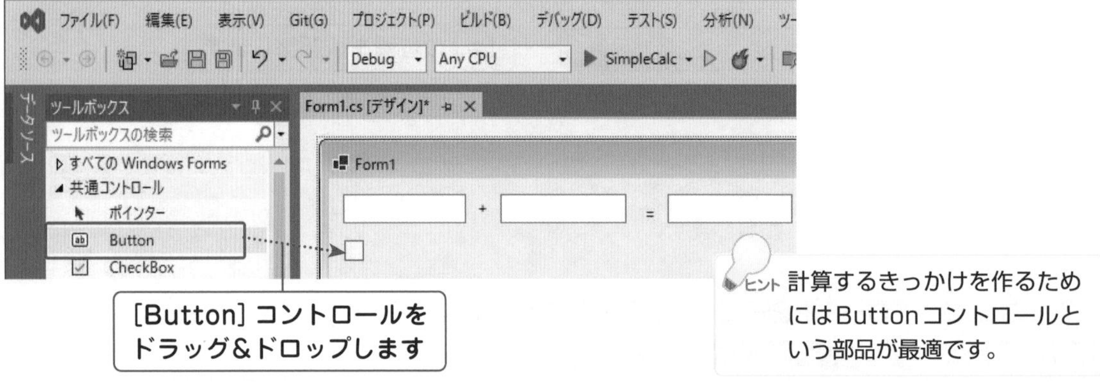

［Button］コントロールをドラッグ&ドロップします

ヒント 計算するきっかけを作るためにはButtonコントロールという部品が最適です。

17 Buttonコントロールが画面に貼り付いた

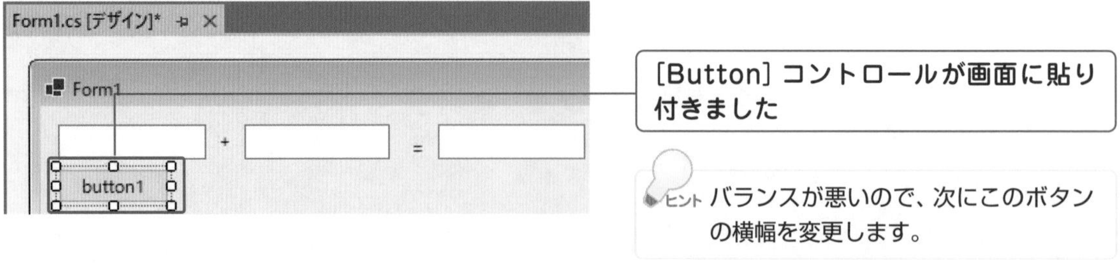

［Button］コントロールが画面に貼り付きました

ヒント バランスが悪いので、次にこのボタンの横幅を変更します。

18 Buttonコントロールのサイズを調節する

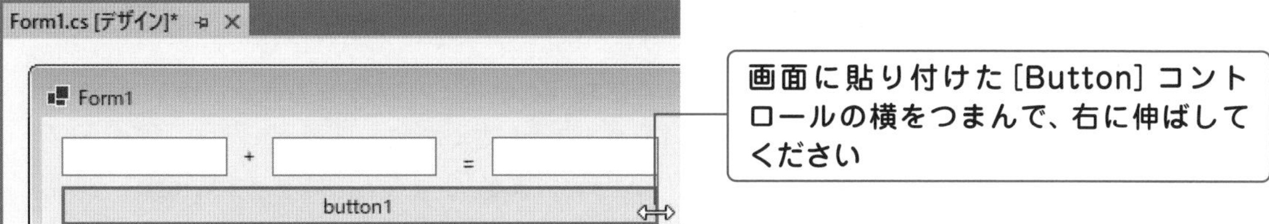

19 名前と表示する文字を変更する

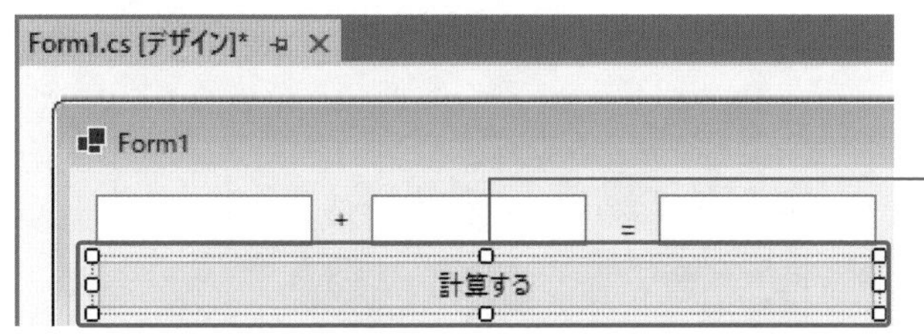

プロパティウィンドウを使って、［Button］コントロールの(Name)プロパティの値を「CalcButton」と入力し、さらにTextプロパティの値を「計算する」と入力します

●フォームサイズを調整する

このままだとフォームが大きすぎるため、サイズを変更します。

20 カーソルを画面の右下に移動する

デザイン画面の右下にカーソルを近づけると、カーソルの形が⤡になります

21 Form1のサイズを調節する

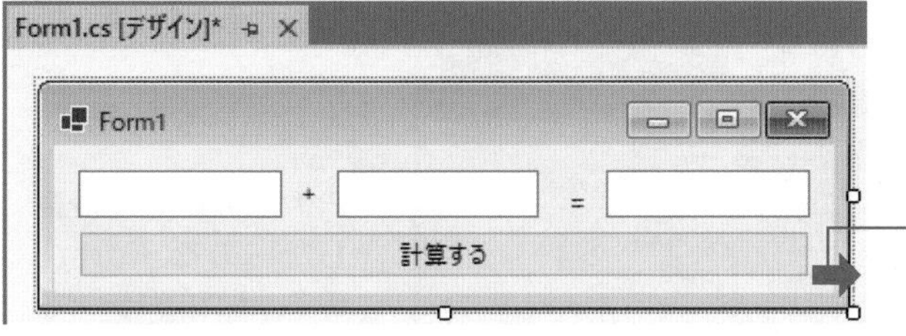

貼り付けたコントロールがすべて表示されるくらいの余裕を持たせて画面を変形させ、サイズを変更します

プロパティの値の設定

Form1のサイズは、プロパティでも変更が可能です。Form1のプロパティを表示させて、プロパティの一覧から**Sizeプロパティ**を選び、「400,110」と入力してください。

また、Sizeプロパティは、ボタンで展開することができます。フォームの幅を示す**Widthプロパティ**や、フォームの高さを示す**Heightプロパティ**に直接値を設定することも可能です。

プロパティの値の設定方法はいろいろありますが、どれも結果は同じですので、好きな方法で設定してください。

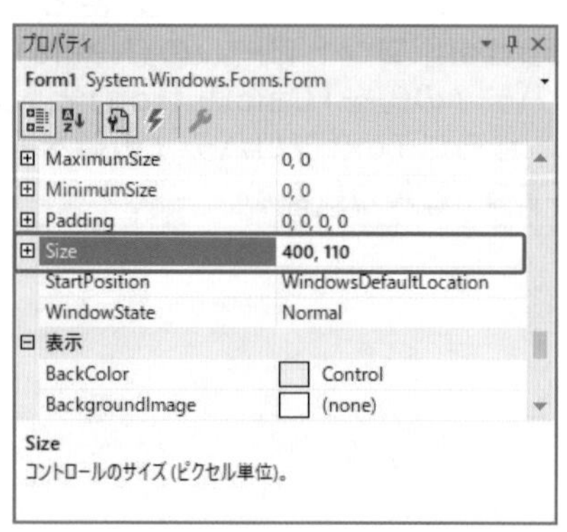

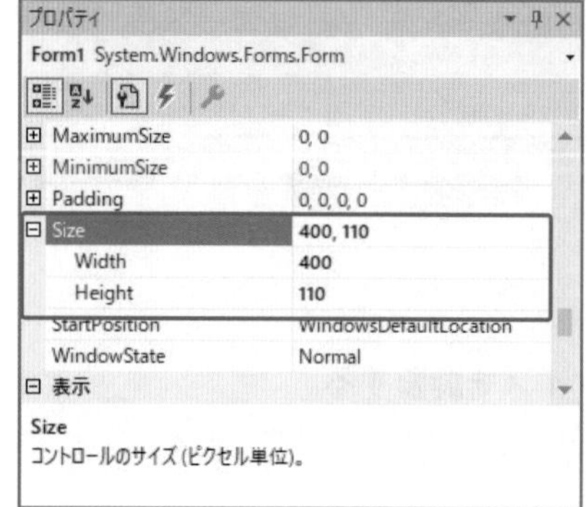

●Windowsフォームに名前を付ける

最後にWindowsフォームに名前を付けます。

22 Form1のプロパティを表示させる

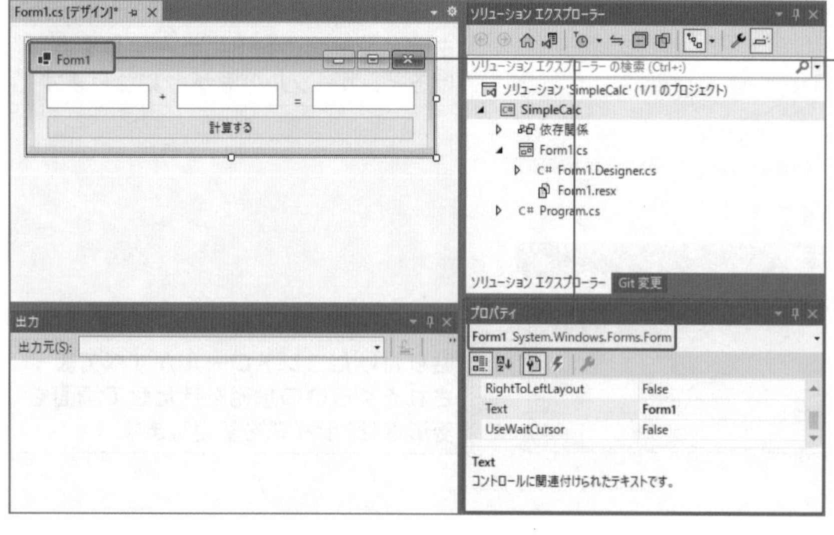

[Form1] と表示されている部分をクリックすると、プロパティウィンドウがForm1のプロパティに切り替わります

Form1の名前を変更したいので、Form1のTextプロパティを探します

部品（コントロール）の一覧から選択する

プロパティウィンドウの［×］ボタンの下にレイアウトされているを［▼］ボタンをクリックすると、この画面で使用した部品（コントロール）が一覧になっています。

その一覧から［Form1］を選択する方法もあります。

23 Form1のタイトル文字を変更する

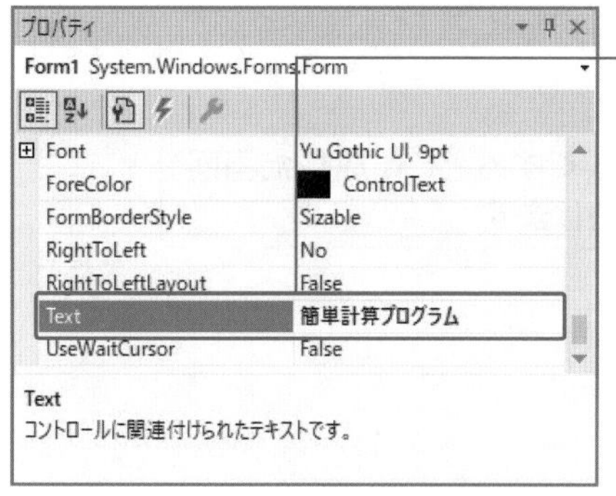

Textプロパティに「簡単計算プログラム」と入力します

ヒント　アプリケーションが何を示すものかが一目でわかるように、タイトルを付けます。初期表示のままでは、Form1になってしまい、何をするアプリケーションなのかがわかりません。そのため、Form1のTextプロパティの値を変更し、何をするアプリケーションなのかがわかるタイトルにします。

24 Form1のタイトルが変わった

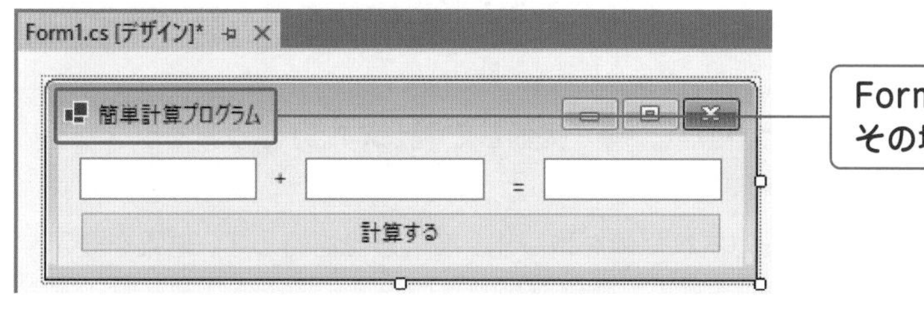

Form1のタイトルが変わったことがその場で確認できます

●動作を確認する

最後に、出来上がった画面がちゃんと動作するかを確認しましょう。

1 [▶SimpleCalc] ボタンをクリックする

ツールバーから[▶SimpleCalc]ボタンを選んでクリックします

2 デザインした画面が表示される

しばらくすると、作成した画面が起動します

3 動作を確認する

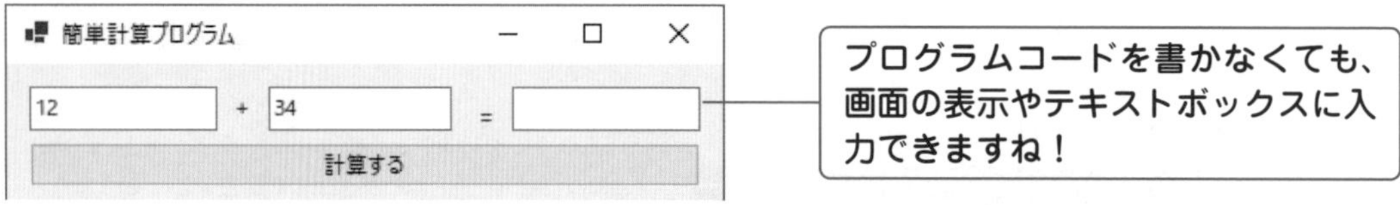

プログラムコードを書かなくても、画面の表示やテキストボックスに入力できますね！

これでアプリケーションの動作確認ができました。ただし、値を入力して [計算する] ボタンをクリックしても、まだ何も起こりません。

実際には「計算するボタンが押された場合に、入力された値を取り出して、演算を行って、結果を表示する」という処理を記述する必要があります。

そのあたりの処理は、次の3.4節以降で作成します。

まとめ

- 画面の作成は、ツールボックスから適切な部品を画面にドラッグ＆ドロップするだけで作成できる。
- ドラッグ＆ドロップした後、コントロールに名前を付ける。
- プロパティウィンドウを使うと、該当するコントロールのプロパティの値を簡単に変更できる。

Column C#は人気の言語？

PYPL（PopularitY of Programming Language index）は、Google検索エンジンでプログラミング言語のチュートリアルが検索された回数から、対象となるプログラミング言語がどれだけ話題になっているかをインデックス化したものです。

PYPLの調査結果*によると、2022年8月におけるインデックスは以下のようになっており、C#は4位になっています。C#は、世の中的にも人気の言語なのです。

▼話題になっているプログラミング言語

順位	プログラミング言語	インデックス
1	Python	28.11%
2	Java	17.35%
3	JavaScript	9.48%
4	**C#**	**7.08%**
5	C/C++	6.19%
6	PHP	5.47%
7	R	4.35%
8	TypeScript	2.79%
9	Swift	2.09%
10	Objective-C	2.03%

* **PYPLの調査結果**　http://pypl.github.io/PYPL.htmlを参照。

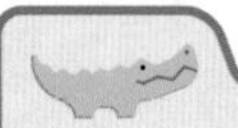

Column ツールボックスのコントロール一覧（コモンコントロール）

ツールボックスには便利な部品がたくさんありますが、どのような部品なのかは使ってみないとわかりません。基本的なツールボックスのコントロールについて解説します。

コモンコントロールは、最も基本的なコントロールです。すべて使いこなせるようになりましょう。

▼コントロール一覧（コモンコントロール）

コントロール名	アイコン	機能
Button	Button	ユーザーがボタンをクリックしたときにイベントを発生させる
CheckBox	CheckBox	関連オプションを選択できるようにする
CheckedListBox	CheckedListBox	左側にチェックの付いた項目の一覧
ComboBox	ComboBox	使用できる値をリスト表示できる。テキストの編集も可能
DateTimePicker	DateTimePicker	日付と時間を選択できる
Label	Label	説明表示用のテキストラベル
LinkLabel	LinkLabel	ハイパーリンク機能付きラベル
ListBox	ListBox	選択できる項目の一覧
ListView	ListView	項目の一覧を表示できる
MaskedTextBox	MaskedTextBox	入力制限の付いたテキストボックス
MonthCalendar	MonthCalendar	カレンダー
NotifyIcon	NotifyIcon	OSの通知領域にアイコンを作成する
NumericUpDown	NumericUpDown	▼▲をクリックすると数字が上下する
PictureBox	PictureBox	図を表示できる
ProgressBar	ProgressBar	進行状況を表す
RadioButton	RadioButton	ユーザーが１つだけ項目を選択できる
RichTextBox	RichTextBox	色の付いた文字などを扱う
TextBox	TextBox	文字を入出力する
ToolTip	ToolTip	コントロールの情報を表示する
TreeView	TreeView	階層構造を表示する
WebBrowserWeb	WebBrowser	Webページを見ることができる

4 入力データの取り出し方

この節では、TextBoxコントロールのTextプロパティに入力されたデータを取り出すときに必要になる「変数」と「代入」の概念を説明します。実際のサンプルの作成は、次の3.5節で行います。

プログラムで値を表示する

3.3節で動かしたアプリケーションは、単純に画面をデザインしただけのアプリケーションなので、入力したデータを取り出す処理を追加でコーディングする必要があります。では、どのように書くとよいのでしょうか？

画面を作成したとき、それぞれの部品に「input1TextBox」「input2TextBox」「answerTextBox」などの名前を付けました。

.NETの世界では、これらの部品のことを**コントロール**と呼び、このコントロールに付けた名前を使って、入力した値を取り出すことができます。

Buttonコントロールと同様に、値を表示するためには、**TextBoxコントロール**の**Textプロパティ**を使います。Textプロパティは、値を表示するだけでなく、値を取り出すこともできます。

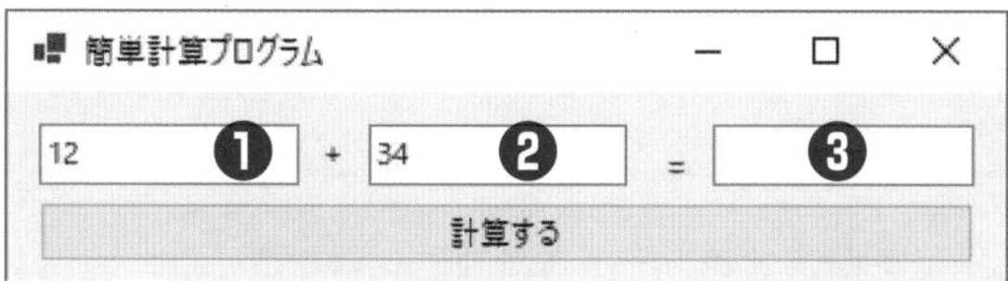

表4-1：コントロールに付けた名前と表示するプロパティ名

No.	コントロールに付けた名前	表示するプロパティ名
❶	input1TextBox	Textプロパティ
❷	input2TextBox	Textプロパティ
❸	answerTextBox	Textプロパティ

C#では、それぞれのプロパティの値を以下のように指定します。

文法　値を指定する

```
コントロール名.プロパティ名
```

そして、値を設定する場合は、以下のように書きます。

文法 **値を設定する**

```
コントロール名.プロパティ名 = 値;
```

実際に、計算結果を示すanswerTextBox（TextBoxコントロール）のTextプロパティにプログラムから値を設定したい（表示させたい）場合は、

```
answerTextBox.Text = 値;
```

と書きます。「=」の右側には、計算式を書くことができるので、以下のように書くこともできます。

```
answerTextBox.Text = 12 + 34;
```

私たちが使う数式では、12 + 34 = xと書くのが一般的ですが、プログラミング言語では、

```
x = 12 + 34;
```

という書き方になります。イメージしにくい方は、

```
x ← 12 + 34;
```

と、イメージしてください。「←」が「コンピューターに代入を指示する」という意味になります。

このような書き方をする理由は、プログラミング言語が計算式を解析しやすいとか、コンピューターの中身の関係で都合がよいからなど、様々な理由があります。

「←」という記号の代わりに「=」を使って、表現していると考えてください。

この12と34の値を入力値のTextBoxコントロールから取り出すことができれば、「簡単計算プログラム」ができそうですね。

●プログラムで値を取り出す

値を取り出す場合は、

文法　値を取り出す

```
値の入れ物 = コントロール名.プロパティ名
```

と書くことで取り出すことができます。

この「値の入れ物」のことを**変数**と言います。変数は、一時的に様々な値を記憶しておくための値の入れ物です。なぜ、値を記録するのかというと、プログラムで値をやり取りするときに便利になるためです。

値には、「123」といった**数値**や「ABC」といった**文字列**、「2022年1月1日」といった**日付**など、様々な種類があります。この種類のことを**データ型**（もしくは単純に**型**）と言います。

C#のプログラムで変数を扱う場合は、**変数に入れる値のデータ型**を決める必要があります。このことを**変数の型宣言**と言います。

変数の型宣言は、以下のように書きます。

文法　変数の型宣言をする

```
データ型名 変数名;
```

あらかじめ、このように型宣言をしておいた変数を使うことで、値を取り出す場合は、次のように

文法　変数を指定する（値を取り出す）

```
変数名 = コントロール名.プロパティ名;
```

と書けるようになります。

Tips　C#の文の終わり

C#では、文の終わりに「;」（セミコロン）が必要です。忘れないようにしてください。

主なデータ型の種類は、下の表のようになっています（そのほかの種類は、116ページを参照してください）。

表3-2：主なデータ型の種類

データ型名	分類	意味	例	コード例
int	整数	整数を表す型	123	`int valueRight;`
string	文字列	文字の集まりを表す型	ABC	`string txtValue;`
DateTime	日付	日付・時間を表す型	1月1日	`DateTime nowDate;`
double	小数	大きな範囲の小数を表す型	3.141592654	`double d1;`
float	小数	小さな範囲の小数を表す型	1.2	`float f1;`

実際のC#のプログラムでは、以下のように書きます。

List 1 サンプルコード（変数の型宣言と変数への代入の記述例）

```
❶int valueLeft;
❷int valueRight;
❸int valueAnswer;

❹valueLeft = input1TextBox.Text;
❺valueRight = input2TextBox.Text;
❻valueAnswer = valueLeft + valueRight;

❼answerTextBox.Text = valueAnswer;
```

表3-3：List1のコード解説

No.	コード	内容
❶	`int valueLeft;`	int型の変数valueLeftを宣言しています
❷	`int valueRight;`	int型の変数valueRightを宣言しています
❸	`int valueAnswer;`	int型の変数valueAnswerを宣言しています
❹	`valueLeft = input1TextBox.Text;`	変数valueLeftにinput1TextBoxコントロールのTextプロパティの値を代入します
❺	`valueRight = input2TextBox.Text;`	変数valueRightにinput2TextBoxコントロールのTextプロパティの値を代入します
❻	`valueAnswer = valueLeft + valueRight;`	変数valueAnswerにvalueLeftとvalueRightを足した値を代入します
❼	`answerTextBox.Text = valueAnswer;`	answerTextBoxコントロールのTextプロパティに変数valueAnswerの値を代入します

変数名は、自分で好きなように付けられますが、例えば「a」「b」「c」などあまりにも単純な名前を付けてしまうと、後で意味がわからなくなってしまうので、ある程度意味を持った名前（名詞）を付けることをお勧めします。

また、変数名に「int」など、C#がすでに別の意味（この場合はデータ型名）で使用している単語は、使用できません（**予約語**と言います）。

さて、TextBoxコントロールのTextプロパティの値は、stringという**文字列**を扱うデータ型です。

一方、変数の型宣言をしたintというデータ型は、**整数**を扱うデータ型です。原則的に整数型の変数に、文字列型の値を代入することはできません。

そこで、文字列を数値など、別のデータ型に変換するには、.NET 6.0が用意している便利な方法を使います。文字列を数値に変換するには、以下のように**Parse() メソッド**＊を使って書きます。

文法　あるデータ型を文字列型に変換する

```
変換後の変数名 = データ型名.Parse(変換前の文字列);
```

Tips　Parseの意味は？

Parseは「解析する」という意味です。まず文字列を解析してから、別のデータ型に変換する処理を行ってくれます。自分で別のデータ型に変換する処理をわざわざ書かなくても、C#が用意してくれているものを使うというわけです。

逆に、数値などのデータ型を文字列に変換するには、以下のように**ToString() メソッド**を使って書きます。これで、文字列型に変換されます。

文法　あるデータ型を文字列型に変換する

```
変換後の変数名　= 変換前の変数名.ToString();
```

Tips　ToStringの意味は？

Stringは「1列に並べる」という意味があります。文字を1列に並べて扱うということから、文字列と言うわけです。**To**が付いているので、「文字列にする」というニュアンスですね。

＊**メソッド**　プログラムの「処理」にあたる部分。詳しくは、6.3節「プロパティ、メソッド、イベント、イベントハンドラー」で後述。

だいぶコードが長くなってきましたね。

ところで、C#では、プログラムの中に「このコードはこんなことを意味している」ということをメモ書きすることもできます。プログラミングの用語では、**コメント**と言います。コメントは実際のプログラムには影響しません。

具体的には、「//」**（半角のスラッシュ2つ）**の後ろがコメントになります。1行丸ごとコメントにすることもできますし、プログラムと同じ行にコメントを書くこともできます。その場合は、「//」の後ろがすべてコメントになります。

また、複数行のコメントを書くこともできます。**「/*」から「*/」までの間**がすべてコメントになります。

List 2 **サンプルコード（コメントの例）**

```
// コメントの例
int valueRight; // コメントの例
/*
複数行を
コメントにすることもできます。
*/
```

Tips **コメントは一目でわかる**

VS Community 2022では、コメントだと一目でわかるように緑色が付いています。

ここまでの説明をまとめると、以下のようなコードになります。

以下のコードは、List1で書いたサンプルコードを元にしています。実際にVS Community 2022を使ってコードを書くのは、少しお待ちください。「実際にどこに書くのか？」の解説の後（3.5節のList5）になります。

まずは、コードの雰囲気を感じてください。

List 3 **サンプルコード（Parse()メソッド、ToString()メソッド、コメントの記述例）**

```
// 変数の宣言
int valueLeft;                              // 入力値1用の整数型変数
int valueRight;                             // 入力値2用の整数型変数
int valueAnswer;                            // 計算結果用整数型変数

// 値の取り込み
valueLeft = int.Parse(input1TextBox.Text);  // 入力値1を整数型に変換後代入
```

```
valueRight = int.Parse(input2TextBox.Text);    // 入力値2を整数型に変換後代入

// 取り込んだ値の計算
valueAnswer = valueLeft + valueRight;

// 計算結果を出力
answerTextBox.Text = valueAnswer.ToString();  // 文字列に変換後代入
```


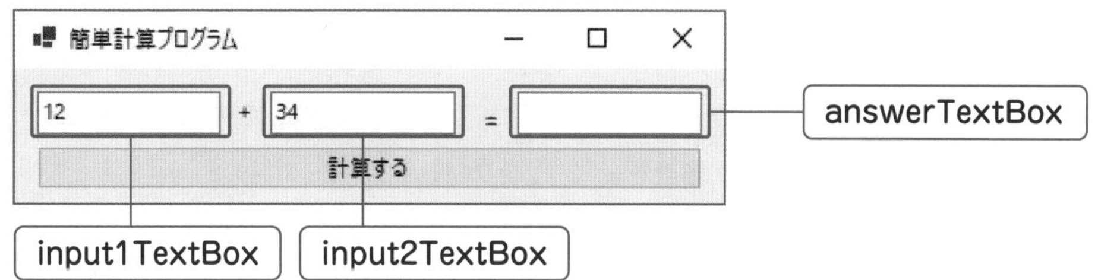

コメントを多少大げさに書いていますが、後でコードを見たときに、何を行っているかがわかるレベルで書くとよいでしょう。

ただし、コメントが多すぎてもどこがコードなのかわかりづらくなるので、「1行丸ごとコメント」はまとまった処理の単位で、「1行の横に書くコメント」はコードに注釈を書き留めたいときに書くのが目安です。

この節では、入力データの取り出し方を学びました。この入力データの取り出しと計算を行っているコードは、実際にどこに書けばよいのでしょうか？　次の3.5節で見ていきます。

まとめ

- **プログラムからコントロールの値を変更したり、取り出すことができる。**
- **値を加工するために変数を使う。**
- **文字列と数字は、異なるデータ型なので変換しなければならないが、.NET 6.0が用意している便利なコードがある。**

用語のまとめ

用語	意味
変数	値の入れ物のこと
データ型	変数に入れる値の種類のこと

Column データ型の種類

本文112ページで主なデータ型を紹介しましたが、ほかにもいろいろな種類があります。以下の表に改めてまとめておきます。

▼データ型の種類

型の名称	分類	意味	範囲
short（ショート）	整数	小さな範囲の整数を表す型	-32,768 ～ 32,767
int（イント）	整数	整数を表す型	-2,147,483,648 ～ 2,147,483,647
long（ロング）	整数	大きな範囲の整数を表す型	-9,223,372,036,854,775,808 ～ 9,223,372,036,854,775,807
float（フロート）	小数	小さな範囲の小数を表す型	$\pm 1.5 \times 10^{-45}$ ～ $\pm 3.4 \times 10^{38}$
double（ダブル）	小数	大きな範囲の小数を表す型	$\pm 5.0 \times 10^{-324}$ ～ $\pm 1.7 \times 10^{308}$
bool（ブール）	論理	「はい」「いいえ」の2つの値を持つ型	「true」と「false」のみ
decimal（デシマル）	10進数	28桁まで使える10進数の型	28桁まで誤差なく扱える。お金の計算に使用することが多い
DateTime（デイトタイム）	日付	日付を表す型	0001年1月1日00:00:00 ～ 9999年12月31日23:59:59
string（ストリング）	文字列	文字列を表す型	

整数のデータ型が複数あって、どれを使っていいか迷ってしまうかもしれませんね。まずはint型で大丈夫です。21億を超える値を扱うのであれば、long型を検討するくらいでよいでしょう。小数は、double型を基本的に使用します。

C#のデータ型は、すべて小文字になります。ただし、日付を表すDateTime型はC#が用意したデータ型ではなく、.NET 6.0が用意したデータ型になります。

ボタンをクリックしたときの処理の書き方

この節では、ボタンがクリックされたときに実際に行われる処理を追加する方法と、その処理の内容の書き方を説明します。

デザイン画面からコード画面に切り替える

3.4節では、値の取り出し方を解説しました。では、この値を取り出すコードは、どこに書けばよいのでしょうか？　ボタンがクリックされたときに、この処理が実行されるとちょうど良さそうですね。でも、ボタンがクリックされたときのコードは、どうやって書くのでしょうか？

開発環境がない場合や、昔のプログラミング言語では、まさにこのコードを書くことがとても大変でした。VS Community 2022を使うと、以下のような手順になります。さっそく見ていきましょう。

まず、デザイン画面からコード画面（プログラムコード）に切り替えます。

1 ［計算する］ボタンをダブルクリックする

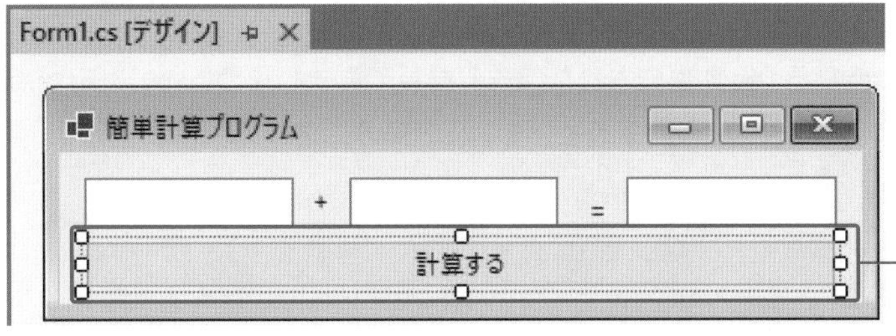

デザイン画面に作成した［計算する］ボタンをダブルクリックします

ヒント　画面を切り替える方法については、本文130ページのコラムも参考にしてください。

2 コード画面に切り替わった

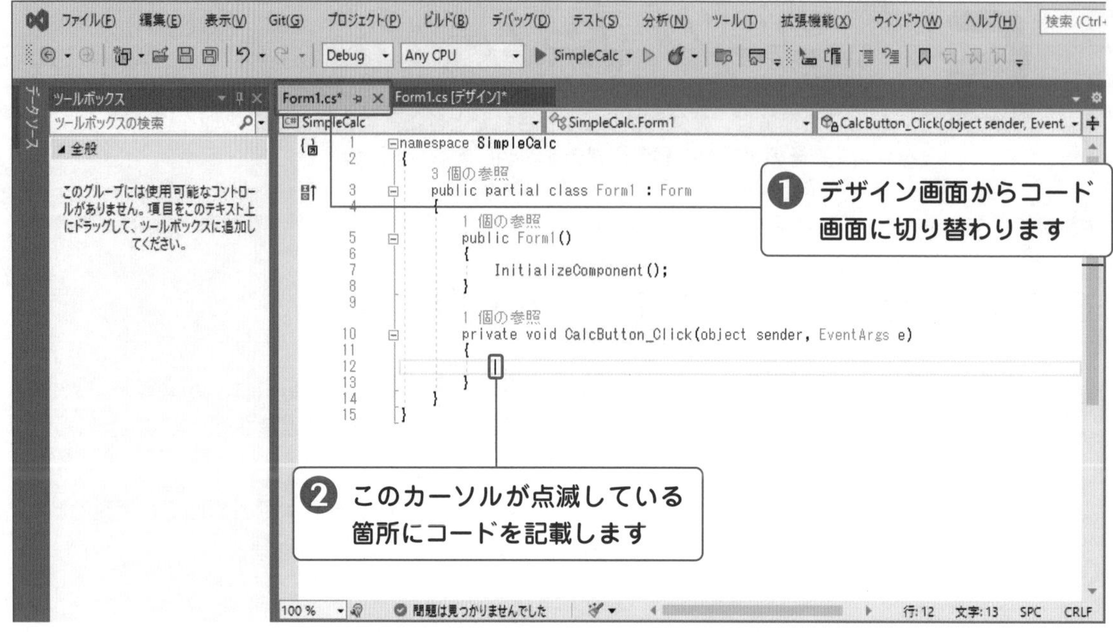

●自動生成されたコードを確認する

デザイン画面からコード画面に切り替わったら、自動生成されたコードを見てみましょう。カーソルが点滅している箇所にコードが記載されています。コードを入力するときも、この部分に書いていきます。

コードの意味をざっくりと見ていきましょう。

1 Windowsフォームのコードを確認する

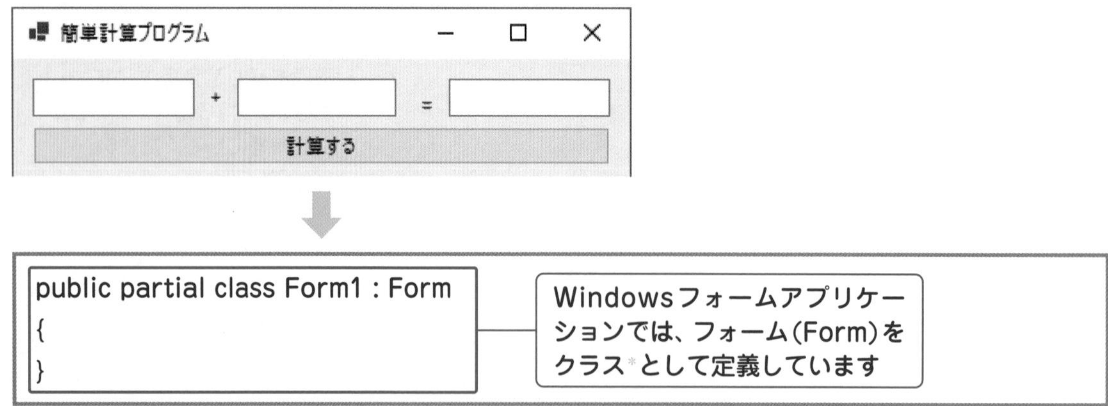

＊**クラス** プログラムにおいて、共通した目的を持ったデータと処理の集まりで、「ひな形」「抜き型」に相当するもの。詳しくは、6.3節「クラス、インスタンス」で後述。

2 ボタンをクリックしたときの動作のコードを確認する

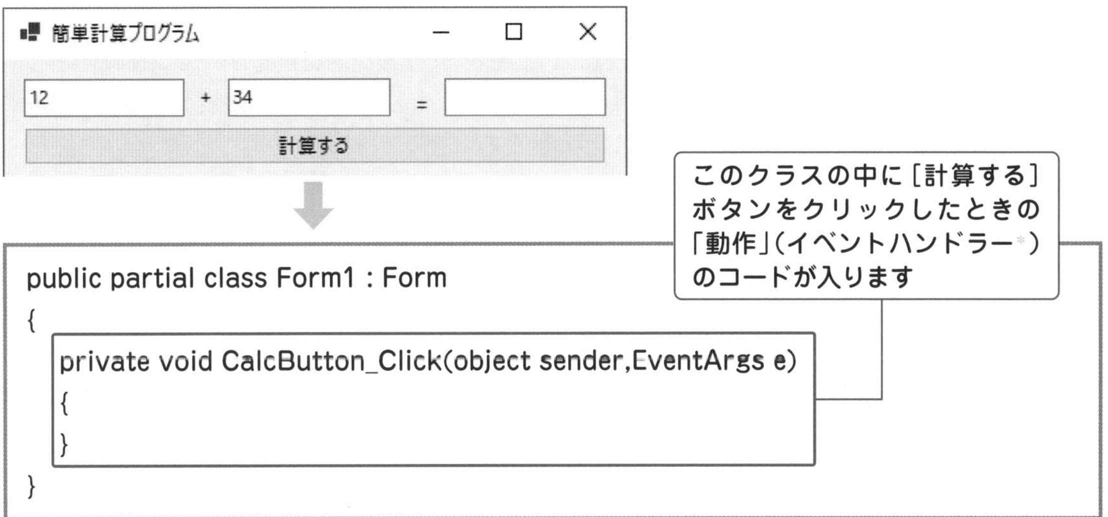

ここまでをVS Community 2022が自動的に書いてくれます。

3 ボタンをクリックしたときの処理をコーディングする

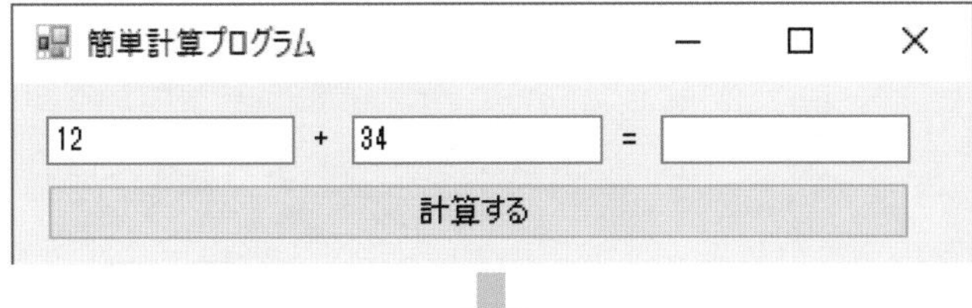


```
public partial class Form1 : Form
{
    private void CalcButton_Click(object sender, EventArgs e)
    {
        [ ここに実行させたい処理を書く ]
    }
}
```

次に［計算する］ボタンがクリックされたときに実行させたい「処理」を、この部分にコーディングしていきます

なお、C#の特徴として、**ネームスペース**（日本語で**名前空間**と言うこともあります）というものがあります。ネームスペースは、**クラス**を**階層的**に分類して、たどりやすくしたものです。

* **イベントハンドラー**　プログラムにおいて、何かのきっかけ（イベント）が発生したときに、実際に呼ばれる処理のこと。詳しくは、6.2節「プロパティ、メソッド、イベント、イベントハンドラー」で後述。

では、このネームスペースがあると何が便利なのでしょうか？

.NET 6.0のクラスは、膨大な数が用意されています。何かを行いたいときに目的のクラスを探そうとしても、分類されていないと、どこにあるのかさっぱりわかりません。そこで、**クラスを機能別に分類して整理するため**に考えられた仕組みがネームスペースというわけです。

料理に例えると、大量の食材を冷蔵庫に入れるとき、整理しないでバラバラに入れてしまうと、取り出すときに大変ですね。このあたりはお肉、このあたりは野菜、このあたりは卵と、空間で仕切ると誰が見ても探しやすいですね。その考え方と同じです。

ネームスペースには、2つの側面があります。**定義する側と利用する側の側面**です。

まずは、定義する方法を見てみましょう。ネームスペースを定義するには、クラスの外側を**namespace**で囲みます。

以下のList1の例は、Form1クラスに、SimpleCalcネームスペースを適用した例です。

List 1 サンプルコード（ネームスペースの記述例）

```
namespace SimpleCalc
{
    public partial class Form1 : Form
    {
    }
}
```

また、ネームスペースは階層化することもできます。フォルダーのイメージと同じですね。以下のList2、List3の例は、List1のForm1クラスと同じ名前のクラスですが、ネームスペースが異なるので、別のクラスとして利用することができます。

なお、フォルダーは「¥」で区切りますが、ネームスペースは**「.」（ドット）**で区切ります。以下のList2とList3のサンプルコードを見比べてください。

List 2 サンプルコード（ドットを使ったネームスペースの記述例）

```
namespace CSharp.Samples.SimpleCalc
{
    public partial class Form1 : Form
    {
    }
}
```

List 3　サンプルコード（ドットを使わないネームスペースの記述例）

```
namespace CSharp
{
    namespace Samples
    {
        namespace SimpleCalc
        {
            public partial class Form1 : Form
            {
            }
        }
    }
}
```

この2つの例は、同じネームスペースを表しています。イメージをつかめたでしょうか？

今度は、利用する側の側面です。先ほどのList1のサンプルコードをもう一度、見てください。List1のサンプルコードのクラスを利用するためには、

```
ネームスペース.クラス名
```

を全部書いて、インスタンス*を生成します。

例えば、SimpleCalc.Form1クラスを呼び出す場合は、次のように記述します。

```
SimpleCalc.Form1 fm;
fm = new SimpleCalc.Form1();
```

しかし、List2のサンプルコードのように、階層の深いネームスペースだと、次のように記述が長くなってしまいます。

```
CSharp.Samples.SimpleCalc.Form1 fm;
fm = new CSharp.Samples.SimpleCalc.Form1();
```

そこで、もっと簡単に利用できるように、「この名前空間は省略しますよ」という宣言があります。それが**usingディレクティブ**です。

usingディレクティブは、次のように書きます。

* **インスタンス**　クラスを元に複製したもので、実際に処理を行ったり、データ（値）を設定・変更したりするもの。詳しくは、6.3節「クラス、インスタンス」で後述。

初級編 Chapter 3

文法 **usingディレクティブの使い方**

```
using ネームスペース
```

このusingを書くことにより、以降のコーディングでは、例えば「CSharp.Samples.SimpleCalc」などの部分を省略できます。

以下に、usingディレクティブを利用する場合の例を示します。

List 4 **サンプルコード（usingディレクティブの記述例）**

```
using CSharp.Samples.SimpleCalc;
// 実際には以下の文は、クラス、メソッドの中に記述しますが、その部分は省略しています。
Form1 fm;
fm = new Form1();
```

コードを簡単に図式化すると、以下のように3層構造になります。

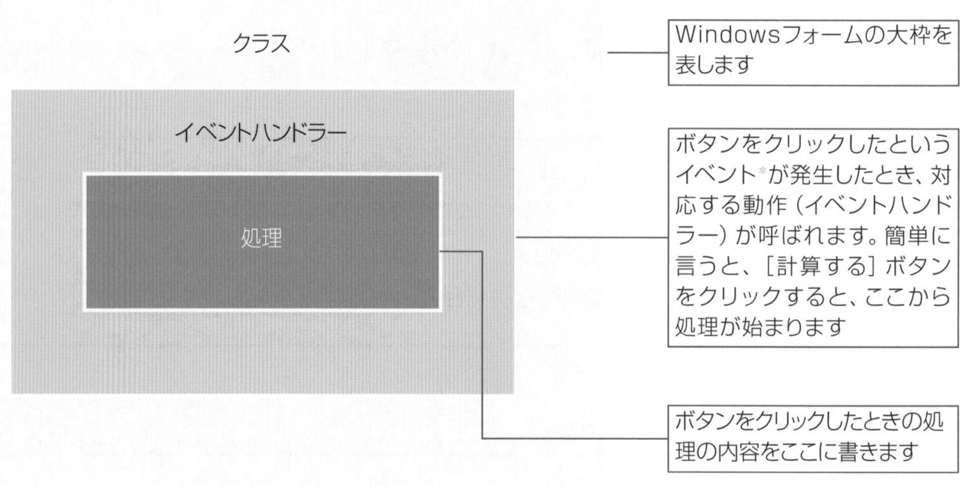
クラス
イベントハンドラー
処理
Windowsフォームの大枠を表します
ボタンをクリックしたというイベント*が発生したとき、対応する動作（イベントハンドラー）が呼ばれます。簡単に言うと、［計算する］ボタンをクリックすると、ここから処理が始まります
ボタンをクリックしたときの処理の内容をここに書きます
ファイル名:Form1.cs

図3-2：コードの構成（クラス、イベントハンドラー、処理）

3.4節で説明したコードを実際に当てはめてみると、以下のList5のようになります。

実際にコード画面から書いてみましょう。　　　の部分は、自動で記述される部分です。

＊**イベント**　プログラムの処理を行うきっかけにあたるもの。詳しくは、6.2節「プロパティ、メソッド、イベント、イベントハンドラー」で後述。

List 5 サンプルコード（[計算する] ボタンをクリックしたときの動作の記述例：Form1.cs）

```
using System;

namespace SimpleCalc
{
    public partial class Form1 : Form
    {
        public Form1()
        {
            InitializeComponent();
        }

        private void CalcButton_Click(object sender, EventArgs e)
        {
            // 変数の宣言
            int valueLeft;                                  // 入力値1用の整数型変数
            int valueRight;                                 // 入力値2用の整数型変数
            int valueAnswer;                                // 計算結果用整数型変数
            // 値の取り込み
            valueLeft = int.Parse(input1TextBox.Text);      // 入力値1を整数型に変換後代入
            valueRight = int.Parse(input2TextBox.Text);     // 入力値2を整数型に変換後代入
            // 取り込んだ値の計算
            valueAnswer = valueLeft + valueRight;
            // 計算結果を出力
            answerTextBox.Text = valueAnswer.ToString(); // 文字列に変換後代入
        }
    }
}
```

●インテリセンスを利用する

コードを入力していると、途中で何やらリストが出てきます。これはVS Community 2022のコード入力をサポートする機能で、**インテリセンス**と言います。

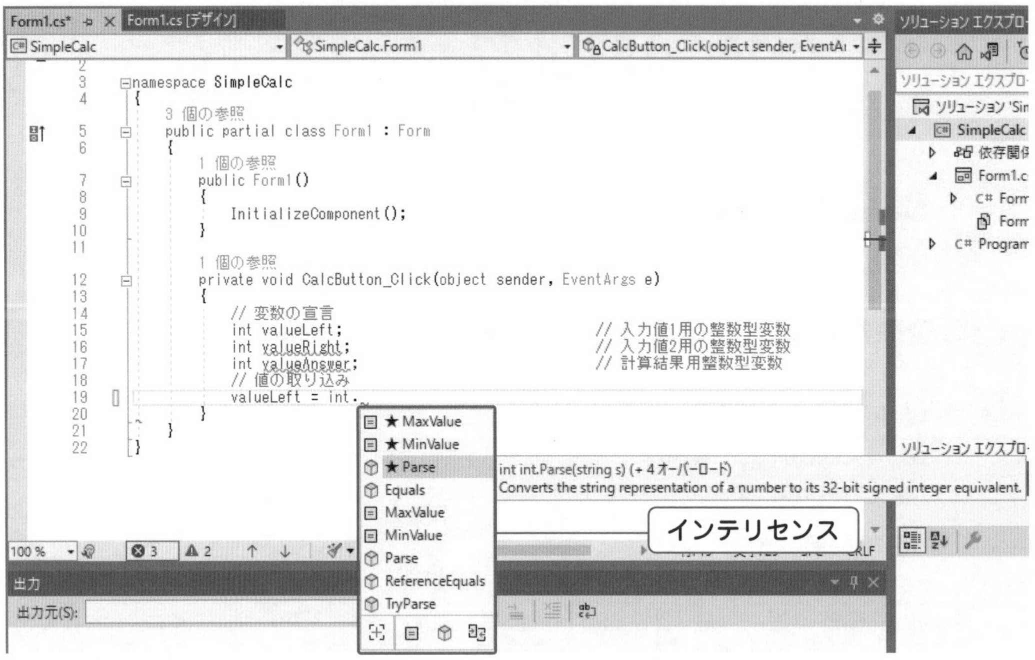

このインテリセンスの中にあるリストを選んで［Tab］キーを押すと、入力が自動的に補完されます。タイプミスがなくなるので、積極的に利用しましょう。

また、インテリセンスで選択している項目には、簡単な説明も表示されます。

なお、インテリセンスに一覧表示されていない項目は実行できません。VS Community 2022が「こんなことができますよ！」と一覧表示で見せてくれているイメージですね。

さらに、リスト中の一部の項目については、「★」が頭に付加されています。これは**IntelliCode**（インテリコード）と呼ばれる機能で、前後のコードからよく使われるであろう選択肢をリストの先頭に表示してくれています。

Tips インテリセンスを呼び出す

インテリセンスは「.」（ドット）などを入力すると表示されます。強制的に表示させるには、［Ctrl］+［Space］キー、または［Ctrl］+［J］キー、または［Alt］+［→］キーで表示できます。

ところで、C#では、**大文字**と**小文字**が異なると、違う単語であると解釈されてしまうため、綴り（つづり）はあっていても先頭が小文字になっている等々の「うっかりミス」が多くなりますが、インテリセンスを使うとこのミスもなくなります。

コードが入力できたら、VS Community 2022の［▶ SimpleCalc］ボタンをクリックして、動かしてみましょう。作成したWindowsフォームが起動されましたか？　起動されたら、「入力値1」「入力値2」に値を入力して、［計算する］ボタンをクリックしてみてください。いかがですか？　計算結果は表示されましたか？

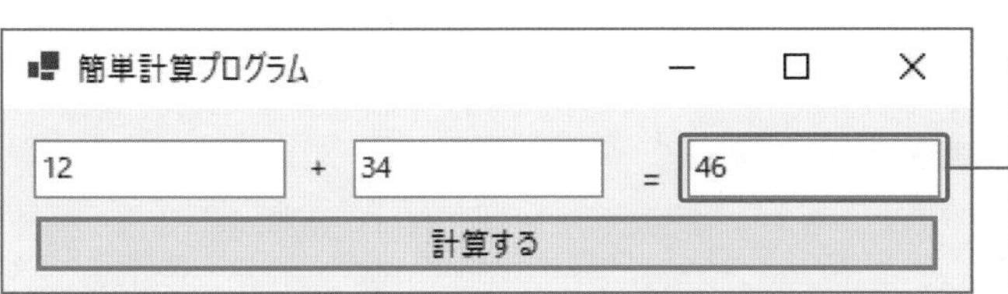

［計算する］ボタンをクリックすると、「入力値1」「入力値2」の合計値が「合計値」のテキストボックスに表示されます

うまくフォームが表示されなかった方へ

［▶ SimpleCalc］ボタンをクリックしてもWindowsフォームが表示されなかった場合、**ビルドエラー**が発生していませんか？［▶ SimpleCalc］ボタンをクリックして、下のエラーメッセージが表示されてしまった方は、入力ミスなどの記述の間違いがあります。

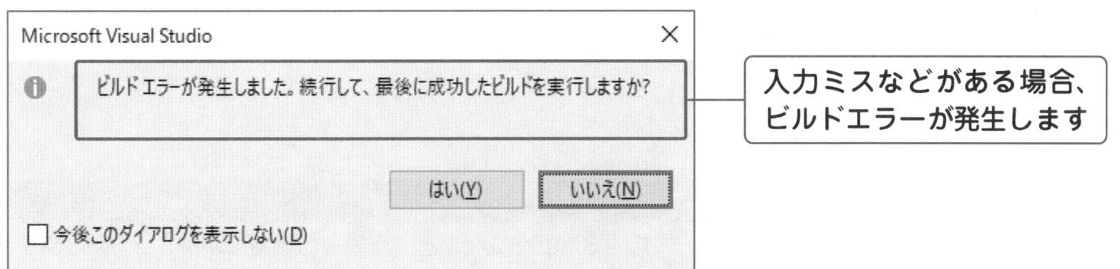

［いいえ］ボタンをクリックして、プログラムを修正しましょう。

画面下の**エラー一覧**に、間違っている場所がリストで表示されるので、ダブルクリックして、エラーがあった処理を修正してください。

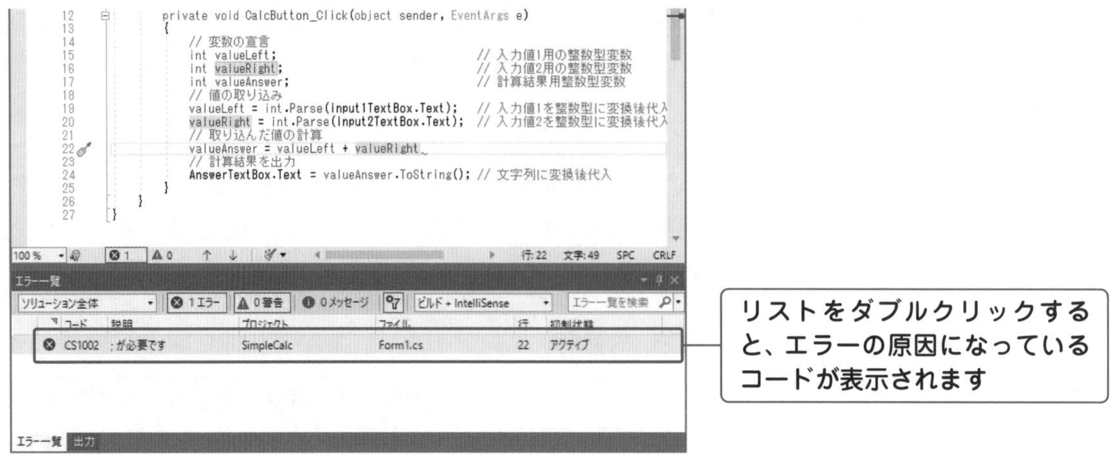

●コードを再確認してみよう

VS Community 2022が自動的に書いてくれたコードについて、もう一度見てみましょう。まず目に付くのが**namespace**ですね。

List 1 サンプルコード（ネームスペースの記述例）

表3-4：List1のコード解説

No.	コード	内容
❶	namespace	ネームスペースを表します。「SimpleCalc」という単一の階層のネームスペースですね
❷	{	ネームスペースの開始を示します
❸	}	ネームスペースの終了を示します

続いて、List2はクラスの構造です。

List 2 サンプルコード（クラスの構造の記述例）

```
❶public ❷partial ❸class ❹Form1 ❺: ❻Form
❼{
❽}
```

表3-5：List2のコード解説

No.	コード	内容
❶	public	「公開します」という宣言です。ほかのクラスから呼び出すことができます
❷	partial	1つのクラスを2つのファイルで分けて管理できるようにする宣言です。**partialキーワード**を使います。これにより、ユーザーが勝手に書き換えてはいけない、デザイン部分にあたるソースが別ソースに隠蔽されています。「Form1.Designer.cs」がその例です
❸	class	クラスを表します
❹	Form1	クラスの名前です。Form1という名前になっています
❺	:	継承*する場合、この記号の次に元となるクラスを書きます
❻	Form	継承元のクラスの名前です
❼	{	クラスの開始を示します
❽	}	クラスの終わりを示します

List3は、クラスの中にある**イベントプロシージャ***を表示したものです。このサンプルコードのイベントプロシージャには、[計算する]ボタンをクリックしたときに動作するプログラムコードが入ります。

List 3 サンプルコード（イベントプロシージャの記述例）

```
public partial class Form1 : Form
{
  ❶private ❷void ❸CalcButton_Click(❹object sender, ❺EventArgs e)
  ❻{
  ❼}
}
```

* **継承**　元になる共通した目的を持ったデータと処理の集まり（クラス）から、データ（プロパティ）や処理（メソッド）を受け継ぐことができる仕組みのこと。詳しくは、6.5節「クラスの継承」で後述。
* **イベントプロシージャ**　イベント（操作）が発生したときに、ここに書いてあるプログラムが作動する仕組み。

表3-6：List3のコード解説

No.	コード	内容
❶	private	**「非公開」**という宣言です。ほかのクラスからは見えなくなり、呼び出せなくなります。自分のクラスの内部でのみ呼び出すことが可能です
❷	void	このメソッドは値を返さないことを示します。**voidキーワード**を使います。値を返す場合は、「int」といった、データ型の名称を記述します
❸	CalcButton_Click	メソッドの名前です
❹	object sender	メソッドを呼び出す際に引き渡す情報です。**引数**（ひきすう）と言います。1つ目の引数なので、**第1引数**という言い方をすることもあります。どのオブジェクト*から呼ばれたかという情報が渡されてきます
❺	EventArgs e	メソッドを呼び出す際に引き渡す情報です。**第2引数**です。どんな手段で呼ばれたかという情報が入っています。マウスでクリックした場合と、[Enter] キーを押した場合では値が異なります
❻	{	メソッドの開始を示します
❼	}	メソッドの終わりを示します。メソッドに含まれる処理やデータは、この行より上に書きます

このあたりで、作成した画面やプログラムコードを保存しましょう。保存の方法は、2.6節で学びましたね。まず、[ファイル] メニューから [すべて保存] を選択します。

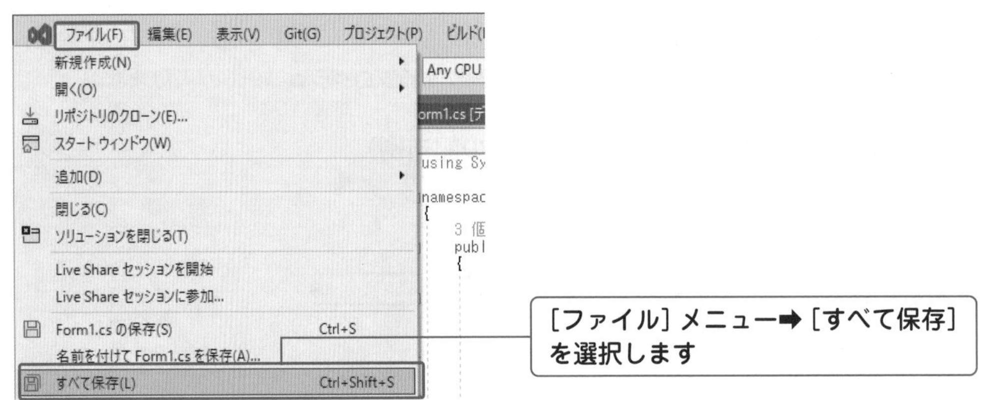

保存されると、VS Community 2022の左下の状態通知エリアに「アイテムが保存されました」と表示されます。

* **オブジェクト**　プログラムにおける、1つの処理とデータのまとまりのこと。詳しくは、6.1節「オブジェクト指向の概要」で後述。

まとめ

- 「入力された値を計算して表示する」という処理は、ボタンがクリックされたときに呼ばれるメソッドに記述する。

用語のまとめ

用語	意味
インテリセンス	VS Community 2022のコード入力のサポート機能
ネームスペース	クラスを階層的に分類して、たどりやすくしたもの
引数	メソッドを呼び出す際に渡す情報（パラメータ）のこと。「ひきすう」と読む
第1引数	1つ目の引数。n個目の引数は、第n引数になる

Column コンボボックスを使ってメソッドを探す

機能を増やしていくと、プログラムコードの量も比例して増えていきます。わずか数行のコードであれば何の問題もありませんが、例えば、膨大な量のコードの中から特定のメソッドがどこにあるかを探そうとすると、非常に大変です。

そんなときは、エディター上部にある**コンボボックス**を使います。コードを探すときに、コンボボックスの領域をクリックすると表示されるメソッド名を選択することによって、カーソルが選択したメソッドにジャンプします。

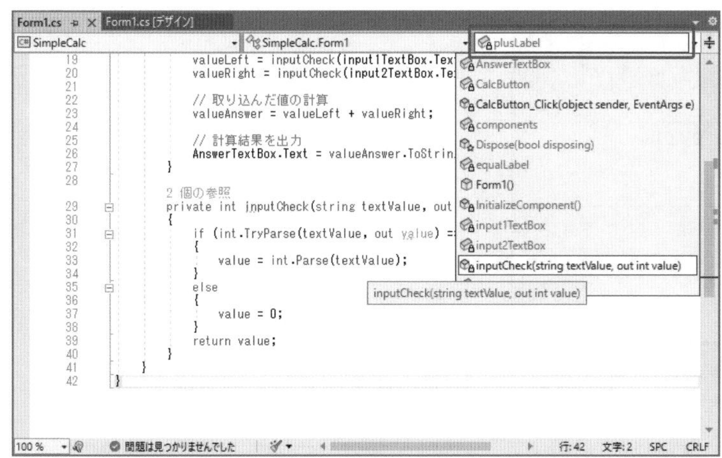

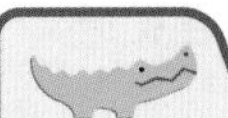

Column デザイン画面とコード画面の切り替え

デザイン画面とコード画面の切り替えは、117ページの方法以外にも以下の方法があります。

●メニューから選択して切り替える

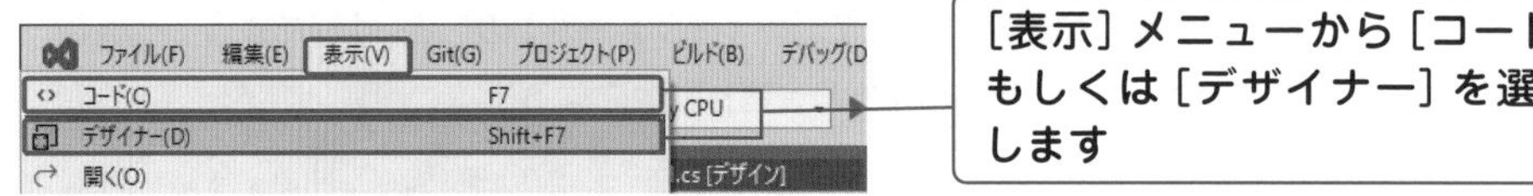

［表示］メニューから［コード］もしくは［デザイナー］を選択します

●ショートカットキーで切り替える

デザイン画面➡コード画面に切り替える……［F7］キーを押します

コード画面➡デザイン画面に切り替える……［Shift］+［F7］キーを押します

●タブで切り替える

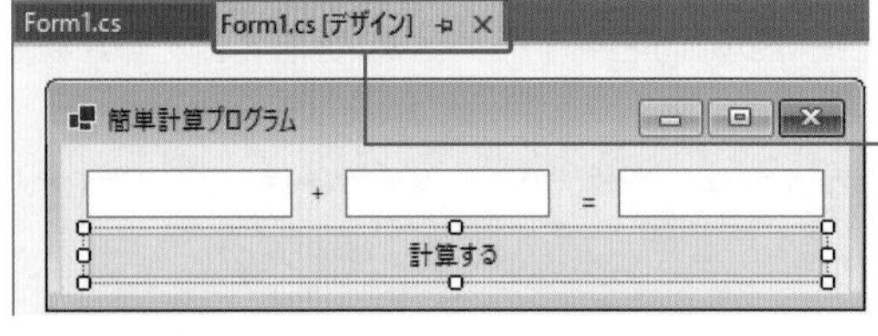

作業領域の上にあるタブでデザイン画面とコード画面を切り替えます

●右クリックのメニューで切り替える

ソリューションエクスプローラーでForm1.csを右クリックし、出てくるメニューで切り替えることもできます

6 条件分岐の使い方

「簡単計算プログラム」に機能を追加するために、処理の分岐について説明します。

条件に応じて、処理を分岐させる

実は、3.5節で作成したアプリケーションには、いくつかの欠点があります。

Ⓐ実行後、「入力値1」と「入力値2」に数字以外の値（例えば、ABCなど）を入力した場合、うまく動作しない。

Ⓑ実行後、「入力値1」と「入力値2」に何も入力せずに、[計算する] ボタンをクリックした場合、うまく動作しない。

ⒶⒷへの対応策として、入力された値が数字に変換できるかを判断して、数字に変換できる場合と、できない場合で別々の処理を行う必要があります。

イメージで表すと、次のようになります。

簡単計算プログラム
12
+
34
=
46
計算する
[処理1] 入力値を数字に変換できる➡そのまま変換する
簡単計算プログラム
abc
+
def
=
計算する
[処理2] 入力値を数字に変換できない➡数字の0として処理を続ける

図にすると、次のようになります。

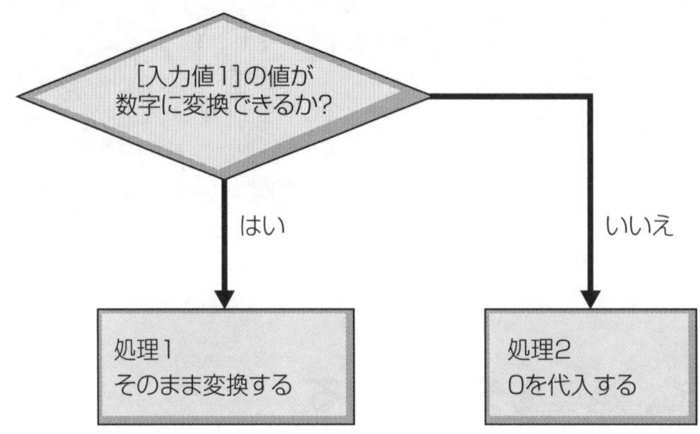

図4-3：**処理の分岐**

C#では、「もし○○だったら×××する」という命令文があります。それが**条件分岐**の**if～else文**です。if～else文は、条件式を満たしていたら処理1を、式を満たしていなければ処理2を実行します。

if～else文は、以下の書式でコードを書きます。

文法　if～else文の使い方

```
if (条件式)
{
   処理1
}
else
{
   処理2
}
```

「簡単計算プログラム」の場合、この「条件」に該当する部分は「入力値1の値が数字に変換できるか？」になりますね。

また、C#では、「～というデータ型に変換できるか？」というコードが用意されています。それが**TryParse()メソッド**です。

文法　TryParse()メソッドの使い方

```
データ型名.TryParse(第1引数, 第2引数);
```

TryParse()メソッドは、「第1引数」の値を、「データ型名」で指定したデータ型に変換可能かどうかを判定し、「はい」もしくは「いいえ」に相当する値を返します（あまり難しく考えずに、次のイラストのようなことを行ってくれる人がいて、その人の名前がTryParse()なのだな、くらいのイメージで考えるとよいでしょう）。

図4-4：TryParse()君のイメージ

実際のコードで書くと、以下のようになります。

```
int.TryParse(input1TextBox.Text, valueLeft);
```

第1引数となる「input1TextBox.Text」の値を、「データ型名」で指定したint型に変換可能かどうかを判定します。

なお、「はい」「いいえ」の2種類の値を表現するデータ型は、**bool型（ブール型）**＊と言います。C#では、「はい」を**true**で表します。「いいえ」は**false**で表します。

また、●と▲が等しいときは、「● == ▲」と書きます。イコールの「=」は、1つではなく**2つ**なので注意しましょう（イコール1つは代入の意味になります）。

このコードの結果が「はい」、つまり「true」のときに処理1を行うので、条件式の部分のコードは以下のように書きます。

```
int.TryParse(input1TextBox.Text,out valueLeft) == true
```

条件式の部分とif～else文を組み合わせると、以下のようになります。

＊**bool型（ブール型）**　日本語では「論理型」と言うことがあり、「はい」のことを真、「いいえ」のことを偽という場合もある。

```
if (int.TryParse(input1TextBox.Text, out valueLeft) == true)
{
   // 処理1
}
else
{
   // 処理2
}
```

「処理1」は、数字に変換できるので、今までの式をそのまま書けばよさそうです。また、「処理2」は、数字に変換できないので、「0を代入する」ですね。

以上のことから、この部分の実際のコードは、以下のようになります。

```
if (int.TryParse(input1TextBox.Text, out valueLeft) == true)
{
   valueLeft = int.Parse(input1TextBox.Text); // 入力値1を整数型に変換後代入
}
else
{
   valueLeft = 0; // 0を代入
}
```

この処理は「入力値1」に関してのチェックです。「入力値2」に関してもまったく同じチェックが必要になるので、最終的に以下のList1のコードになります。

List 1 サンプルコード（入力値1と入力値2のチェックの記述例）

```
// 値の取り込み
// 入力値1 (input1TextBox)のチェック
if (int.TryParse(input1TextBox.Text, out valueLeft) == true)
{
    valueLeft = int.Parse(input1TextBox.Text); // 入力値1を整数型に変換後代入
}
else
{
    valueLeft = 0;
```

入力値1

```
}
```

```
// 入力値2 (input2TextBox) のチェック
if (int.TryParse(input2TextBox.Text, out valueRight) == true)
{
    valueRight = int.Parse(input2TextBox.Text); // 入力値2を整数型に変換後代入
}
else
{
    valueRight = 0; // 0を代入
}
```

入力値2

入力値1と入力値2が数字に変換できない場合は0を代入し、その合計を計算結果に表示します。

Tips 「out」は出力パラメータ

TryParse()メソッドの第2引数をよく見ると、「out」が付いています。このoutの記述がないとエラーになってしまいます。何を意味するのでしょうか？

このoutは、**outパラメータ（出力パラメータ）**であることを指します。メソッドに値を渡すのではなく、**メソッドから返ってくる値**がこのパラメータに設定されることを示します。実は、このTryParse()メソッドは、変換に成功すると、自動的に第2引数に値を設定してくれます。「int.Parse」の行はなくても値が設定されると言うわけです。

つまり、上記のコードは、以下のコードと同じ意味になります。等しくないときは、「**!=**」を使います。

```
if (int.TryParse(input1TextBox.Text, out valueLeft) != true)
{
    valueLeft = 0; // 変換1に失敗
}

if (int.TryParse(input2TextBox.Text, out valueRight) != true)
{
    valueRight = 0; // 変換2に失敗
}
```

まとめ

- 独自の処理を行いたい場合は、プログラムコードを追加することで処理を追加することができる。

用語のまとめ

用語	意味
bool型	「はい」「いいえ」の2種類の値を表現するデータ型。論理型という。実際には、真を示す「true」と、「偽」を示す「false」の2種類の値だけを持つデータ型

Column WPFアプリケーションとは

［新しいプロジェクトの作成］画面をよく見ると、テンプレートにWPFアプリケーションやWPFブラウザーアプリケーションがあります。

WPFは、Windows Presentation Foundationの略で、ユーザーインターフェイスに関する基盤技術のことです。WPFアプリケーションでは、XAML（ザムル）と呼ばれる言語仕様を使って、今までデザイン的に難しかったことや、できなかったことが簡単にできるようになりました。

例えば、背景をグラデーションにしたり、TextBoxコントロールを斜めに傾けたりといったことができるようになります。

また、WPFブラウザーアプリケーションでは、ブラウザーを対象にしたグラフィックスに優れたアプリケーションを作成できます(.NET Framework のみ対応)。

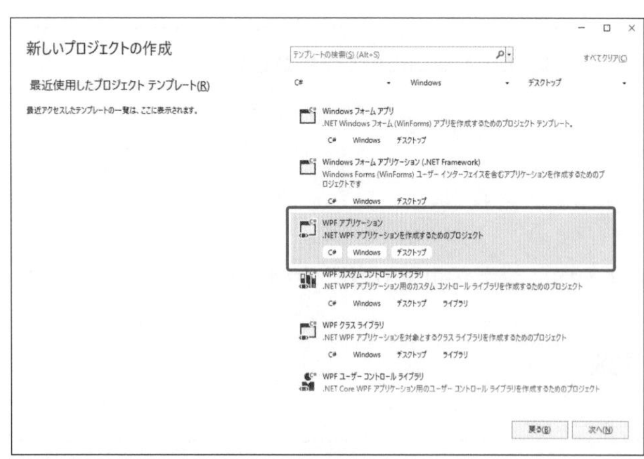

サブルーチンの使い方

処理の分岐に続いて、まとまった処理をサブルーチンにして使う方法を説明します。

●サブルーチンを使う

先ほど書いたコードには、似通った部分があるので、その部分をまとめて別の処理にしましょう。
このように、「まとまった処理の塊（かたまり）」を**サブルーチン**と言います。
まず、サブルーチンの使い方は、以下の通りです。

文法　**サブルーチンの使い方**

```
❶アクセス修飾子 ❷戻り値のデータ型名 ❸サブルーチン名 ❹(第1引数, …)
❺{
    // 処理;
❻}
```

表4-7：文法の解説

No.	コード	内容
❶	アクセス修飾子	外部に見えるようにするか、しないかを指定するキーワード（詳しくは6.4節で後述）。 ・サブルーチンを外部に公開する場合……public ・サブルーチンを外部に公開しない場合……private
❷	戻り値のデータ型名	サブルーチンの戻り値の型です。サブルーチンの中で計算した結果を戻り値として返す場合に扱うデータ型です
❸	サブルーチン名	サブルーチンの名前です。呼び出すときにどんな処理をしているかわかるような名前で書くとよいでしょう
❹	(第1引数, …)	サブルーチンに渡す引数を書きます。 ・引数がない場合………( ) ・引数が1個の場合……(第1引数) ・引数が2個の場合……(第1引数, 第2引数)
❺	{	サブルーチンの開始を示します
❻	}	サブルーチンの終わりを示します

それでは、似た部分をサブルーチンにしてみましょう。サブルーチンの名前は、入力チェックということで、「InputCheck」にしました。また、クラスの外から見る必要がないので、**アクセス修飾子**は「private」にしました。

```
// 入力値1 と入力値2 の処理
if (int.TryParse( ■ , ● ) == true)
{
    ● = int.Parse( ■ );
}
else
{
    ● = 0;
}

if (int.TryParse( □ , ◎ ) == true)
{
    ◎ = int.Parse( □ );
}
else
{
    ◎ = 0;
}
```

入力値1の処理

入力値2の処理

```
// サブルーチン
private int InputCheck(■ , ● )
{
    if (int.TryParse( ■ , ● ) == true)
    {
        ● = int.Parse( ■ );
    }
    else
    {
        ● = 0;
    }
}
```

サブルーチンの処理

このサブルーチンを呼び出す側のコードは、次のようになります。

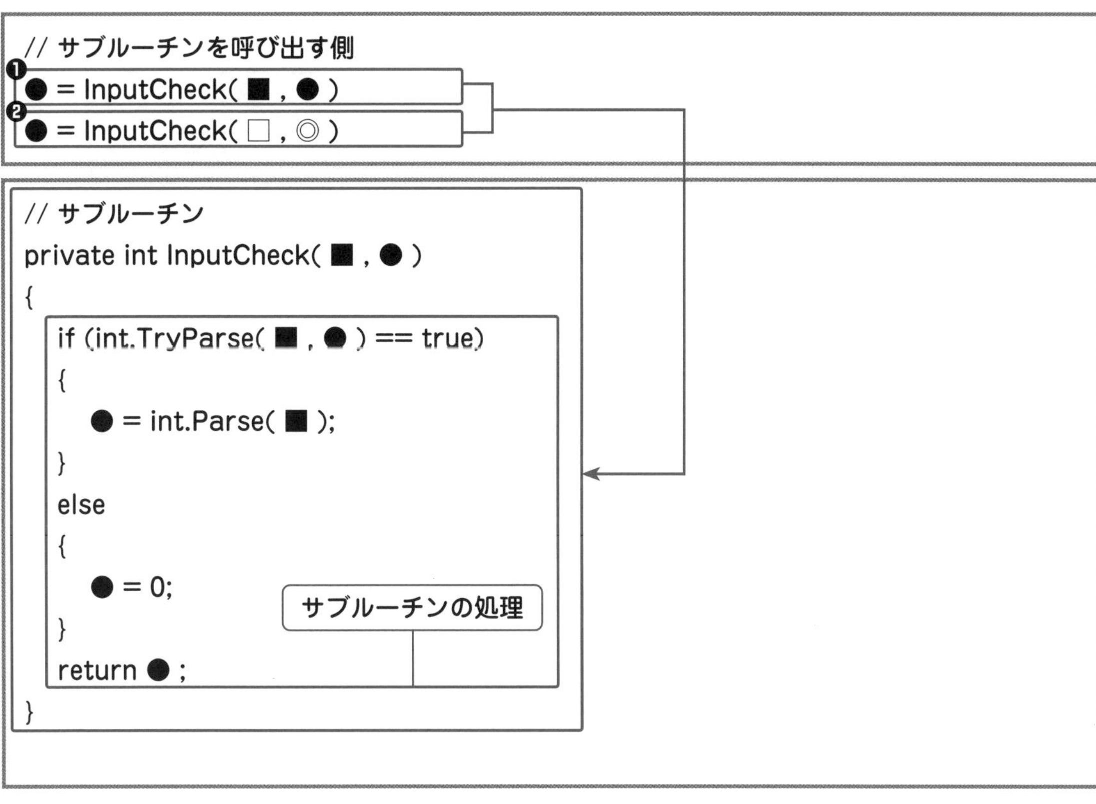
// サブルーチンを呼び出す側
❶
● = InputCheck(■ , ●)
❷
● = InputCheck(□ , ◎)
// サブルーチン
private int InputCheck(■ , ●)
{
if (int.TryParse(■ , ●) == true)
{
● = int.Parse(■);
}
else
{
● = 0;
}
return ● ;
}
サブルーチンの処理

表3-8：コード解説

No.	コード	内容
❶	InputCheck(■ , ●)	「入力値1」の処理で、■と●をサブルーチンに渡します。InputCheckは、■と●を受け取り、処理します
❷	InputCheck(□ , ◎)	「入力値2」の処理で、□と◎をサブルーチンに渡します。InputCheckは、□と◎を受け取り、処理します

ここまでのコードを以下のList1に示します。　　　　の部分は、すでに記述してある部分です。

List 1 サンプルコード（[計算する] ボタンをクリックしたときの記述例）

```
namespace SimpleCalc
{
    public partial class Form1 : Form
    {
        public Form1()
        {
```

```
        InitializeComponent();
    }

    private void CalcButton_Click(object sender, EventArgs e)
    {
        // 変数の宣言
        int valueLeft;     // 入力値1用の整数型変数
        int valueRight;    // 入力値2用の整数型変数
        int valueAnswer;   // 計算結果用整数型変数

        valueLeft = InputCheck(input1TextBox.Text, out valueLeft);
        valueRight = InputCheck(input2TextBox.Text, out valueRight);

        // 取り込んだ値の計算
        valueAnswer = valueLeft + valueRight;

        // 計算結果を出力
        answerTextBox.Text = valueAnswer.ToString(); // 文字列に変換後代入
    }

    private int InputCheck(string textValue, out int value)
    {
        if (int.TryParse(textValue, out value) == true)
        {
            value = int.Parse(textValue);
        }
        else
        {
            value = 0;
        }
        return value;
    }
  }
}
```

ボタンクリック時の処理

入力値のチェック処理

Tips サブルーチンのoutパラメータ

今回は、サブルーチンの説明がメインだったため、深く掘り下げませんでしたが、サブルーチンでも**outパラメータ（出力パラメータ）**が使えます。

うまく利用すると、以下のコードになります（メソッド部分のみ記載しています）。

```
private void CalcButton_Click(object sender, EventArgs e)
{
    // 変数の宣言
    int valueLeft;      // 入力値1用の整数型変数
    int valueRight;     // 入力値2用の整数型変数
    int valueAnswer;    // 計算結果用整数型変数

    InputCheck(input1TextBox.Text, out valueLeft);
    InputCheck(input2TextBox.Text, out valueRight);

    // 取り込んだ値の計算
    valueAnswer = valueLeft + valueRight;

    // 計算結果を出力
    answerTextBox.Text = valueAnswer.ToString(); // 文字列に変換後代入
}

    // 入力値チェック
private void InputCheck(string textValue, out int value)
{
    if (int.TryParse(textValue, out value) != true)
    {
        value = 0; // 数字に変換できない場合0にする
    }
}
```

コードが入力できたら、VS Community 2022の［▶ SimpleCalc］ボタンをクリックして、動かしてみましょう。作成したWindowsフォームが起動されましたか？

起動されたら、「入力値1」「入力値2」に値を入力して、[計算する] ボタンをクリックしてみてください。いかがですか？　計算結果は表示されましたか？

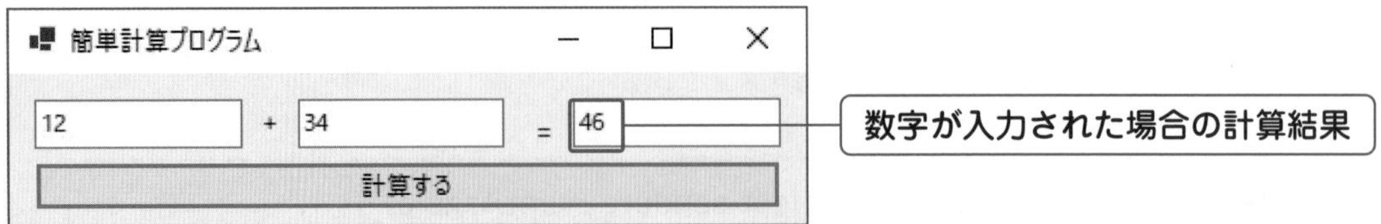

数字に変換ができない場合、計算結果は0になりましたか？

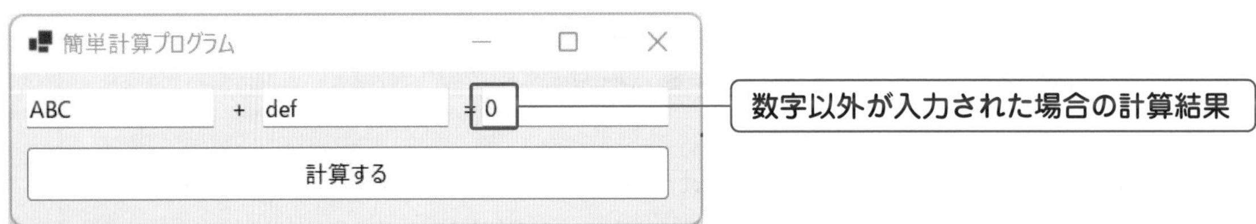

[▶ SimpleCalc] ボタンをクリックして、エラーメッセージが表示されてしまった方は、入力ミスなどの間違いがあります。[いいえ] ボタンをクリックしてプログラムを修正しましょう*。

うまく実行できた方は、忘れずにプログラムを保存してください。

また、完成した「簡単計算プログラム」をほかの人に配りたい場合は、ファイルを保存したフォルダーにある「SimpleCalc.exe」ファイルをコピーして配ってください。

以上で、Chapter3は終了です。プログラム作成の基本を理解いただけたでしょうか。

次のChapter4からは、もう少し本格的なアプリケーションを作成します。

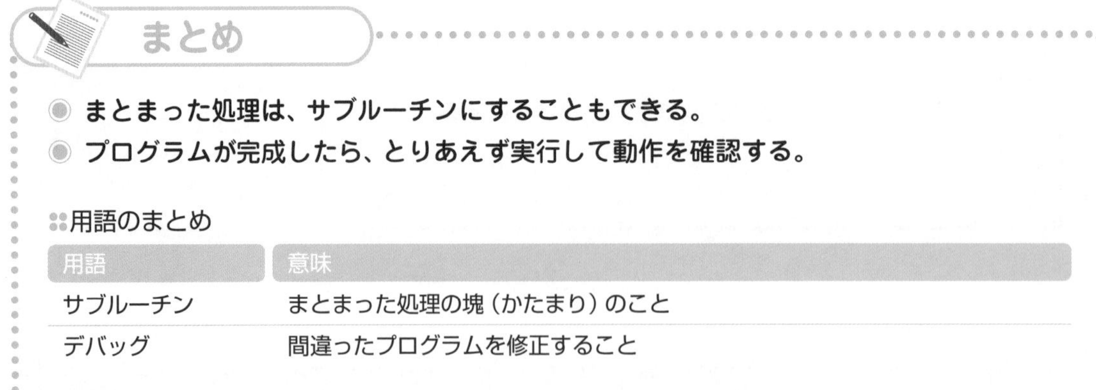

まとめ

- **まとまった処理は、サブルーチンにすることもできる。**
- **プログラムが完成したら、とりあえず実行して動作を確認する。**

用語のまとめ

用語	意味
サブルーチン	まとまった処理の塊（かたまり）のこと
デバッグ	間違ったプログラムを修正すること

* **プログラムを修正しましょう**　間違ったプログラムを修正することをデバッグという。

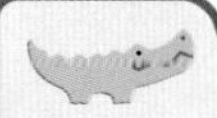

Column .NET Coreとは

［新しいプロジェクトの作成］画面をよく見ると、テンプレートにWindowsフォームアプリとWindowsフォームアプリケーション(.NET Framework)という、よく似た名前のテンプレートが見つかります。

.NET Coreは、クロスプラットフォーム（Windowsだけではなく、iPhoneやAndroidなどでも動作する）のオープンソースのフレームワークです。なお、オープンソースとはなっていますが、Microsoft社によりサポートされ、.NET Frameworkとも互換性があります。

本書で扱っているデスクトップアプリについても.NET Core 3.0からサポートされています。ただし、クロスプラットフォームではなく、Windows専用となります。

.NET Framework 4.8の後継バージョンは、.NET Coreベースの.NET 5.0となります。今後は、.NET Frameworkではなく、.NET Coreを利用する機会が増えていくのではないでしょうか。

8 復習ドリル

「簡単計算プログラム」の作成を通して、C#のプログラムの書き方に慣れたでしょうか？　そのあたりの理解を深めるために、ドリルを用意しました。

●ドリルにチャレンジ！

以下の1～27までの空白部分を埋めてください。

1 プログラムを行う前に完成イメージをつかむことが大事で、そのため、まず紙などに［　　　　］とよい。

2 TextBoxなどのコントロールに名前を付けて区別したい場合、［　　　　］プロパティに値を設定する。

3 値を入力させたい場合に適切なコントロールは、［　　　　］コントロールである。

4 「＋」「＝」の記号など、固定的な値を表示させたい場合に適切なコントロールは、［　　　　］コントロールである。

5 Form1のサイズを、横幅が600、高さが150にしたい場合、Form1の［　　　　］プロパティに「600,150」と入力する。

6 アプリケーションに計算を実行させるきっかけを作るには、［　　　　］コントロールが最適。

7 画面の作成は、ツールボックスから適切な部品を画面に［　　　　］するだけで作成できる。

8 ［　　　　］ウィンドウを使うと、該当するコントロールのプロパティの値を簡単に変更できる。

9 以下は、計算結果を示すanswerTextBoxコントロールのTextプロパティに、プログラムから値を設定したい（表示させたい）場合のコード例です。

```
[        ] = [        ];
```

10 ［　　　　］は、一時的に様々な値を記憶しておくための値の入れ物である。

11 「123」「ABC」「2022年1月1日」といった、値の種類のことを［　　　　］という。

12 「123」のように整数を表すデータ型を、C#では［　　　　］と書く。

13 「"ABC"」のように文字列を表すデータ型を、C#では[　　　　]と書く。

14 「1月1日」のように日付・時間を表すデータ型を、C#では[　　　　]と書く。

15 「3.1415926535」のように大きな範囲の小数を表すデータ型を、C#では[　　　　]と書く。

16 「このコードは、こんなことを意味している」というメモ書きのことを、プログラミングの用語では、[　　　　]という。

17 以下は、input1TextBoxコントロールのTextプロパティの値を整数に変換して、valueLeftに代入するコードです。

```
valueLeft = int.[        ] (input1TextBox.Text);
```

18 以下は、整数型の変数valueAnswerの値を文字列に変換して、answerTextBoxコントロールのTextプロパティに代入するコードです。

```
answerTextBox.Text = valueAnswer.[        ] ( );
```

19 コード入力をサポートする機能を[　　　　]という。

20 メソッドを呼び出す際に渡す情報を[　　　　]という。

21 trueとfalseのように2種類の値を表現するデータ型を、C#では[　　　　]と書く。

22 以下は、入力した値（input1TextBoxコントロールのTextプロパティ）が数値に変換可能であれば処理1を、そうでなければ処理2を実行するコードです。

```
[        ] (int.TryParse(input1TextBox.Text, out valueLeft) == true)
{
    // 処理1
}
[        ]
{
    // 処理2
}
```

23 外部に公開する場合のアクセス修飾子は、[　　　　]である。

24 外部に公開しない場合のアクセス修飾子は、[　　　　]である。

25 まとまった処理の塊（かたまり）を[　　　　]と呼ぶ。

26 値を返さないサブルーチンは、データ型の部分に[　　　　]と書く。

27 間違ったプログラムを修正することを[　　　　]という。

初級編 Chapter 3

復習ドリルの答え

1 絵を描いてみる
2 (Name)
3 TextBox
4 Label
5 Size
6 Button
7 ドラッグ＆ドロップ
8 プロパティ
9 順番に、answerTextBox.Text、値
10 変数
11 データ型
12 int
13 string
14 DateTime
15 double
16 コメント
17 Parse
18 ToString
19 インテリセンス
20 引数
21 bool
22 順番に if, else
23 public
24 private
25 サブルーチン
26 void
27 デバッグ

サブルーチンって何だっけ？

中級編　開発環境を使いこなそう！

Chapter 4

簡単なアプリケーションを作成する

「タイマー」「付箋メモ」「今日の占い」などの4種類の簡単なアプリケーションを作りながら、C#のコードに慣れましょう。

このChapterの目標

- ✔ Visual Studio Community 2022の使い方に慣れる。
- ✔ C#のコードに慣れる。
- ✔ switch文を使った条件分岐を覚える。
- ✔ アプリケーションを作るお作法を覚える。
- ✔ いろいろなコントロールを使ってみる。
- ✔ 処理の流れの考え方を理解する。

「タイマー」の作成

設定した終了時間になったら知らせてくれる「タイマー」アプリケーションの作成を通して、アプリケーションを作る練習をしましょう。

●アプリケーション作成の流れのおさらい

Chapter3では、「簡単計算プログラム」を作成しました。その知識を活かして、様々なアプリケーションにチャレンジしましょう。

最初は、Visual Studio Community 2022（本章では以降、VS Community 2022と表記します）を使って設定した時間になったら画面上にメッセージを表示する「**タイマー**」アプリケーションを作ります。

まず、アプリケーション作成の流れを、もう一度おさらいしてみましょう。

【手順❶】完成イメージを絵に描いて、画面に対する機能を描いてみる。
【手順❷】VS Community 2022で、手順❶の絵のように画面を作成する。
【手順❸】画面に貼り付けたコントロールのプロパティ*や値を設定する。
【手順❹】コードを書く。
【手順❺】動かしてみる。
【手順❻】修正する。

いかがですか？　「タイマー」アプリケーションのイメージはつかめましたか？
では、手順に沿って、作成していきましょう。

●手順①「タイマー」の完成イメージを絵に描く

「タイマー」アプリケーションの特徴を、以下にいくつか挙げてみましょう。

- **終了時間が設定できる。**
- **終了時間になったら、知らせてくれる。**
- **スタートボタンがある。**
- **残り時間がわかる。**

* **プロパティ**　画面に貼り付けた部品の「データ（値）」の部分のこと。詳しくは、6.2節「プロパティ、メソッド、イベント、イベントハンドラー」で後述。

これらの特徴を踏まえて、完成イメージを紙に描いてみます。画面は自由にイメージしていただいてもかまいません。

図4-1：「タイマー」の完成イメージを絵に描く

●手順②「タイマー」の画面を作成する

それでは、VS Community 2022を起動し、[新しいプロジェクトの作成] をクリックしてください。

［新しいプロジェクトの作成］画面が表示されますので、上部検索ボックスに「winforms」と入力します。その下の一覧に［Windowsフォームアプリ］が表示されます。C#用のアプリを選択し、［次へ］ボタンをクリックします（［Windowsフォームアプリケーション(.NET Framework)］ではありません）。

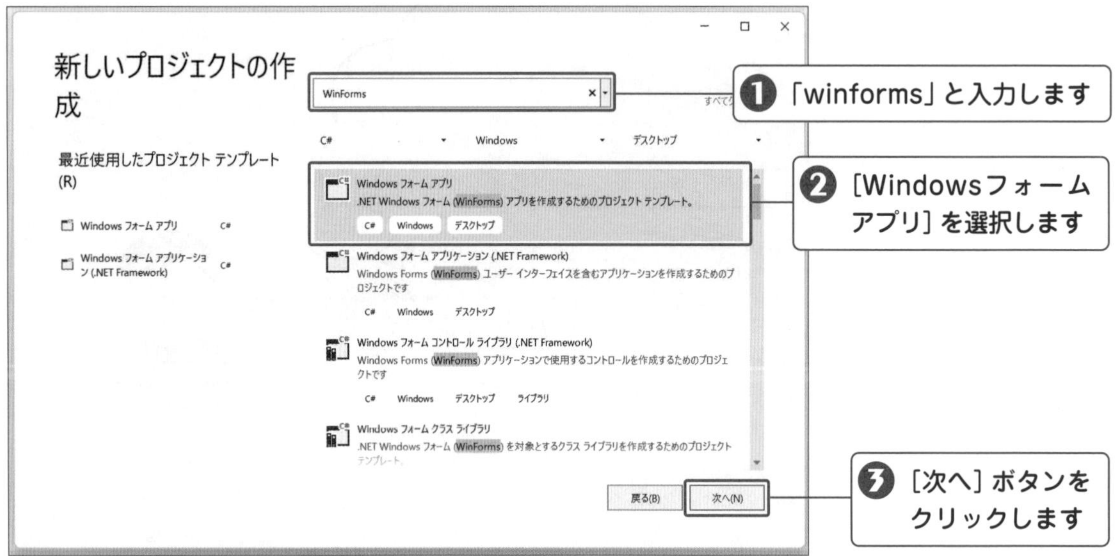

［新しいプロジェクトを構成します］画面が表示されますので、プロジェクト名に、「Timer」と入力してください。また、保存する場所はどこでもかまいませんが、支障がなければ「C:¥VCS2022_Application¥Chapter4-1」としてください（「VCS」は、Visual C Sharpの略です）。

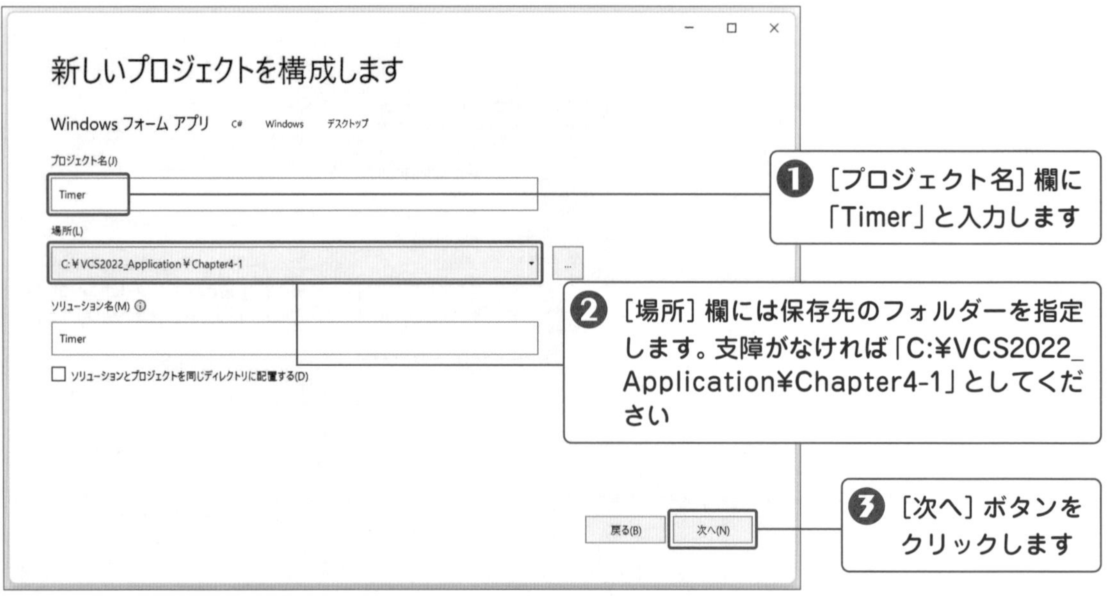

［追加情報］画面では、デフォルトのまま、「.NET 6.0（長期的なサポート）」を選びます。

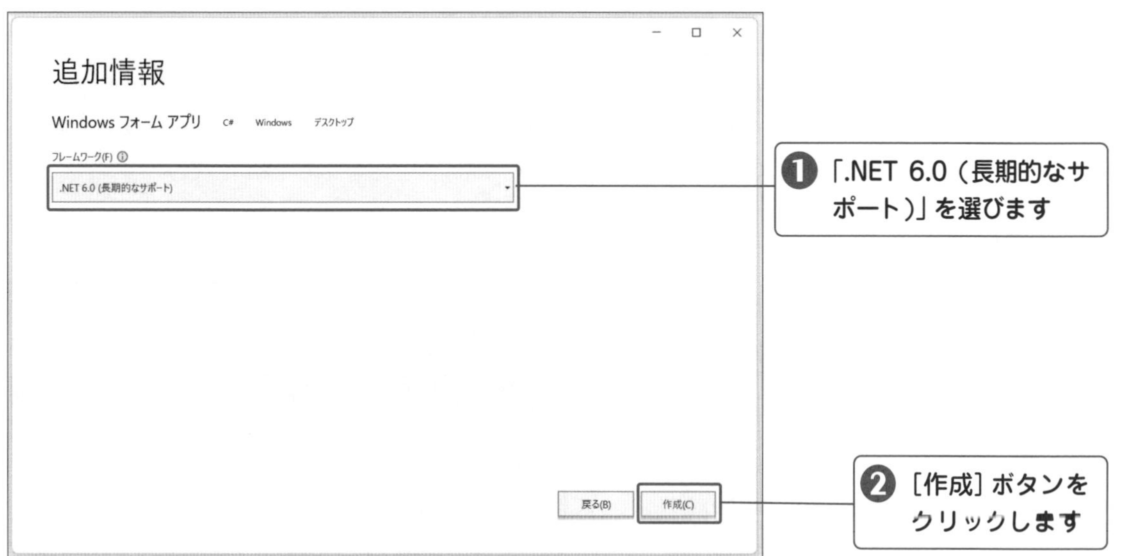
追加情報
Windows フォーム アプリ　C#　Windows　デスクトップ
フレームワーク(F)
.NET 6.0 (長期的なサポート)
戻る(B)
作成(C)
❶「.NET 6.0（長期的なサポート）」を選びます
❷［作成］ボタンをクリックします

Windowsフォームアプリケーションのひな形ができました（表示されるまでに、少し時間がかかります）。

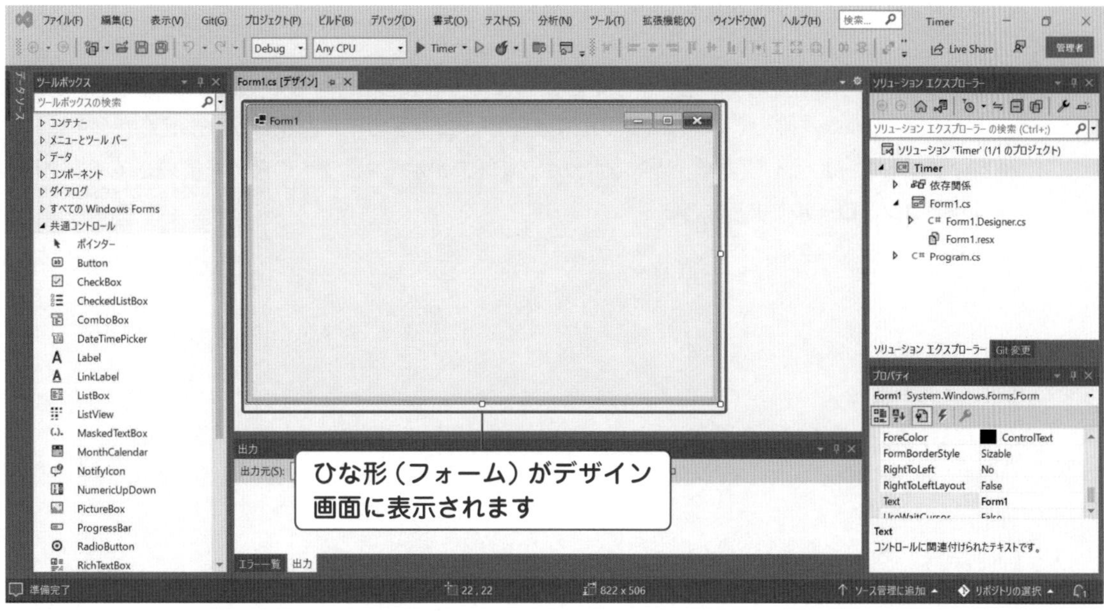
ひな形（フォーム）がデザイン画面に表示されます

それでは、手順❶で描いた絵を見ながら、コントロールを配置していきます。

まずは、Windowsフォームのデザイン画面にツールボックスから、適切なコントロールを選んで割り当てていきましょう。

「時間設定」「残り時間」「秒」などの変化しない文字は、Labelコントロールがよさそうです。また、「スタート！」というボタンは、Buttonコントロールがよさそうです。時間設定で、数字を入力する箇所と、残り時間を表示する箇所は、TextBoxコントロールがよさそうですね。

では、さっそくツールボックスから、必要な部品をドラッグ＆ドロップしてください。今回は画面のレイアウトに集中して、後からまとめて各コントロールの**プロパティ**を設定しましょう。スナップラインをうまく利用して、綺麗に配置してみてください。ボタンやフォームは、大きさを変えてもいいですね。

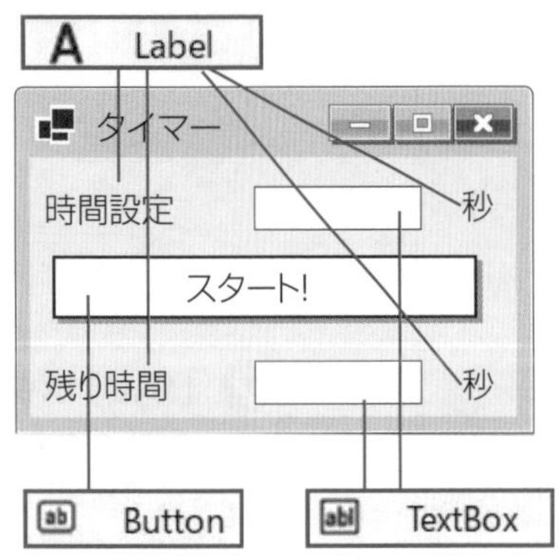

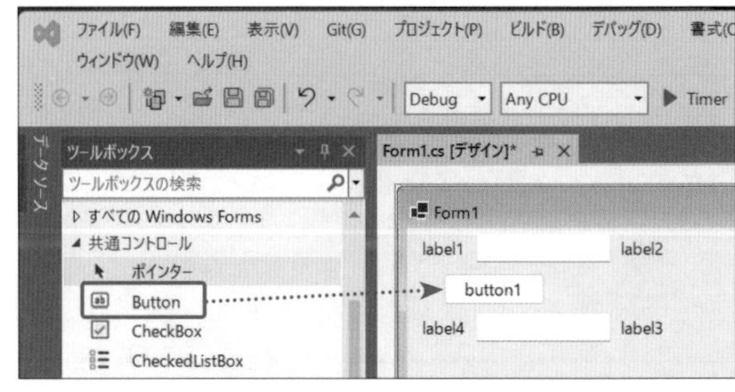

図4-2：ツールボックスからコントロールを選んで割り当てる

さて、時間をカウントする仕組みは、どのようにしたらよいでしょうか？「便利なコントロールはないかな……」と、ツールボックスを眺めてみてください。使えそうなコントロールは見つかりませんか？

実は、便利なコントロールがあります。ツールボックスの［コンポーネント］の部分を展開してください。下の方に、**Timerコントロール**があります。

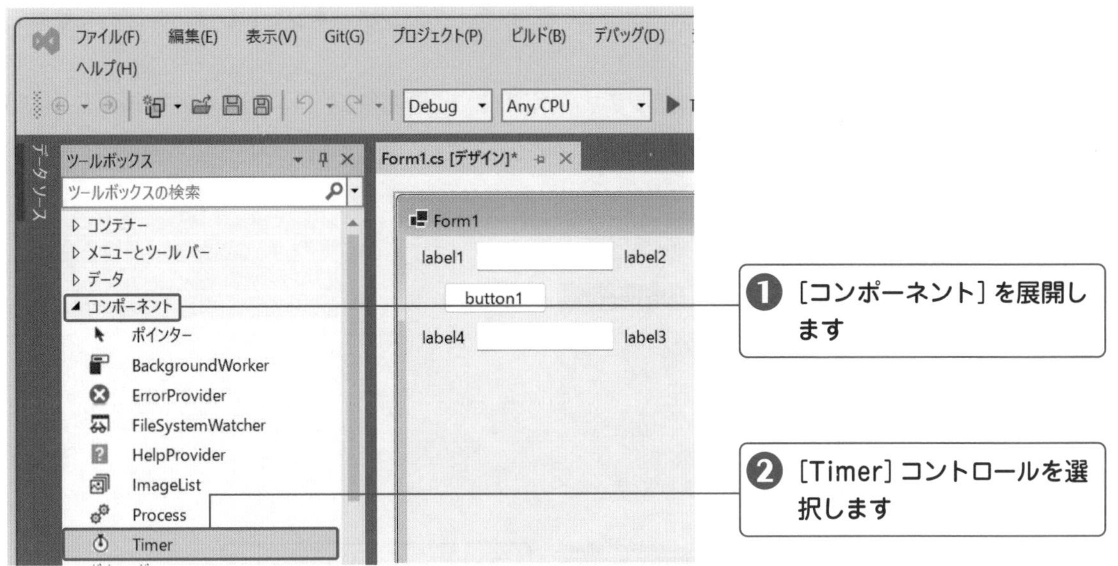

Timerコントロールには、表4-1に示した機能があります。

表4-1：Timerコントロールの機能

アイコンの形	名前	機能
Timer	Timerコントロール	指定した間隔でイベント*を発生させてくれる

このTimerコントロールに「1秒」という間隔を設定すると、1秒おきにイベントを発生させることができます。また、設定した時間をカウントダウンさせることもできます。

では、Timerコントロールを、Windowsフォームに貼り付けてみましょう。

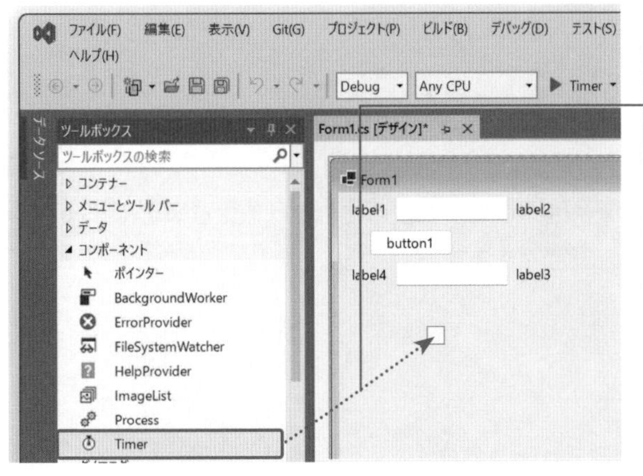

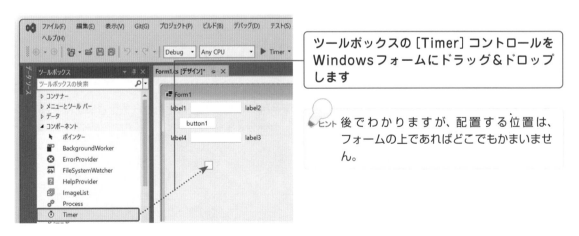

ツールボックスの [Timer] コントロールをWindowsフォームにドラッグ&ドロップします

ヒント 後でわかりますが、配置する位置は、フォームの上であればどこでもかまいません。

＊イベント　プログラムの処理を行うきっかけにあたるもの。詳しくは、6.2節「プロパティ、メソッド、イベント、イベントハンドラー」で後述。

Windowsフォームに配置したTimerコントロールが、画面下の**コンポーネントトレイ**と呼ばれる領域に配置されました。

実は、Timerコントロール自体には画面がありません。このように画面のないコントロールは、画面の上に配置できないため、VS Community 2022では、画面下のコンポーネントトレイにコントロールが配置されます。

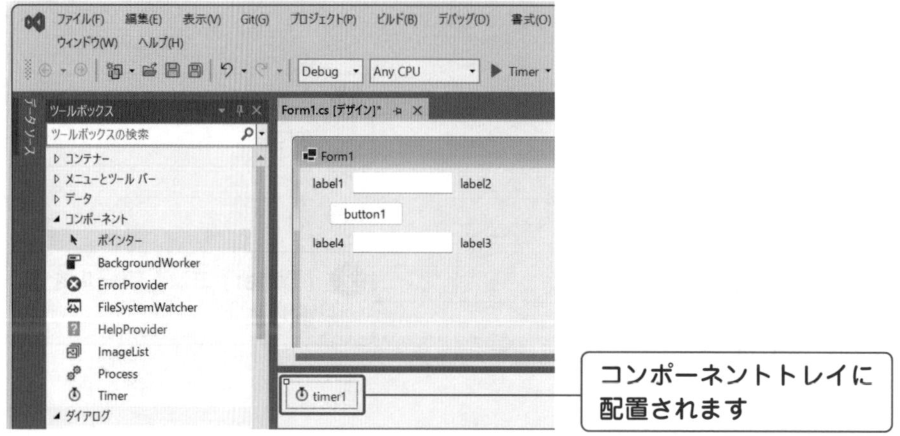

ここまでで、手順❷の画面の作成は終わりです。

なお、間違って貼り付けたコントロールは、そのコントロールを選択して、[Delete] キーを押せば、削除することができます。

●手順③ 画面のプロパティや値を設定する

それでは、画面のデザイン時に貼り付けたそれぞれのコントロールのプロパティを設定しましょう。プロパティウィンドウで、各コントロールの名前を示す(Name)プロパティと、表示する値を示すTextプロパティあたりから設定してみてください。

なお、今回はちょっと手を抜いて、他から影響を受けないコントロールの名前はデフォルトの状態にしてあります (label1～label4)。

また、異なるコントロールであっても、同じプロパティは同じ場所に表示された状態になるので、Textプロパティなど、同じプロパティから設定していくと楽に設定できます。

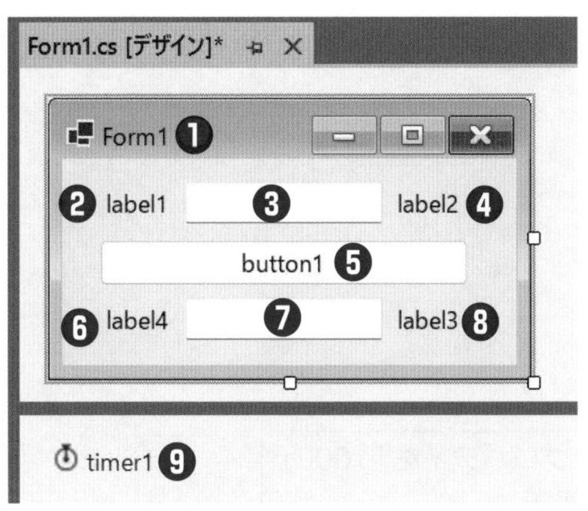

表4-2：コントロールとプロパティの設定

No.	コントロール名	プロパティ名	設定値
❶	Formコントロール	(Name)プロパティ	FormTimer
		Textプロパティ	タイマー
❷	Labelコントロール	Textプロパティ	時間設定
❸	TextBoxコントロール	(Name)プロパティ	textSetTime
		Textプロパティ	10
		TextAlignプロパティ*	Right
❹	Labelコントロール	Textプロパティ	秒
❺	Buttonコントロール	(Name)プロパティ	buttonStart
		Textプロパティ	スタート！
❻	Labelコントロール	Textプロパティ	残り時間
❼	TextBoxコントロール	(Name)プロパティ	textRemainingTime
		Textプロパティ	10
		TextAlignプロパティ	Right
❽	Labelコントロール	Textプロパティ	秒
❾	Timerコントロール	(Name)プロパティ	timerControl
		Intervalプロパティ	1000

❾のTimerコントロールの**Intervalプロパティ**は、イベントを発生させる頻度をミリ秒（1/1000秒）で設定するプロパティです。

「タイマー」アプリケーションでは、1秒おきにイベントを発生させます。「1秒＝ 1000ミリ秒」なので、Timerコントロールの Intervalプロパティを「1000」に設定します。

* **TextAlignプロパティ**　TextBoxコントロールでテキストをどのように配置するかを取得または設定するプロパティ。「Right」を設定すると、オブジェクトまたはテキストがコントロールの右側に配置される。

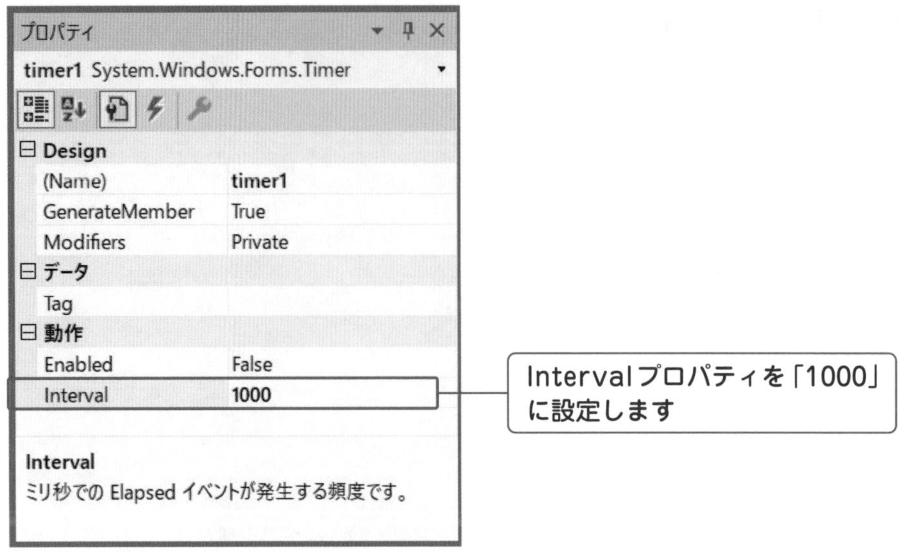

参考までに、ここまでの画面の状態はこのようになります。

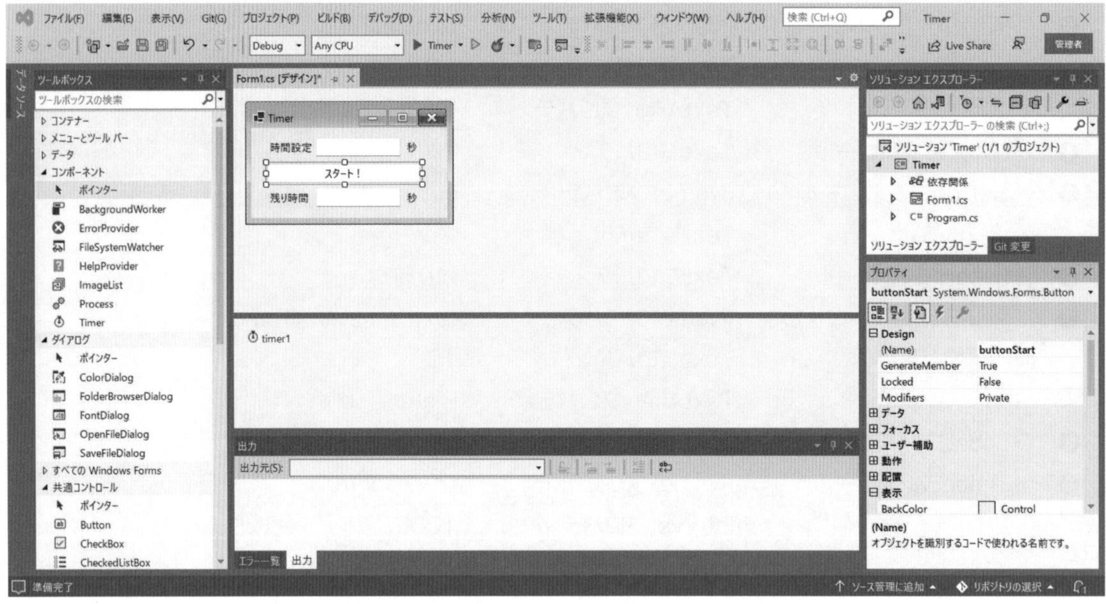

●手順④ コードを書く

それでは、「タイマー」アプリケーションのコードを書いていきましょう。ただし、いきなりコードを書こうとしても、どこにどんなコードを書けばいいのかわからないかと思います。そんなときは、処理の流れを図にしてみるとよいでしょう。

処理の流れを示す代表的な図として、**フローチャート**があります。その特徴として、

- **1つの四角に1つの処理を書く。**
- **上から下へ処理をする順番に書く。**
- **処理が分かれる場合は、ひし形に処理を分ける条件を書いて、「Yes」と「No」のときの処理をそれぞれ書く。**

といったルールがある図です。

ボタンをクリックしたときの処理と、タイマーの処理をフローチャートにすると、次のようになります。

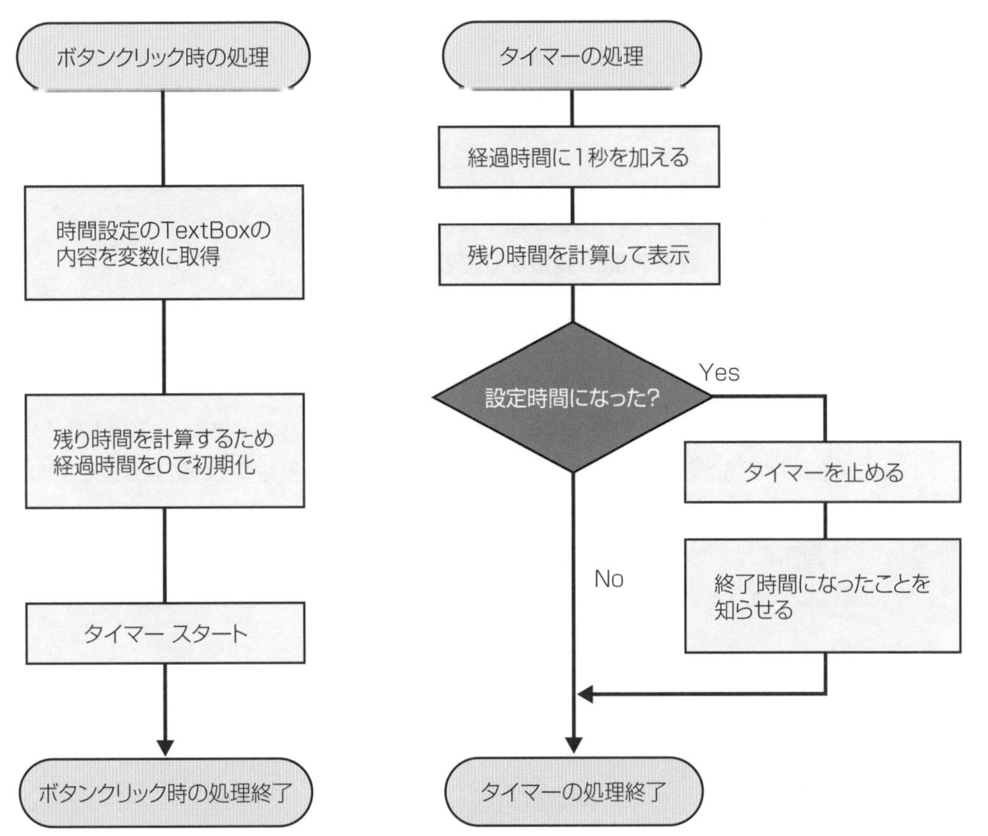

図4-3：ボタンクリック時の処理、タイマーの処理のフローチャート

ボタンをクリックしたときの処理を記述するため、デザイン画面で「buttonStart」と名前を付けた❺のButtonコントロールをダブルクリックして、コード画面（プログラムコード）に切り替えてください。

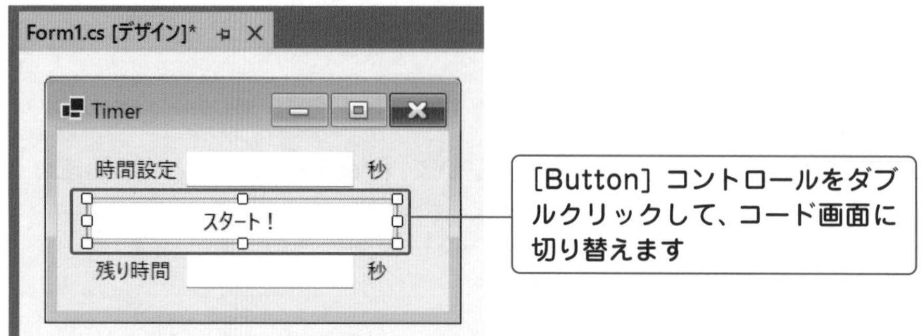

ただ、コードに慣れていない場合は、どんな処理をどのような順番で行うのかを考えながら、その都度、「//」を使って、**コメント**を書いていってもよいでしょう。

ボタンをクリックしたときは、3つの処理を順番に行いましたね。これらの処理をコメントとして、コードに書き記します。

①時間を設定するTextBoxコントロールの値を終了時間の変数に代入
②残り時間を計算するため、経過時間の変数を0で初期化
③タイマースタート

また、**変数**についても考えてみましょう。変数を使用する箇所や、変数のデータ型を考えます。

「タイマー」アプリケーションでは、処理の途中に出てくる変数として、「終了時間」「経過時間」「残り時間」の3つを使います。時間の間隔は数字で扱いたいため、それぞれint型（整数型）の変数がよいでしょう。変数の名前は、自分でわかるような名前にしてください。

「終了時間」と「経過時間」は、タイマーの処理でも使用するので、FormTimerクラス*の変数として定義します。「残り時間」は、タイマーの処理の中でしか使用しないので、この処理の中で定義します。

表4-3：「タイマー」アプリケーションで使う変数

変数	データ型	変数名
終了時間	int型（整数型）	endTime
経過時間	int型（整数型）	nowTime
残り時間	int型（整数型）	remainingTime

以下のコードは、ボタンをクリックしたときの処理のサンプルコードです。処理を書く前に、まず先にコメントを記述しています。　　　の部分は、自動で記述される部分です。

＊**クラス**　プログラムにおいて、共通した目的を持ったデータと処理の集まりで、「ひな形」「抜き型」に相当するもの。詳しくは、6.3節「クラス、インスタンス」で後述。

List 1 サンプルコード（コメントを先に記述した、ボタンクリック時の処理：Form1.cs）

```
namespace Timer
{
    public partial class FormTimer : Form
    {
        // 終了時間の変数を整数型で定義
        // 経過時間の変数を整数型で定義

        public FormTimer()
        {
            InitializeComponent();
        }

        // ボタンクリック時の処理
        private void buttonStart_Click(object sender, EventArgs e)
        {
            // 時間設定のTextBoxの内容を終了時間の変数に取得
            // 残り時間を計算するため経過時間の変数を0で初期化
            // タイマースタート
        }
    }
}
```

コメントを元にして、実際のコードを書いてみましょう。

List 2 サンプルコード（ボタンクリック時の処理：Form1.cs）

```
namespace Timer
{
    public partial class FormTimer : Form
    {
      ❶int endTime; // 終了時間の変数を整数型で定義
      ❷int nowTime; // 経過時間の変数を整数型で定義

        public FormTimer()
        {
            InitializeComponent();
```

```
        }

        // ボタンクリック時の処理
        private void buttonStart_Click(object sender, EventArgs e)
        {
            // 時間設定のTextBoxの内容を終了時間の変数に取得
           ❸if (!int.TryParse(textSetTime.Text, out endTime))
            {
                endTime = 1;
            }
            //残り時間を計算するため経過時間の変数を0で初期化
           ❹nowTime = 0;
            // タイマースタート
           ❺timerControl.Start();
        }
    }
}
```

表4-4：List2のコード解説

No.	コード	内容
❶	int endTime;	「終了時間」を扱う変数endTimeをint型で定義します
❷	int nowTime;	「経過時間」を扱う変数nowTimeをint型で定義します

❸	if (!int.TryParse(textSetTime.Text, out endTime))
	～
	}
		TryParse()メソッド*を使って、textSetTimeコントロールの値（Textプロパティ）を数値に変換し、変数endTimeに代入します。数値に変換できない場合は、endTimeに1を代入します（1にすることで、後の処理ですぐ終わるようにします）。なお、if文の条件文の(!int.TryParse(textSetTime.Text,out endTime))ですが、「(int.TryParse(textSetTime.Text,out endTime) == false)」と同じ処理になります。先頭に「!」をつけることで、TryParse()メソッドの結果のtrueとfalseを逆転させ、そのままif文の条件判定として利用した書き方です

❹	nowTime = 0;	変数nowTimeに0を代入します
❺	timerControl.Start();	timerControlのStart()メソッドを呼び出します

Chapter4で学習したことを応用して、コードを書いてみました。「タイマースタート」の処理だけがはじめて書くコードですが、Timerコントロールの**Start()メソッド**を実行すると、時間の計測が開始されます。結構、感覚的にコードを書けると思いませんか？

＊**メソッド**　プログラムの「処理」にあたる部分。詳しくは、6.3節「プロパティ、メソッド、イベント、イベントハンドラー」で後述。

では、次に、タイマーの処理を書いていきましょう。

コンポーネントトレイにあるTimerコントロール（timerControl）をクリックしたら、プロパティウィンドウの［イベント］ボタンをクリックして、イベントを表示させます。Timerコントロールのイベントは、**Tickイベント**＊が1つあるだけです。

プロパティウィンドウのTickの部分をダブルクリックして、**イベントハンドラー**＊を作成しましょう。同じFormTimerクラスに、timerControl_Tick()というイベントハンドラーが作成されるので、ここにタイマーの処理を記述します。

また、例によって、コメントだけを先に書いてみます。　　　　の部分は、自動で記述される部分です。いかがでしょうか？　コードは書けそうですか？

List 3　サンプルコード（コメントを先に記述した、タイマーの処理：Form1.cs）

```
namespace Timer
{
    public partial class FormTimer : Form
    {
    (ボタンクリック時の処理は省略します)
        // Timerコントロールの Tickイベントのイベントハンドラー(タイマーの処理)
        private void timerControl_Tick(object sender, EventArgs e)
        {
            // 残り時間の変数を整数型で定義
```

＊Tickイベント　Intervalプロパティで指定されたミリ秒単位の時間が経過したときに発生するイベント。

＊イベントハンドラー　プログラムにおいて、何かのきっかけ（イベント）が発生したときに、実際に呼ばれる処理のこと。詳しくは、6.2節「プロパティ、メソッド、イベント、イベントハンドラー」で後述。

```
            // 経過時間に1秒を加える
            // 残り時間を計算して表示
            // <判定>設定時間になった？
            // 「Yes」の場合の処理
            // タイマーを止める
            // 終了時間になったことを知らせる
            // 「No」の場合の処理
        }
    }
}
```

それでは、実際にコードを記述してみます。

List 4 サンプルコード（タイマーの処理：Form1.cs）

```
namespace Timer
{
    public partial class FormTimer : Form
    {
    （ボタンクリック時の処理は省略します）

        private void timerControl_Tick(object sender, EventArgs e)
        {
            ❶int remainingTime;  // 残り時間の変数を整数型で定義
            ❷nowTime++;          // 経過時間に1秒を加える

            // 残り時間を計算して表示
            ❸remainingTime = endTime - nowTime;
            textRemainingTime.Text = remainingTime.ToString();
            // <判定>設定時間になった？
            ❹if (endTime == nowTime)
            {
                // 「Yes」の場合の処理
                // タイマーを止める
                ❺timerControl.Stop();
                // 終了時間になったことを知らせる
                ❻MessageBox.Show("時間になりました！");
```

```
            }
            else
            {
                // 「No」の場合の処理
            }
        }
    }
}
```

表4-5：List4のコード解説

No.	コード	内容
❶	`int remainingTime;`	「残り時間」を扱う変数remainingTimeをint型で定義します
❷	`nowTime++;`	nowTimeに1を加えた結果を、nowTimeに代入する処理を簡略表記したものです。以下の式は、2つとも同じ処理です。「nowTime = nowTime + 1;」「nowTime += 1;」
❸	`remainingTime = endTime - nowTime;` `textRemainingTime.Text = remainingTime.ToString();`	「残り時間」を計算する処理です。「残り時間」は、「終了時間」から「経過時間」を引きます。さらに、現在の「残り時間」を表示させるため、計算した「残り時間」を文字列に変換して、textRemainingTimeのTextプロパティに代入します
❹	`if (endTime == nowTime)`	「終了時間」と「経過時間」が同じかどうかを調べて、設定した時間になったことを判定します
❺	`timerControl.Stop();`	Timerコントロール（timerControl）のStop()メソッドを呼び出します
❻	`MessageBox.Show("時間になりました！");`	MessageBox.Show()メソッドを呼び出します。また、Show()メソッドの引数の値をメッセージボックスと呼ばれる別ウィンドウに表示させます

●手順⑤ 動かしてみる

では、実際に動かしてみましょう。［▶ Timer］アイコンをクリックしてください。一番楽しくてドキドキする瞬間ですね。(^-^)

「タイマー」アプリケーションの画面が起動したら、時間設定の欄に適当な数字を入れ、［スタート！］ボタンをクリックしてください。

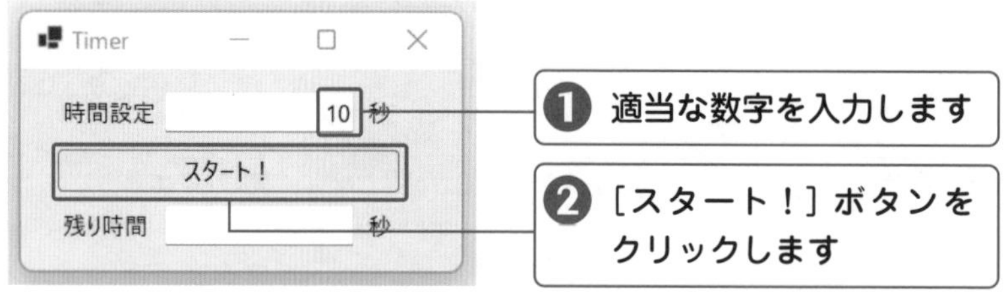

残り時間がカウントダウンされたでしょうか？　また、残り時間が0秒になったら、別ウィンドウ（メッセージボックス）に「時間になりました！」と表示されたでしょうか？

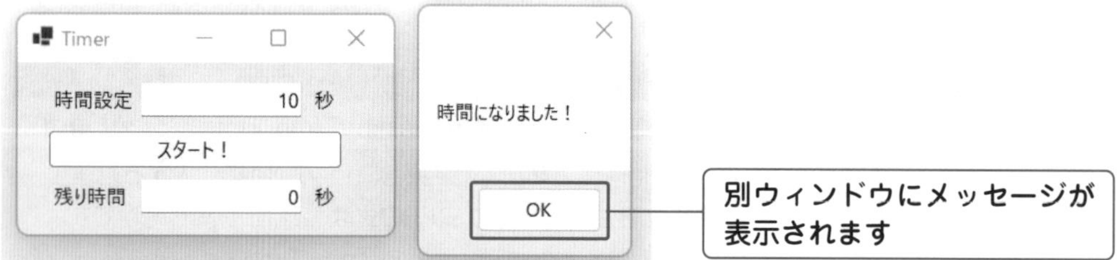

きちんと動いたら、「タイマー」アプリケーションを保存しましょう。保存の方法を忘れた方は、2.6節の「プログラム（プロジェクト）の保存」を参照してください。

●手順⑥ 修正する

うまく動かなかった方は、画面下の**エラー一覧**に表示されるメッセージを読んで、「コードが間違っていないか」「処理が抜けていないか」「値が間違っていないか」を確かめてみてください。

エラーメッセージが表示されずに実行できるのに、カウントダウンが行われない場合、実はコードが間違っている可能性があります。また、値を設定するコントロールが違っている場合もあるので、それぞれ確認してみてください。

C#の場合は、特に**大文字**と**小文字**を区別するので、定義した変数と、使っている変数の大文字・小文字が正しいかどうかも確認してみてください。

まとめ

- アプリケーションを作成する前に完成イメージを描いて、機能を検討するとよい。
- VS Community 2022を使うと、簡単にアプリケーションの画面が作成できる。
- 完成イメージを実現させるため、どんなコントロールが最適かをいろいろ試してみるとよい。
- コードを書く前に、フローチャートといわれる図で、処理の流れを図に描いてみるとよい。
- コードを書く場合、慣れるまでは処理をコメントとして先に書いておくとよい。

用語のまとめ

用語	意味
フローチャート	処理の流れを表した図。1つの四角に1つの処理を書く。基本的には上から順番に実行する。条件によって処理を分けたい場合は、ひし形の図形を描き、その中に条件を書く
コンポーネントトレイ	VS Community 2022では、画面のないコントロールはフォーム上に配置できないため、その代わりにコントロールが配置される画面下側の領域のこと

Column コントロールの選び方

入力するデータによって、コントロールを使い分けることはプログラミングの基本ですが、それでは、そのコントロールをどう選べばよいのでしょうか？

まずは、標準のコントロールを試してみることです。コントロールは画面に貼り付けただけで、基本的な動作を行います。このため、まず貼り付けた状態で実行してみて、それから動作を確認してみるとよいでしょう。

また、より複雑な動作を求める場合には、インターネット上で多くのコントロールが公開されているので、それを使うのも1つの方法です。さらに、高度な動作を求める場合には有償になりますが、サードパーティのコントロールを使う方法もあります。

「付箋メモ」の作成

「付箋メモ」アプリケーションを作成します。今回は、VS Community 2022のプロパティをいろいろ試してみて、「こんなこともできるんだ！」という発見をテーマにしたアプリケーションを作成します。

手順① 「付箋メモ」の完成イメージを絵に描く

まずは、どんなアプリケーションにするのか、どんな機能があるのかを考えるため、「**付箋メモ**」アプリケーションの特徴を思いつく限り書いてみましょう。

- **文字を入力できる。複数行の入力ができる。**
- **背景は黄色。背景色の変更も可能。**
- **Windowsフォームの［×］ボタンなどはいらない。**
- **そのかわり［Esc］キーでアプリケーションを終了する。**
- **マウス操作で、画面上の位置を移動できる。**
- **目立つように常に画面の一番前に表示される。**
- **カッコよくちょっと透けて見える。**

付箋メモ
・〇月×日　締め切り日

図4-4：「付箋メモ」の完成イメージを絵に描く

●手順②「付箋メモ」の画面を作成する

参考までに、完成イメージは以下のようになります。

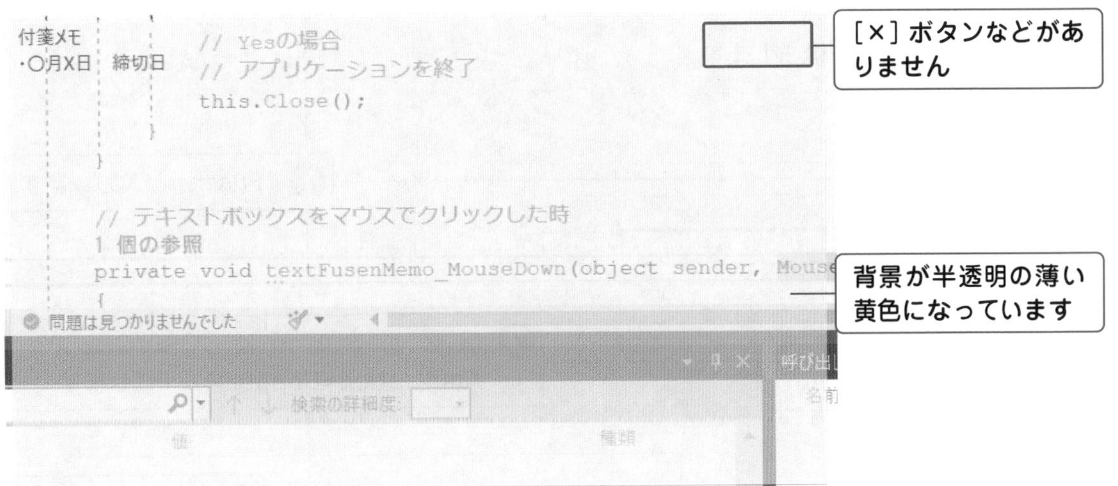

4.1節と同様にVS Community 2022を起動し、[新しいプロジェクトの作成] をクリックしてください。

[新しいプロジェクトの作成] 画面が表示されますので、上部検索ボックスに「winforms」と入力します。その下の一覧に [Windowsフォームアプリ] が表示されるので、C#用のアプリを選択し、[次へ] ボタンをクリックします ([Windowsフォームアプリケーション(.NET Framework)] ではありません)。

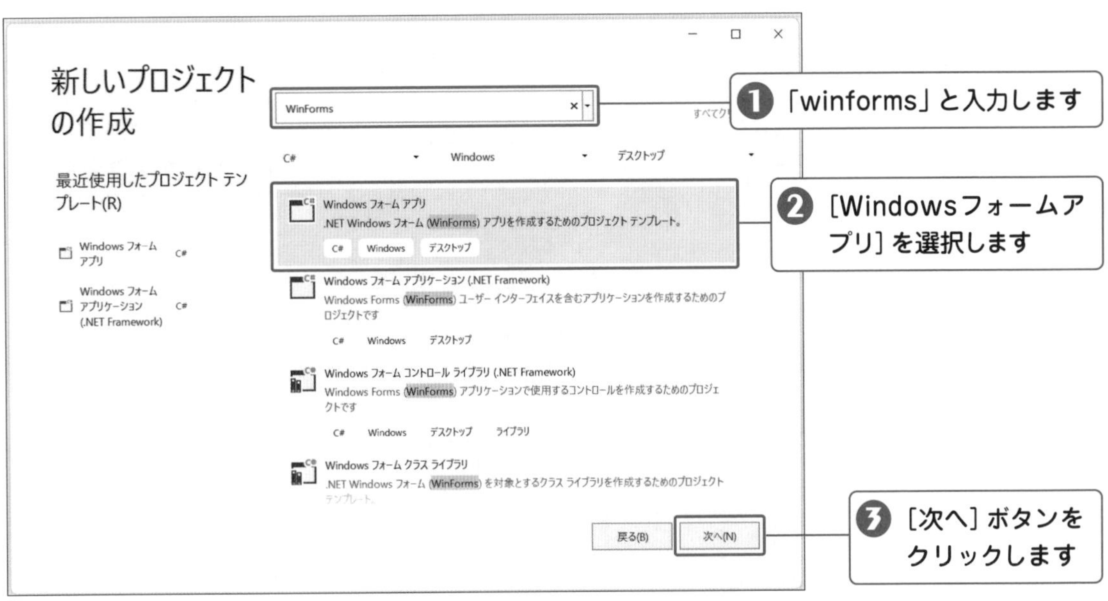

［新しいプロジェクトを構成します］画面が表示されるので、プロジェクト名に、「Fusen」と入力してください。また、保存する場所はどこでもかまいませんが、支障がなければ「C:¥VCS2022_Application¥Chapter4-2」として、［次へ］ボタンをクリックします。

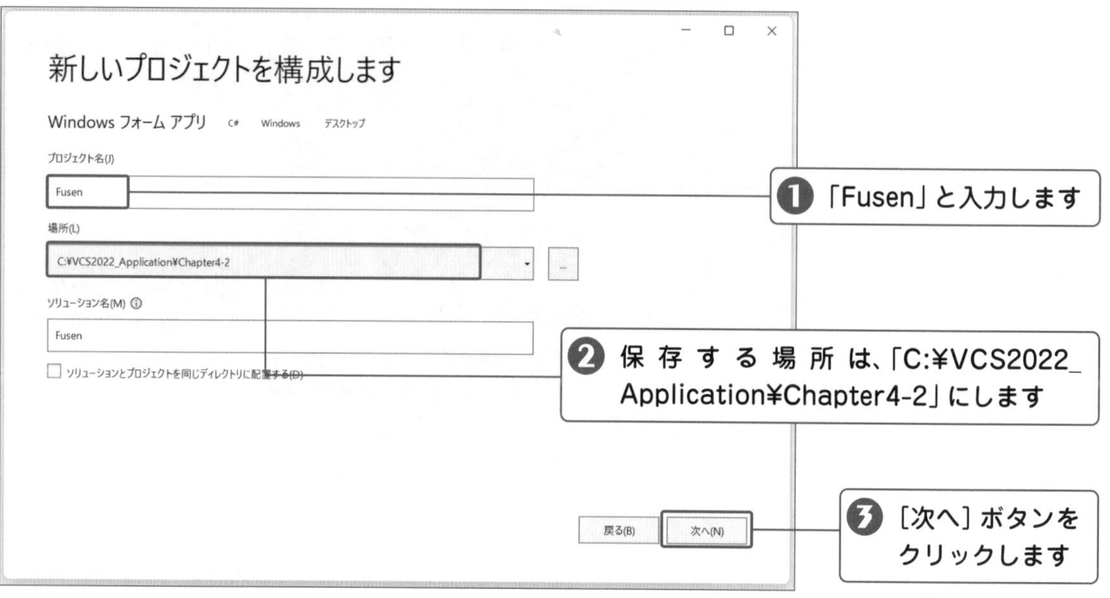

［追加情報］画面が表示されます。そのままで、［作成］ボタンをクリックして、ひな形を作成しましょう。

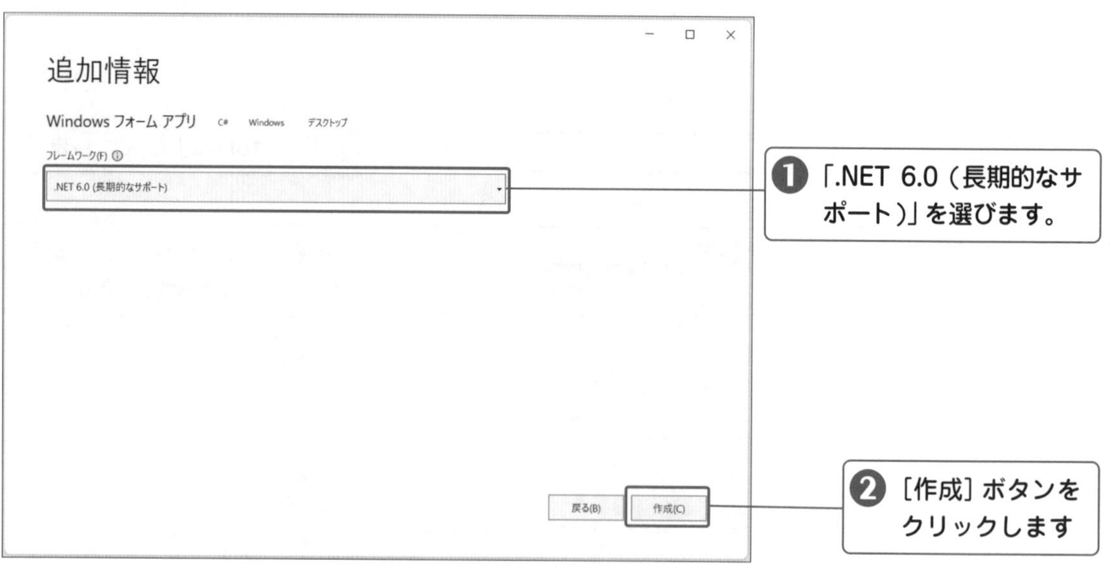

作成されたひな形は、次のようになります。

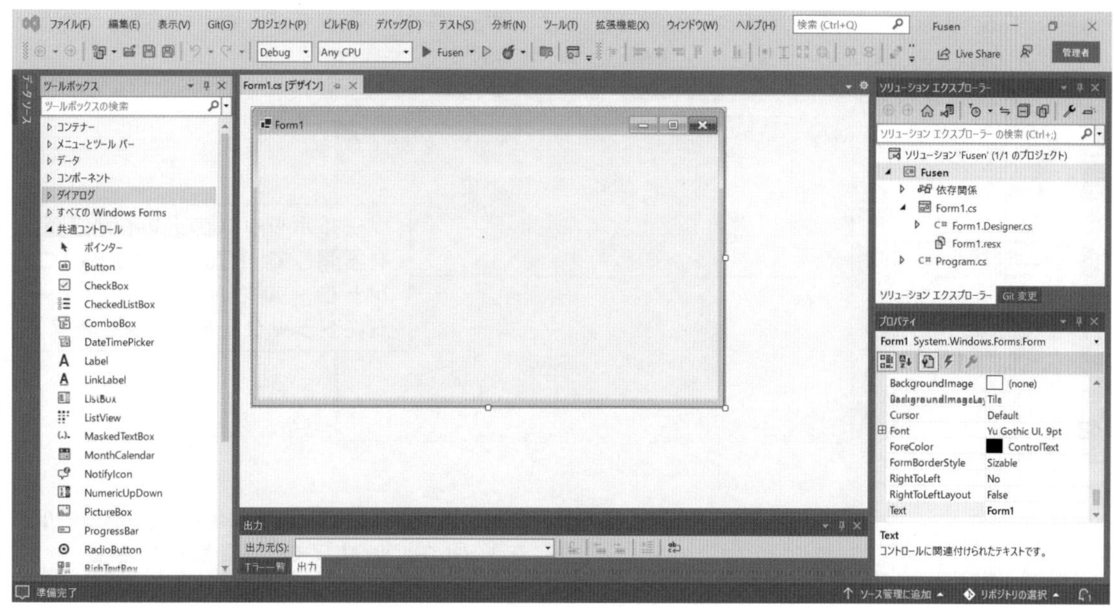

「付箋メモ」アプリケーションは、文字が入力できればよいので、Windowsフォーム上に配置するコントロールは、TextBoxコントロールが1つだけです。

TextBoxコントロールは、Windowsフォームの好きな箇所に配置してください。後でこのTextBoxコントロールを最大化するため、位置はどこでもかまいません。

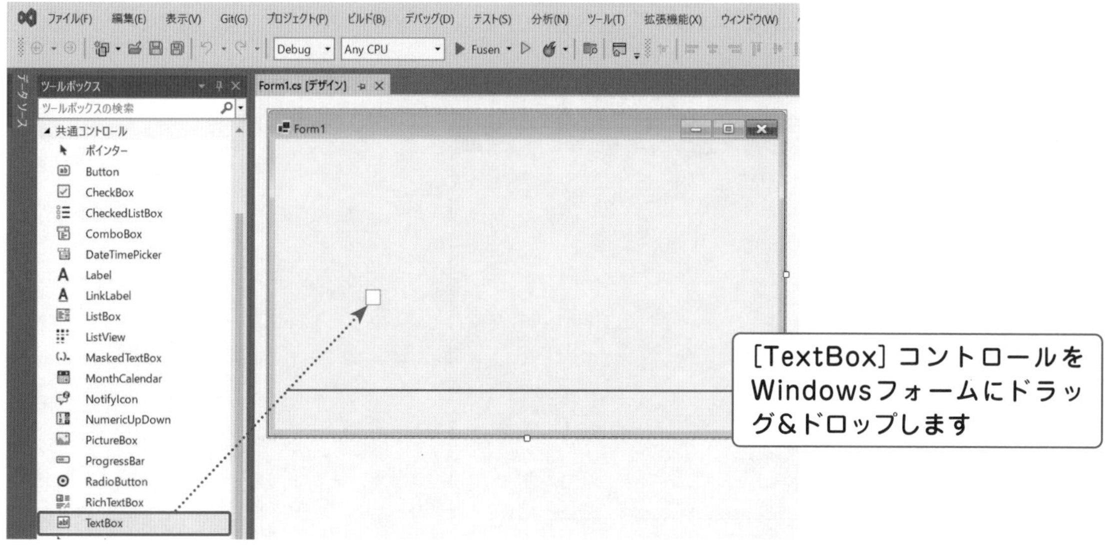

[TextBox] コントロールをWindowsフォームにドラッグ&ドロップします

また、背景色を変更するため、それに適したコントロールも使いましょう。背景色は、[色の設定] ダイアログボックスを起動させるための**ColorDialogコントロール**がすでに用意されています。

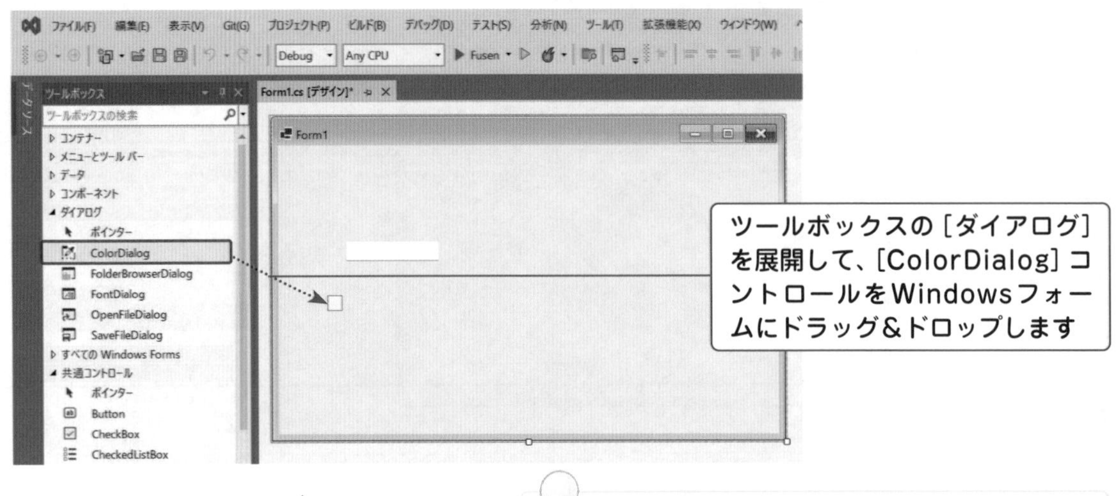

ヒント ツールボックスの［ColorDialog］コントロールをダブルクリックしても同じことができます

ColorDialogコントロールが画面下のコンポーネントトレイに配置されたら、画面のデザインは完了です。

●手順③ 画面のプロパティや値を設定する

それでは、各プロパティの設定を行いましょう。まずは、Formコントロール、TextBoxコントロール、ColorDialogコントロールの名前を設定します。

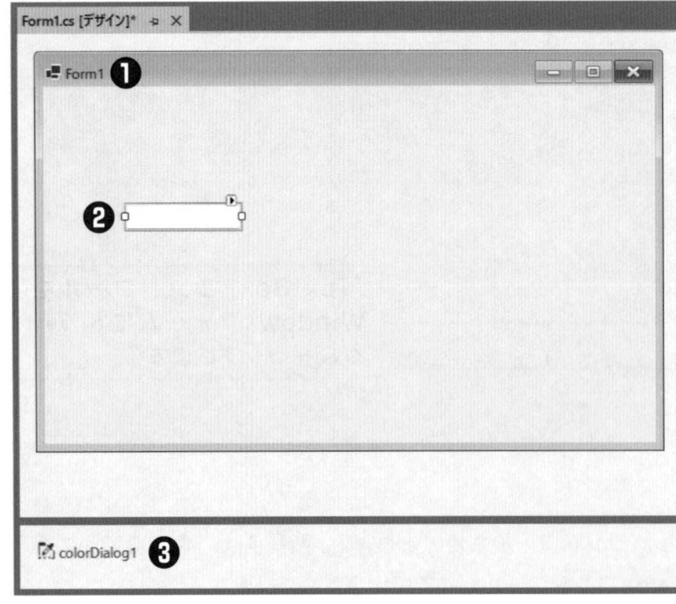

表4-6：各コントロールの(Name)プロパティの設定

No.	コントロール名	プロパティ	設定値
❶	Formコントロール	(Name)プロパティ	FormFusen
❷	TextBoxコントロール	(Name)プロパティ	textFusenMemo
❸	ColorDialogコントロール	(Name)プロパティ	colorDialogFusen

本節では、ここからが特に重要なポイントになります。

まず、画面いっぱいにTextBoxコントロール（textFusenMemo）を広げたいのですが、Buttonコントロールと違い、そのままでは縦方向に大きくできないようになっています。

そこで、以下のように**Dockプロパティ**の値の変更を行うと、TextBoxコントロールが縦方向にも広がります。Dockプロパティは、コントロールをどの位置にドッキング（固定）するかを設定するプロパティです。

1 Dockプロパティを設定する

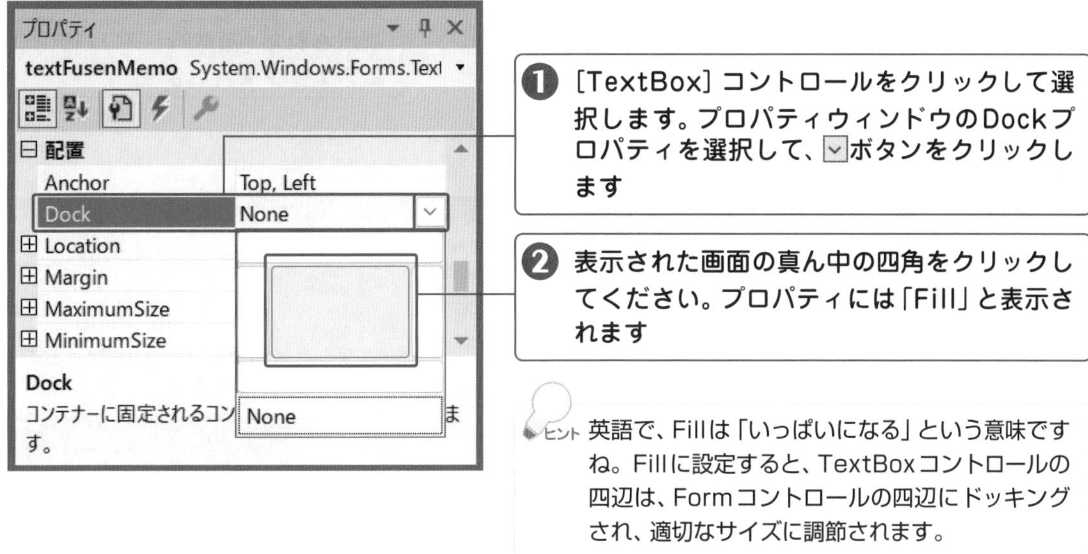

プロパティ
textFusenMemo System.Windows.Forms.Text
配置
Anchor
Top, Left
Dock
None
Location
Margin
MaximumSize
MinimumSize
Dock
コンテナーに固定されるコン
す。
None
❶ ［TextBox］コントロールをクリックして選択します。プロパティウィンドウのDockプロパティを選択して、ボタンをクリックします
❷ 表示された画面の真ん中の四角をクリックしてください。プロパティには「Fill」と表示されます
ヒント
英語で、Fillは「いっぱいになる」という意味ですね。Fillに設定すると、TextBoxコントロールの四辺は、Formコントロールの四辺にドッキングされ、適切なサイズに調節されます。

この段階では、まだTextBoxコントロールに1行しか表示できません。続いて、複数行を表示できるようにします。

2 TextBoxコントロールのスマートタグをクリックする

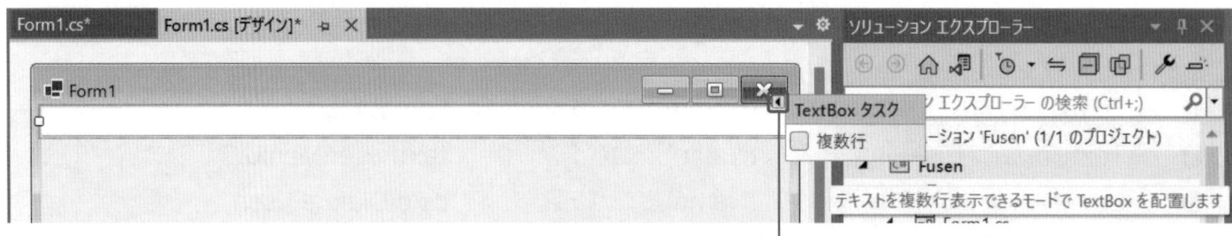

3 [複数行] プロパティにチェックを入れる

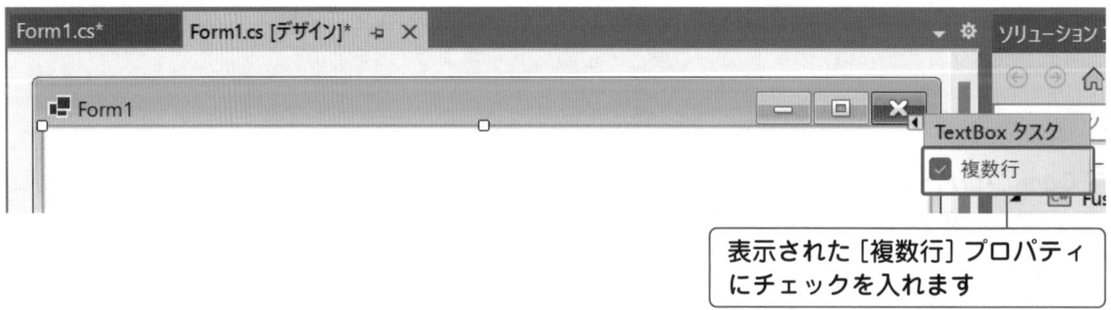

4 TextBoxコントロールが複数行で表示される

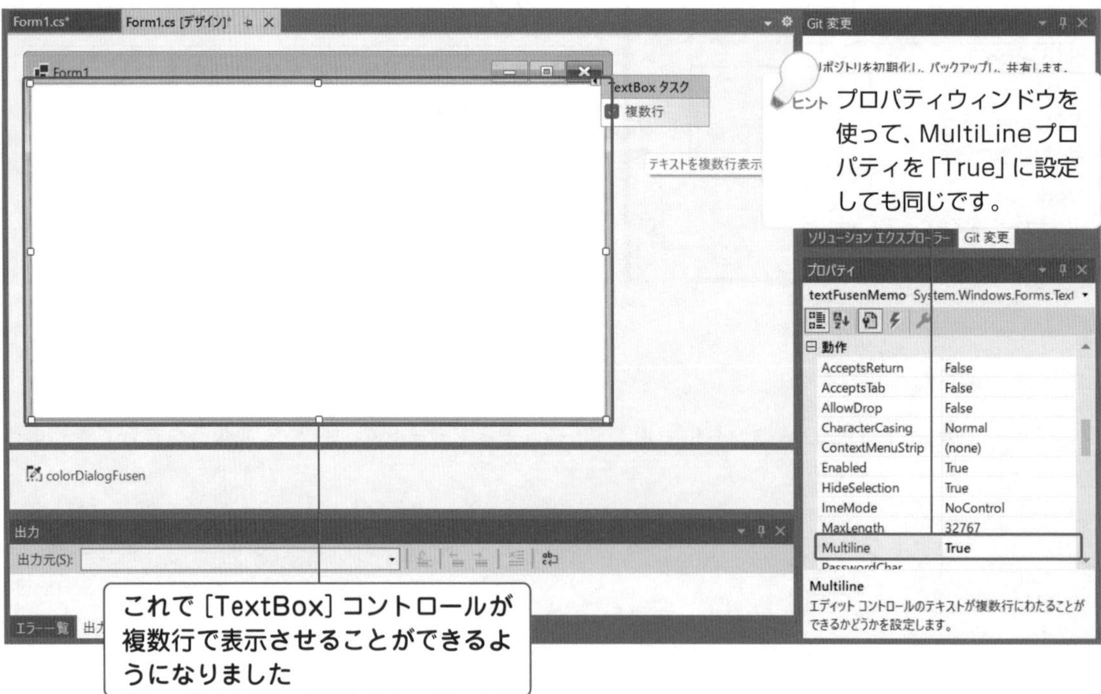

このままアプリケーションを試してもよいのですが、まだ付箋っぽくないですね。TextBoxコントロールの色、つまり背景色を**BackColorプロパティ**で設定します。BackColorプロパティは、コントロールの背景色を設定するプロパティです。

5 BackColorプロパティを設定する

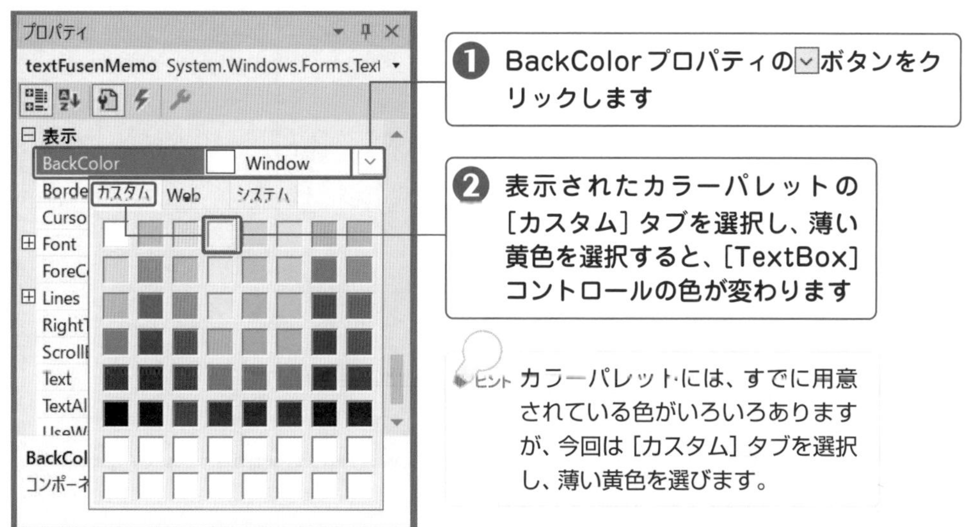

プロパティ
textFusenMemo System.Windows.Forms.Text
表示
BackColor Window
カスタム Web システム
Font
Lines
Text
❶ BackColorプロパティの⌄ボタンをクリックします
❷ 表示されたカラーパレットの［カスタム］タブを選択し、薄い黄色を選択すると、［TextBox］コントロールの色が変わります
ヒント カラーパレットには、すでに用意されている色がいろいろありますが、今回は［カスタム］タブを選択し、薄い黄色を選びます。

さらに、本物の付箋っぽくするために、Formコントロール（FormFusen）の**FormBorderStyleプロパティ**を設定しましょう。FormBorderStyleプロパティは、フォームの境界線のスタイルを設定するプロパティで、「None」を設定すると、境界線がなくなります。

6 FormBorderStyleプロパティを設定する

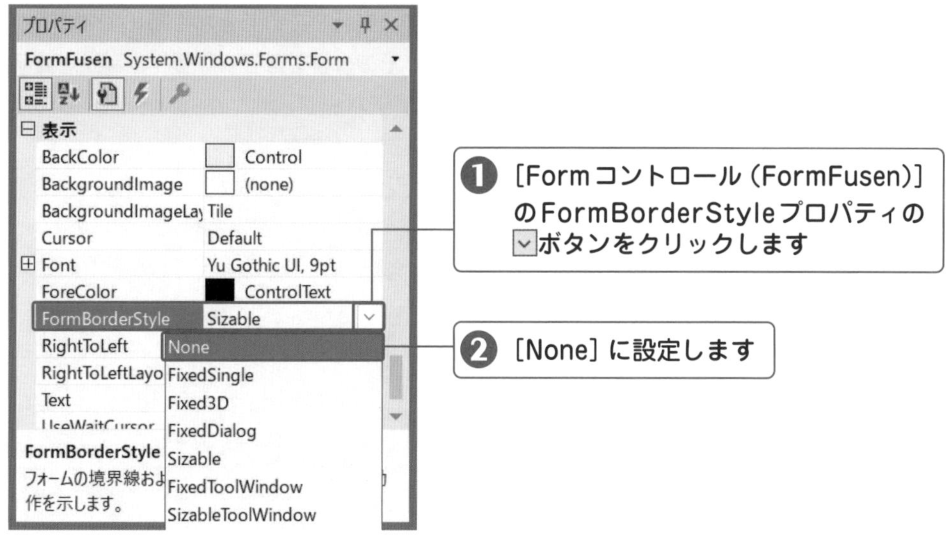

7 タイトルバーが消える

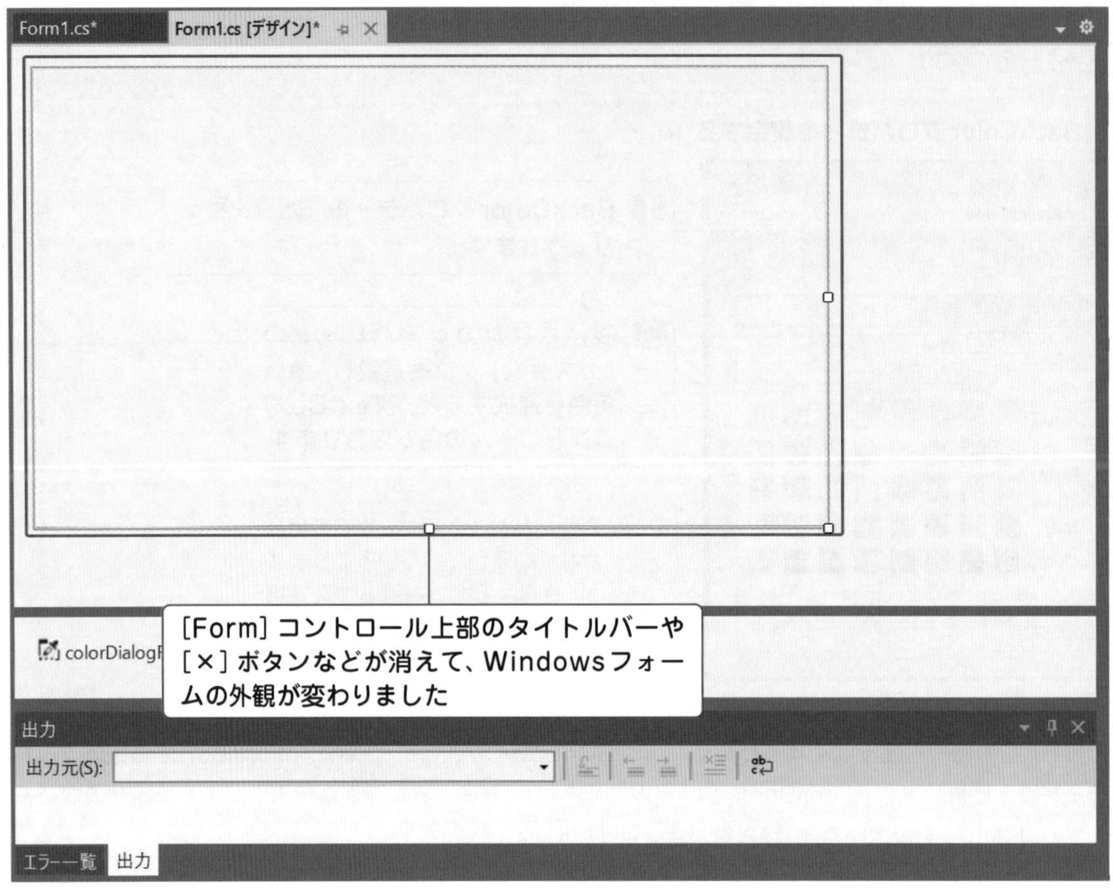

まさに付箋っぽくなりました！(^0^)　ただし、注意点があります。実行してみるとわかるのですが、タイトルバーを消してしまうと、[×] ボタンがなくなってしまうので、そのままではアプリケーションを終了させることができなくなります（うっかり実行させてしまった方は、[デバッグ] メニューの [デバッグの停止] を選択すると、実行を停止させて、アプリケーションを終了させることができます）。

そこで、処理を考える際には、キーボードの [Esc] キーが押されたときに、このアプリケーションが終了する処理をコードに記述する必要があります。

さらに半透明にして、常に一番前に表示させるようにしてみましょう。

8 Opacityプロパティを設定する

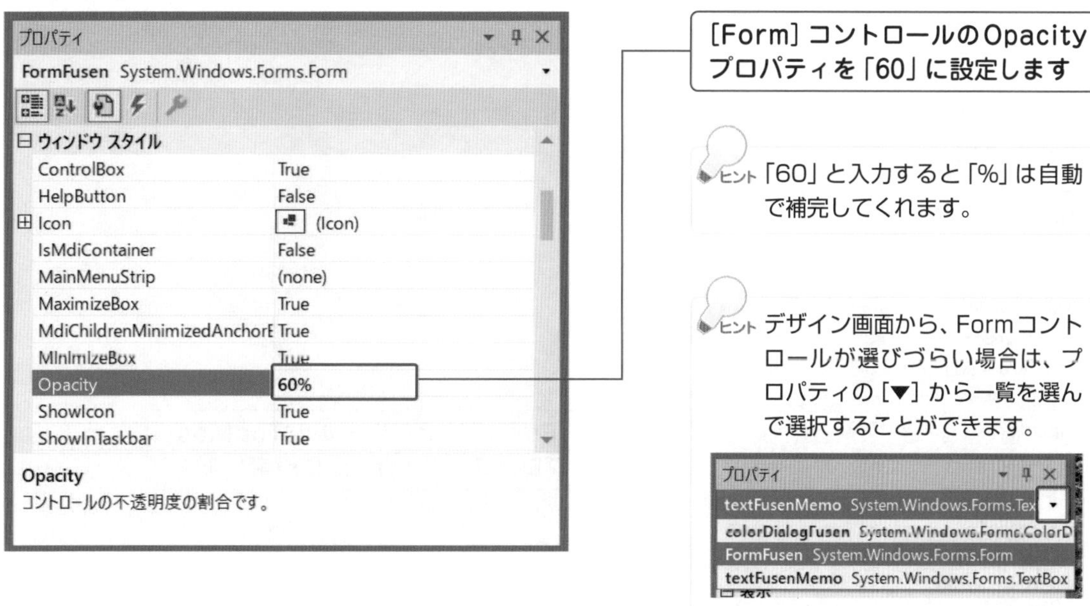

FormコントロールのOpacity**プロパティ**は、フォームの不透明度を設定するプロパティです。100%であれば不透明で、0%に近づくにつれて透明になっていきます。ただ、0%にするとまったく見えなくなるので、60〜75%くらいがちょうどよい透明度になります。

デザイン画面の見た目は変化しませんが、実行してみると、フォームの色が薄くなっていることがわかると思います。

次に、アプリケーションを常に一番前（最上位）に表示させる**TopMostプロパティ**を「True」に設定します。

9 TopMostプロパティを設定する

[Form] コントロールのTopMostプロパティを [True] に設定します

ヒント デフォルトの値以外に設定したプロパティは、プロパティウィンドウで太字になります。どのプロパティを変更したか、もともとはどんな値だったかが、後でわかるようになっています。

ここまでに設定したコントロールとプロパティをまとめておきます。

表4-7：コントロールとプロパティの設定

コントロール名	プロパティ名	設定値
TextBoxコントロール	(Name)プロパティ	textFusenMemo
	Dockプロパティ	Fill
	MultiLineプロパティ	True
	BackColorプロパティ	薄い黄色
Formコントロール	(Name)プロパティ	FormFusen
	FormBorderStyleプロパティ	None
	Opacityプロパティ	60
	TopMostプロパティ	True
ColorDialogコントロール	(Name)プロパティ	colorDialogFusen

●手順④ コードを書く

「付箋メモ」アプリケーションの画面ができたので、次はコードを書いていきます。
まず、「付箋メモ」アプリケーションで発生する4つの**イベント**＊を整理してみましょう。

表4-8：「付箋メモ」のイベントと処理

発生するタイミング	処理の概要	イベントの名前
キーボードからTextBoxコントロールに文字を入力したとき	キーが［Esc］ならば、アプリケーションを終了する	KeyDown
マウスでTextBoxコントロールをクリックしたとき	マウスの左ボタンが押されていたら、マウスの押された位置を記憶する	MouseDown
クリックしたTextBoxコントロールを移動させたとき	マウスの左ボタンを押したまま移動している場合、今現在の位置を設定する	MouseMove
マウスでTextBoxコントロールをダブルクリックしたとき	色の設定ダイアログを起動して設定した値でテキストボックスの背景色を変更する	MouseDoubleClick

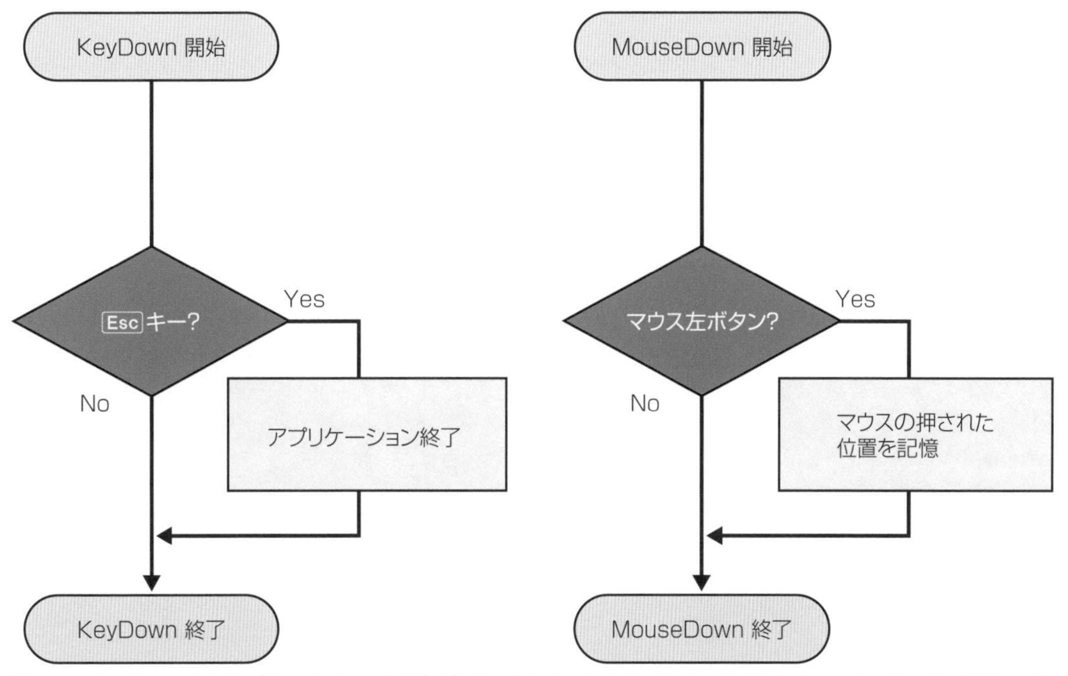

図4-5：KeyDownイベントのフローチャート

図4-6：MouseDownイベントのフローチャート

＊**イベント**　プログラムの処理を行うきっかけにあたるもの。詳しくは、6.2節「プロパティ、メソッド、イベント、イベントハンドラー」で後述。

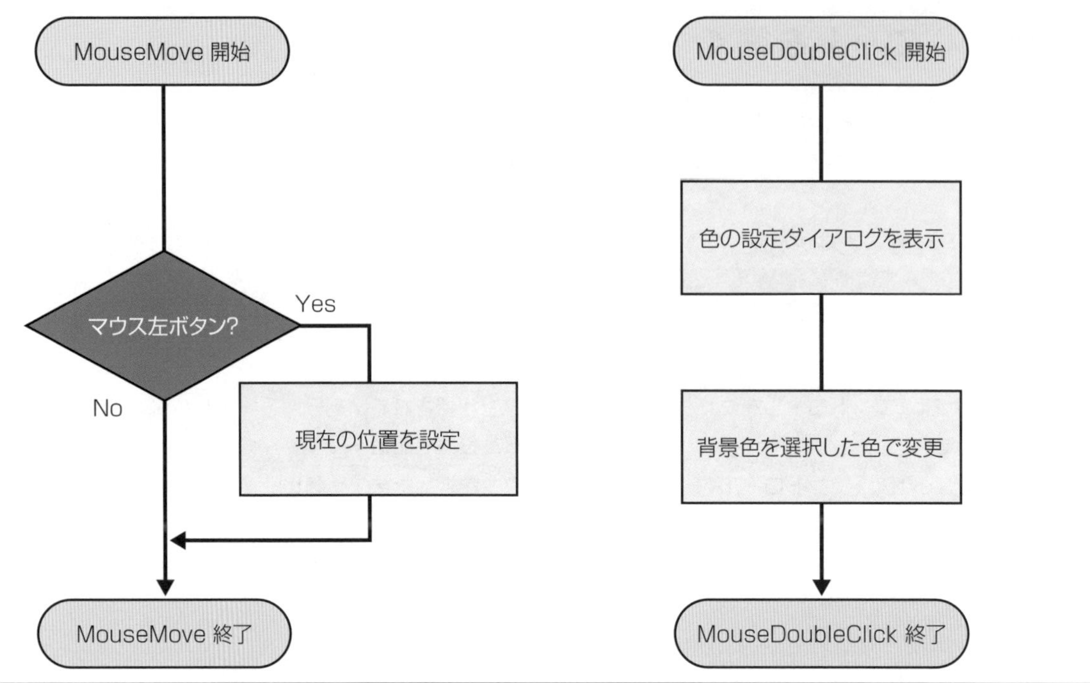

図4-7：MouseMoveイベントのフローチャート　　図5-8：MouseDoubleClickイベントのフローチャート

それでは、それぞれのイベントに対応する**イベントハンドラー**＊を作成しましょう。まずは、KeyDownイベントからです。

なお、自動生成されるイベントハンドラーの名前は、次のようになります。

コントロールに付けた名前_イベント名

例えば、textFusenMemoのKeyDownイベントが発生したときに、呼ばれるメソッドは「textFusenMemo_KeyDown」という名前になり、このメソッドの中にフローチャートで書いた処理を記述します。

＊**イベントハンドラー**　プログラムにおいて、何かのきっかけ（イベント）が発生したときに、実際に呼ばれる処理のこと。詳しくは、6.2節「プロパティ、メソッド、イベント、イベントハンドラー」で後述。

1 イベントの一覧を表示する

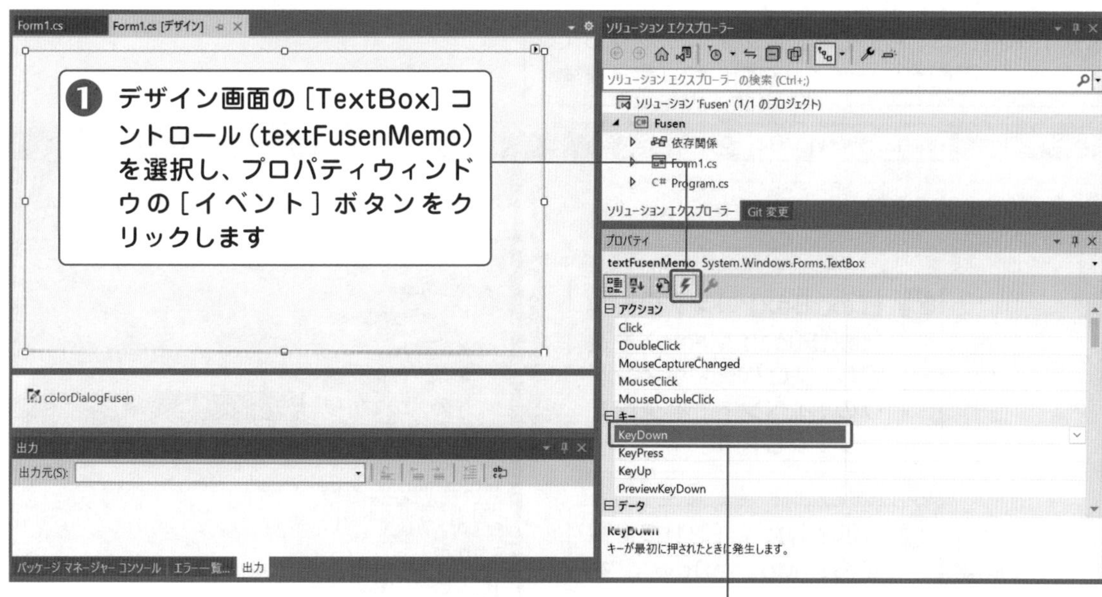

2 KeyDownのイベントハンドラーが作成される

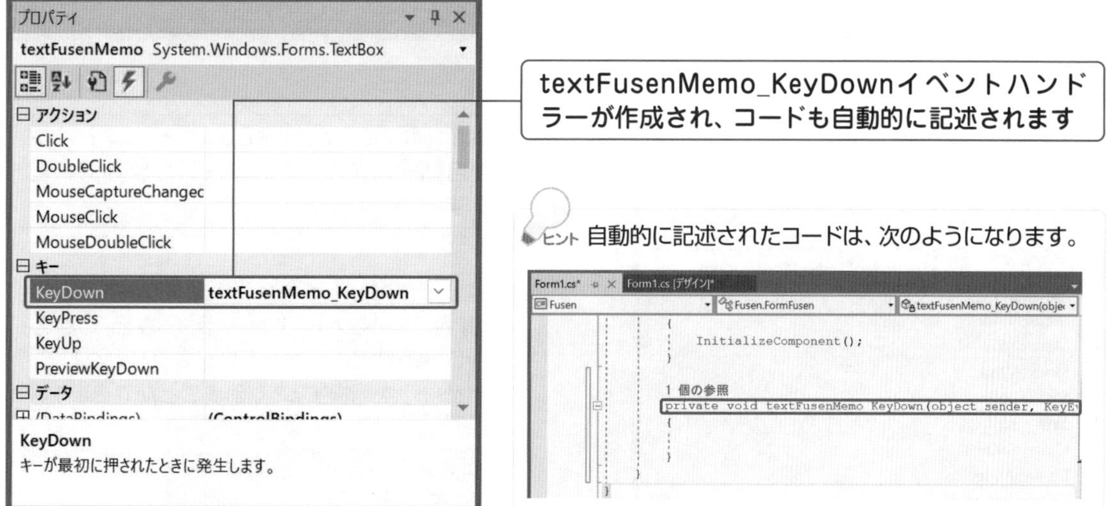

同様の手順で、textFusenMemo_MouseDownイベントハンドラーを作成します。

3 イベントの一覧を表示する

❶ Form1.cs［デザイン］タブをクリックして、コード画面からデザイン画面に切り替えます

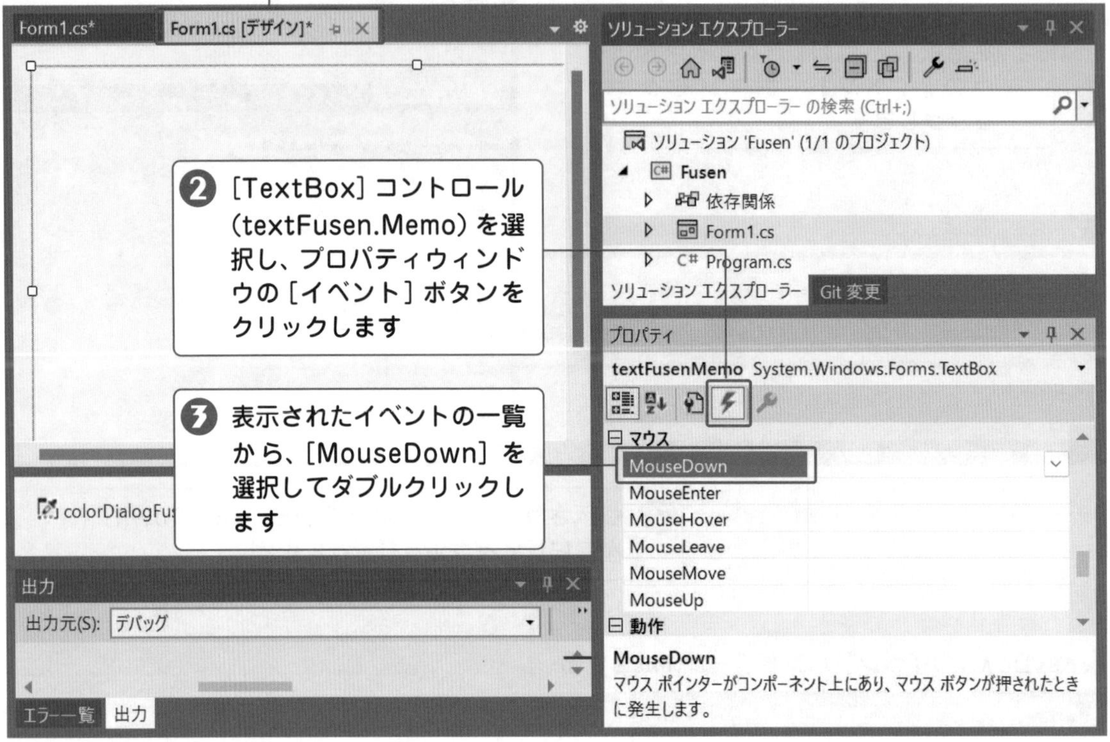

❷［TextBox］コントロール（textFusen.Memo）を選択し、プロパティウィンドウの［イベント］ボタンをクリックします

❸ 表示されたイベントの一覧から、［MouseDown］を選択してダブルクリックします

4 MouseDownのイベントハンドラーを作成する

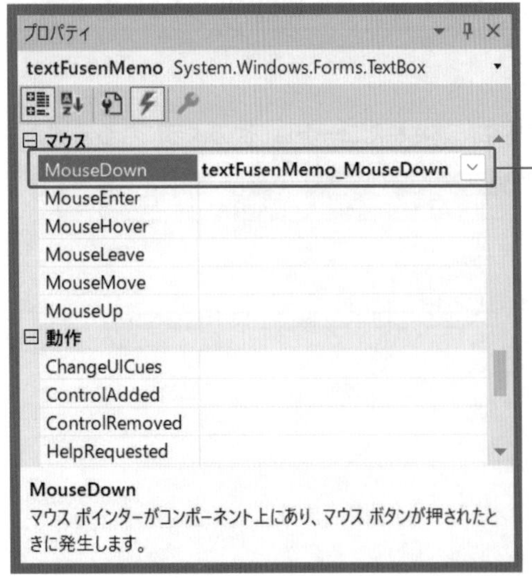

textFusenMemo_MouseDownイベントハンドラーが自動的に作成され、コードも自動的に記述されます

ヒント 間違って作成したイベントハンドラーを消したい場合、イベントハンドラーの元になるKeyDownなどのイベント名を右クリックして、［リセット］を選択すると、消すことができます。

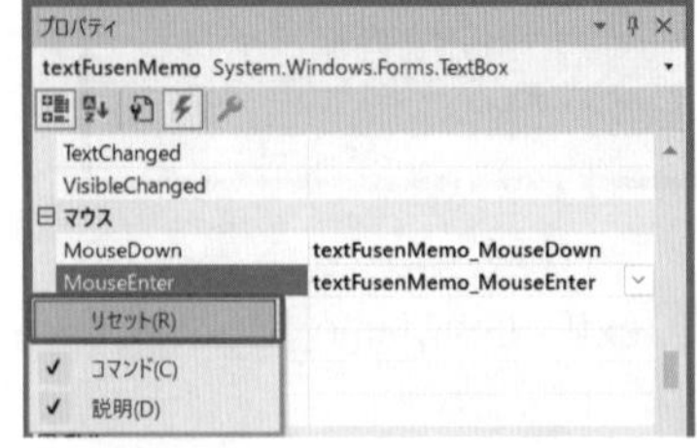

ヒント 自動的に記述されたコードは、次のようになります。

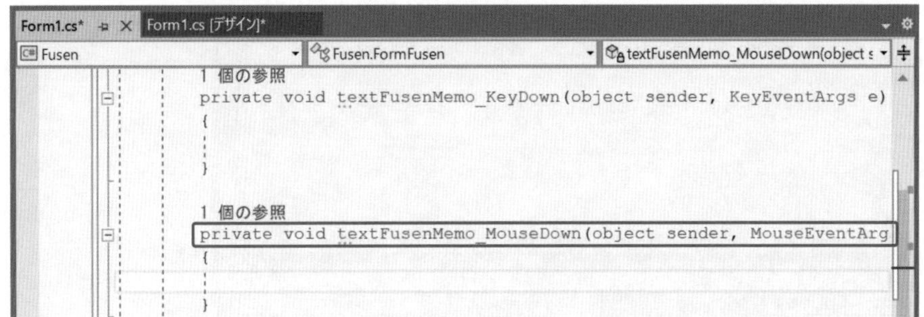

Tips 間違って生成されたイベントハンドラーを削除するには

違う部分をダブルクリックするなどして、間違ってイベントハンドラーが生成されることがありますが、コード部分から消してはいけません。

例として、間違って生成したtextFusenMemo_MouseEnterイベントハンドラーをコード部分から手で消してみます。

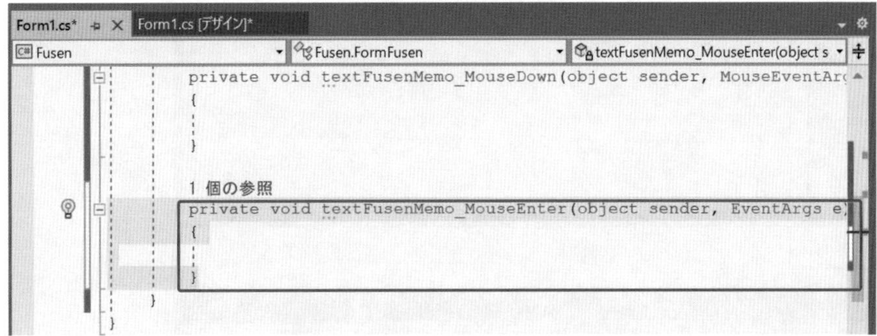

一見すると何もなさそうですが、エラー一覧にエラーが表示されています。よく見ると「textFusenMemo_MouseEnterが見つかりません。」と表示されています。

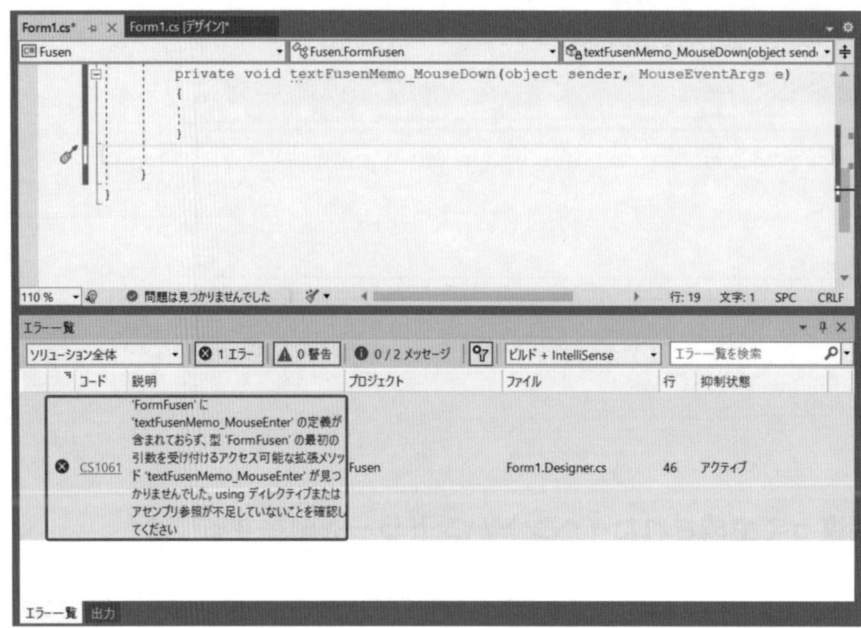

デザイン画面を見ると、デザイン画面が壊れてしまっています。

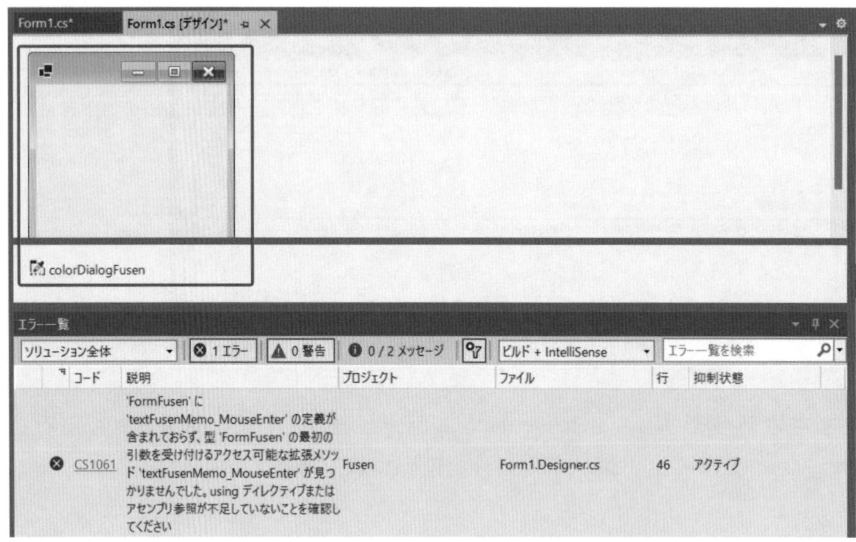

実行してみると「ビルドエラーが発生しました」と表示されるので、[いいえ] をクリックしてください。

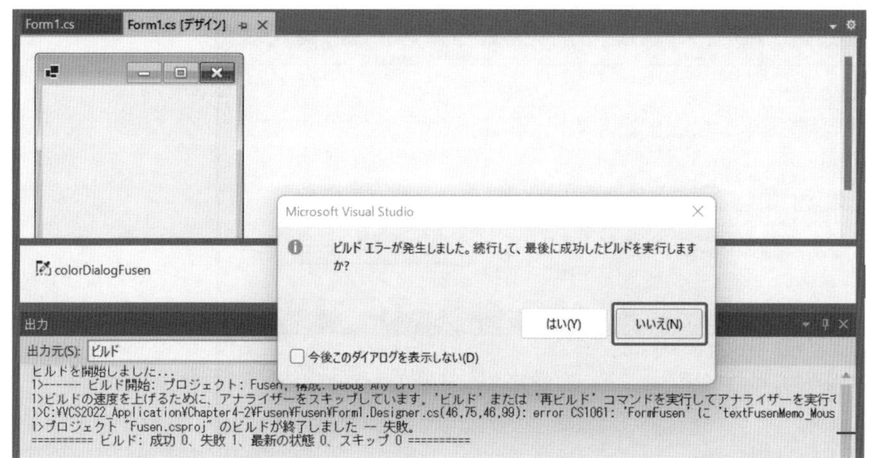

ビルドエラーが表示される原因ですが、実はデザイン時にドラッグ&ドロップしたときに、VS Community 2022が自動でイベントとイベントハンドラーをつなげるC#のコードを書いてくれています。この自動生成されたコードに情報が残っているのでエラーになり、結果的にデザイン画面も生成できなくなっています。

対処法としては、次の手順を実行してください。

❶エラー一覧の説明のあたりをクリックします(コードのCS1061のリンクは、このエラーの一般的な説明のリンクページですので、それ以外の場所をクリックしてください)。

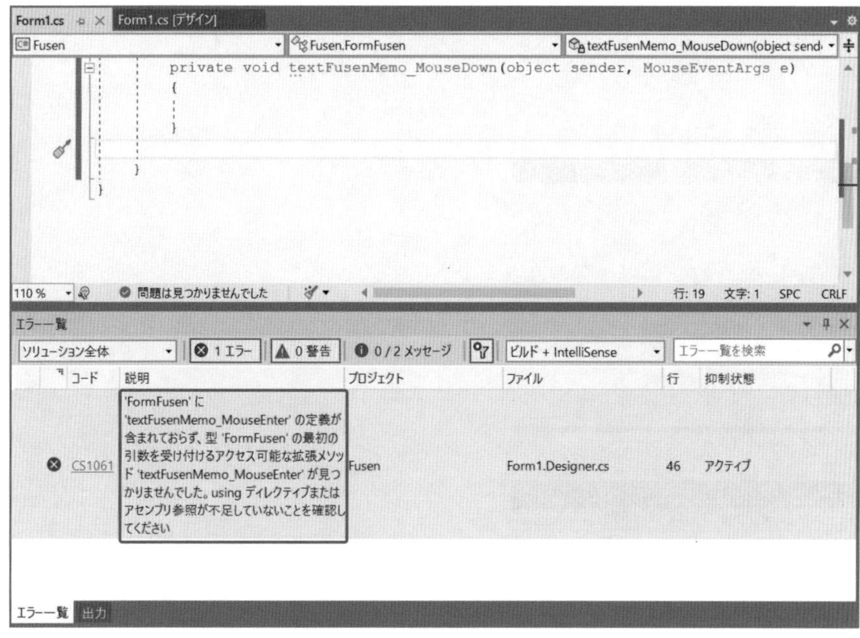

❷ダブルクリックして表示されたコードに赤い波線が付いているので、この行を削除してください。

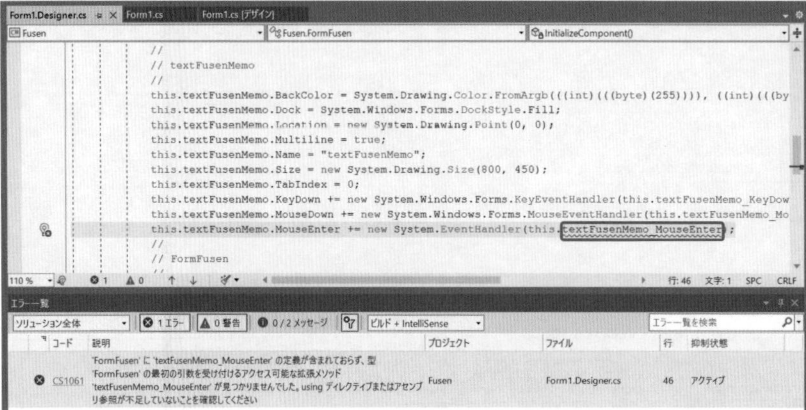

❸行を削除するとエラーが表示されなくなります。

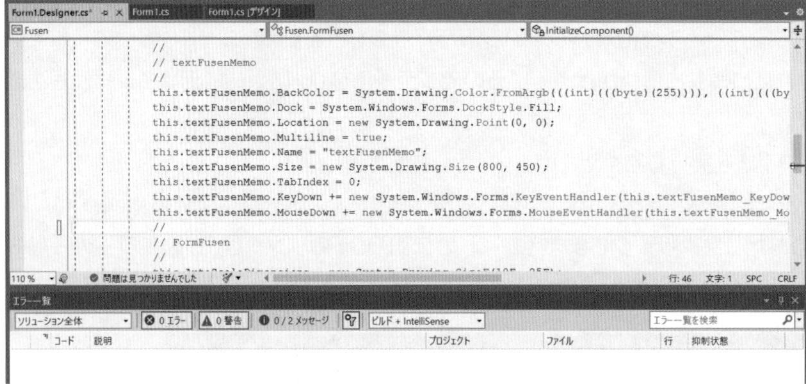

❹デザイン画面も元通りになっています。

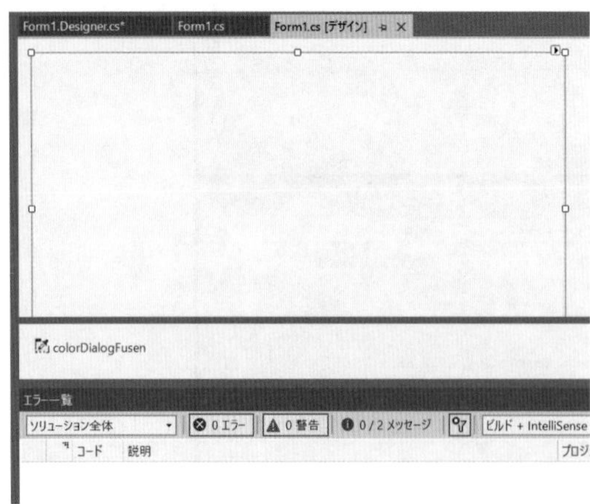

最終的には、TextBoxコントロール（textFusenMemo）に対して、❶MouseDoubleClick、❷KeyDown、❸MouseDown、❹MouseMoveの4つのイベントのイベントハンドラーを作成してください。

textFusenMemoのイベントになるので、それぞれ表4-9のようなイベントハンドラーが作成されます。

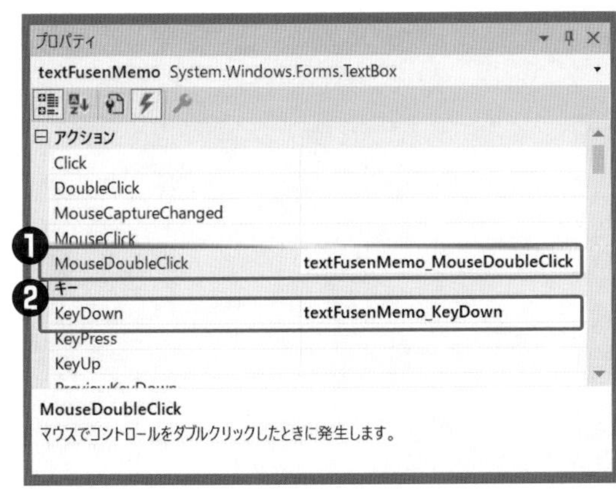

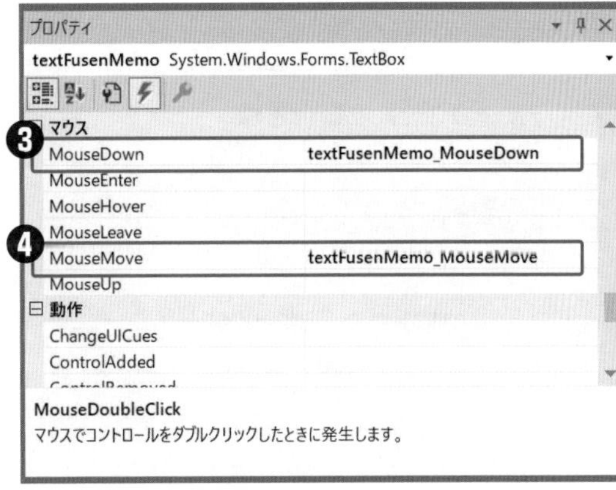

表4-9：TextBoxコントロール（textFusenMemo）のイベントとイベントハンドラー

No.	イベント名	イベントハンドラー名
❶	MouseDoubleClick	textFusenMemo_MouseDoubleClick
❷	KeyDown	textFusenMemo_KeyDown
❸	MouseDown	textFusenMemo_MouseDown
❹	MouseMove	textFusenMemo_MouseMove

前置きが長くなりましたが、177〜178ページのフローチャートを参考にしながら、4つのイベントのイベントハンドラの処理を実装してみましょう。

textFusenMemo_MouseDownイベントハンドラーでは、TextBoxコントロールがクリックされた際に、あらかじめ**現在の位置**を変数として記憶します。

また、textFusenMemo_MouseMoveイベントハンドラーでは、マウスの左ボタンを押したまま移動している場合（ドラッグしている場合）、textFusenMemo_MouseDownイベントハンドラーの変数を利用して、**移動後の位置**を計算します。

そのため、マウスの**横位置（X座標）**と**縦位置（Y座標）**を記憶する変数が必要になります。変数は、整数しか使用しないので、int型（整数型）の変数を2つ用意します。

以下に4つのイベントのコードと処理のコメントをまとめて示します。　　　の部分は、自動で記述される部分です。

List 1 サンプルコード（コメントを先に記述した、4つのイベントハンドラー：Form1.cs）

```
namespace Fusen
{
    public partial class FormFusen : Form
    {
        // マウスの横位置（X座標）
        // マウスの縦位置（Y座標）

        public FormFusen()
        {
            InitializeComponent();
        }

        // テキストボックスにキーボードから文字を入力したとき
        private void textFusenMemo_KeyDown(object sender, KeyEventArgs e)
        {
            // <判定> 押されたキーがエスケープキー？
            // Yesの場合
            // アプリケーションを終了
        }

        // テキストボックスをマウスでクリックしたとき
        private void textFusenMemo_MouseDown(object sender, MouseEventArgs e)
        {
            // <判定> 押されたボタンがマウスの左ボタン？
            // Yesの場合
            // マウスの横位置（X座標）を記憶
            // マウスの縦位置（Y座標）を記憶
        }

        // テキストボックスをマウスでダブルクリックしたとき
        private void textFusenMemo_MouseDoubleClick(object sender, MouseEventArgs e)
        {
            // 色の設定ダイアログを表示する
            // テキストボックスの背景色を色の設定ダイアログで選んだ色に設定する
        }
```

```
        // テキストボックスでクリックしたマウスを移動させたとき
        private void textFusenMemo_MouseMove(object sender, MouseEventArgs e)
        {
            // <判定> 押されたボタンがマウスの左ボタン？
            // Yesの場合
            // フォームの横位置（X座標）を更新
            // フォームの縦位置（Y座標）を更新
        }
    }
}
```


コメントを元にして、実際のコードを書いていきますが、大体、何行くらいのコードになると思いますか？今回は、イベントの引数を利用することで、コードが簡単になることを感じ取っていただければと思います。

コメントについては、慣れてくれば1行1行に書く必要はなく、大雑把な処理をまとめて、何をしているのかが後でわかるくらいでよいでしょう。最低限、メソッドと変数の定義のところだけ書いておけば大丈夫です。

以下に、イベントハンドラーの完成したコードを記述します。各コードの解説は、その後で解説します。　　　の部分は、自動で記述される部分です。

List 2 サンプルコード（4つのイベントハンドラー：Form1.cs）

```
（クラスの外側は省略します）
public partial class FormFusen : Form
{
   ❶private int mouseX; // マウスの横位置（X座標）
   ❷private int mouseY; // マウスの縦位置（Y座標）

  （説明に無関係のコードは省略します）

    // テキストボックスにキーボードから文字を入力したとき
    private void textFusenMemo_KeyDown(object sender, KeyEventArgs e)
    {
        // <判定> 押されたキーがエスケープキー？
       ❸if (e.KeyCode == Keys.Escape)
        {
            // Yesの場合
```

```
            // アプリケーションを終了
          ❹this.Close();
        }
    }

    // テキストボックスをマウスでクリックしたとき
    private void textFusenMemo_MouseDown(object sender, MouseEventArgs e)
    {
        // <判定> 押されたボタンがマウスの左ボタン？
      ❺if (e.Button == MouseButtons.Left)
        {
            // Yesの場合
          ❻this.mouseX = e.X;  // マウスの横位置（X座標）を記憶
          ❼this.mouseY = e.Y;  // マウスの縦位置（Y座標）を記憶
        }
    }

    // テキストボックスをマウスでダブルクリックしたとき
    private void textFusenMemo_MouseDoubleClick(object sender, MouseEventArgs e)
    {
        // 色の設定ダイアログを表示する
      ❿colorDialogFusen.ShowDialog();
        // テキストボックスの背景色を色の設定ダイアログで選んだ色に設定する
      ⓫textFusenMemo.BackColor = colorDialogFusen.Color;
    }

    // テキストボックスでクリックしたマウスを移動させたとき
    private void textFusenMemo_MouseMove(object sender, MouseEventArgs e)
    {
        // <判定> 押されたボタンがマウスの左ボタン？
      ❽if (e.Button == MouseButtons.Left)
        {
            // Yesの場合
          ❾this.Left += e.X - mouseX;  // フォームの横位置を更新
            this.Top += e.Y - mouseY;  // フォームの縦位置を更新
        }
```

```
        }
    }
```

表4-10：List2のコード解説

No.	コード	内容
❶	`private int mouseX;`	マウスの現在位置（X座標）を扱う変数mouseXを定義します
❷	`private int mouseY;`	マウスの現在位置（Y座標）を扱う変数mouseYを定義します
❸	`if (e.KeyCode == Keys.Escape)`	**e.KeyCode**は、イベントの発生原因になるキーボードのキー情報を持っていて、押されたキーの値をe.KeyCodeで取得できます。**Keys.Escape**は、[Esc]キーを示すものです。つまり、このif文は、入力されたキーが[Esc]キーかどうかを判定するif文になります
❹	`this.Close();`	アプリケーションを終了させるコードです。**this**は自分自身を示すコードです。this.Close()メソッドで、自分自身を終了するということは、アプリケーション終了と同じことになります
❺	`if (e.Button == MouseButtons.Left)`	**e.Button**は、イベントの発生原因となった情報の中で、ボタン情報を持っています。マウスのどのボタンが押されているかがe.Buttonで取得できます。**MouseButtons.Left**は、マウスの左ボタンを示すものです。このif文は、マウスの押されたボタンがマウスの左ボタンかどうかを判定しています
❻	`this.mouseX = e.X;`	マウスの横位置（X座標）を記憶します
❼	`this.mouseY = e.Y;`	マウスの縦位置（Y座標）を記憶します
❽	（❺と同じ）	（❺と同じ）

❾	`this.Left += e.X - mouseX;`
	`this.Top += e.Y - mouseY;`
		Formコントロールの横位置（X座標）は、画面左端からの距離を示す値となるので、this（自分自身）のLeft（画面左端からの距離）となります。同様に縦位置（Y座標）は、画面上端から距離を示す値となるので、this（自分自身）のTop（画面上端からの距離）となります。つまり、コードの意味は、「フォームの横位置＝新しい横位置を計算」「フォームの縦位置＝新しい縦位置を計算」となります。なお、「+=」は簡略記号です。省略しないで式を書くと以下のようになります。
		this.Left = this.Left + e.X - mouseX;
		this.Top = this.Top + e.Y - mouseY;

❿	`colorDialogFusen.ShowDialog();`	［色の設定］ダイアログボックス（colorDialogFusen）を**ShowDialog()メソッド**で起動します
⓫	`textFusenMemo.BackColor = colorDialogFusen.Color;`	TextBoxコントロール（textFusenMemo）の背景色（BackColor）を［色の設定］ダイアログボックス（colorDialogFusen）の選択した色（Color）に設定しています

Tips 入力候補の一覧を使う

「e.KeyCode ==」と入力すると、インテリセンスが起動して、入力候補の一覧が表示されるので、ヘルプで確認しながらコードを書くことができます。

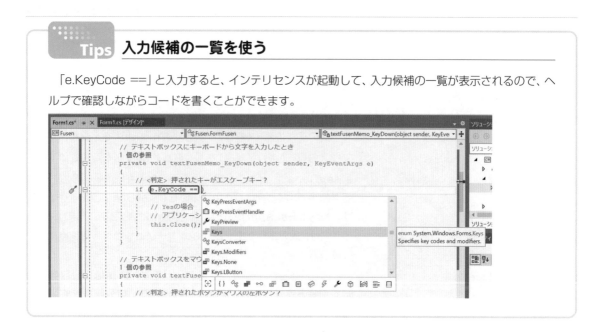

```
// テキストボックスにキーボードから文字を入力したとき
1 個の参照
private void textFusenMemo_KeyDown(object sender, KeyEventArgs e)
{
    // <判定> 押されたキーがエスケープキー？
    if (e.KeyCode ==
    {
        // Yesの場合
        // アプリケーシ
        this.Close();
    }
}

// テキストボックスをマウ
1 個の参照
private void textFuse
{
    // <判定> 押されたボタンがマウスの左ボタン？
```

KeyPressEventArgs
KeyPressEventHandler
KeyPreview
Keys
KeysConverter
Keys.Modifiers
Keys.None
Keys.LButton

enum System.Windows.Forms.Keys
Specifies key codes and modifiers.

説明だけでは、❻❼と❾の処理のイメージがわかないと思いますので、さらに図を追加します。

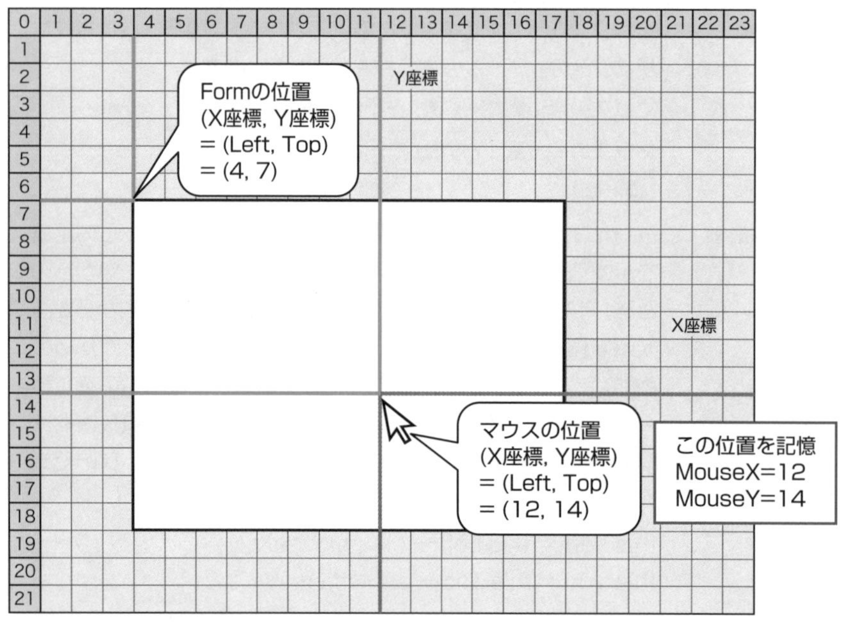

図4-9：マウスの位置（X座標,Y座標）を取得する

❻❼の処理では、MouseDownイベントの中で、マウスの左ボタンが押されたら、そのマウスの位置を変数MouseX、変数MouseYに記憶する処理を行います。

つまり、次のメソッドの第2引数の「e」にマウスに関する情報が渡されます。

```
private void textFusenMemo_MouseDown(object sender, MouseEventArgs e)
```

このMouseDownイベントが発生した時点での、マウスの位置はイベントの引数の情報「e.X」「e.Y」にあります。つまり、この図の位置で「e.X」「e.Y」の値は、

```
e.X = 12
e.Y = 14
```

になります。また、

```
MouseX = e.X
MouseY = e.Y
```

という処理で「e.X」「e.Y」の値を変数MouseX、変数MouseY に記憶します。マウスの位置が(12,14)なので、それぞれの変数の値は、

```
MouseX = 12
MouseY = 14
```

になります。

マウスの左ボタンをクリックした状態で、マウスの位置を移動させます。すると、マウスが移動したわけですから、MouseMoveイベントが発生します。

このイベントが発生した時点でのマウスの位置は、イベントの引数の情報「e.X」「e.Y」にあります。

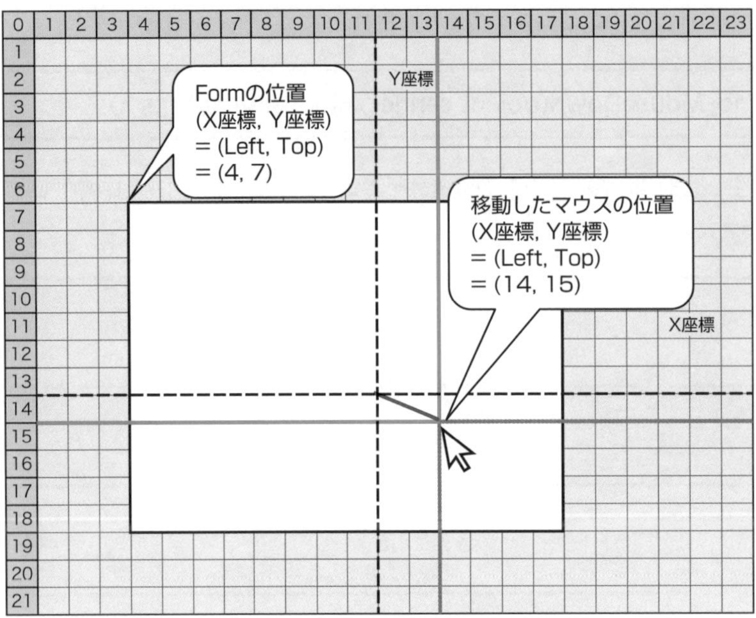

図4-10：移動したマウスの位置（X座標,Y座標）を取得する

つまり、この図の位置で「**e**.X」「**e**.Y」の値は、

```
e.X = 14
e.Y = 15
```

になります。

次に、マウスの移動した位置に合わせて、Formコントロールの位置を移動させます。簡単に言ってしまえば、マウスを移動させた分だけFormコントロールを移動するという処理になります。

X座標について見てみると、次のようになります。

新しいForm コントロールの位置 = 古いForm コントロールの位置+ マウスの移動距離X

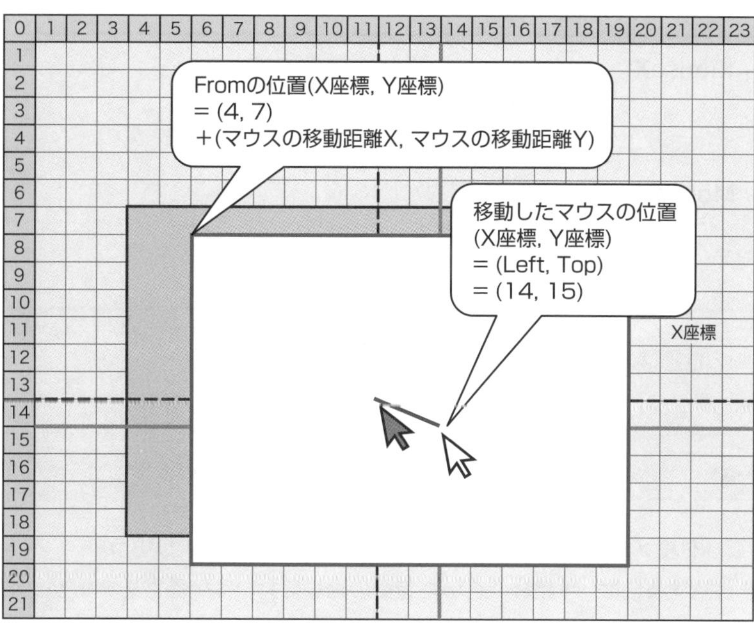

図4-11：マウスの移動を利用して、Formコントロールの移動先の位置を計算し、Formを移動する

マウスの移動距離Xは、

```
新しいマウスの位置 - 古いマウスの位置
```

となるため、変数を使用すると、

```
e.X - MouseX
```

で表すことができます。

ここまでの説明を整理しますと、以下のような計算式になります。

```
新しいForm の位置 = 古いForm の位置 + 新しいマウスの位置 - 古いマウスの位置
```

変数を使用すると、以下のようになります。

```
this.Left = this.Left + e.X - MouseX
```

Y座標についても同様です。実際に数字を当てはめてみると、

```
this.Left = this.Left + e.X - MouseX
          = 4 + 14 - 12
          = 6
this.Top  = this.Top + e.Y - MouseY
          = 7 + 15 - 14
          = 8
```

つまり、新しいFormコントロールの位置は、(6,8)だと計算できます。

●手順⑤ 動かしてみる

[▶ Fusen] ボタンをクリックして、「付箋メモ」アプリケーションを実際に動かしてみましょう。

正しい動作をしているかどうかを確認するには、手順❶で書いた特徴の通りに動いているかをチェックするとよいですね。以下の表4-11にチェック項目を挙げますので、同じようにチェックしてみてください。

表4-11：「付箋メモ」のチェック項目

「付箋メモ」の特徴	実行したときの画面	コメント	チェック結果
・文字が入力できる ・複数行に文字が入力できる	付箋メモ ああああ いいいいい	・文字が入力できた ・改行して複数行に文字が入力できた	OK?
・背景色は薄い黄色 ・背景色の変更も可能	色の設定 基本色(B):	・最初の背景色は薄い黄色 ・ダブルクリックで変更できた(ちょっと嬉しくなった)	OK?
・Windowsフォームのボタンがない ・そのかわり[Esc]キーでアプリケーションが終了する	付箋メモ ああああ いいいいい	・Windowsフォームのようなボタンはなし ・[Esc] キーでアプリケーションを終了できた	OK?
マウスで動かすことができる	付箋メモ ああああ いいいいい	左クリックして、動かしてみたら動いた	OK?

目立つように常に一番前に表示される	Form1.cs Form1.cs [デザイン]
	Fusen
	private void textFusenM
	付箋メモ <判定> 押されたキー
	ああああ (e.KeyCode == Ke
	いいいいい
	// Yesの場合
	// アプリケーショ
		常に一番前に表示された	OK?

カッコよくちょっと透けて見える	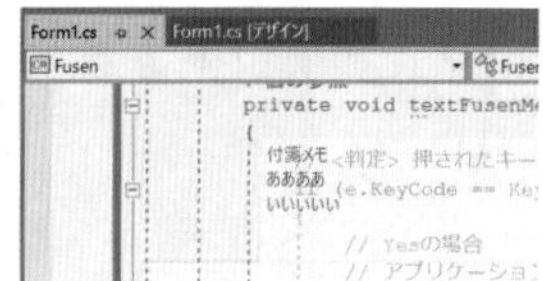	透けて見えた（透けすぎて気にいらない場合は、Opacityプロパティの値を変更）	OK？

ちょっと見づらいかもしれませんが、タイトルバーがなく、半透明で常に一番前に表示される「付箋メモ」アプリケーションが完成しました。

アプリケーション本体は、保存したディレクトリの「Fusen¥bin¥Debug¥net6.0-windows」以下にあります。「C:¥VCS2022_Application¥Chapter4-2¥Fusen¥bin¥Debug¥net6.0-windows」の「Fusen.exe」をダブルクリックして直接起動することで、複数の「付箋メモ」アプリケーションを実行できます。

まとめ

- アプリケーション作成の流れを覚えると、ほかのアプリケーションを作成するときも同じ要領で作成できる。
- プロパティの設定の方法は様々ある。
- デザイン画面のプロパティウィンドウのボタンで、プロパティとイベントを簡単に切り替えることができる。
- .NET 6.0が裏でがんばってくれているので、コードを書く量は少なくて済む。
- インテリセンスは便利なので積極的に使おう。
- はじめに描いた完成イメージと機能のメモを元に、正しく処理が実装できているかをテストすると、アプリケーションの間違いが少なくなる（品質が良くなる）。
- 「.exe」ファイルを直接起動すると、同じアプリケーションを同時に複数実行できる。

3 「今日の占い」の作成

今度は、処理が複数に分岐する「今日の占い」アプリケーションを作成します。せっかくなので、画像データも扱ってみましょう。

●手順①「今日の占い」の完成イメージを絵に描く

「**今日の占い**」アプリケーションの特徴と、完成イメージを絵に描いてみましょう。

少し面倒ですが、あらかじめイメージを固めておくことで、完成したアプリケーションの出来をチェックできます。最初のうちは、いろいろと描いてみてください。

- 今日の日付をできるだけ簡単に入力できる。
- 占いを実行する［占う］ボタンがある。
- 占いの結果が画像データで表示される。
- 詳しい結果が下に文字で表示される。
- アプリケーションの画面を拡大すると、それに合わせて結果の画像データも拡大する。

図4-12：「今日の占い」の完成イメージを絵に描く

●手順② 「今日の占い」の画面を作成する

参考までに、完成した画面は次のようになります。

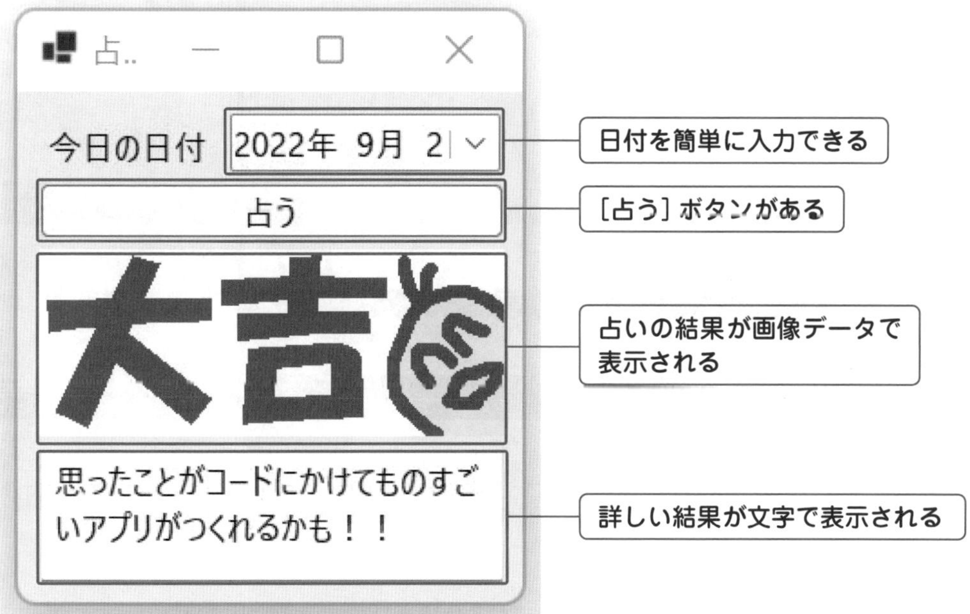

まずは4.1節と同様に、ひな形を作成しましょう。VS Community 2022を起動し、［新しいプロジェクトの作成］をクリックすると、［新しいプロジェクトの作成］画面が表示されます。上部検索ボックスに「winforms」と入力すると、その下の一覧に［Windowsフォームアプリ］が表示されます。

その中からC#用のアプリ（［Windowsフォームアプリケーション(.NET Framework)］ではありません）を選択し、さらに［次へ］ボタンをクリックすると、［新しいプロジェクトを構成します］画面が表示されます。プロジェクト名に、「Uranai」と入力してください。

また、保存する場所はどこでもかまいませんが、支障がなければ「C:¥VCS2022_Application¥Chapter4-3」とします。そして、［次へ］ボタンをクリックすると、［追加情報］画面が表示されます。そのまま、［作成］ボタンをクリックすると、ひな形が作成されます。

作成されたひな形は、次のようになります。

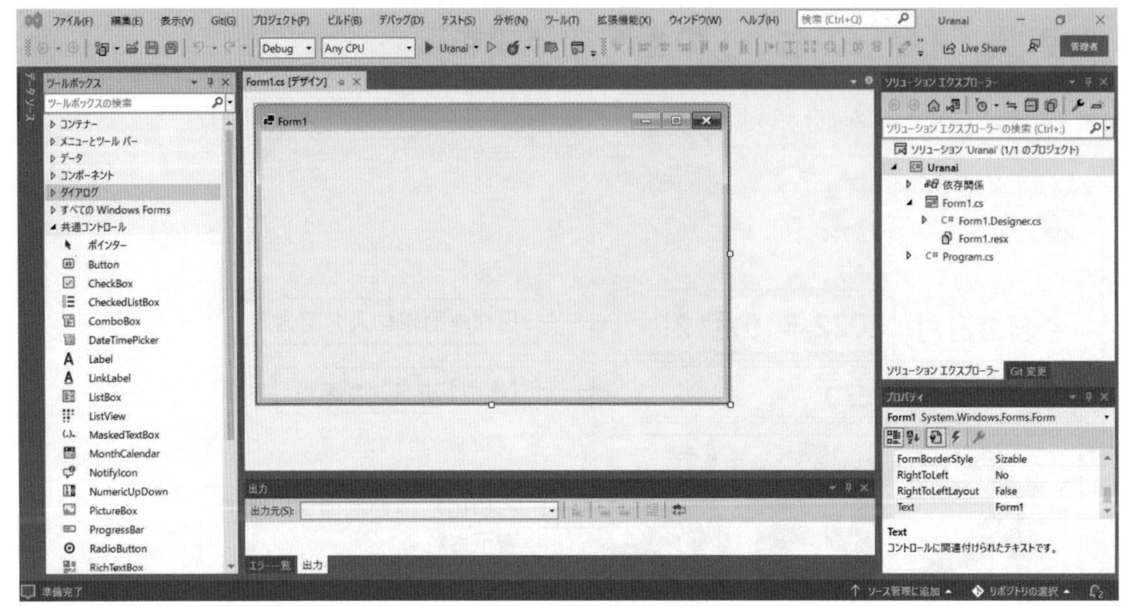

先ほど描いた完成イメージの絵を元にして、最適なコントロールを選び、Windowsフォームに貼り付けていきましょう。

画面の作成でポイントとなるのは、**日付を簡単に入力できる仕組み**です。TextBoxコントロールを使って日付を入力してもいいのですが、入力内容が日付かどうかの判定が大変になります。「2022/2/31」など本来ありえない値も入力できてしまいますね。

そこでツールボックスを眺めてみると、便利そうなコントロールがあることがわかります。「DateTimePicker」や「MonthCalendar」が便利なカレンダーコントロールです。

今回は、レイアウトを考えて、**DateTimePickerコントロール**を使ってみます。

また、結果を画像データで表示させたいので、画像データを扱うコントロールをツールボックスから探してください。見つかりましたか？　正解は、**PictureBoxコントロール**です。

ここまでの画面のイメージは、次のようになります。

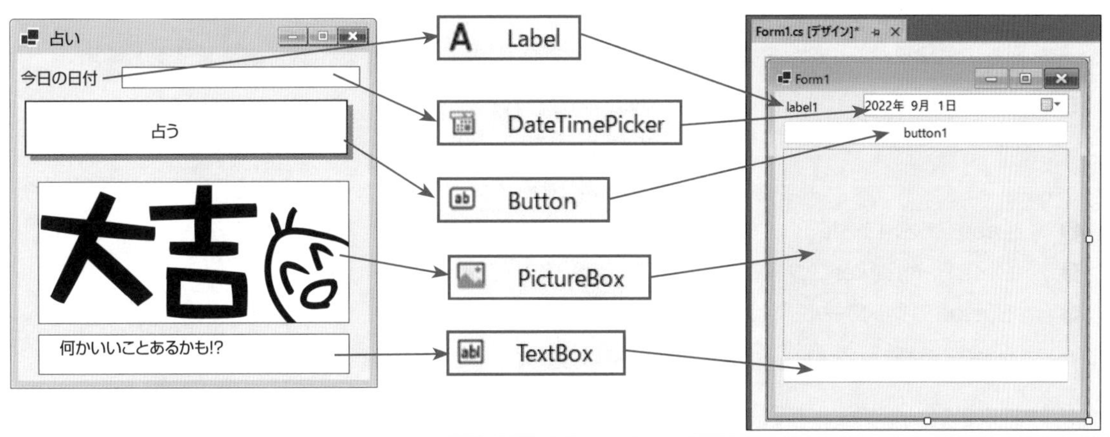

図4-13：ツールボックスからコントロールを選んで割り当てる

●手順③ 画面のプロパティや値を設定する

まずは、それぞれのコントロールの名前やサイズなどのプロパティを設定しましょう。なお、ほかから影響を受けないコントロールの名前は、デフォルトの状態にしてあります（label1）。

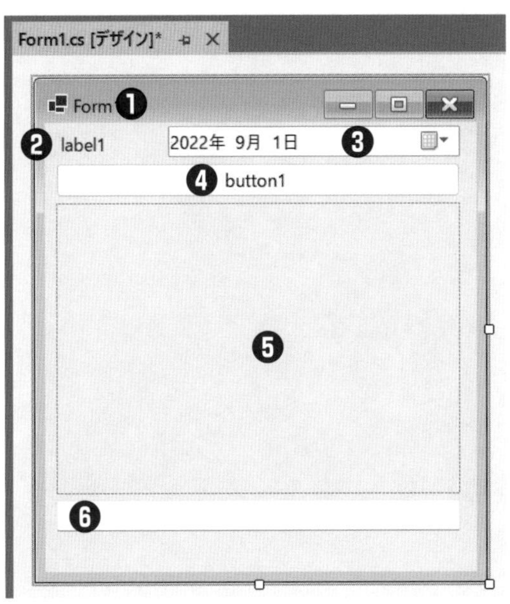

表4-12：コントロールとプロパティの設定

No.	コントロール名	プロパティ名	設定値
❶	Formコントロール	(Name)プロパティ	FormUranai
		Textプロパティ	占い
		Sizeプロパティ	300, 330
❷	Labelコントロール	Textプロパティ	今日の日付
❸	DateTimePickerコントロール	(Name)プロパティ	dateTimeUranai
❹	Buttonコントロール	(Name)プロパティ	buttonUranaiStart
		Textプロパティ	占う
		Sizeプロパティ	256,30
❺	PictureBoxコントロール	(Name)プロパティ	pictureBoxResult
		Sizeプロパティ	256,100
		SizeModeプロパティ	Zoom
❻	TextBoxコントロール	(Name)プロパティ	textResult
		Multilineプロパティ	True
		Sizeプロパティ	256,70

なお、各コントロールのSizeプロパティの値は、目安となります。ディスプレイの解像度などにより、調整してください。

プロパティを設定し終わった後のデザイン画面のイメージは、こうなります。

また、❺のPicturBoxコントロールの**SizeModeプロパティ**は、PictureBoxコントロール内でのイメージ（画像データ）の配置方法を指定するプロパティです。「Zoom」を設定すると、画像データの縦横比を維持したままで拡大または縮小します。

次に、**PictureBoxコントロール**に表示する画像データを作成しましょう。画像データは、「タイトル（今日の運勢は…）」「吉」「小吉」「中吉」「大吉」「凶」の6つを作成します。

▼「タイトル」のイメージ

▼「吉」のイメージ

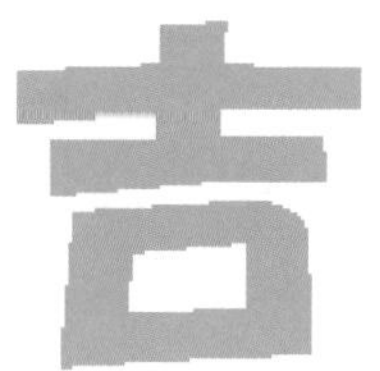

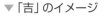

▼「小吉」のイメージ

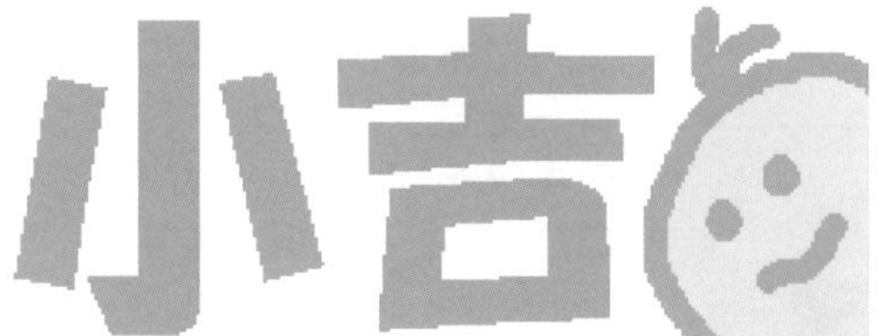

▼「中吉」のイメージ

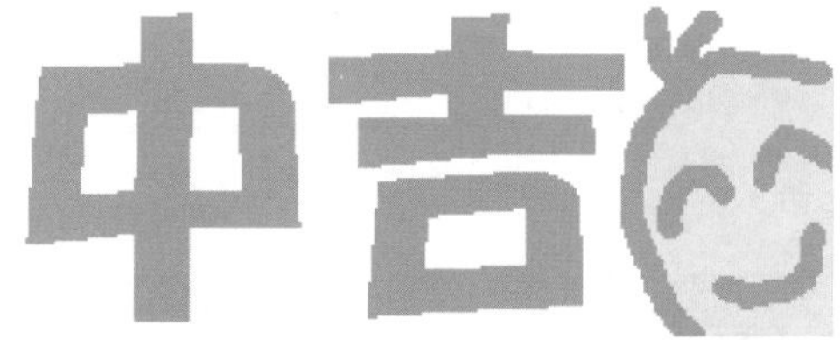

▼「大吉」のイメージ

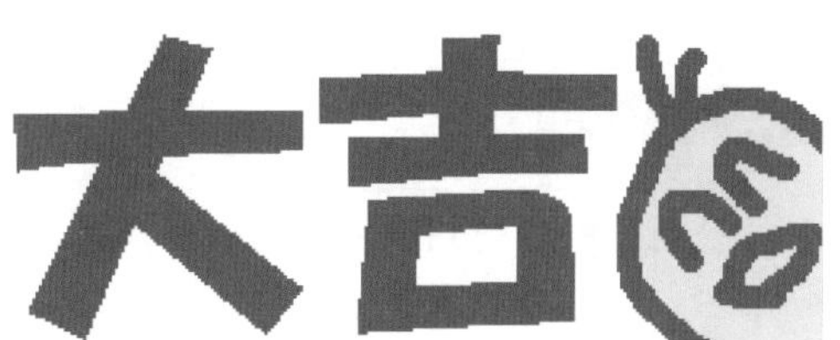

▼「凶」のイメージ

VS Community 2022では、コード以外のものを管理する場合、**リソース**として管理します。このリソースの機能を利用して、画像データを作成します。

1 Uranaiプロジェクトを右クリックする

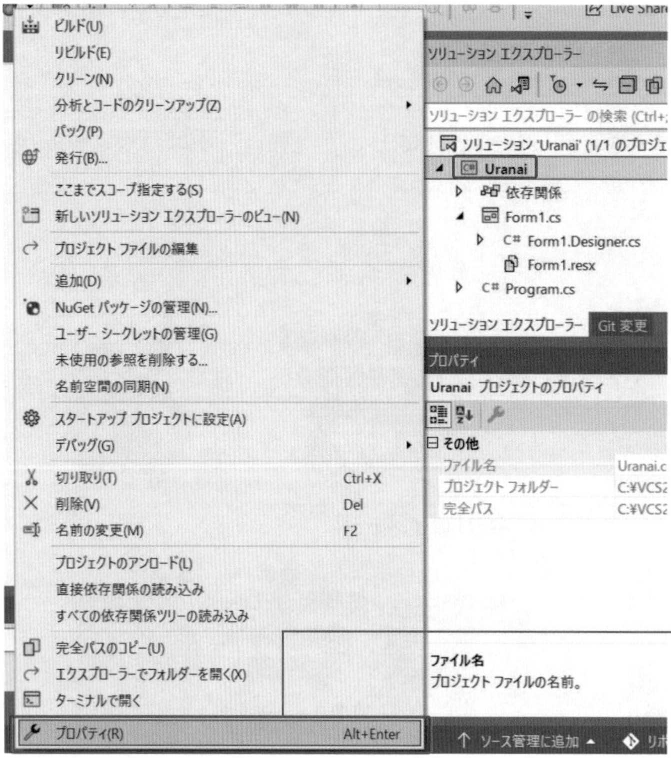

ソリューションエクスプローラーにあるUranaiプロジェクトを右クリックして、コンテキストメニュー*から［プロパティ］を選択します

2 ［リソース］を選択する

❶ プロパティのページが表示されます

❷ 左側のタブから［リソース］を選択します

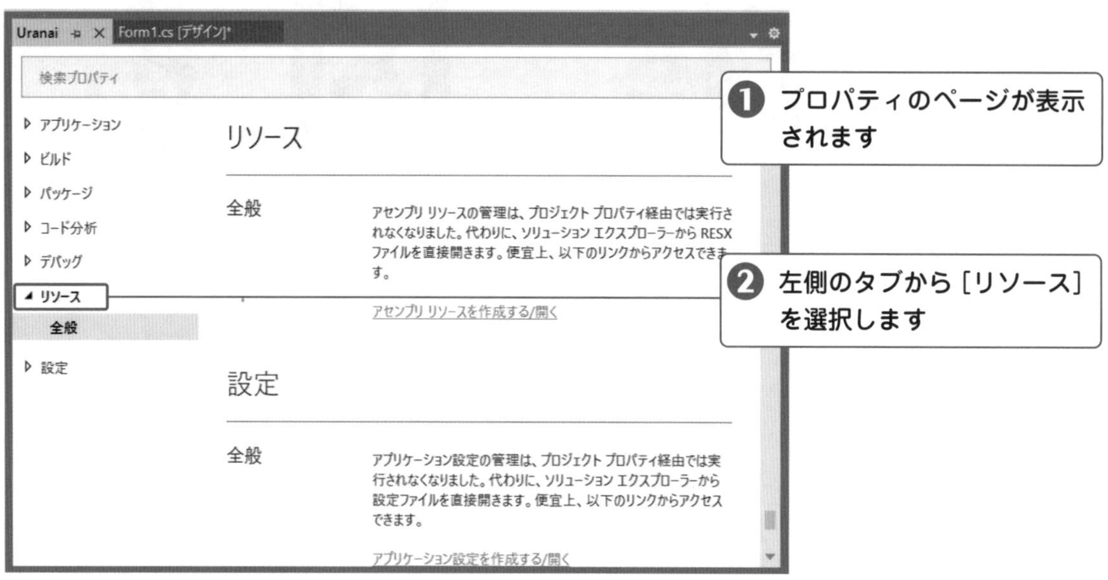

＊ **コンテキストメニュー**　右クリックすると表示されるメニューのこと。

3 リンクをクリックする

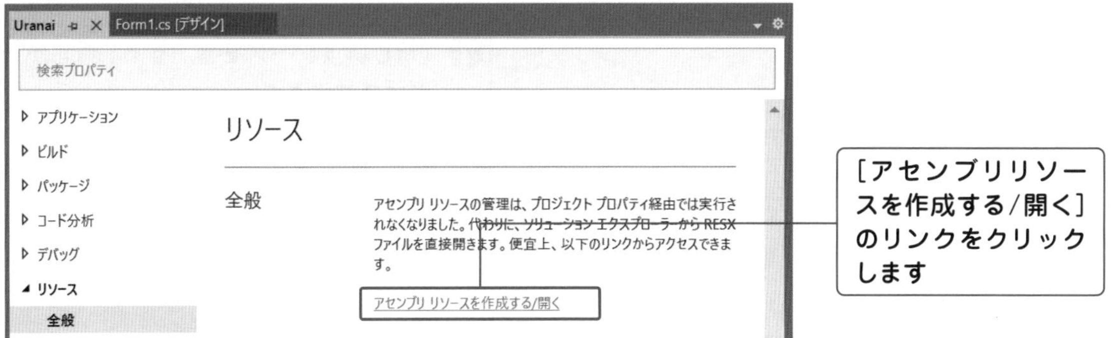

4 新しいリソース（BMPイメージ）を追加する

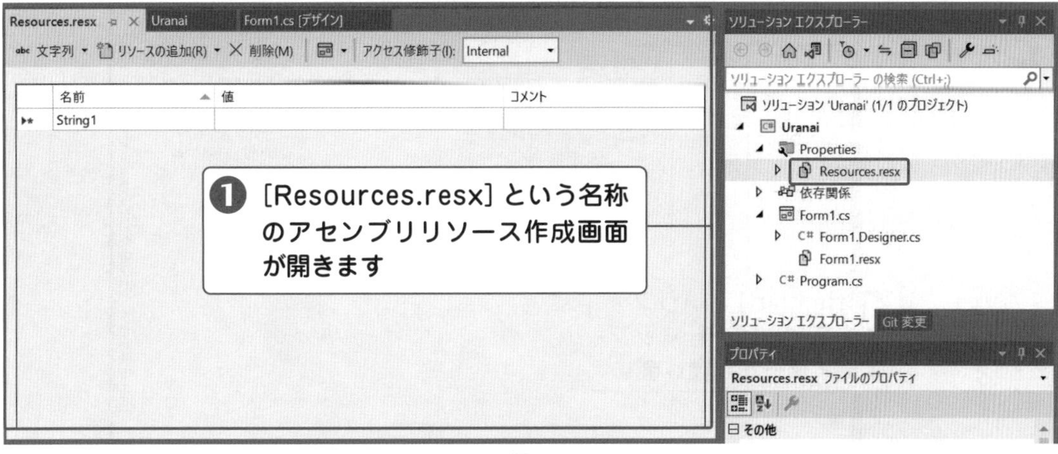

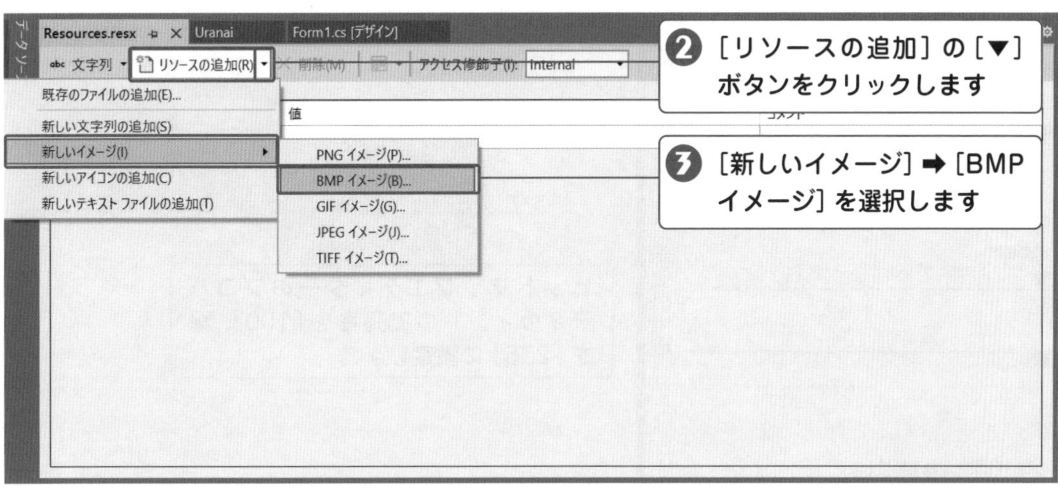

5 新しいリソースの名前を入力する

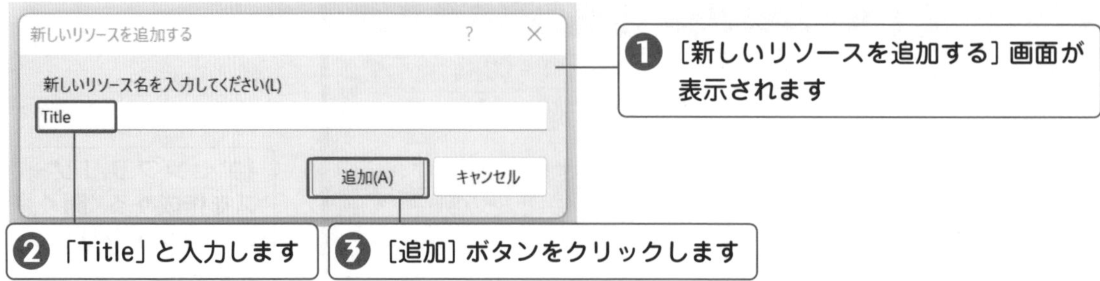

6 ビットマップエディターが起動する

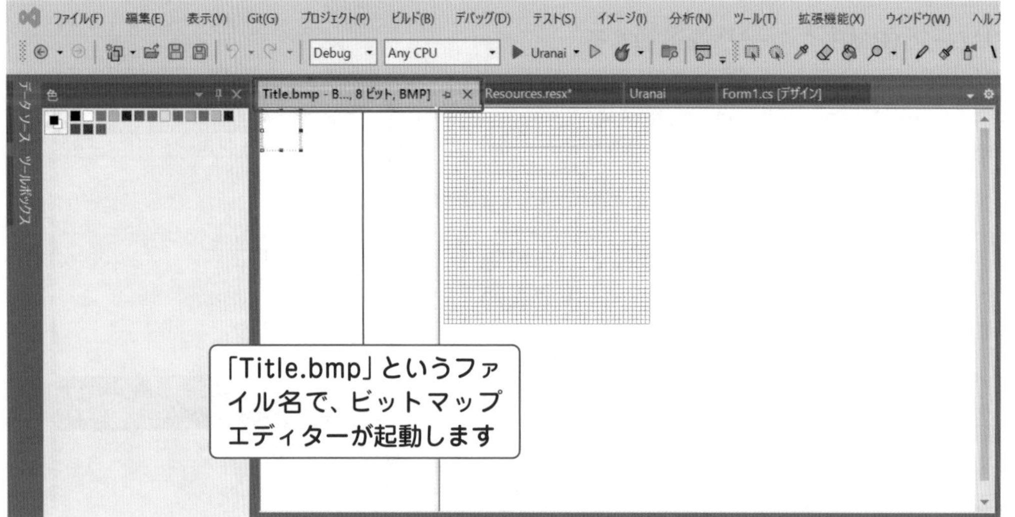

7 プロパティウィンドウでキャンバスのサイズを設定する

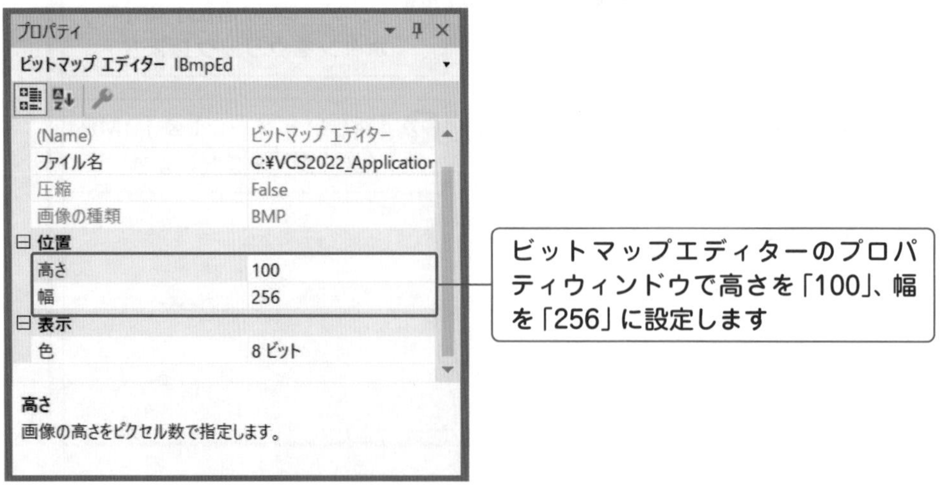

8 横長のキャンバスが表示される

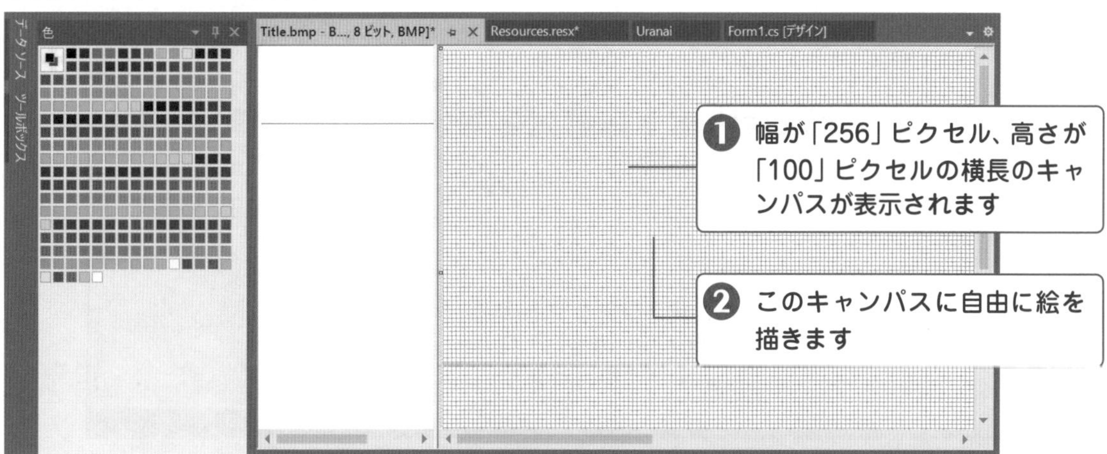
色
Title.bmp - B..., 8 ビット, BMP]*
Resources.resx*
Uranai
Form1.cs [デザイン]
❶ 幅が「256」ピクセル、高さが「100」ピクセルの横長のキャンバスが表示されます
❷ このキャンバスに自由に絵を描きます

9 キャンバスを上書き保存する

色
Title.bmp - B..., 8 ビット, BMP]*
Resources.resx*
Uranai
Form1.cs [デザイン]
今日の運勢は…
❶ 絵を描いたら、ビットマップエディターのタブの右上にある［×］ボタンをクリックして、ビットマップエディターを終了します

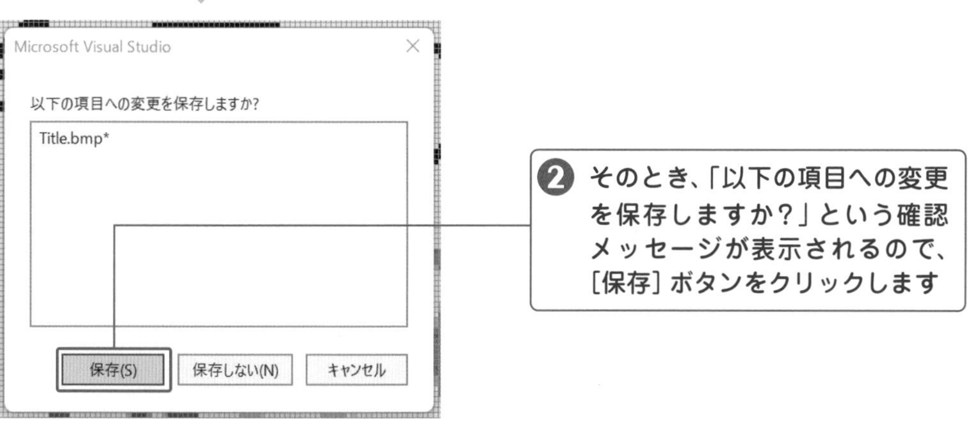
Microsoft Visual Studio
以下の項目への変更を保存しますか?
Title.bmp*
保存(S)
保存しない(N)
キャンセル
❷ そのとき、「以下の項目への変更を保存しますか？」という確認メッセージが表示されるので、［保存］ボタンをクリックします

10 リソースが更新される

絵を描くのが得意な方は、占いの結果をイメージした絵を描いてください。

また、絵を描くのが苦手な方は、文字のフォントサイズを28～36ポイントくらいにすると、いい感じの大きさ（2行分の文字を書けるサイズ）になるので、「今日の運勢は…」などのタイトルにふさわしい文字を書いてみてください。あわせて色も塗ってみましょう。

Visual Studioのビットマップエディターが使いづらい方は、Windowsに付属するアプリ「ペイント」などで幅が「256」ピクセル、高さが「100」ピクセルの絵を描いて、コピーするのもよいかと思います。

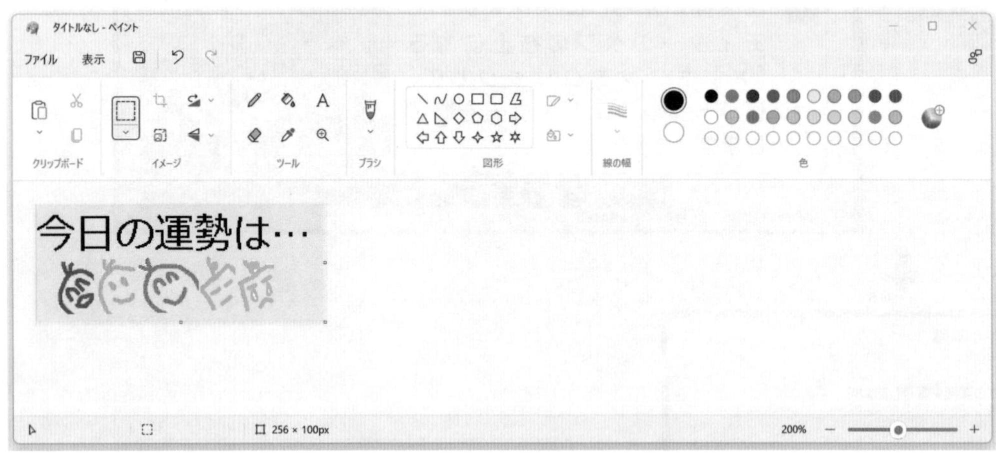

同様の手順で、「大吉」「中吉」「小吉」「吉」「凶」の画像データを作成します。ファイル名は、そのままローマ字にしましょう。

表4-13：占いの結果と画像データのイメージ

占いの結果	ファイル名	絵のイメージ
大吉	Daikichi.bmp	超きもちいいー！（暖色）
中吉	Cyuukichi.bmp	ちょっといい感じ
小吉	Syoukichi.bmp	普通な感じ
吉	Kichi.bmp	やや悪めな感じ
凶	Kyou.bmp	超最悪……（寒色）

ご参考までに中吉は、フォントが「HG創英角ポップ体（太字）」、フォントサイズが「72」、文字色が「ピンク」で、空いたスペースに中吉的な雰囲気を醸し出す表情を同じ色で描いています。

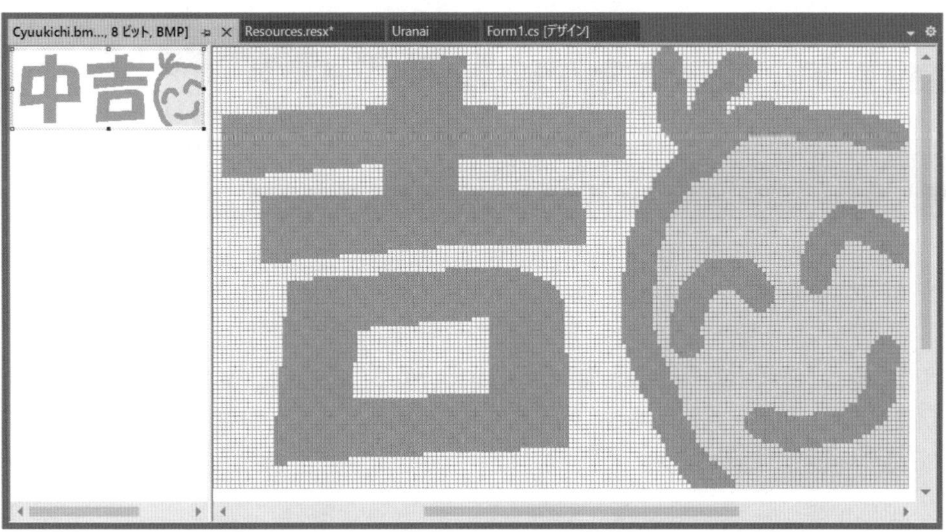

すべての画像データを作成すると、このようにリソースに表示されます。

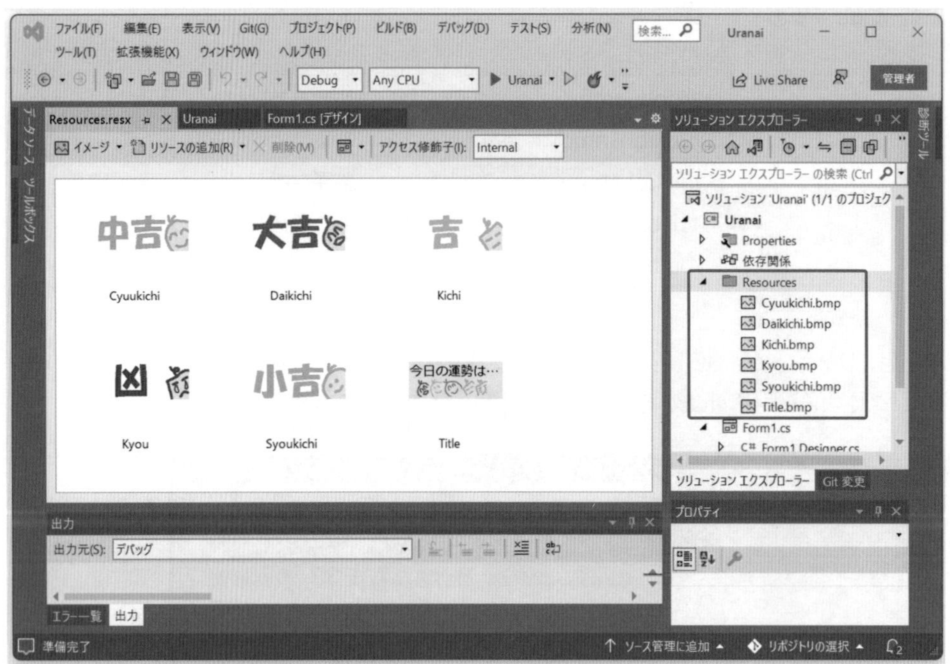

ソリューションエクスプローラーから見ると、Resourceフォルダーの下に作成したBMPファイルが配置されています。

実際のファイルの位置も「C:¥VCS2022_Application¥Chapter4-3」にソリューションすべてを保存すると「C:¥VCS2022_Application¥Chapter4-3¥Uranai¥Resources」以下に「Daikichi.bmp」のように配置されます（「VCS」はVisual C Sharpの略です）。

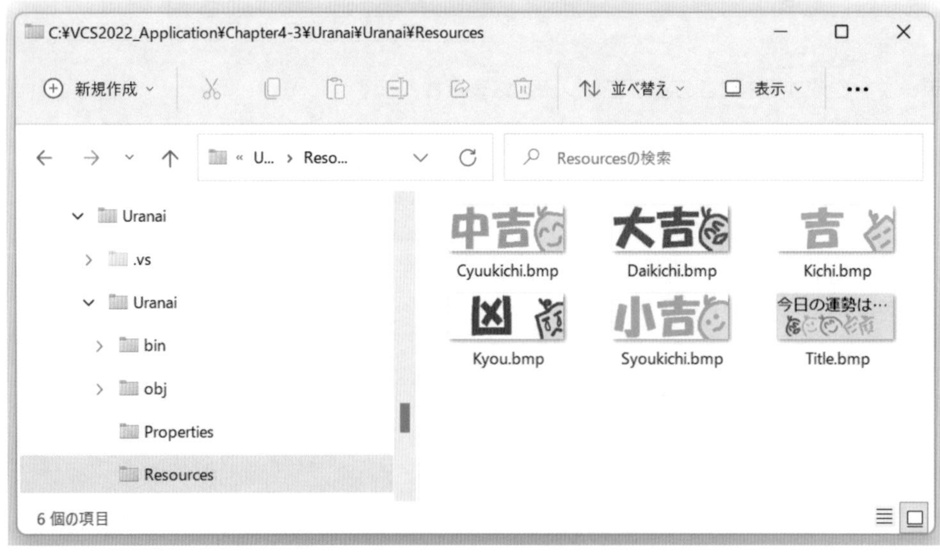

画像データが完成したら、残りのプロパティを設定します。

まず、デザイン画面に戻って、PictureBoxコントロール（pictureBoxResult）の**Anchorプロパティ**を設定します。

11 Anchorプロパティを設定する

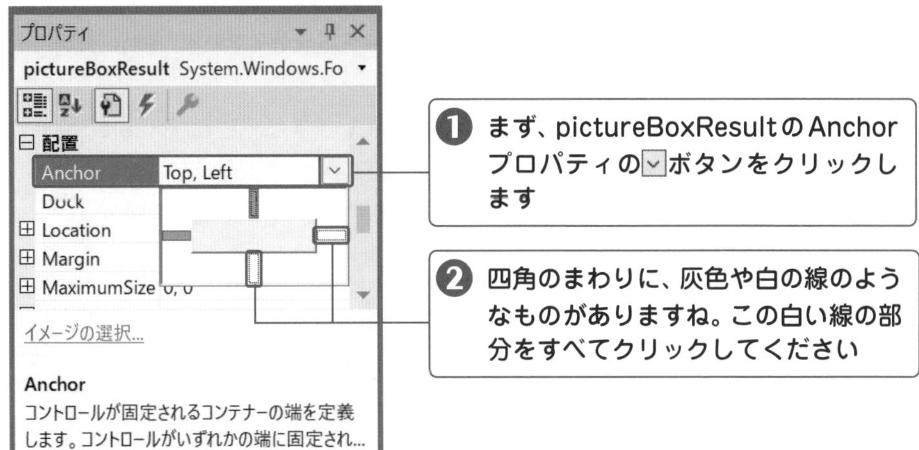

同様に、TextBoxコントロール（textResult）のAnchorプロパティを「Bottom, Left, Right」と設定してください（左右と下を灰色に、上を白に設定してください）。

12 初期イメージを設定する

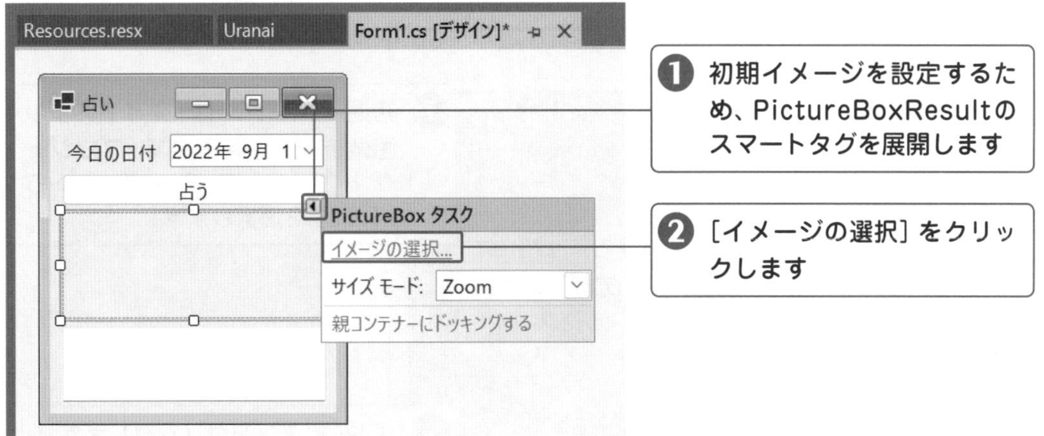

Tips Anchorプロパティ

Anchorプロパティは、日本語で「船を泊めるときのアンカー」、つまり「錨」に相当するものです。Formコントロールの画面の大きさを変更した場合に、「どの部分に引っ張られて大きさを変えるか」という設定を行います。濃い灰色になっている部分が、端にアンカーをかけた状態になります。

下の画面のように、四辺にアンカーを設定した場合、Formコントロールを大きくすれば、それに連動してPictureBoxコントロールなども大きくなります。

また、すでにSizeModeプロパティをこっそり「Zoom」に設定していますが、これはPictureBoxコントロールが大きくなった場合、それに連動して画像データも大きくなるという意味になります。

なお、「Top, Bottom, Left, Right」と直接文字を入力してもかまいません。ただし、綴りを間違うとエラーになるので、注意してください。

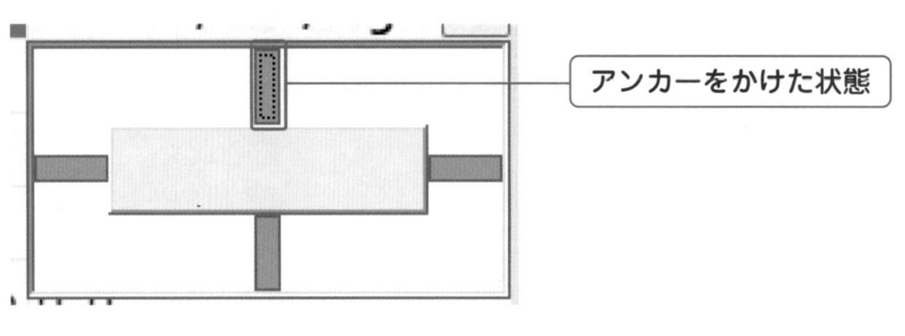

13 初期イメージとして「タイトル」を設定する

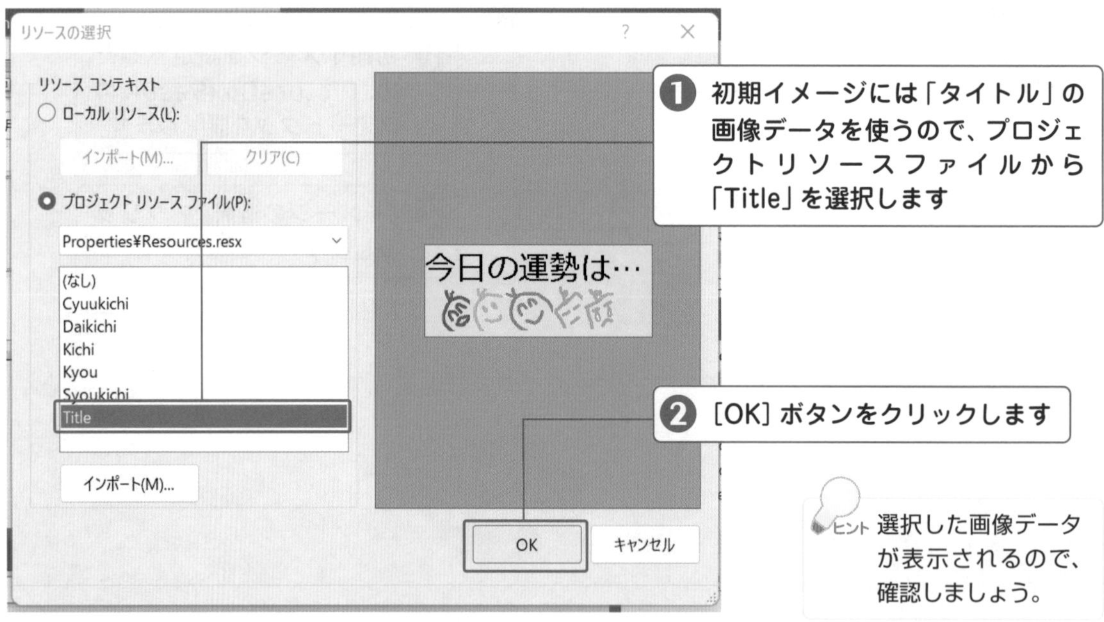

ヒント 選択した画像データが表示されるので、確認しましょう。

初期イメージを設定すると、デザイン画面にも結果が反映されて、設定した画像データを見ることができます。

●手順④ コードを書く

「今日の占い」アプリケーションのイベントは、[占う] ボタンをクリックしたときに発生するイベントだけです。

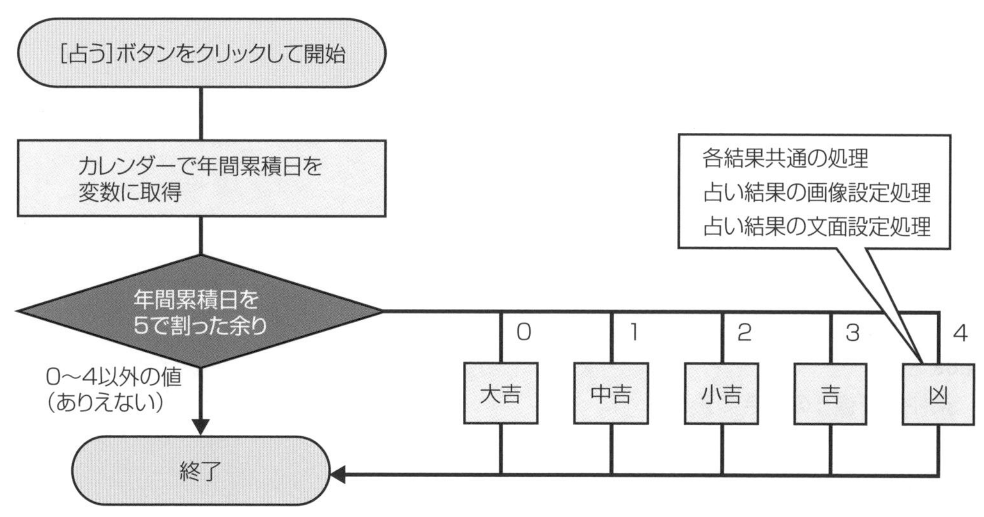

図4-14：[占う] ボタンをクリックしたときの処理のフローチャート

今回のコードのポイントは、**条件分岐**が**複数**ある場合のコードの書き方です。

if文の中にさらに、if文を書く（入れ子*にする）方法もありますし、**if 〜 else if 〜 else**と、**else if**で条件を分けて分岐する方法もあります。

文法 **if 〜 else if 〜 else 文の使い方**

```
if (条件式1)
{
    条件式1を満たしたときの処理1;
}
else if (条件式2)
{
    条件式2を満たしたときの処理2;
}
else
{
    条件式1と条件式2を満たさなかった場合の処理3;
}
```

また、そのほかの方法として、**switch文**を使う方法があります。switch文の文法は、次の通りです。

文法 **switch 文による条件分岐**

```
switch (条件式)
{
    case 値1:
        条件式が値1のときの処理1;
        break;
    case 値2:
        条件式が値2のときの処理2;
        break;
      …（中略）…
    case 値n:
        条件式が値nのときの処理n;
        break;
    [default:]
        条件式がいずれにもあてはまらない場合の処理;
        [break;]
}
```

* **入れ子**　プログラムの構築手法の1つ。条件分岐などの「ひとまとまりのプログラムの固まり（ネスト）」の内部に、別のプログラムの固まり（ネスト）が埋め込まれること。何段階にも、入れ子を組み合わせていくことで、プログラムを構成する。

条件式には、複数の結果が予測される条件を指定します。今回の場合では「年間累積日を5で割った余り」が条件式になり、その結果は0〜4までの整数になります。なお、「〜で割った余り」を**剰余**(じょうよ)といい、**%**という演算子を使って結果を求めます。

また、**case文**には、次のように条件式が取りうる値と、その処理を記述します。

```
case 0:
  条件式の値が0 である場合の処理
```

このcase文では、「年間累積日を5で割った余り」が「0」のケース(場合)に実行される処理を記述します。

最後の**default文**は、「どの値とも一致しない場合の処理」を記述します。省略することも可能ですが、設定しないとcase文の処理に漏れがあった場合、何も実行されないのでエラーを見逃しやすくなってしまいます。できるだけ設定しましょう。

それでは、実際のコードを示します。だいぶ慣れてきましたか? 今回は、コメントで骨組みを書いていた部分を省略します。　　　の部分は、自動で記述される部分です。

List 1 サンプルコード([占う] ボタンをクリックしたときの処理:Form1.cs)

```
namespace Uranai
{
  public partial class FormUranai : Form
  {
    public FormUranai()
    {
      InitializeComponent();
    }

    private void buttonUranaiStart_Click(object sender, EventArgs e)
    {
❶    int dateNumber; // 年間累積日を記憶する変数
      dateNumber = dateTimeUranai.Value.DayOfYear; //選んだ日付から、年間累積日を計算

❷    switch (dateNumber % 5) // 年間累積日を5で割った余りは?
      {
❸      case 0: // 大吉
```

```
      ❹
      pictureBoxResult.Image = Uranai.Properties.Resources.Daikichi;
      textResult.Text = "思ったことがコードにかけてものすごいアプリがつくれるかも！";
      break;
    case 1: // 中吉
      pictureBoxResult.Image = Uranai.Properties.Resources.Cyuukichi;
      textResult.Text = "書いたコードがビルドエラーも起きず一発で実行できるかも！";
      break;
    case 2: // 小吉
      pictureBoxResult.Image = Uranai.Properties.Resources.Syoukichi;
      textResult.Text = "できた！と思ったらコード書き忘れて動かないところがあるかも";
      break;
    case 3: // 吉
      pictureBoxResult.Image = Uranai.Properties.Resources.Kichi;
      textResult.Text = "なかなかエラーが修正できないかも";
      break;
    case 4: // 凶
      pictureBoxResult.Image = Uranai.Properties.Resources.Kyou;
      textResult.Text = "せっかく書いたプログラムが消えるかも。"
        + "まさにしょぼーんなことがおこるかも";
      break;
    ❺
    default: // ここに到達することがあれば条件のミス
      pictureBoxResult.Image = null;
      break;
  }
   }
  }
}
```

表4-14：List1のコード解説

No.	コード	内容
❶	`int dateNumber;` `dateNumber = dateTimeUranai.Value.DayOfYear;`	整数型の変数dateNumberを定義し、DateTimeUranaiの値（Value）から年間累積日（DayOfYear）を代入します。年間累積日は、1月1日から数えた日数を示す整数値です。1月1日が整数の1、閏年の12月31日は366となります

❷	`switch (dateNumber % 5)`
	`~`
	`}`
		switch文の条件が「dateNumber % 5」。%は、割り算の余りを求める演算子であり、剰余とも言われます。「年間累積日を5で割った余りで分岐する」という意味になります

❸	`case 0:`	条件式の結果が「0」の場合に、処理を実行します*。case文の下には、その条件に一致した場合の処理を書きます。処理は複数行あっても問題ありません

❹	`pictureBoxResult.Image = Uranai.`
	`Properties.Resources.Daikichi;`
	`textResult.Text = "結果の文言";`
		pictureBoxResultのImageプロパティ(画像)に対して、Uranai.Properties.Resources(リソース)から、「大吉」(Daikichi)の画像データを割り当てます。また、TextBoxコントロール(textResult)のText(表示する文章)には、リソース管理の機能を利用して、それらしい文章を自由に割り当ててみてください

❺	`default:`
	`pictureBoxResult.Image = null;`
	`break;`
		「年間累積日を5で割った余り」が0〜4以外になることはないので、このコードは万が一間違えた場合の保険の意味のコードです。Imageプロパティに「null(何もない)」を代入しているので、このコードに到達したら、画像は表示されなくなります

手順⑤ 動かしてみる

ツールバーの[▶Uranai]ボタンをクリックして、実際に動かしてみましょう。

最初に考えたイメージ通り動作するかを確認するために、チェック項目を作ってみました。みなさんも同じようにチェックしてみてください。

表4-15：「今日の占い」のチェック項目

「今日の占い」の特徴	実行したときの画面	コメント	チェック結果
今日の日付をできるだけ簡単に入力できる	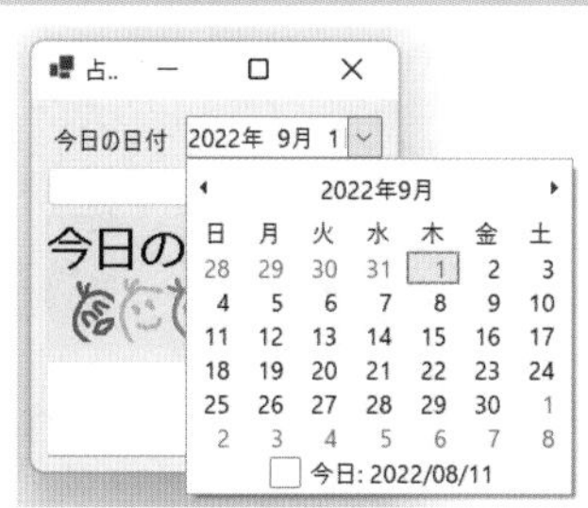	DateTimePickerコントロールを使うと、入力時にカレンダーが出てくるので、省スペースで簡単に入力できる	OK?

* **条件式の結果が「0」の場合に、処理を実行します** このCase 文の処理をif 文に置き換えると「If ((dateNumber % 5) == 0)」の処理と同じになる。

[占う] ボタンがある		[占う] ボタンがあるので、説明がなくてもここをクリックするとよいのかな？ということがわかる	OK？
結果が画像データで表示される	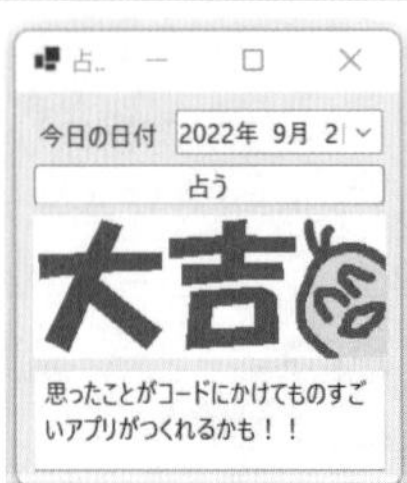	結果が画像データで表示され、違う日付にすると、違う画像データになる	OK？
詳しい結果が下に文字で表示される	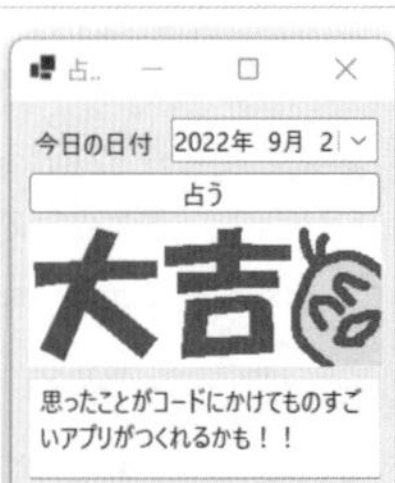	詳しい占いの結果が下の領域に表示される	OK？
画面の大きさに応じて、画像データの大きさが変化する		フォームを倍くらいの大きさに拡大すると、画像データも大きくなる	OK？

まとめ

- DateTimePickerコントロールやMonthCalendarコントロールを使うと、日付を簡単に入力できる。
- 画像データを扱うには、PictureBoxコントロールを使うとよい。
- switch文を使って、条件分岐が複数ある場合の処理を書くことができる。

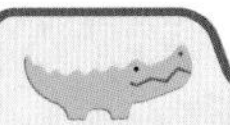

Column 文字を表すには？

プログラムコードで文字を表す場合は「"」(ダブルクォーテーション)で囲みます。1つ以上の文字を並べたものを「文字列」と言います。"こんにちは"が文字列ですね。

値を代入する場合など「123」と書くと、数字なのか、文字列なのか迷ってしまいます。そこで、文字列ですということがわかるように「"」で囲むというわけです。例えば、次のような文字列があったとします。

```
label1.Text = "こんにちは";
label1.Text = "12345";
```

文字列は足し算をすることができます。「"こんにちは"」+「"12345"」の結果は、「"こんにちは12345"」となります。

Column C#の名前にまつわるエトセトラ

- 読み方は「シーシャープ」ですが、文字を見ると厳格には♯(シャープ)と#(ナンバーサイン、イゲタ)は違う文字です。しかし、標準キーボードや標準フォント、ブラウザーなどに♯(シャープ)がないので、#(ナンバーサイン)を使っています。
- 名前に#が付くプログラミング言語には、ほかにA#、F#、J#、Gtk#、Cocoa#があります。
- 検索のキーワードでは、「"C#"」で検索するとヒットします。
- インターネットの辞書「WikiPedia」では、#は特殊な文字であるため、「C Sharp」のキーワードで登録されています。
- デンマークのソフトウェアエンジニア、アンダース・ヘルスバーグ(Anders Hejlsberg、1960年12月〜)氏は「C#の父」と呼ばれています。
- C#プロジェクトのコード名は、「COOL(クール)」(Clike Object Oriented Language：Cライクなオブジェクト指向言語)でしたが、すでにほかの製品で使われているなどの理由で、この名前は採用されませんでした。
- 言語名のほかの案として、「EC」(イーシー)、「C2」(シー・スクウェア)、「C3」(シー・キューブ)、「Cs」(シー・セシウム)などがありました。
- Visual Studio上で動くC#のことを「Visual C#」と呼びます。

「間違い探しゲーム」の作成

「間違い探しゲーム」を作成します。今回は同じコントロールが大量にある場合でも、コードをその分、大量に書く必要がないというところがポイントになります。

●手順① 「間違い探しゲーム」の完成イメージを絵に描く

筆者の「荻原（おぎわら）」がよく「萩原（はぎわら）」と間違えられるため（苦笑）、いっそのことゲームにしてしまったら面白いのでは？ と考えたものが「**間違い探しゲーム**」アプリケーションになります。

萩萩萩萩萩
萩萩萩萩萩
萩萩萩萩萩
萩萩萩荻萩
萩萩萩萩萩

図4-15：荻（おぎ）と萩（はぎ）

たくさんの「萩」という文字の中に1つだけ「荻」という文字があり、「荻」を発見するというゲームです。ゲーム性を高めるためにルールも考えました。

- **最初は何も表示されておらず、スタートで開始する。**
- **発見するまでの秒数をリアルに表示して焦らせる。**
- **正解の文字の場所は、ランダムに表示する（毎回違う位置）。**
- **正解の文字をクリックすると、タイマーが止まる。**

ルールを考慮して画面を描いてみると、次のようになりそうです。

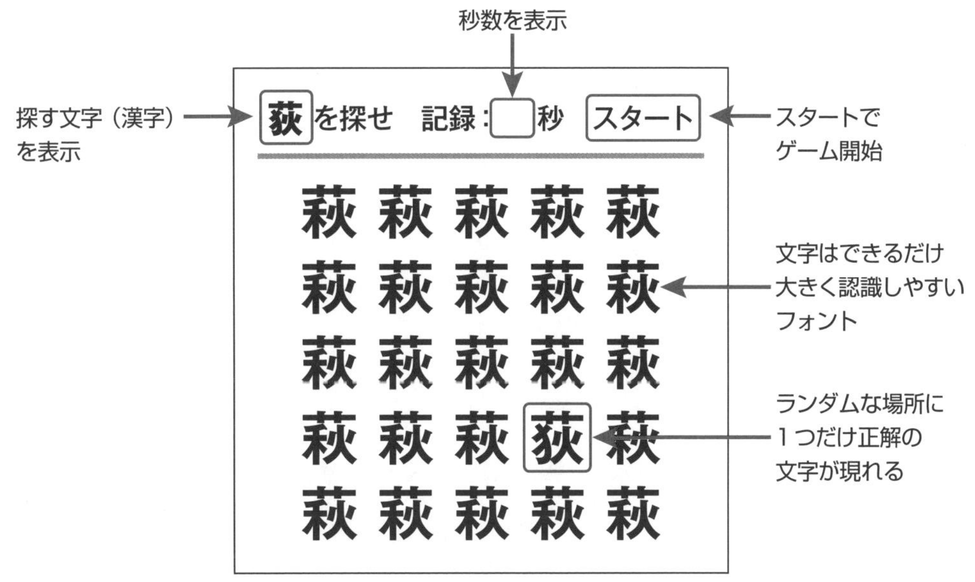
秒数を表示
探す文字（漢字）を表示
荻 を探せ　記録：　秒　スタート
スタートでゲーム開始
文字はできるだけ大きく認識しやすいフォント
ランダムな場所に1つだけ正解の文字が現れる

中級編
Chapter
4

図4-16：「間違い探しゲーム」の完成イメージを絵に描く

●手順② 「間違い探しゲーム」の画面を作成する

参考までに、完成イメージは以下のようになります。

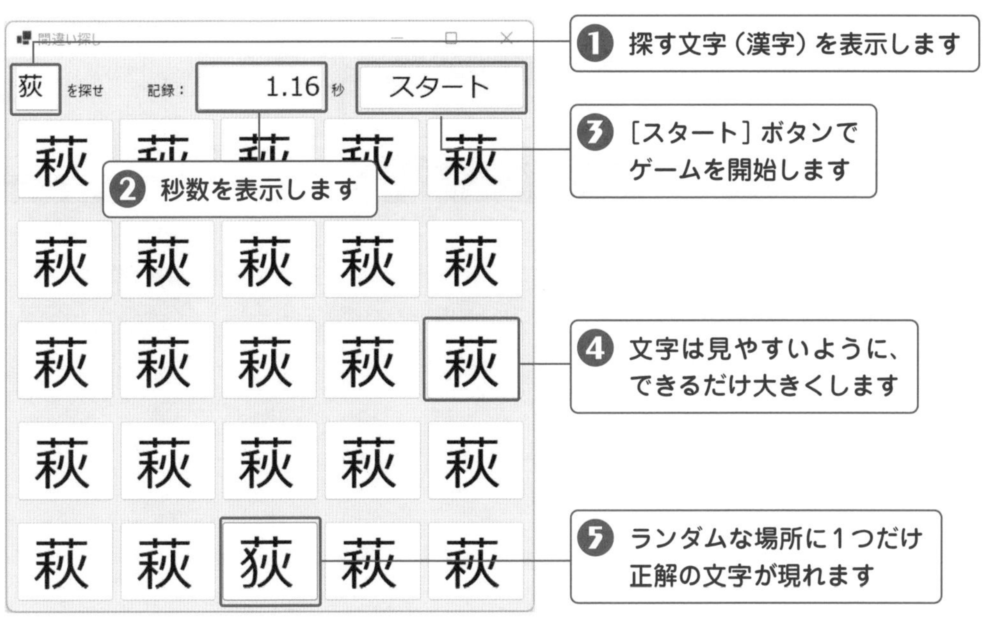
間違い探し
荻 を探せ　記録：1.16 秒　スタート
❶ 探す文字（漢字）を表示します
❷ 秒数を表示します
❸ ［スタート］ボタンでゲームを開始します
❹ 文字は見やすいように、できるだけ大きくします
❺ ランダムな場所に1つだけ正解の文字が現れます

4.1節と同様に、ひな形を作成しましょう。VS Community 2022を起動し、[新しいプロジェクトの作成]をクリックすると、[新しいプロジェクトの作成] 画面が表示されます。上部検索ボックスに「winforms」と入力すると、その下の一覧に [Windowsフォームアプリ] が表示されます。

その中からC#用のアプリ ([Windowsフォームアプリケーション(.NET Framework)] ではありません) を選択し、さらに [次へ] ボタンをクリックすると、[新しいプロジェクトを構成します] 画面が表示されます。プロジェクト名に、「KanjiDifferenceHunt」と入力してください。

また、保存する場所はどこでもかまいませんが、支障がなければ「C:¥VCS2022_Application¥Chapter4-4」とします。そして、[次へ] ボタンをクリックすると、[追加情報] 画面が表示されます。そのまま、[作成] ボタンをクリックすると、ひな形が作成されます。

作成されたひな形は、次のようになります。

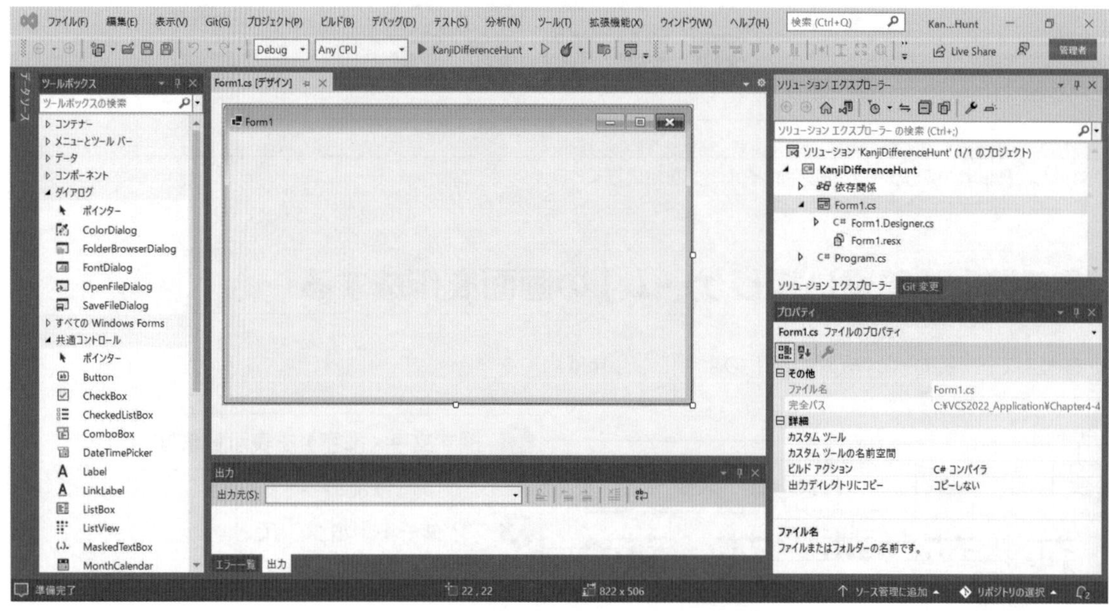

「間違い探しゲーム」アプリケーションは、画面上部がスタートボタンや時刻表示を示す機能が集中していて、画面下部はゲーム画面ですね。そこで、画面を分けるコントロールを使ってみましょう。

まずは、Windowsフォーム画面を土台にして、いろいろコントロールを貼り付けていきたいので、以下のように設定してください。

表4-16：コントロールとプロパティの設定

No.	コントロール名	プロパティ名	設定値
❶	Formコントロール	(Name)プロパティ	FormGame
		Sizeプロパティ	700,750
		Textプロパティ	間違い探し

設定後のVS Community 2022の画面は、以下のようになっています。

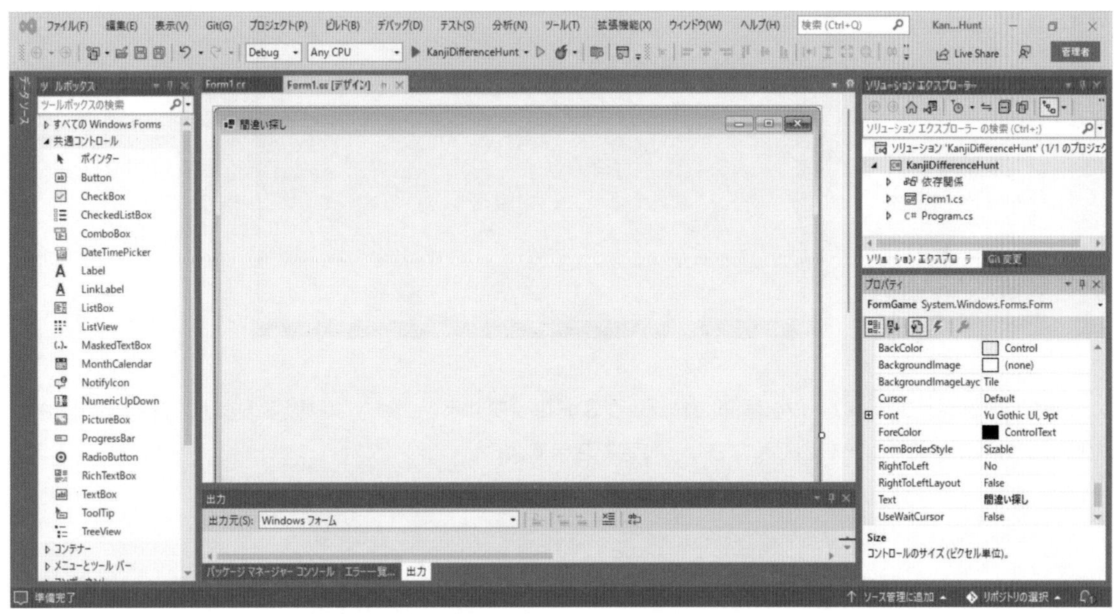

次に、画面を分割するコントロールを選びます。

ツールボックスの中に［コンテナー］として分類されているコントロール群がありますので、その中からコントロールを選びます。**コンテナー**は、TextBoxなどのコントロールをまとめて扱うことのできる入れ物のコントロールで、目的により細分化されています。

今回は上下に二分割して使いたいので、**SplitContainerコントロール**を使います。

SplitContainerコントロールは、**Panel**というコンテナーの部品を2つ並べ、**Splitter**という区切り線で分割し、Spliterを使って実行時に自由にPanelの大きさを変更できるというコントロールです。これをWindowsフォームにドラッグ&ドロップします。

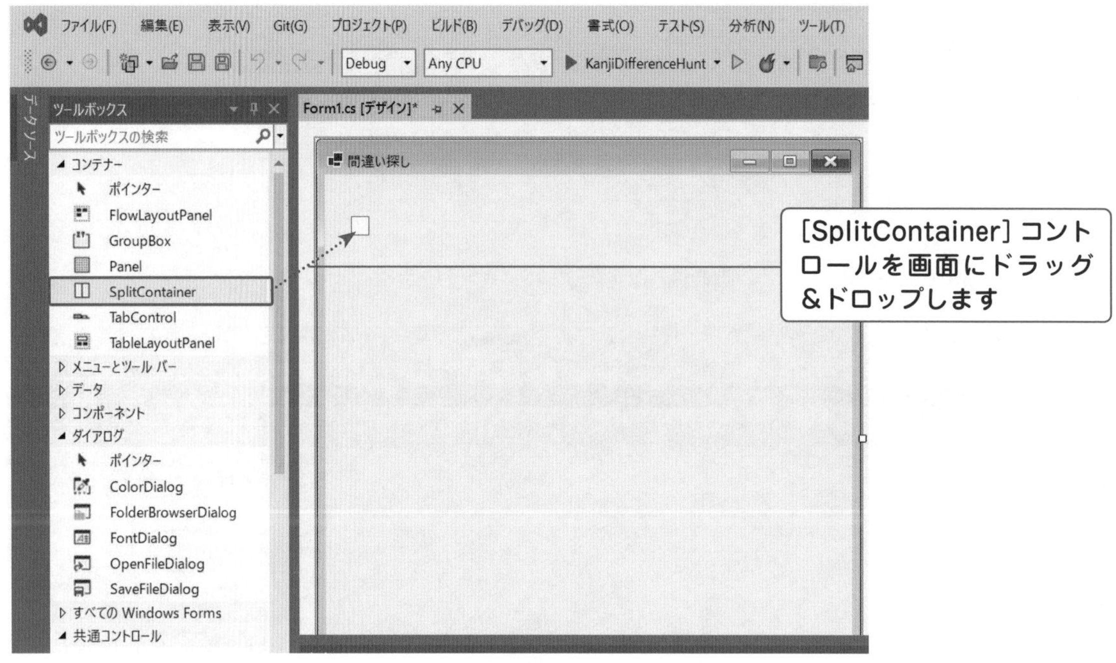

SplitContainerコントロールを画面にドラッグ&ドロップすると、いきなり以下のような左右に分割された画面になっています。安心してください。設定できますよ！

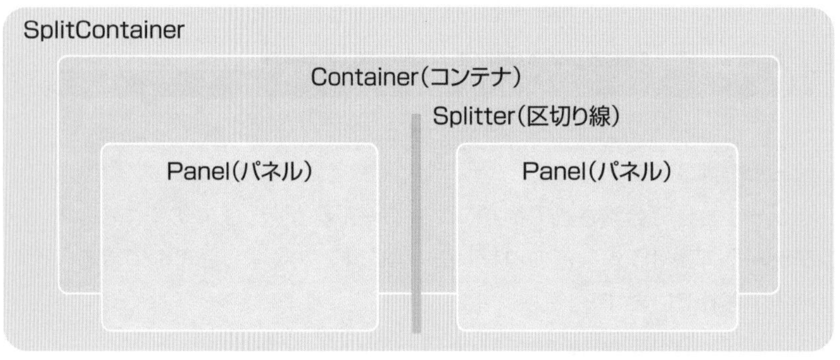

図4-17：Splitter（区切り線）で分割されたPanel（パネル）が左右に表示される

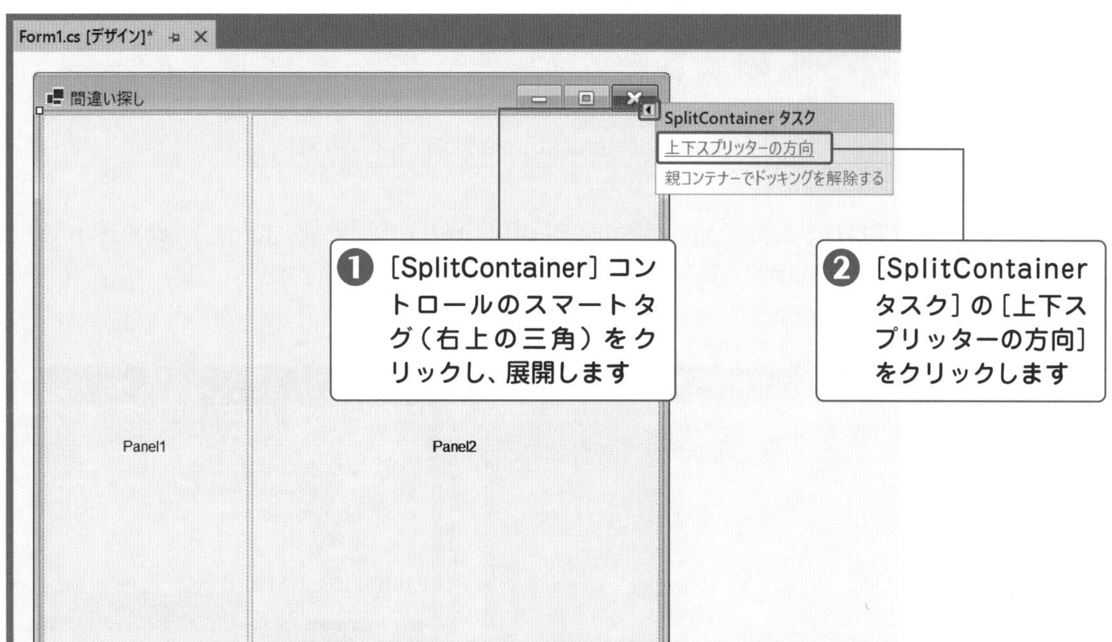

すると、SplitContainerコントロールが上下分割になりました。

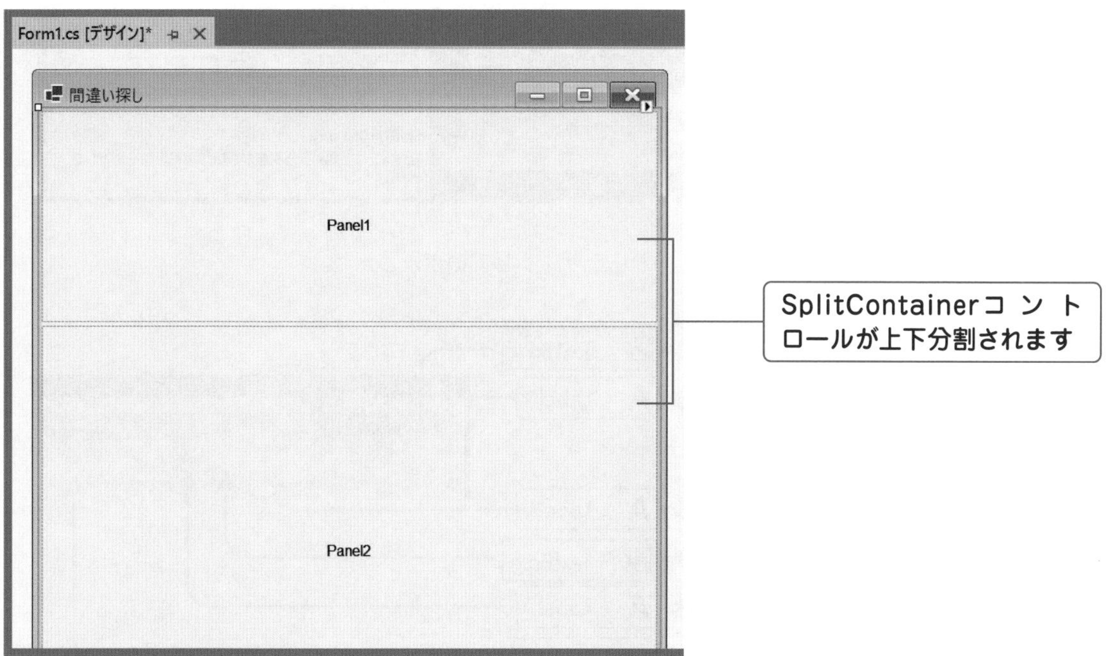

このSplitContainerコントロールのプロパティも先に設定しておきましょう。

表4-17：コントロールとプロパティの設定

No.	コントロール名	プロパティ名	設定値
❶	SplitContainerコントロール	(Name) プロパティ	splitContainer1
		SplitterDistanceプロパティ	70

SplitterDistanceプロパティは、PanelとPanelを区切るSplitterの距離（Distance）を表すプロパティで、端から（この場合は上から）70pxの位置に分割線のSplitterを設定しています。

設定後は、以下のようになります。

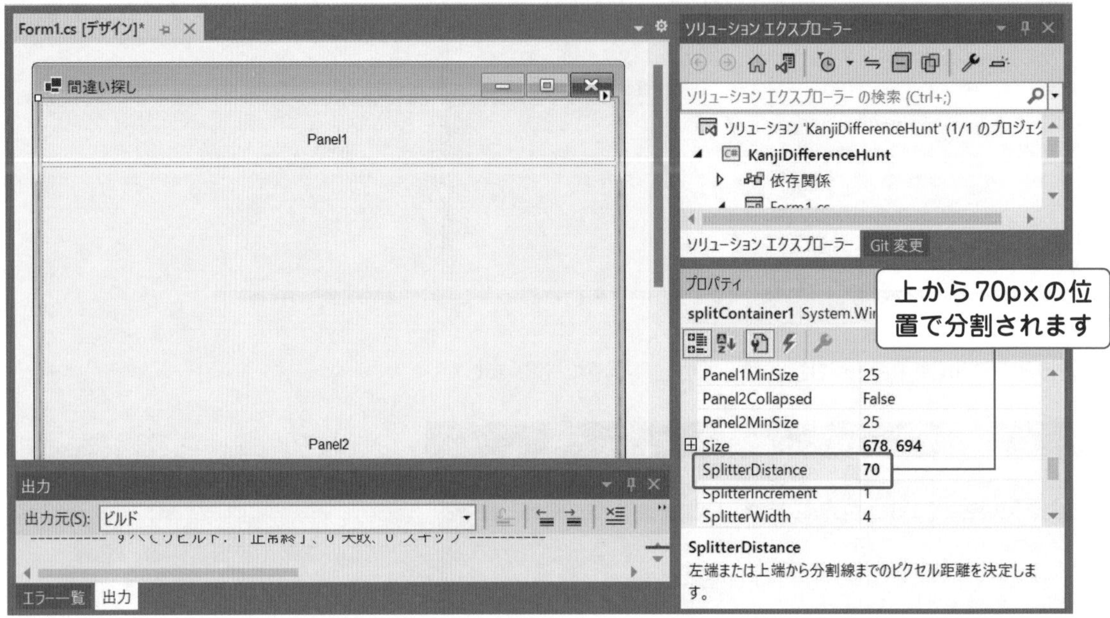

画面を上下に分割しましたので、画面上部からデザインしていきましょう。

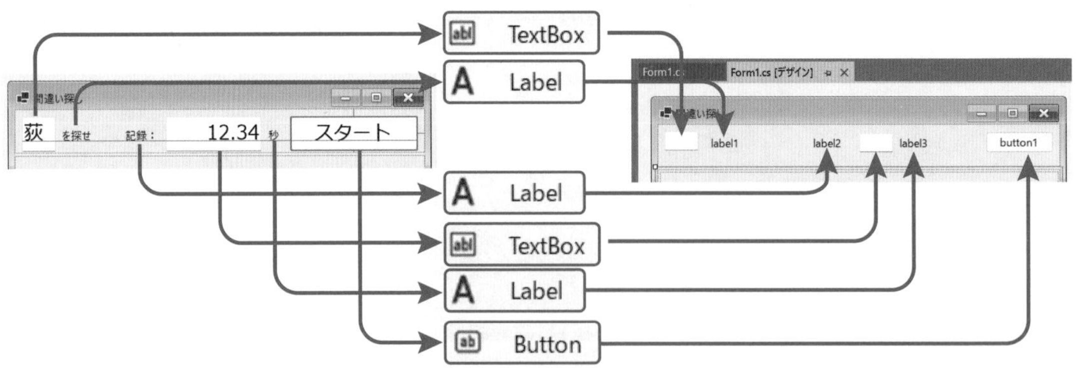

図4-18：ツールボックスからコントロールを選んで割り当てる

画面上部のコントロールのプロパティに値を設定しましょう。

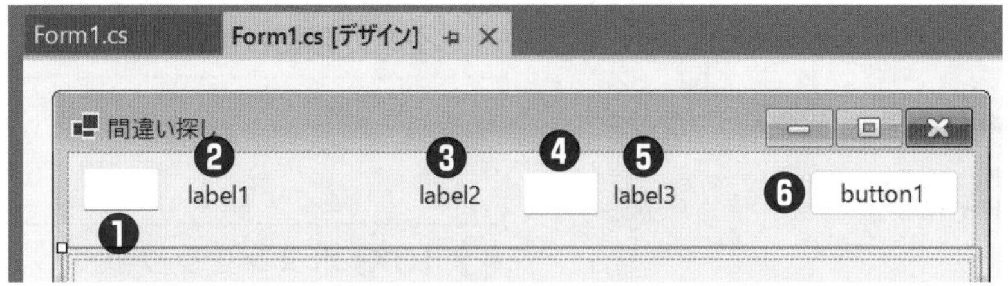

表4-18：コントロールとプロパティの設定

No.	コントロール名	プロパティ名	設定値
❶	TextBoxコントロール	(Name)プロパティ	textHunt
		Fontプロパティ	メイリオ*,16pt
		Sizeプロパティ	55,55
❷	Labelコントロール	Textプロパティ	を探せ
❸	Labelコントロール	Textプロパティ	記録：
❹	TextBoxコントロール	(Name)プロパティ	textTimer
		Fontプロパティ	メイリオ,16pt
		Sizeプロパティ	160,55
		TextAlignプロパティ	Right
❺	Labelコントロール	Textプロパティ	秒
❻	Buttonコントロール	(Name)プロパティ	buttonStart
		Fontプロパティ	メイリオ,16pt
		Sizeプロパティ	211,55
		Textプロパティ	スタート

なお、**Fontプロパティ**は、プロパティウィンドウの右にある ボタンをクリックすると、［フォント］ダイアログボックスが起動し、詳細に設定できます。

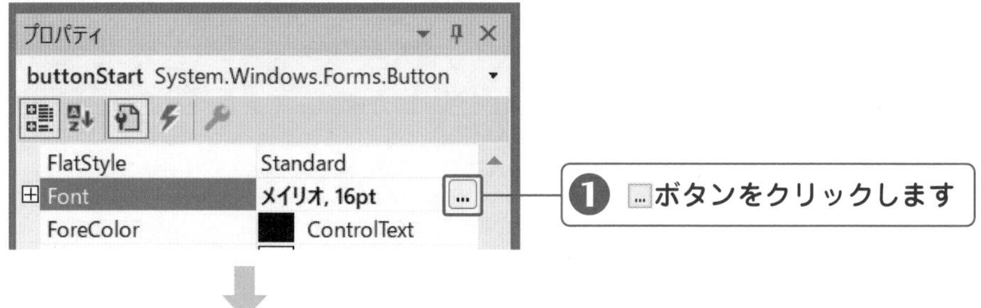

＊**メイリオ**　フォントの「メイリオ」がWindows 11や10にない場合、「游ゴシック Medium」や「Yu Gothic UI Semibold」などで代用してください。

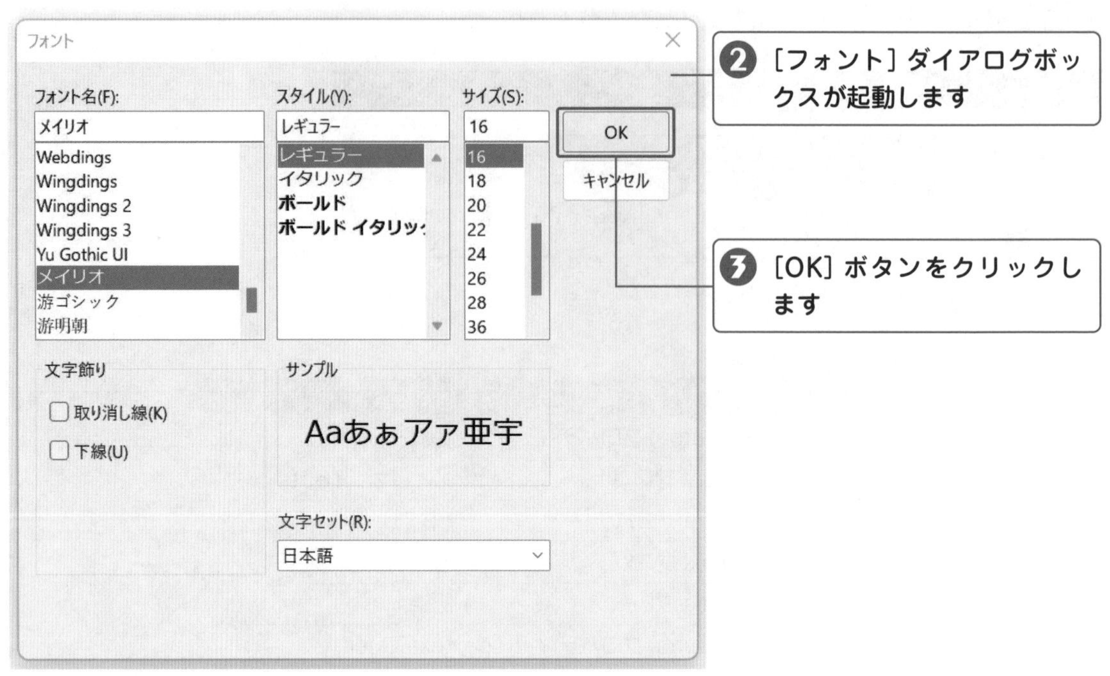

Tips デザインのコツ

画面を綺麗に見せるには、テキストの下部の位置を揃えるとよいでしょう。

フォントの設定を変えた場合、テキストが空白の部分はイメージと合わせるため、任意の文字を入れてデザインを整えたのち、空白に戻すとよいです。

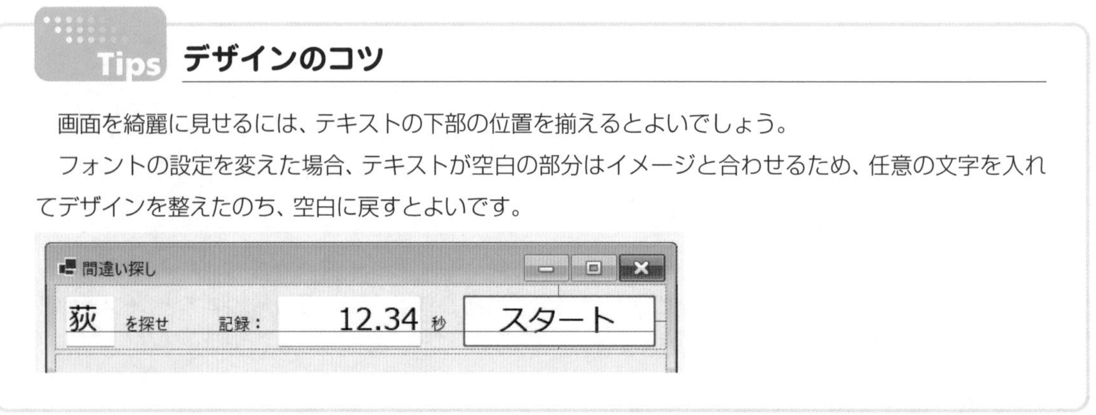

TextBoxコントロールに文字を入れたまま実行してみて、違和感がないか確認してみてください。

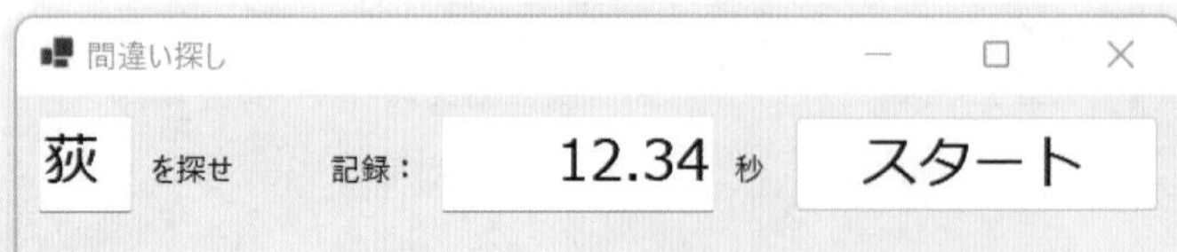

次に画面下部のデザインです。

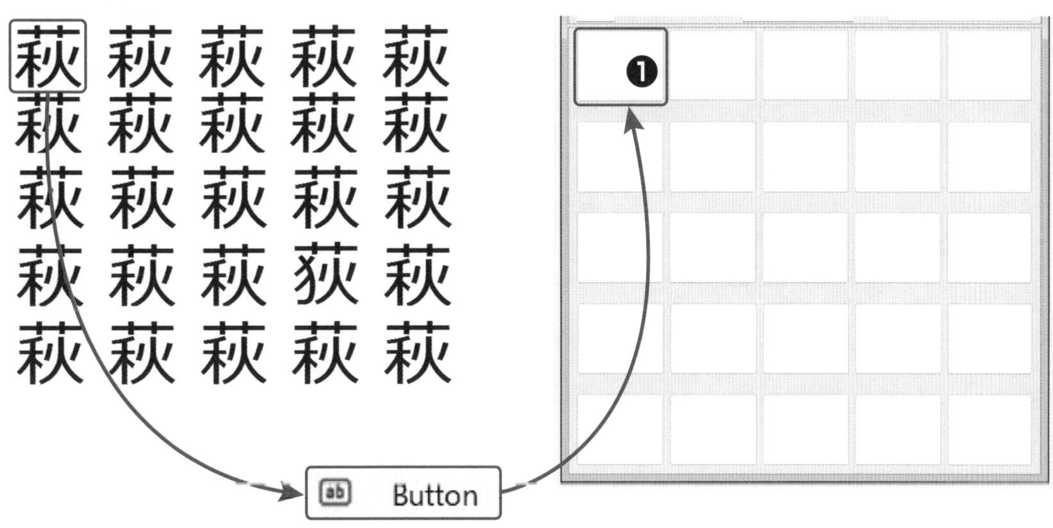

図4-19：ツールボックスからコントロールを選んで割り当てる

クリックをしたいので、ボタンを使います。縦5個×横5個＝25個のボタンをうまく並べるとよさそうです。これだけあると、後からプロパティを設定するのも大変なので、最初に1つ配置した時点で共通の設定を行います。

表4-19：コントロールとプロパティの設定

No.	コントロール名	プロパティ名	設定値
❶	Buttonコントロール	(Name)プロパティ	button1（規定値のまま）
		Fontプロパティ	メイリオ,36pt
		Sizeプロパティ	125,100
		Textプロパティ	（空白のまま）

プロパティ設定後のデザイン画面は、以下のようなイメージになります。

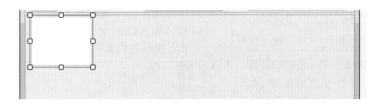

では、この基本となるプロパティを設定したButtonコントロールを横に4個コピーしましょう。

基本となる左端のButtonコントロールを選択し、[Ctrl] キーを押しながらマウスをドラッグし（これによりコントロールが設定した値でコピーされます）、スナップラインに沿ってデザインすると位置が決めやすくなります。

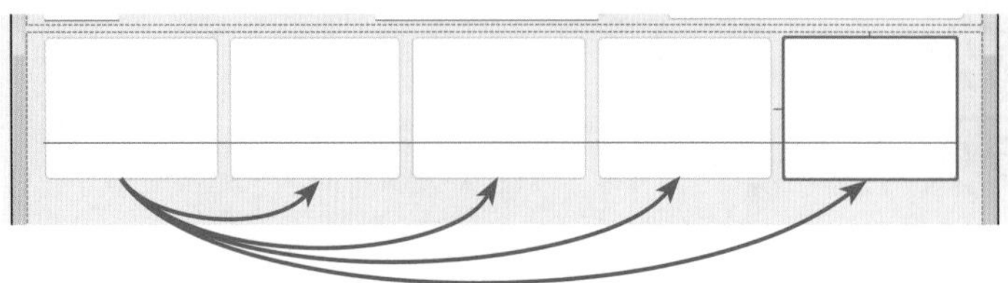

横に5個並びましたが、左右に偏ってバランスが悪いので、綺麗に揃えます。

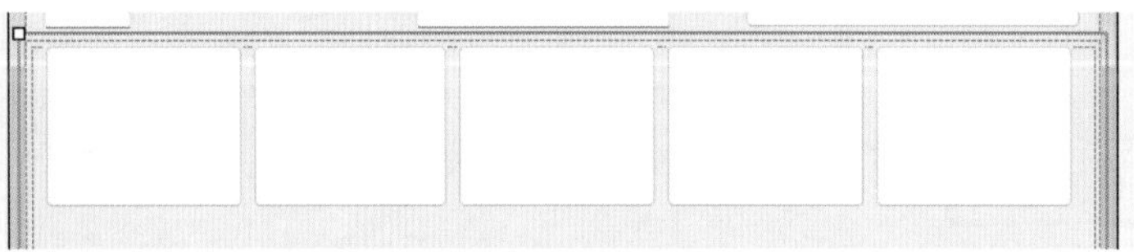

以下のようにすると綺麗になります。

1 右端と左端を揃える

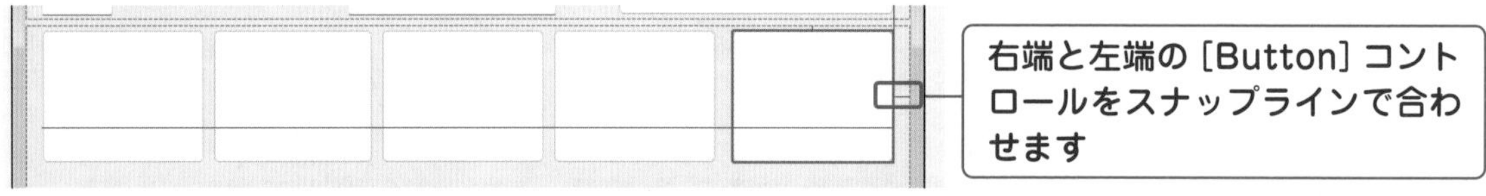
右端と左端の［Button］コントロールをスナップラインで合わせます

2 左右の間隔を均等にする

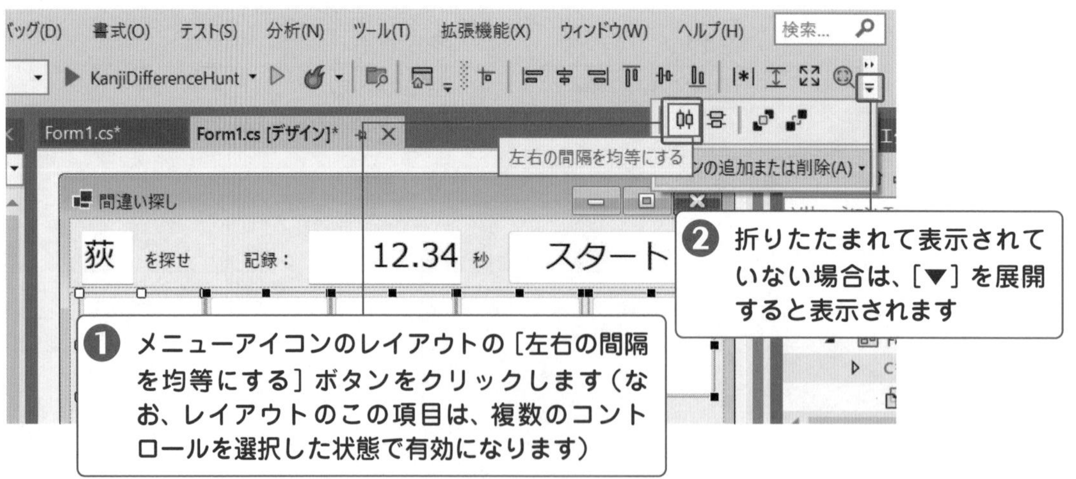
バッグ(D)
書式(O)
テスト(S)
分析(N)
ツール(T)
拡張機能(X)
ウィンドウ(W)
ヘルプ(H)
検索...
KanjiDifferenceHunt
Form1.cs*
Form1.cs [デザイン]*
左右の間隔を均等にする
ンの追加または削除(A)
間違い探し
荻
を探せ
記録：
12.34
秒
スタート
❶ メニューアイコンのレイアウトの［左右の間隔を均等にする］ボタンをクリックします（なお、レイアウトのこの項目は、複数のコントロールを選択した状態で有効になります）
❷ 折りたたまれて表示されていない場合は、［▼］を展開すると表示されます

3 縦に5列分、コピーする

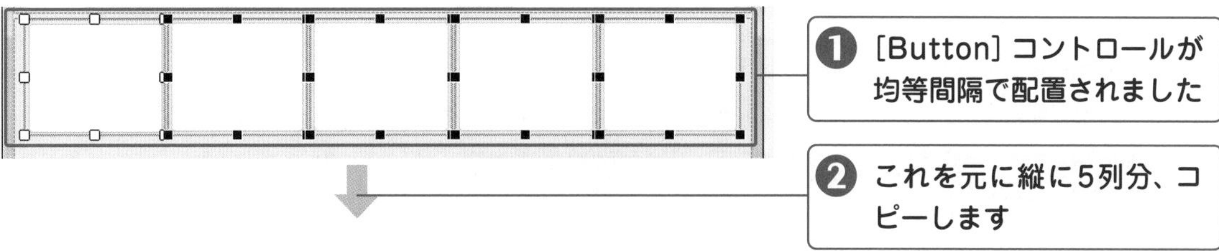

4 25個のButtonコントロールが配置される

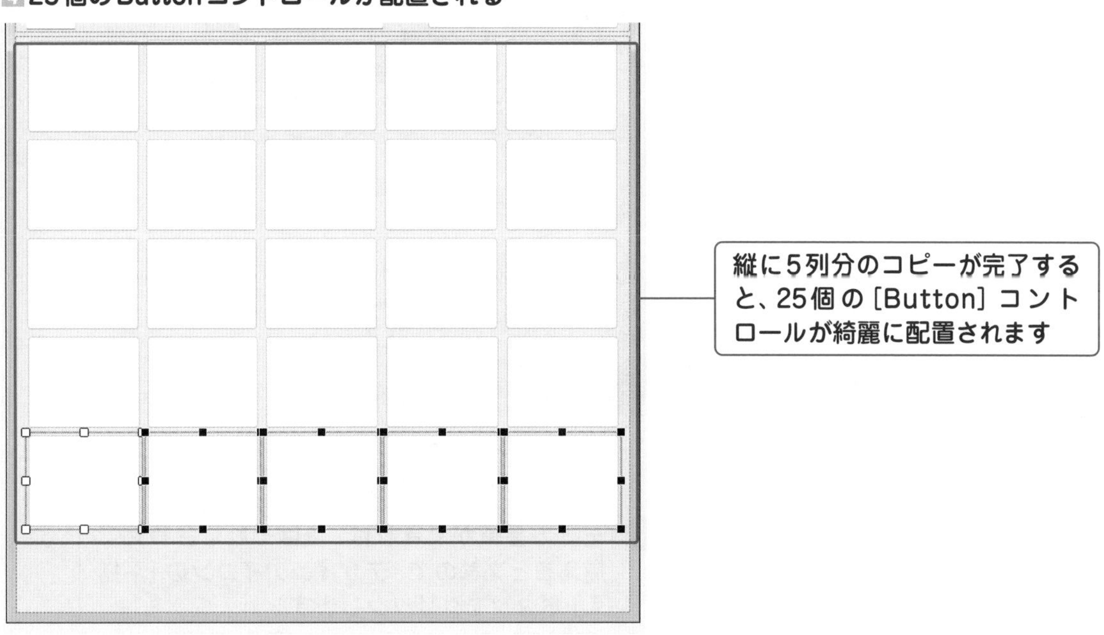

縦に5列分のコピーが完了すると、25個の [Button] コントロールが綺麗に配置されます

5 上下の間隔を均等にする

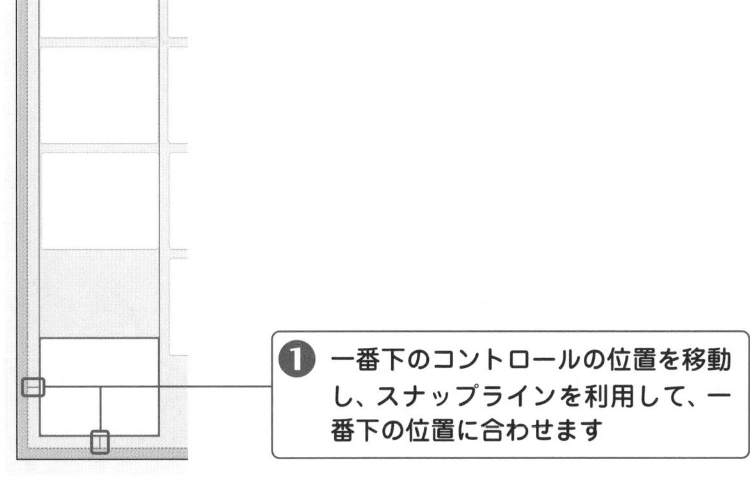

❶ 一番下のコントロールの位置を移動し、スナップラインを利用して、一番下の位置に合わせます

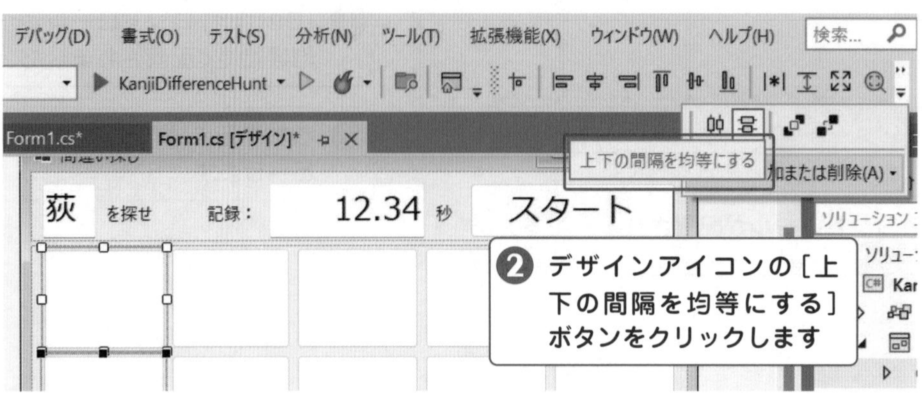

6 下揃えにする

デバッグ(D) 書式(O) テスト(S) 分析(N) ツール(T) 拡張機能(X) ウィンドウ(W) ヘルプ(H)

KanjiDifferenceHunt

Form1.cs* Form1.cs [デザイン]*

下揃え

荻 を探せ 記録： 12.34 秒 スタート

❶ 左側の基準ができれば、後はそれに合わせて揃えると楽なので、デザインアイコンの［下揃え］ボタンをクリックします

❷ 一番下の5個の横並びの［Button］コントロールを選択し、下揃えで揃えます

❸ 次に、下から2段目の5個の横並びの［Button］コントロールという感じで、下から順番に「下揃え」していきます

画面のデザインができたら、最後に時間計測用の**Timerコントロール**をツールボックスからWindowsフォームにドラッグ&ドロップし、次の表4-20のようにプロパティを設定してください。これでデザインは完成です。

表4-20：コントロールとプロパティの設定

No.	コントロール名	プロパティ名	設定値
❶	Timerコントロール	(Name)プロパティ	timer1（規定値のまま）
		intervalプロパティ	20

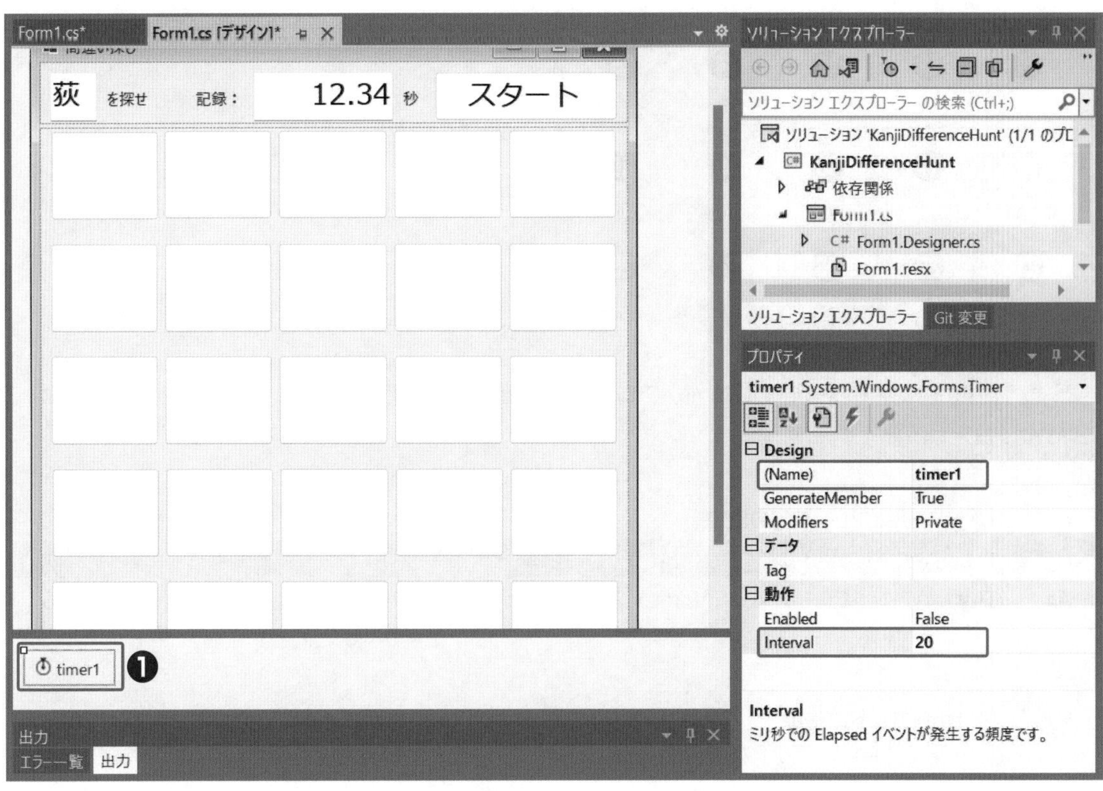

●手順③ 画面のプロパティや値を設定する

画面デザインは、次のようになっているでしょうか？

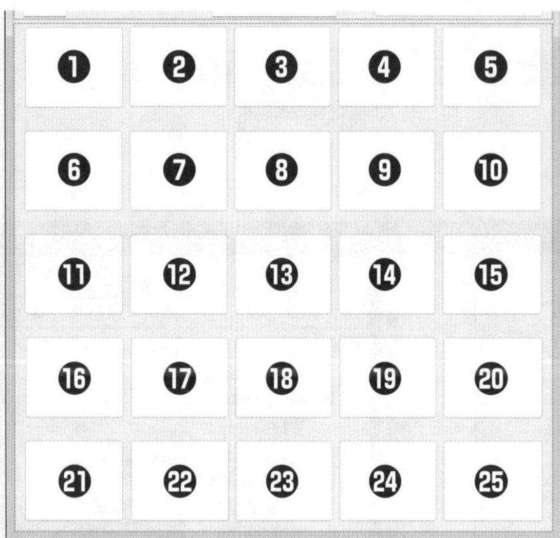

25個のButtonコントロールの(Name)プロパティの値を確認してください。次の表4-21のようになっていれば、設定が不要です。

表4-21：コントロールとプロパティの設定

No.	コントロール名	プロパティ名	設定値
❶	Buttonコントロール	(Name)プロパティ	button1(規定値のまま。buttonの後の数字がNo.と同じ)
…	…	…	…
㉕	Buttonコントロール	(Name)プロパティ	button25(規定値のまま。buttonの後の数字がNo.と同じ)

Buttonコントロールの(Name)プロパティの値がbutton1～button25まで正しく設定されていれば、OKです。先に進みましょう。

もしもプロパティ値がこの通りになっていないという場合、面倒ですが、画面下部のButtonコントロールをすべて削除して、画面下部のデザインからやり直してください。

画面上部にもButtonコントロールがあります。ここのプロパティの設定漏れに注意してください。

●手順④ コードを書く

画面下部の25個のButtonコントロールのクリックイベントに同じようなコードを書くのが大変なので、画面下部の25個のButtonコントロールのクリックイベントは、すべて同じイベントハンドラー名で登録します。そして、そのイベントハンドラー名の中で、どのボタンが呼ばれたかを判断するイメージです。

25個のイベントを同じ名前で設定する方法は結構、簡単です。25個のButtonコントロールを選択した後、イベントを表示させ、Clickイベントのところに「buttons_Click」と書いて、[Enter] キーを押し、イベントハンドラーを生成してください。

ソースコード上に「private void buttons_Click(…　」というイベントハンドラーが生成されていればOKです。

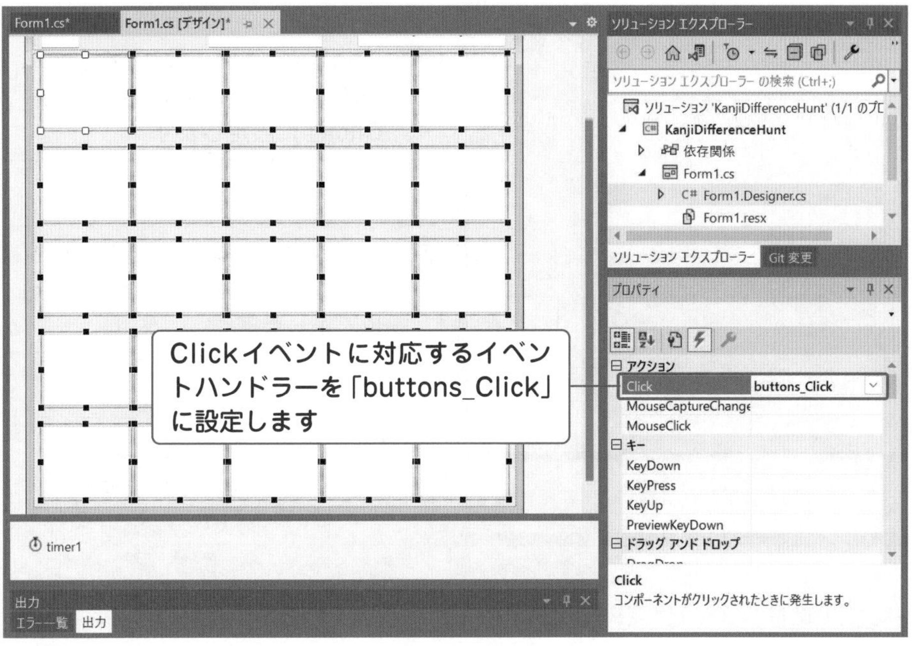

ヒント buttons_Clickイベントハンドラーをよく見ると、上に [25個の参照] と書かれた文字があります。リンクになっているので、クリックしてみると、どのコントロールと関連付けされたかが確認できます。この数字が25以外の方はどこかが間違っていますので、よく見て修正してください。

そのほかに必要なイベントは、

- ・［スタート］ボタンをクリックしたときのイベント
- ・TimerコントロールのTickイベント

です。イメージでまとめると、以下のようになります。

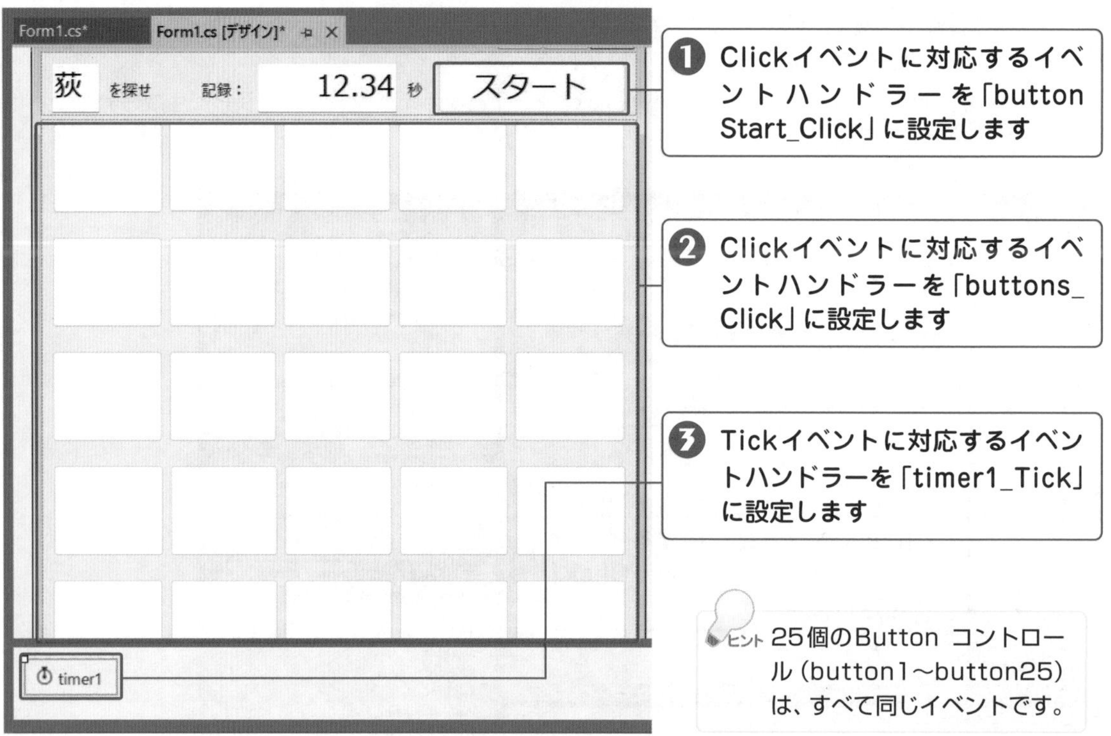

Form1.cs*
Form1.cs [デザイン]*
荻
を探せ
記録：
12.34
秒
スタート
timer1
❶ Clickイベントに対応するイベントハンドラーを「buttonStart_Click」に設定します
❷ Clickイベントに対応するイベントハンドラーを「buttons_Click」に設定します
❸ Tickイベントに対応するイベントハンドラーを「timer1_Tick」に設定します

ヒント 25個のButton コントロール（button1〜button25）は、すべて同じイベントです。

3つのイベントを作成した直後のソースコードは、以下のようになっています。

```
Form1.cs*    Form1.cs [デザイン]*
KanjiDifferenceHunt    KanjiDifferenceHunt.FormGame    timer1_Tick(o

namespace KanjiDifferenceHunt
{
    3 個の参照
    public partial class FormGame : Form
    {
        1 個の参照
        public FormGame()
        {
            InitializeComponent();
        }

        25 個の参照
        private void buttons_Click(object sender, EventArgs e)    ❷
        {

        }

        1 個の参照
        private void buttonStart_Click(object sender, EventArgs e)    ❶
        {

        }

        1 個の参照
        private void timer1_Tick(object sender, EventArgs e)    ❸
        {

        }
    }
}

90 %    問題は見つかりませんでした    行: 22
```

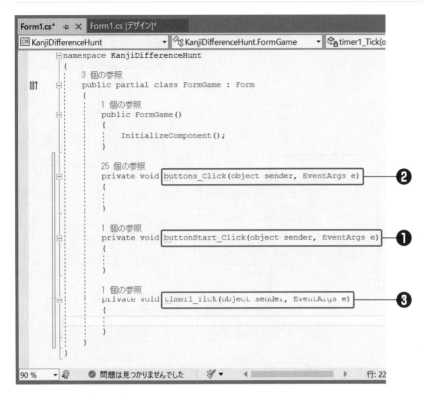

フローチャートで、上記3つのイベントハンドラーの処理の概要を描いてみます。

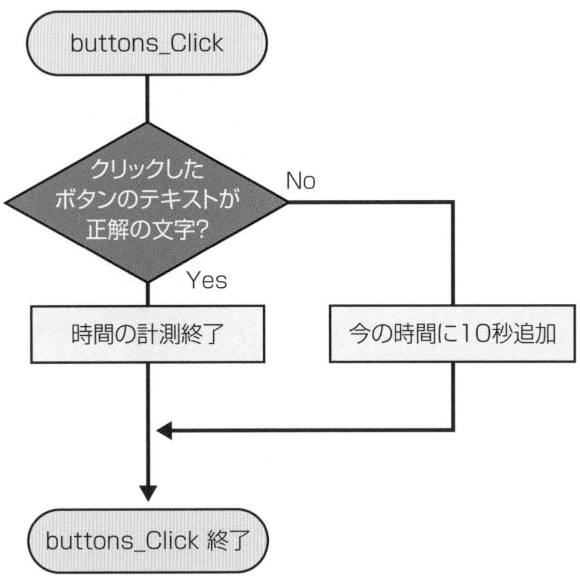

図4-20：buttons_Clickイベントハンドラーの処理

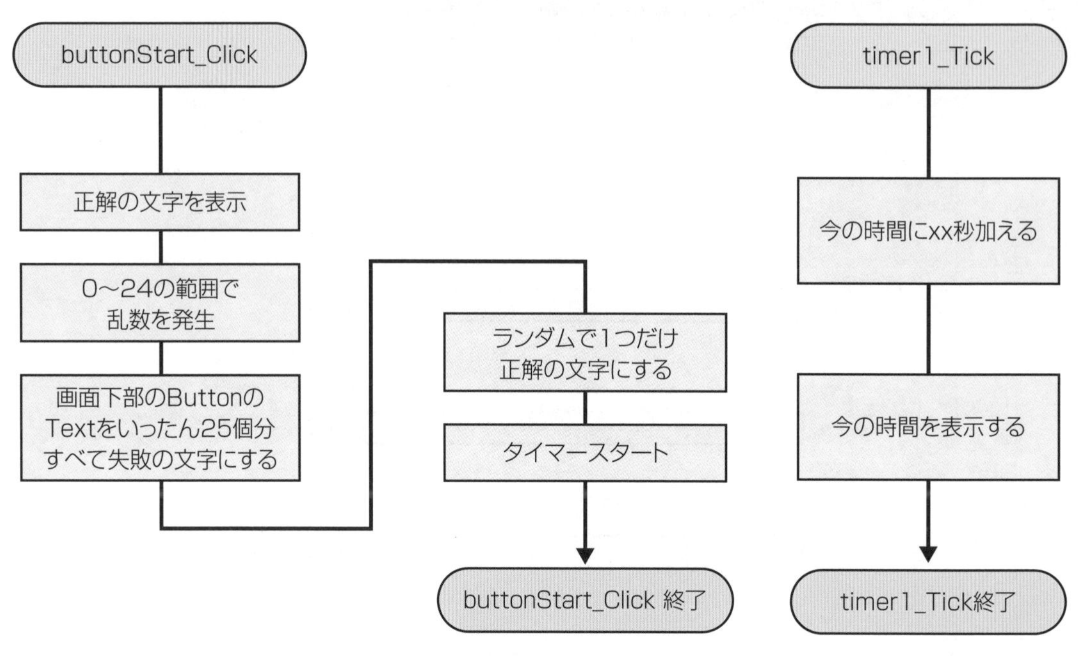

図4-21：buttonStart_Clickイベントハンドラーの処理

図4-22：timer1_Tickイベントハンドラーの処理

今回のコードのポイントは、同じ処理が多数ある場合に便利な**繰り返し処理**の書き方です。

まずボタンが25個もあるので、初期値として、いったんすべて間違いの文字を設定します。コードに書くと、次のList1のようになります。

List 1 サンプルコード（初期値としてすべてのButtonコントロールに「萩」を設定する）

```
button1.Text = "萩";
button2.Text = "萩";
button3.Text = "萩";
…
button24.Text = "萩";
button25.Text = "萩";
```

いかがでしょうか？　コード自体は単純ですが、効率が悪いですね。

Buttonコントロールが100個などに増えると、ただひたすら同じようなコードを書く羽目になってしまいます。そのような場合に使うのが、forループ文です。

●forループ文を使う

似たような処理を繰り返す処理を**ループ処理**といいます。

繰り返す数が決まっている場合は、**forループ文**という構文を使います。forループ文は、指定した回数だけ同じ処理を実行します。forループ文の文法は、次の通りです。

文法 **forループ文（指定した条件の間、処理を繰り返す）**

```
for (データ型名 ループカウンタ変数名 = 初期値; 終了判定; 増分値)
{
    // 繰り返す処理
}
```


forループ文の処理のイメージは、次の図4-23のようになります。

なお、左側の図を簡略化したものが右側の図になります。ポイントは、どちらも**ループカウンタ変数**が指定した初期値から終了判定の値まで内部の処理を繰り返すという点です。

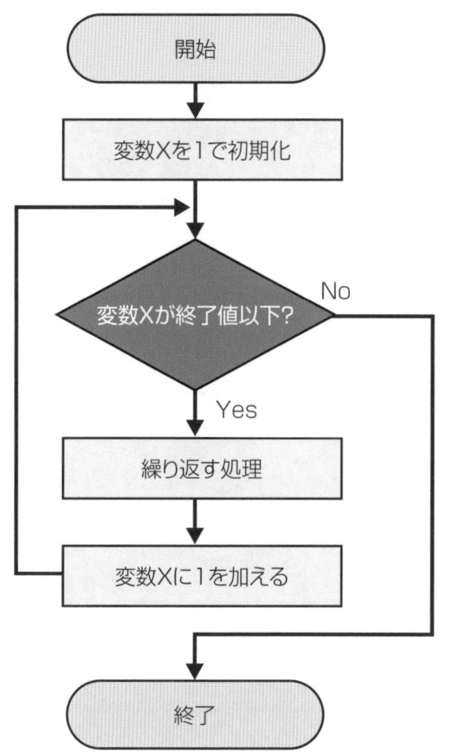

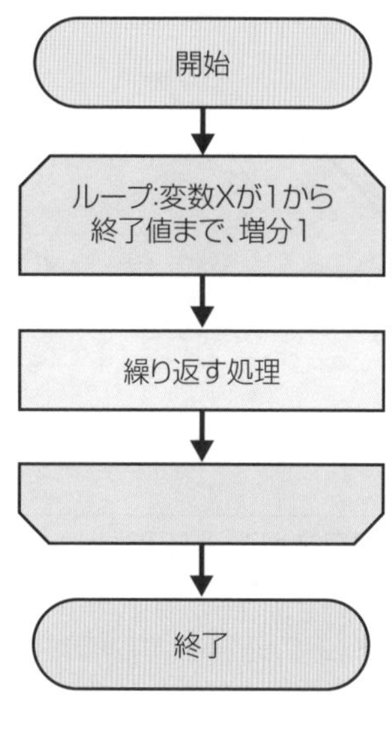

図4-23：forループ文

forループ文を使って、すべて間違いの文字を設定するコードを書き換えると、次のList2のようになります。

List 2 サンプルコード（forループ文の記述例：イメージコード）

```
for (int i = 1; i <= 25; i++)
{
    button[i].Text = "萩";
}
```

実際には、button1をbutton[i]に置き換えることができないので、このコードはイメージコードです。もちろん、イメージのコードでは実際の処理が書けません。

そこで、**Panelコントロール**を使うと、イメージに似たようなコードでButtonコントロールの値を変更することができます。

Panelコントロールは、各種コントロールを乗せる入れ物です。

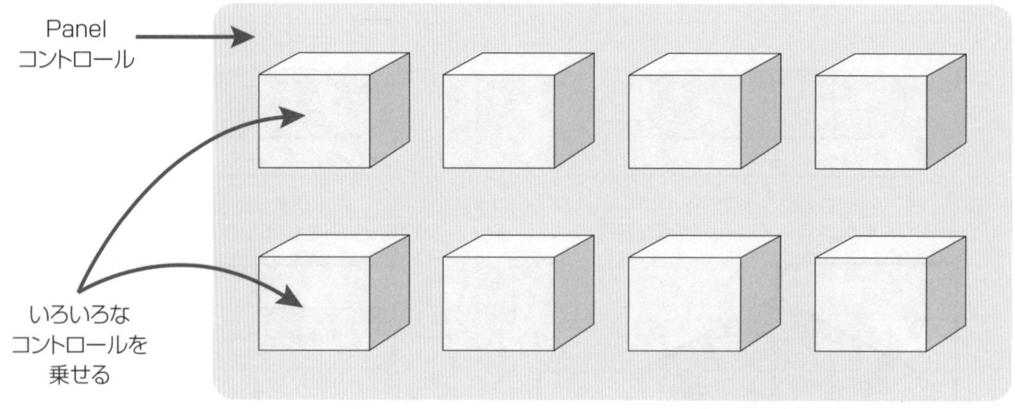

図4-24：Panelコントロールにコントロールを乗せる

Panelコントロールに乗っているすべてのコントロールの数は、

```
Panel.Contorols.Count
```

で、取得できます。また、Panelコントロールに乗っているn番目のコントロールの情報は、

```
Panel.Contorols[n]
```

で、取得することができます。なお、nは0から始まるので、forループ文の初期値は0で、終了値にはイコールを含みません。

Panel.Contorolsの部分は、SplitContainerコントロールにある2つのPanelの下側の場合、Panel2という名前になっているため、splitContainer1.Panel2.Controlsになります。

以下のList3のコードで、Panel2の上に乗っている25個のButtonコントロールに「萩」という値が設定できます。

List 3 サンプルコード（forループ文の記述例：正式版）

```
for (int i = 0; i < splitContainer1.Panel2.Controls.Count; i++)
{
    splitContainer1.Panel2.Controls[i].Text = "萩";
}
```

以下のList4に、イベントハンドラーの完成したコードを記述します。各コードは、この後に解説します。 の部分は、自動で記述される部分です。

List 4 サンプルコード（「間違い探しゲーム」の3つのイベントハンドラー：Form1.cs）

（クラスの外側は省略します）

```
public partial class FormGame : Form
{
  ❶string correctText = "荻";            // 正解の文字：1つだけ
  ❷string mistakeText = "萩";            // 間違いの文字：24個並ぶ
    double nowTime;                      // 経過時間

    public FormGame()
    {
        InitializeComponent();
    }

    // 画面下部の25個のボタンのいずれかをクリックしたとき（共通で呼ばれる）
    private void buttons_Click(object sender, EventArgs e)
    {
      ❸if (((Button)sender).Text == correctText)
        {
          ❹timer1.Stop();                 //時間の計測終了
        }
```

中級編 Chapter 4

```
        else
        {
            nowTime = nowTime + 10;        // ペナルティー
        }
    }

    // スタートボタンをクリックしたとき
    private void buttonStart_Click(object sender, EventArgs e)
    {
        textHunt.Text = correctText;      // 探す文字を表示
❺       Random rnd = new Random();        // 乱数を生成するためのインスタンスを生成
        int randomResult = rnd.Next(25);  // 0～24の乱数を取得

        // splitContainerの下部のPanel2に乗っている
        // ButtonのTextをすべて間違いの文字にする
❻       for (int i = 0; i < splitContainer1.Panel2.Controls.Count; i++)
        {
❼           splitContainer1.Panel2.Controls[i].Text = mistakeText;
        }

        // ランダムで1つだけ正解の文字にする。
❽       splitContainer1.Panel2.Controls[randomResult].Text = correctText;

        // タイマースタート
        nowTime = 0; // タイマーの初期化
❾       timer1.Start();
    }

    // 0.02秒置きに呼ばれるタイマーのイベントハンドラー
    private void timer1_Tick(object sender, EventArgs e)
    {
        nowTime = nowTime + 0.02;
❿       textTimer.Text = nowTime.ToString("0.00");
    }
}
```

表4-22：List4のコード解説

No.	コード	内容
❶	`string correctText = "荻";`	正解の文字を変数correctTextに設定しています。設定している個所に直接書かずに一旦変数にするのは、あとで文字を変更する際に修正個所が最小限になるようにするためです
❷	`string mistakeText = "萩";`	間違いの文字を変数mistakeTextに設定しています
❸	`if (((Button)sender).Text == correctText)`	ボタンクリックのイベントハンドラー、senderのTextの値、つまり押されたボタンのTextの値が、正解のテキストの値と一致しているかを判定します
❹	`timer1.Stop();`	タイマーを止めます
❺	`Random rnd = new System.Random();int randomResult = rnd.Next(25);`	乱数を生成しています。0～24の範囲の25種類の値を生成するため、Next()メソッドの引数に25を渡します
❻	`for (int i = 0; i < splitContainer1.Panel2.Controls.Count; i++)`	forループ文で処理を決められた回数繰り返します。初期値は0、終了判定がコンテナーの上に乗っているコントロールの数分（Buttonコントロールの25個分）、増分は1ずつ増えます
❼	`splitContainer1.Panel2.Controls[i].Text = mistakeText;`	パネルに乗っているコントロールのi番目のテキストに間違いの文字を設定しています。forループ文により、iの値が初期値から終了判定の値まで、増分の数だけ変化します。つまり、iの値は0～25未満まで、1ずつ増えて変化します
❽	`splitContainer1.Panel2.Controls[randomResult].Text = correctText;`	イコールの左辺は❼と同じ文で、[ ]の中の値だけが異なります。生成された0～24のランダム値のButtonだけを正解の文字に変更しています
❾	`timer1.Start();`	タイマーの開始です
❿	`textTimer.Text = nowTime.ToString("0.00");`	画面上部に現在の時間を表示します。小数部2桁で表示します。ToString()の引数で表示する形式を指定できます。小数点以下3桁にしたい場合は"0.000"となります

●手順⑤ 動かしてみる

ツールバーの［▶ KanjiDifferenceHuntUranai］ボタンをクリックして、「間違い探しゲーム」アプリケーションを実際に動かしてみましょう。正しい動作をしているかどうかを確認するには、手順で書いた特徴の通りに動いているかをチェックするとよいですね。

次の表4-23にチェック項目を挙げますので、チェックしてみてください。

表4-23：「間違い探しゲーム」のチェック項目

「間違い探しゲーム」の特徴	実行したときの画面	コメント	チェック結果
最初は何も表示されていない		・正解の文字を示すTextBoxコントロールと、秒数を示すTextBoxコントロールの値が空白 ・25個のボタンの値が空白	OK?
[スタート] ボタンで開始し、間違いの文字24個と正解の文字が1つある		・正解の文字を示すTextBoxコントロールに「荻」が表示される ・画面下部に間違いの文字「萩」が24個ある ・画面下部に正解の文字「荻」が1個ある	OK?
発見するまでの秒数をリアルに表示する	 記録：1.16 秒	秒数を示すTextBoxコントロールの値に、小数2桁の秒数がリアルタイムで表示される	OK?
正解の文字の場所はランダムに表示される（毎回違う位置）		何度か [スタート] ボタンをクリックすると、そのたびに異なる位置に正解の「荻」がある	OK?
正解の文字をクリックするとタイマーが止まる		タイマーが止まった	OK?
間違った文字をクリックすると10秒加算される		タイマーの値が10秒加算された	OK?

間違った文字をクリックしてもタイマーは止まらない		タイマーが止まっていない。値を更新し続けている	OK?

いかがでしたか？　イベントハンドラーを同じものでまとめて、ループ文を使うことで非常にシンプルなコードになりましたね。

練習１

正解の文字を「崎」、間違いの文字を「﨑」(右上が「大」ではなく、「立」になっています) にしてみてください (もう一人の作者の宮崎さんにちなんでいます)。

練習２

画面下部のButtonコントロールを６×６の36個に変更してください。その際、Buttonコントロールの(Name)プロパティの値が、button1～button36になっていることを確認して実行してください。また、コードの変更が不要なことも確認してください。

まとめ

- 複数のコントロールのイベントハンドラーを同じ名前にすることができる。
- 上記の設定をしたコントロールは、どのコントロールのイベントが発生しても同じ名前で登録したイベントハンドラーが呼ばれる。
- コントロールをまとめるPanelコントロールを利用すると、コードが楽になる。
- 同じ処理を繰り返す場合、forループ文を使うとコードがスッキリする。

復習ドリル

4つのアプリケーションを作ったChapter4の理解を深めるためにドリルを用意しました

●ドリルにチャレンジ！

以下の1～22までの空白部分を埋めてください。

1 以下は、アプリケーションの作成の流れです。

手順❶ 完成イメージを[　　　]に描いて、画面に対する[　　　]を書いてみる。

手順❷ VS Community 2022で、手順❶の絵のように[　　　]を作成する。

手順❸ 画面の[　　　]を設定する。

手順❹ [　　　]を書く。

手順❺ 動かしてみる。

手順❻ [　　　]する。

2 VS Community 2022で、新しくWindowsフォームアプリを作成するには、［ファイル］メニューから[　　　]を選び、［新しいプロジェクト］ダイアログボックスのテンプレートから[　　　]を選ぶ。

3 時間を数えるために使うコントロールは、[　　　]コントロールを使うとよい。このコントロールで、1秒おきにイベントを発生させたい場合は、Intervalプロパティの値を[　　　]にする。

4 以下は、タイマーをスタートさせるコードです。

```
timerControl.[　　　]();
```

5 以下は、タイマーを終了させるコードです。

```
timerControl.[　　　]();
```

6 背景色を設定するコントロールは、ツールボックスのダイアログを展開した中にある[　　　]コントロールを使う。

7 TextBoxコントロールを複数行表示させるには、TextBoxコントロールの[　　　]プロパティを「True」に設定する。

8 Windowsフォームの外観を変えて付箋紙のようにしたい場合、[　　　]プロパティを「None」に設定する。

9 Windowsフォームを半透明にしたい場合、[　　　]プロパティを60〜75%くらいに設定する。

10 Windowsフォームを常に一番前に表示したい場合、[　　　]プロパティを「True」に設定する。

11 キーボードから文字を入力した場合に発生するイベントは、[　　　]イベント。

12 マウスをクリックした場合に発生するイベントは、[　　　]イベント。

13 マウスを移動した場合に発生するイベントは、[　　　]イベント。

14 マウスをダブルクリックした場合に発生するイベントは、[　　　]イベント。

15 次のコードは、KeyDownイベントで、押されたキーが［Esc］キーかどうかを判断するif文のサンプルコードです。

```
if (e.KeyCode == [      ])
{
}
```

16 次のコードは、MouseDownイベントで、押されたボタンがマウスの左ボタンかどうかを判断するif文のサンプルコードです。

```
if (e.Button == [      ])
{
}
```

17 次のコードは、色の設定ダイアログを表示するサンプルコードです。

```
colorDialogFusen.[      ]();
```

18 次のコードは、テキストボックスの背景色を色の設定ダイアログで選んだ色に設定するサンプルコードです。

```
textFusenMemo.BackColor = ColorDialogFusen.[      ];
```

19 「C:¥VCS2022_Application¥Chapter4-2」に保存した、Fusenアプリケーションの本体（.exeファイル）は、「C:¥VCS2022_Application¥Chapter4-2¥Fusen¥[　　　]¥Fusen.exe」にある。

中級編 Chapter 4

20 日付を設定したい場合に便利なコントロールは、[　　　　]と[　　　　]の2つがあり、用途により使い分ける。

21 VS Community 2022では、コード以外の物を管理する場合、[　　　　]として管理することができる。

22 次のコードは、splitContainer1のPanel2上に配置されているボタンコントロールのTextをすべて同じ文字に設定するループ文です。

```
// ButtonのTextをすべて間違いの文字にする
string mistakeText = "萩";
for (int i = 0; [　　　　] ; i++)
{
    splitContainer1.Panel2.Controls[　　　　].Text = mistakeText;
}
```

復習ドリルの答え

1 順番に、絵、機能、画面、値、コード、修正
2 順番に、新しいプロジェクト、Windowsフォームアプリ
3 順番に、Timer、1000
4 Start
5 Stop
6 ColorDialog
7 MultiLine
8 FormBorderStyle
9 Opacity
10 TopMost
11 KeyDown
12 MouseDown
13 MouseMove
14 MouseDoubleClick
15 Keys.Escape
16 MouseButtons.Left
17 ShowDialog
18 Color
19 bin¥Debug¥net6.0-windows
20 順番に DateTimePicker、MonthCalendar
21 リソース
22 順番に、i < splitContainer1.Panel2.Controls.Count、[i]

アプリケーションの作成の流れはわかったかな？

中級編　開発環境を使いこなそう！

Chapter 5

デバッグモードで動作を確認する

このChapter5では、デバッグの方法について解説します。自分で書いたプログラムが正しく動作しているかをきちんと確認できること、それが統合開発環境を使う理由の１つです。

このChapterの目標

- ✓ ブレークポイントを理解する。
- ✓ ステップ実行を理解する。
- ✓ ウォッチウィンドウが使えるようになる。
- ✓ エディットコンティニュを理解する。
- ✓ ホットリロードを理解する。

1 ブレークポイントの設定

アプリケーションを作っていると、思った通りに動作しないことがあります。こういった場合に便利な機能がデバッグ機能です。本節ではデバッグ機能の基本的な使い方を解説します。まずは、デバッグ機能を使って、操作に慣れていきましょう。

●ブレークポイントって何だろう？

Chapter4でアプリケーションを実際に作成してみましたが、うまく動作したでしょうか？　もしかすると、うまく動作しなかった部分もあるかもしれません。

本書のように、アプリケーションに少しずつ処理を追加していく場合、途中で動作がおかしくなったら、新しく追加した処理に不具合があることがわかります。

このように、プログラムのある部分の処理が正しく行われているか、誤っているかを確認するためには、**デバッグ機能**の**ブレークポイント**を使います。

ブレークポイントは、アプリケーションの実行中に特定の場所で一時的にアプリケーションを止めて、**変数**や**式**などの値を確認したい場合に使う機能です。また、アプリケーションの停止中に、変数や式などの値を任意に変更し、残りの処理を実行させることもできるようになっています。

このブレークポイントの機能により、アプリケーションを実行した結果、どのようにおかしな動作をしているのかを確認することができます。

●ブレークポイントを使って動作を確認する

それでは、実際にブレークポイントを使ってみましょう。

まずは、ブレークポイントを設定して、アプリケーションの実行時に動作が一時停止する様子を見ます。Chapter4で作った「今日の占い」アプリケーションの「Form1.cs」をVisual Studio Community 2022（本章では、これ以降、VS Community 2022と略します）で開き、［占う］ボタンをダブルクリックして、buttonUranaiStart_Click()イベントハンドラー*の部分を見てください。

このエディターの部分の左側に**グレーの縦長の領域**が確認できると思います。

例えば、「switch (dateNumber % 5)」の行の左側のグレー部分をクリックしてみてください。すると次の画面のように、**赤い丸印（グリフ）**が表示されることがわかると思います。これが、ブレークポイントとなります。

なお、ブレークポイントは、［F9］キーを押しても設定できます。

***イベントハンドラー**　プログラムにおいて、何かのきっかけ（イベント）が発生したときに、実際に呼ばれる処理のこと。詳しくは、6.2節「プロパティ、メソッド、イベント、イベントハンドラー」で後述。

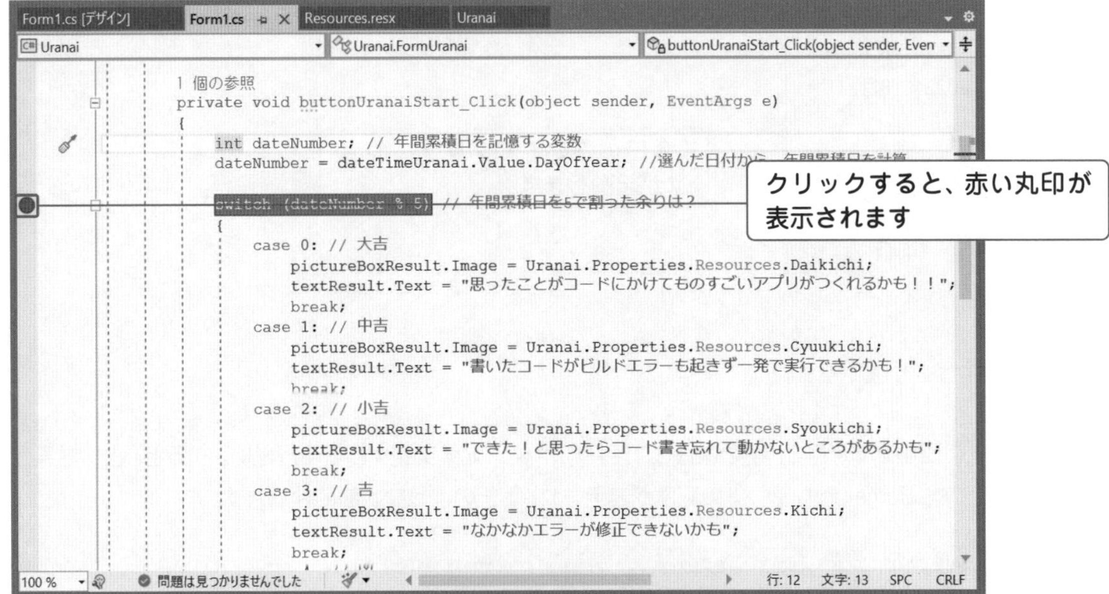
クリックすると、赤い丸印が表示されます

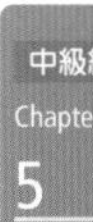
中級編
Chapter
5

ヒント 間違って、違う行にブレークポイントを設定してしまった場合、赤い丸印をクリックするとキャンセルできます。ブレークポイントを設定した行で[F9] キーを押しても、ブレークポイントをキャンセルできます。

続いて［デバッグ］メニューから［▶デバッグの開始］を選択するか、あるいはツールバー上の緑の三角形の［▶Uranai］ボタンをクリックしてください。「今日の占い」アプリケーションが起動します。

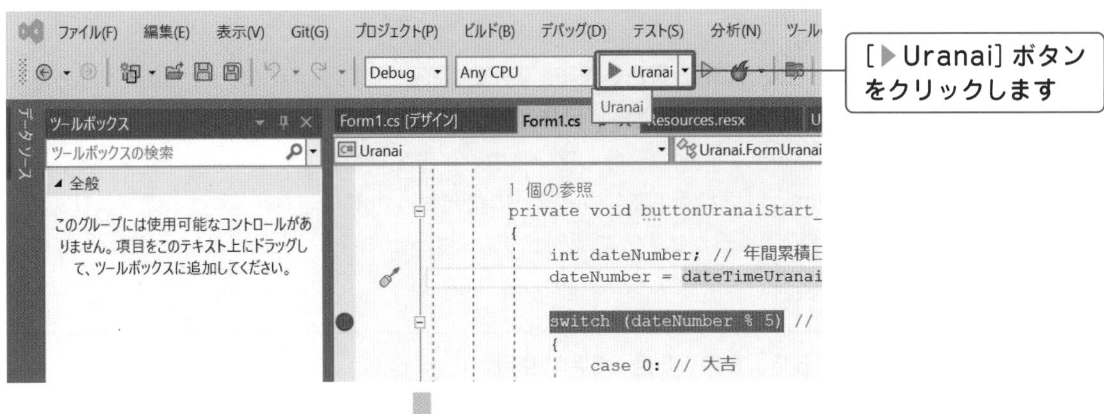
[▶Uranai] ボタンをクリックします

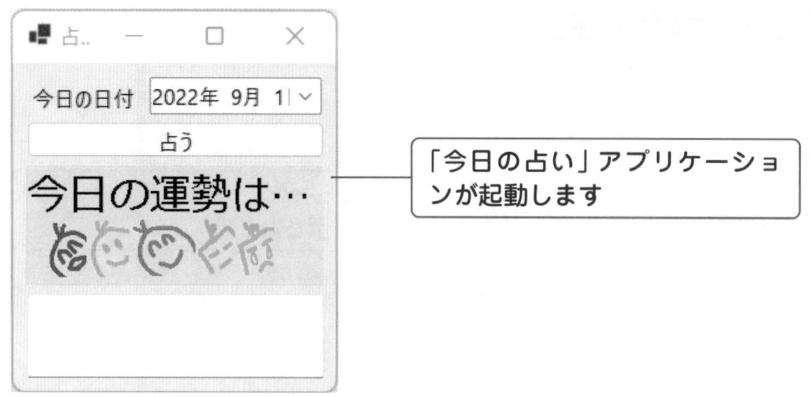

今日の日付で「2022年9月2日」を選択し、[占う] ボタンをクリックしてください。すると、占い結果が表示されずに、VS Community 2022の画面が表示され、下記のような状態になります。

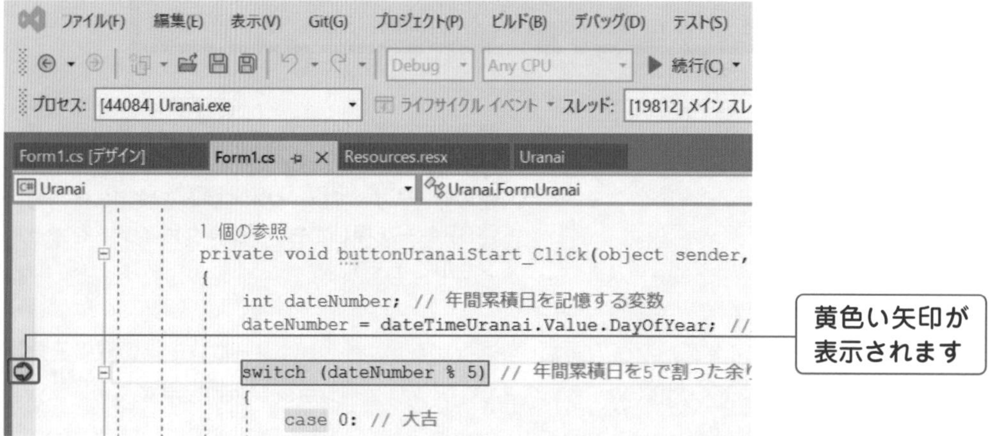

先ほどのブレークポイントの部分には、**黄色い矢印**が表示されています。このとき、「今日の占い」アプリケーションは、占い結果を表示する直前で一時的に動作が停止している状態となっています。

この状態で、例えば、変数dateNumberの部分にマウスカーソルを合わせてみてください。すると、マウスカーソルの近くに**DataTips**と呼ばれる小さなウィンドウが開き、「dateNumber 245」と表示されます。

変数dateNumberには、年間累積日が代入されています。9月2日は、1月1日から数えて245日経過しているので、245という数字になっています。念のために検算してみると、

1月	2月	3月	4月	5月	6月	7月	8月	9月

31 + 28 + 31 + 30 + 31 + 30 + 31 + 31 + 02 = 245

ですね。

Form1.cs [デザイン]
Form1.cs
Resources.resx
Uranai
Uranai
Uranai.FormUranai
1 個の参照
private void buttonUranaiStart_Click(object
{
int dateNumber; // 年間累積日を記憶する変数
dateNumber = dateTimeUranai.Value.DayOf
switch (dateNumber % 5) // 年間累積日を5
{
dateNumber 245
case 0: // 大吉
変数にマウスカーソルを合わせると、代入されている値が表示されます

このようにブレークポイントを使うと、アプリケーションの実行時に任意の場所で一時的に停止し、そのときの変数や式などの値を確認することができます。

また、DataTipsに表示された変数や式などの値を、そのままここで変更することも可能です。

例として、switch文による条件分岐が正しく実行されるかを確認してみましょう。変数dateNumberを5で割って、その余りが0～4以外になることはありえませんが、変数dateNumberを想定外の値「-1」に設定して、アプリケーションの動作を確認します。

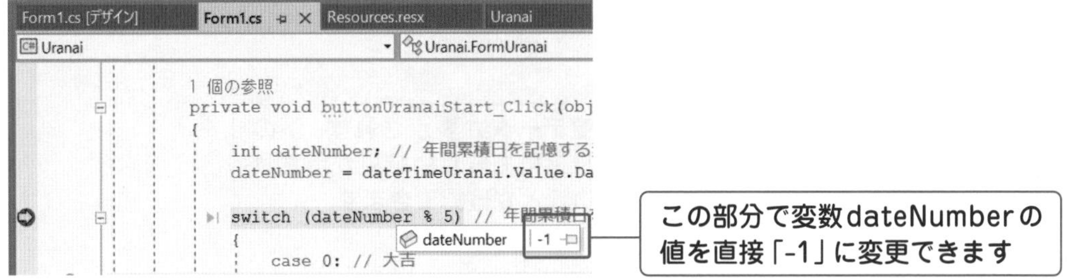
Form1.cs [デザイン]
Form1.cs
Resources.resx
Uranai
Uranai
Uranai.FormUranai
1 個の参照
private void buttonUranaiStart_Click(obj
{
int dateNumber; // 年間累積日を記憶する
dateNumber = dateTimeUranai.Value.Da
switch (dateNumber % 5) // 年間累積日
{
dateNumber -1
case 0: // 大吉
この部分で変数dateNumberの値を直接「-1」に変更できます

では、ブレークポイントで変数の値が本当に変更されたかどうかを確認してみましょう。

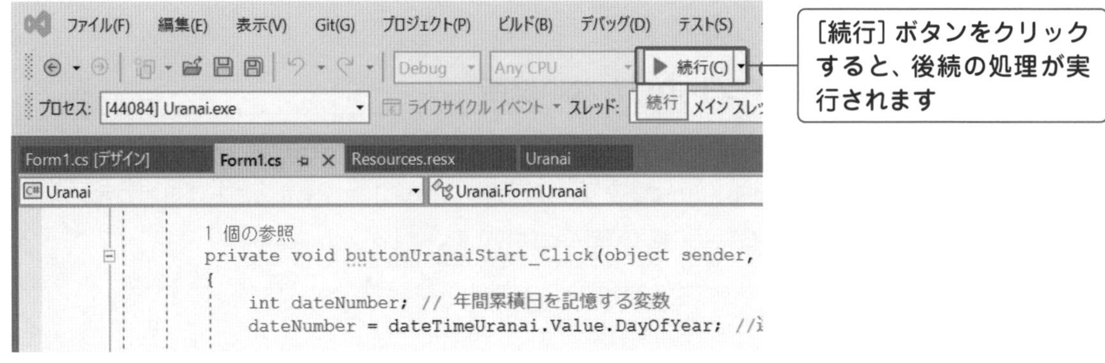
ファイル(F)
編集(E)
表示(V)
Git(G)
プロジェクト(P)
ビルド(B)
デバッグ(D)
テスト(S)
Debug
Any CPU
続行(C)
プロセス: [44084] Uranai.exe
ライフサイクル イベント
スレッド:
続行
メイン スレ
Form1.cs [デザイン]
Form1.cs
Resources.resx
Uranai
Uranai
Uranai.FormUranai
1 個の参照
private void buttonUranaiStart_Click(object sender,
{
int dateNumber; // 年間累積日を記憶する変数
dateNumber = dateTimeUranai.Value.DayOfYear;
[続行] ボタンをクリックすると、後続の処理が実行されます

すると、変数dateNumberが「-1」の場合の条件分岐が実行されます。変数dateNumberが0～4以外の場合、**switch文**による条件分岐は、次の**default文**を処理します。

```
default: // ここに到達することがあれば条件のミス
    pictureBoxResult.Image = null;
```

default文の結果として、表示する「Image（画像データ）」には**null（ヌル）**（何もない）という値が指定されています。そのため、条件分岐が正しく実行されると、画像データが何も表示されないという結果が予想されます。

また、詳しい結果のtextResult.Textにも値を設定していないため、下のエリアには文字が一切表示されないことが予想されます。それでは、実行結果を確認してみましょう。

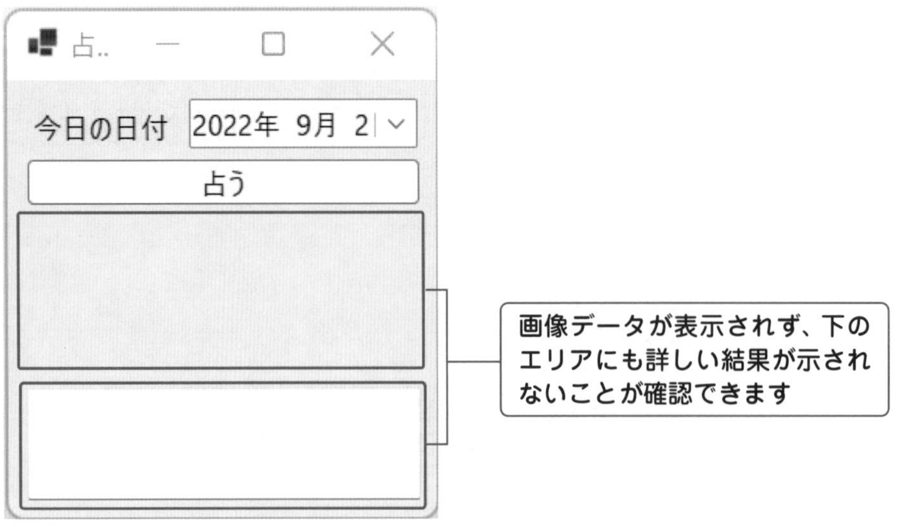
占..
今日の日付
2022年 9月 2
占う
画像データが表示されず、下のエリアにも詳しい結果が示されないことが確認できます

Tips ブレークポイントの付かない場所

ブレークポイントは、実行を停止する場所に設定することができます。このため、空白行やコメントだけの行などには設定できません。ただし、メソッド*の終わりの「}」に設定することは可能です。メソッドの戻り値を確認したい場合などに覚えておくと便利です。

＊**メソッド**　プログラムの「処理」にあたる部分。詳しくは、6.3節「プロパティ、メソッド、イベント、イベントハンドラー」で後述。

まとめ

- アプリケーションを修復する機能全般を「デバッグ機能」と呼び、一時停止する場所（赤丸を付けた場所）を「ブレークポイント」という。
- アプリケーションの動作がおかしい場合には、一時的に動作を止めて、変数や式などの値を確認したり、その値を変更したりして、その後の処理を継続することができる。

用語のまとめ

用語	意味
デバッグ	アプリケーションの動作を一時的に停止し、変数や式などの値を確認したり、変更して続きを実行することにより、アプリケーションの不具合を解決する手助けをしてくれる機能のこと
ブレークポイント	デバッグ機能において、アプリケーションの動作を一時的に停止することを指定した場所

Column Visual Studio Code

最近では、Webアプリ開発を中心として、マルチプラットフォーム（Windows、Mac、Linux）での開発が行われることが増えています。しかし、Visual Studioは、Linuxでは動作しません。また、ちょっとしたファイルの修正を行うときに、Visual Studioを起動するのも重すぎるかと思います。

このような状況で、Visual Studioの便利な機能と同等の機能の一部を利用可能なエディターとして、Visual Studio Codeが使われることが増えています。拡張の機能によって、インテリセンスも使えるので、ちょっとした修正には十分な機能を持っています。

ステップ実行の活用

デバッグ時におかしな動作をする部分を発見したものの、はっきりとした場所がわからない場合に、1行ずつ実行して動作を確認することができます。この機能を「ステップ実行」と呼びます。

●ステップ実行って何だろう？

アプリケーションの実行中におかしなデータが表示されるなど、動作が不安定になった場合、**ブレークポイント**で変数や式などの値を確認して、どの場所で間違った処理が行われているかを確認できます。

しかし、ループ処理や条件分岐などの不具合を見つけるために、ブレークポイントを使って変数の値を逐次確認しながら、処理を確認していくのは大変です。

このような場合に利用するのが**ステップ実行**という機能です。ステップ実行は、ブレークポイントで一時的に停止しているアプリケーションのコードを1行ずつ実行していく機能です。

●ステップ実行を使って動作を確認する

では、実際にステップ実行の機能を見ていきましょう。

先ほどと同じ位置にブレークポイントを設定した状態で、「今日の占い」アプリケーションのデバッグを実行してください。今日の日付で「2022年9月5日」を選択し、［占う］ボタンをクリックします。

すると、先ほどと同じ状態で、一時的にアプリケーションが停止します。

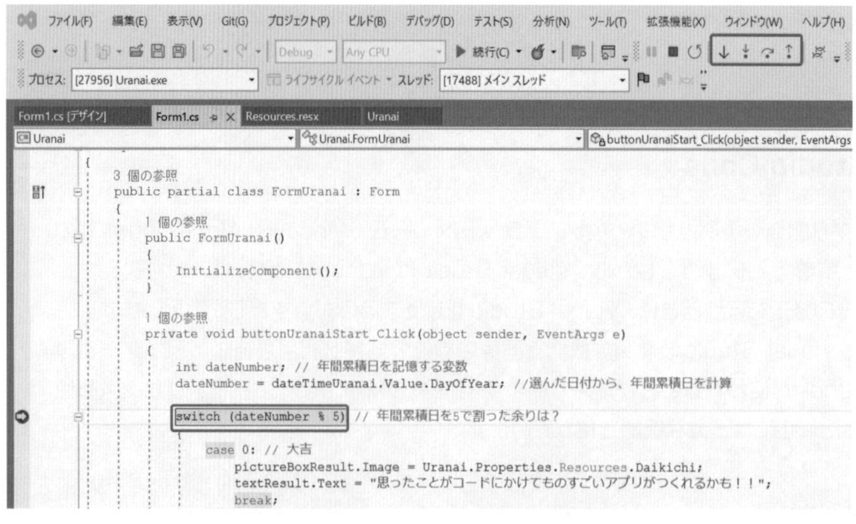
ファイル(F)　編集(E)　表示(V)　Git(G)　プロジェクト(P)　ビルド(B)　デバッグ(D)　テスト(S)　分析(N)　ツール(T)　拡張機能(X)　ウィンドウ(W)　ヘルプ(H)
Debug　Any CPU　続行(C)
プロセス: [27956] Uranai.exe　ライフサイクル イベント　スレッド: [17488] メイン スレッド
Form1.cs [デザイン]　Form1.cs　Resources.resx　Uranai
Uranai　Uranai.FormUranai　buttonUranaiStart_Click(object sender, EventArgs
3 個の参照
public partial class FormUranai : Form
1 個の参照
public FormUranai()
InitializeComponent();
1 個の参照
private void buttonUranaiStart_Click(object sender, EventArgs e)
int dateNumber; // 年間累積日を記憶する変数
dateNumber = dateTimeUranai.Value.DayOfYear; //選んだ日付から、年間累積日を計算
switch (dateNumber % 5) // 年間累積日を5で割った余りは？
case 0: // 大吉
pictureBoxResult.Image = Uranai.Properties.Resources.Daikichi;
textResult.Text = "思ったことがコードにかけてものすごいアプリがつくれるかも！！";
break;

ここで注目してほしいのが、画面右上の四角で囲んだ部分です。以下に拡大してみました。

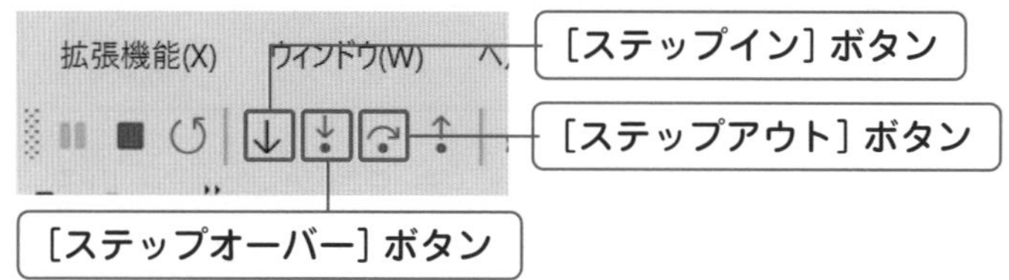
拡張機能(X)
ウィンドウ(W)
[ステップイン] ボタン
[ステップアウト] ボタン
[ステップオーバー] ボタン

左から **[ステップイン] ボタン**、**[ステップオーバー] ボタン**、**[ステップアウト] ボタン**です。これらのボタンをクリックすることにより、アプリケーションを少しずつ実行することができます。

3つのボタンの動作は、それぞれ下の表5-1のようになります。

表5-1：ステップインボタン、ステップオーバーボタン、ステップアウトボタンの動作

ボタン名	動作
ステップイン	自分で作ったメソッド（関数）を呼び出している部分では、メソッドの中の処理に黄色の矢印が移動します。それ以外の場合では、次の行に黄色の矢印が移動します
ステップオーバー	次の行に黄色の矢印が移動します
ステップアウト	あるメソッド（関数）の残りの処理を実行した後、黄色の矢印がメソッドの呼び出し元で一時停止します

実際に [ステップオーバー] ボタンを1回クリックすると、以下のように実行が1行進みます。

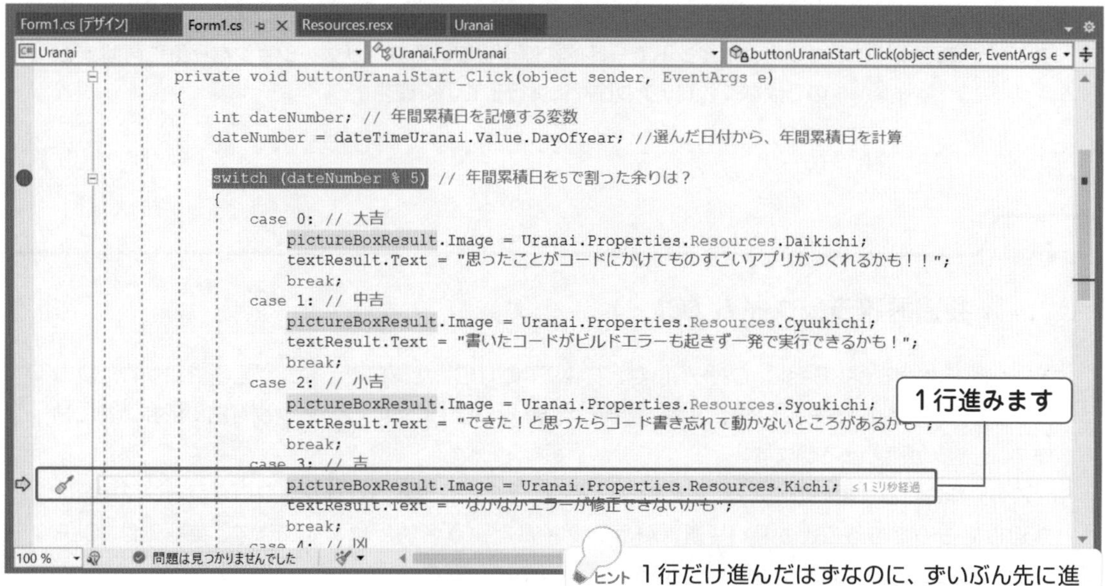
Form1.cs [デザイン]
Form1.cs
Resources.resx
Uranai
Uranai
Uranai.FormUranai
buttonUranaiStart_Click(object sender, EventArgs e
private void buttonUranaiStart_Click(object sender, EventArgs e)
{
int dateNumber; // 年間累積日を記憶する変数
dateNumber = dateTimeUranai.Value.DayOfYear; //選んだ日付から、年間累積日を計算
switch (dateNumber % 5) // 年間累積日を5で割った余りは？
{
case 0: // 大吉
pictureBoxResult.Image = Uranai.Properties.Resources.Daikichi;
textResult.Text = "思ったことがコードにかけてものすごいアプリがつくれるかも！！";
break;
case 1: // 中吉
pictureBoxResult.Image = Uranai.Properties.Resources.Cyuukichi;
textResult.Text = "書いたコードがビルドエラーも起きず一発で実行できるかも！";
break;
case 2: // 小吉
pictureBoxResult.Image = Uranai.Properties.Resources.Syoukichi;
textResult.Text = "できた！と思ったらコード書き忘れて動かないところがあるかも";
break;
pictureBoxResult.Image = Uranai.Properties.Resources.Kichi;
≤1ミリ秒経過
break;
1行進みます
100 %
問題は見つかりませんでした

ヒント 1行だけ進んだはずなのに、ずいぶん先に進んだように見えますね。なぜでしょうか？そのあたりを次のページで解説します。

中級編 Chapter 5

最初、以下の行でアプリケーションが一時的に停止していました。

```
switch (dateNumber % 5)
```

この分岐先は、変数dateNumberを5で割った余りを示す値になります。現在、変数dateNumberの値が243なので、「243 ÷ 5 = 48、余り3」となり、黄色い矢印は、分岐先となる「case 3」の行に移動したのです。

textResult.Textの値を取得したい場合など、イコールの左辺の値を取得するには、現時点で実行している黄色い矢印の行の次の行を実行することで、その値を取得できます。

まとめ

- **アプリケーションを一時的に停止させて、変数や式の値を確認しただけでは問題がはっきりしない場合、ステップ実行で1行ずつ徐々に実行させることにより、問題点を発見することができる。**

用語のまとめ

用語	意味
ステップ実行	ブレークポイントで一時的に停止しているアプリケーションを一気に再開するのではなく、1行ずつ徐々に実行していく機能

Column 共通言語ランタイム（CLR）

Visual C#、Visual Basic、C++/CLIなどの.NETに対応したプログラミング言語で書かれたプログラムは、コンピューターに分かる言葉に翻訳した際、それぞれのプログラミング言語に依存せずに動作する仕組みが備わっています。

この動作させる仕組みのことをランタイムと呼び、そのランタイムが様々なプログラミング言語に共通したものであることから、共通言語ランタイムという名前が付いています。英語では、CLR（CommonLanguage Runtime）と言います。

3 ウォッチウィンドウの活用

ここまでアプリケーションを一時的に停止し、変数や式などの値や内容を確認する方法を見てきましたが、ループ処理などで、ある変数の値を定期的に確認したい状況があります。このような場合には、「ウォッチウィンドウ」を利用します。

●ウォッチウィンドウって何だろう？

アプリケーションを実行したときの変数の値を確認したい場合、コード上の変数にマウスカーソルを合わせると、DataTipsにその値が表示されるので、簡単に変数の値を確認できました。

しかし、多件分岐やループ処理など、1回の処理で変数の値が何度も変わる場合や、実行すると値が変わるような場合、毎回変化する変数の値を確認するには、どうすればいいでしょうか？　ステップ実行を行いながら、コード上の変数に毎回マウスカーソルを合わせても確認できますが、操作がとても複雑で面倒になります。

こういった場合に利用できる機能が、**ウォッチウィンドウ**です。ウォッチウィンドウは、画面下の通知領域に表示され、変数や式などを評価し、同じ変数や式の値の変化を記録します。

また、ウォッチウィンドウにコード上の変数や式をドラッグして追加することもできます。ウォッチウィンドウに、任意の変数や式を登録すると、ステップ実行などで、実行された結果としての値がどう変更していくかがリアルタイムで表示されます。

●ウォッチウィンドウを使って動作を確認する

では、実際にウォッチウィンドウの機能を見ていきましょう。

先ほどと同じ位置にブレークポイントを設定した状態で、デバッグを実行します。「今日の占い」アプリケーションが起動するので、［占う］ボタンをクリックすると、先ほどと同じ状態で一時的にアプリケーションが停止します。

ここでも変数dateNumberの値を観察してみましょう。

まず、エディター上のdateNumberを右クリックし、コンテキストメニューから［ウォッチの追加］を選択します。

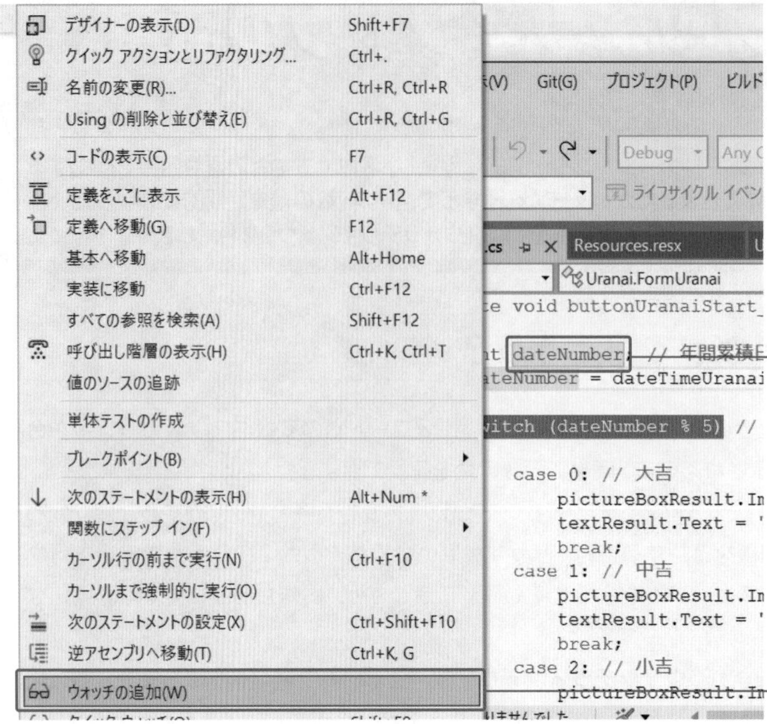

❶ 変数dateNumberを右クリックして、コンテキストメニューを表示します

❷ ［ウォッチの追加］を選択します

すると、ウォッチウィンドウがポップアップウィンドウとして別ウィンドウに表示されます。

ウォッチウィンドウが表示されます

ヒント 似たようなタブがある場合は、［ウォッチ］というタブで区別しましょう。

ウォッチウィンドウに変数や式を登録することもできます。ウォッチウィンドウに変数や式を登録すると、ステップ実行などで実行された結果として、変数や式の値がリアルタイムで表示されます。

ウォッチウィンドウに任意の変数を登録するには、コード上の追加したい変数を範囲選択し、ウォッチウィンドウにドラッグ&ドロップで追加します。

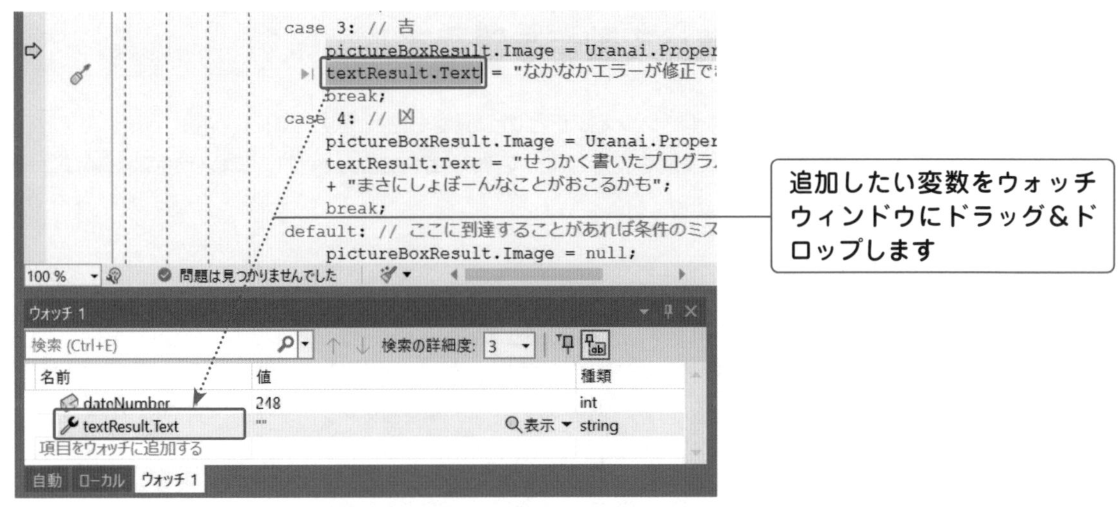

このように、ウォッチウィンドウを使うことで、変数の値がどう変更されていくか、さらにはどの場所で値が変な値になっているのかを確認できます。

なお、ウォッチウィンドウに登録された変数や式は、デバッグが終わってもそのまま残っています。そのため、次回の実行時に今日の日付を「2022年9月5日」に変更し、同じように操作すると、switch文の分岐先が「case 3」になり、ウォッチウィンドウのtextResult.Textの値が「なかなかエラーが修正できないかも」に変わっていることが確認できます。

dateNumberの値とtextResult.Textの値が変化しています

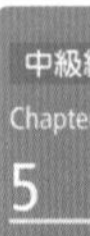

●クイックウォッチを使って動作を確認する

また、値を詳しく見ることができる**クイックウォッチ**という機能も便利です。

クイックウォッチを利用するには、まず値を表示したい変数や式を右クリックし、コンテキストメニューから［クイックウォッチ］を選択します。

するとクイックウォッチウィンドウが表示され、値の詳細を確認できます。

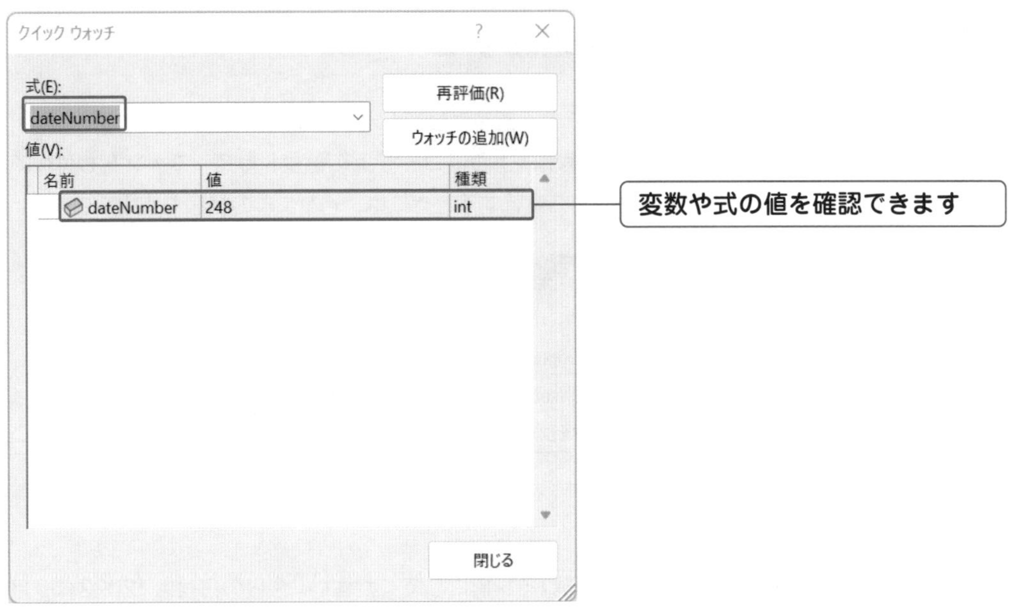

ドット区切りが多く、階層が深いメソッドやプロパティの値を調べる際に便利です。

クイックウォッチウィンドウやウォッチウィンドウでもインテリセンスが使えます。

この機能を利用して様々なプロパティの値を観察すると、いろいろな発見があり、コードを書く力も養われます。

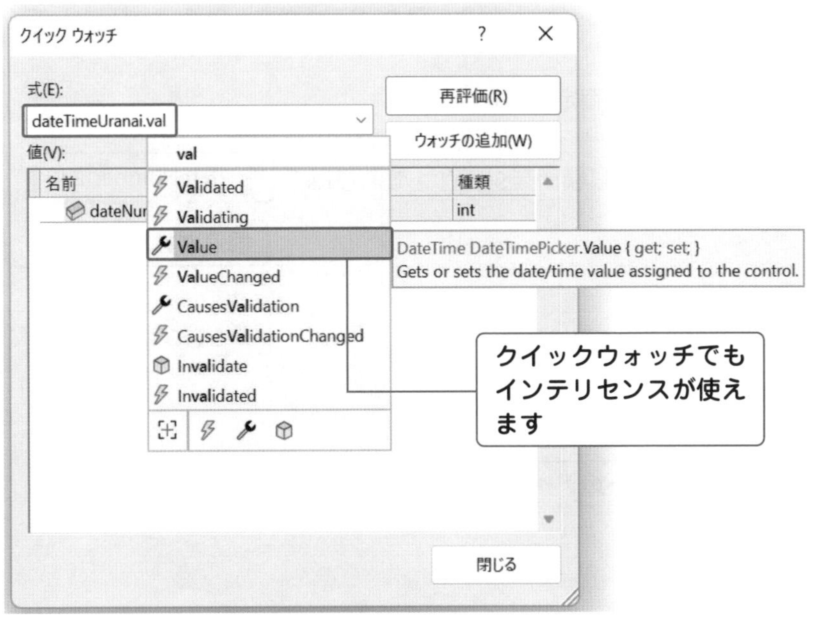

●データヒントを使って動作を確認する

ウォッチウィンドウよりも、手軽にデータを観察できる**データヒント**という機能も便利です。

この機能は、集中して観察したい変数や式を、付箋紙のようにコード上に貼り付けて、コメントも付けて確認できる機能です。デバッグを一度終了しても、次に実行するときには、そのままの状態で使用できます。

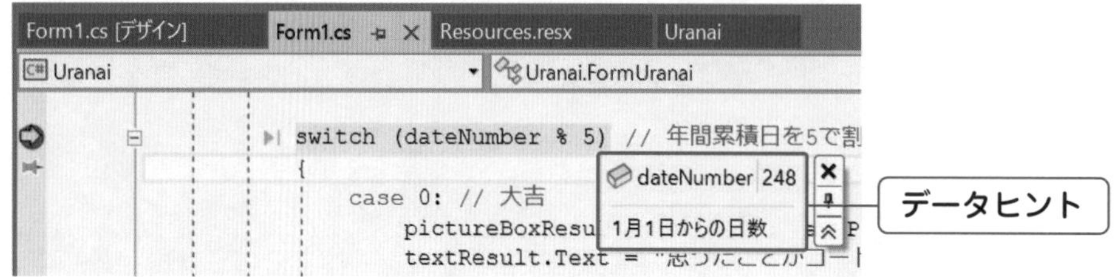
Form1.cs [デザイン]
Form1.cs
Resources.resx
Uranai
Uranai
Uranai.FormUranai
switch (dateNumber % 5) // 年間累積日を5で割
case 0: // 大吉
dateNumber 248
1月1日からの日数
データヒント

では、このデータヒントの機能を見てみましょう。

デバッグを開始して、変数dateNumberの値が見られる状態にしてください。今日の日付は「2022年9月5日」を選んでください（この操作がわからない方は、以前の解説をもう一度復習してください）。

switch (dateNumber % 5) // 年間累積日を
dateNumber 248
switch文にブレークポイントを設定した後、デバッグを実行して、dateNumberの値を見ている状態です

変数dateNumberの値を表示している**DataTips**の右にピンのアイコン があるので、クリックしてください。

そうすると、次のようにDataTipがコード上に固定されます。

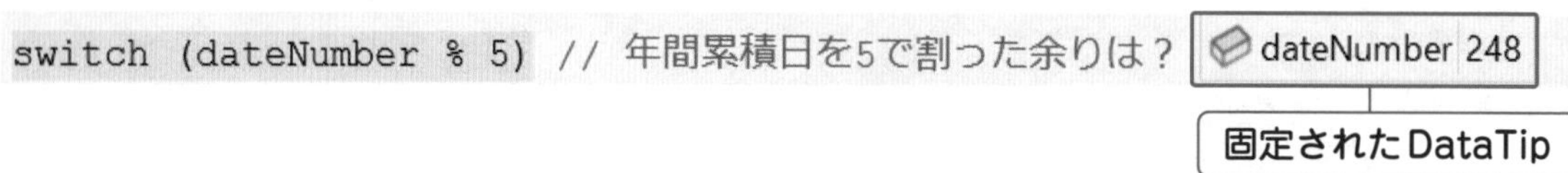
switch (dateNumber % 5) // 年間累積日を5で割った余りは？
dateNumber 248
固定されたDataTip

この固定したDataTipのことを**データヒント**と言います。データヒントにカーソルを近づけると、さらにアイコンが表示されます。

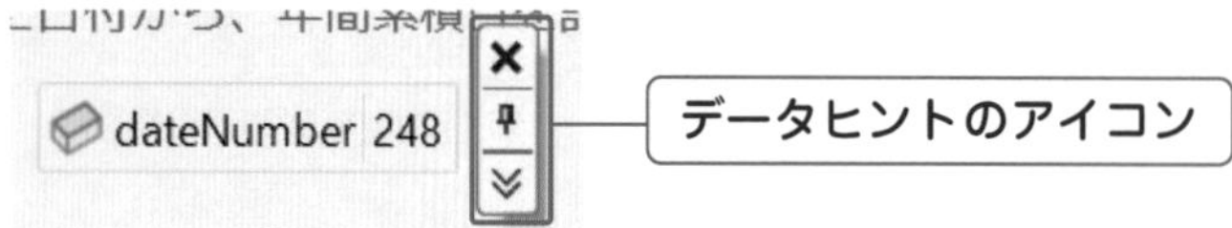
dateNumber 248
データヒントのアイコン

データヒントに表示されているアイコンの意味は、次の表5-2のようになります。

表5-2：データヒントのアイコン

アイコン	説明	詳細
✕	閉じる	データヒントを閉じる
📌	ソースをピン解除	データヒントの位置を自由に動かせるようにします
≫	展開してコメントを表示	データヒントを展開して専用のコメントを入力します

コメントを入力するには、[展開してコメントを表示] アイコン ≫ をクリックして空白の部分にそのままコメントを入力します。

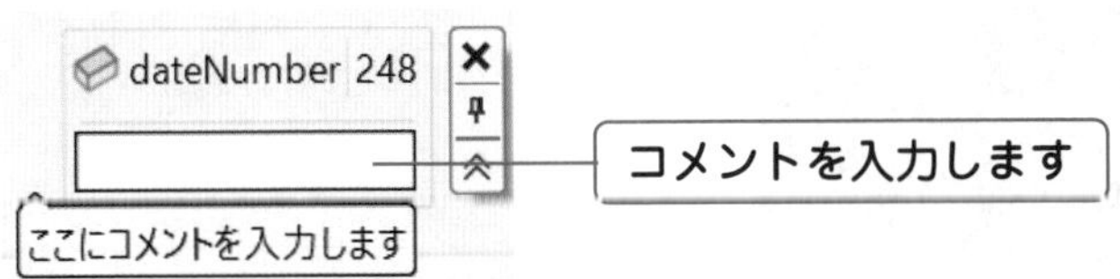
dateNumber 248
コメントを入力します
ここにコメントを入力します

なお、ソースをピン解除した状態だと、ポップアップ表示されているだけなので、VS Community 2022の画面を移動させたり、表示画面をデザイン画面に切り替えるなどしても、データヒントは、そのままポップアップ表示されてしまいます。そのため、ピンをクリックして固定した状態にしましょう。

データヒントは、複数設定できます。データヒントを2つ設定してコメントを入力すると、次のようになります。

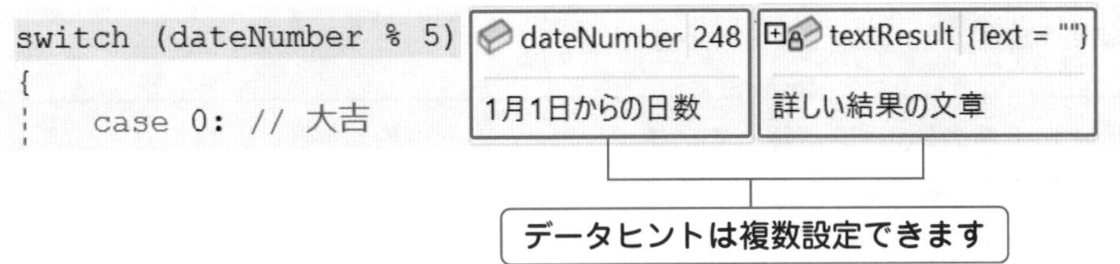
switch (dateNumber % 5)
{
case 0: // 大吉
dateNumber 248
1月1日からの日数
textResult {Text = ""}
詳しい結果の文章
データヒントは複数設定できます

●ビジュアライザーを使って動作を確認する

VS Community 2022の目玉機能の1つに、**ビジュアライザー**があります。ビジュアライザーは、変数や式の形式に応じて、データを表やテキストなどの最適な方法で見ることができる機能です。

この機能を堪能するために、「間違い探しゲーム」アプリケーション (KanjiDifferenceHunt) のデータを表示させてみます。ここでは、「このような機能があるのだな」という気持ちで見てください。

4.4節で作成した「間違い探しゲーム」アプリケーションを利用するために、VS Community 2022でソリューションファイルの「KanjiDifferenceHunt.sln」を読み込み、アプリケーションを起動します。「Form1.cs」(一覧画面) のコードの中のbuttonStart_Click()イベントハンドラーの以下の行に注目してください。

なお、タスクバーにあるVS Community 2022のアイコンを右クリックすると、過去に作成したソリューションが一覧表示されるので、楽に起動できます

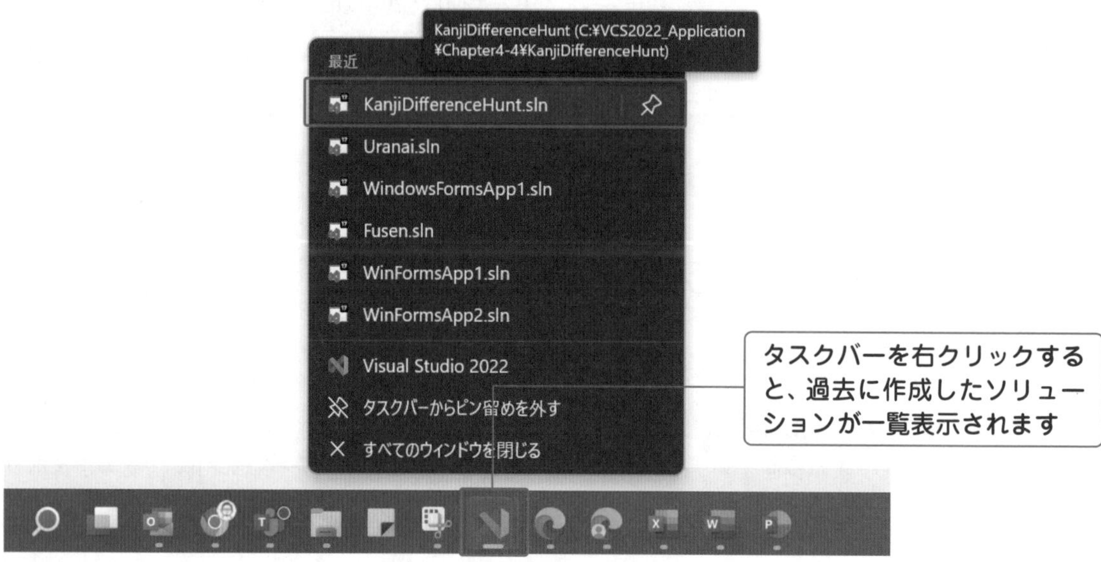

次のコードは、Panel2の上に配置されているコントロールのすべてのTextプロパティに、forループ文でmistakeTextとして「萩（はぎ）」という文字を設定した後、ランダムで1つだけ正解となるcorrectTextの「荻（おぎ）」という文字を設定している処理です。

```
// splitContainerの下部のPanel2に乗っている
// ButtonのTextをすべて間違いの文字にする
for (int i = 0; i < splitContainer1.Panel2.Controls.Count; i++)
{
    splitContainer1.Panel2.Controls[i].Text = mistakeText;
}

// ランダムで1つだけ正解の文字にする。
splitContainer1.Panel2.Controls[randomResult].Text = correctText;
```

correctTextを代入している箇所にブレークポイントを設定して、実際に25個すべてのコントロールの

Textが「萩（はぎ）」に設定されていることを確認してみましょう。

Form1.cs　Form1.cs [デザイン]

KanjiDifferenceHunt　KanjiDifferenceHunt.FormGame　buttonStart_Click(object sender, Eve

```
// スタートボタンをクリックしたとき
1 個の参照
private void buttonStart_Click(object sender, EventArgs e)
{
    textHunt.Text = correctText;        // 探す文字を表示
    Random rnd = new Random();          // 乱数を生成するためのインスタンスを生成
    int randomResult = rnd.Next(25);    // 0～24の乱数を取得

    // splitContainerの下部のPanel2に乗っている
    // ButtonのTextをすべて間違いの文字にする
    for (int i = 0; i < splitContainer1.Panel2.Controls.Count; i++)
    {
        splitContainer1.Panel2.Controls[i].Text = mistakeText;
    }

    // ランダムで1つだけ正解の文字にする。
    splitContainer1.Panel2.Controls[randomResult].Text =

    // タイマースタート
    nowTime = 0; // タイマーの初期化
    timer1.Start();
}
```

この行にブレークポイントを設定します

Controlsの値を確認してみましょう。［▷］ボタンを展開します。

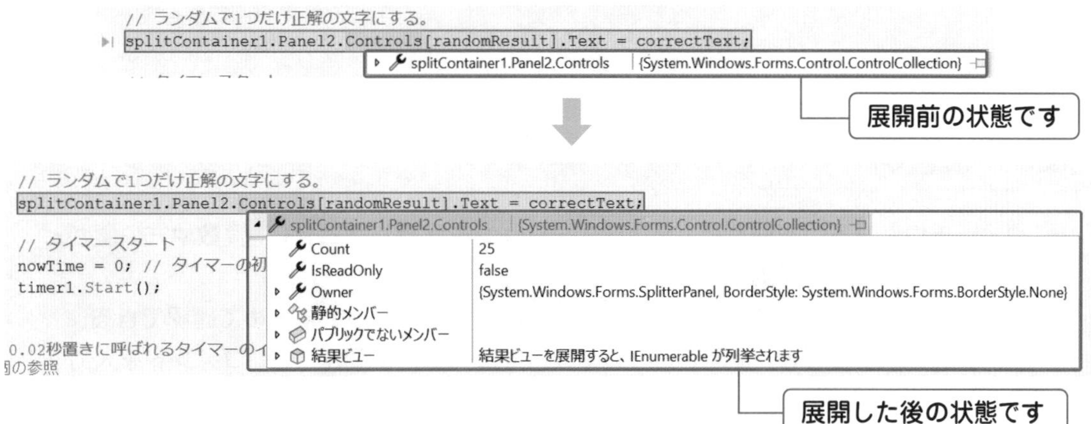
// ランダムで1つだけ正解の文字にする。
splitContainer1.Panel2.Controls[randomResult].Text = correctText;
splitContainer1.Panel2.Controls
{System.Windows.Forms.Control.ControlCollection}
展開前の状態です
// タイマースタート
nowTime = 0; // タイマーの初
timer1.Start();
Count
25
IsReadOnly
false
Owner
{System.Windows.Forms.SplitterPanel, BorderStyle: System.Windows.Forms.BorderStyle.None}
静的メンバー
パブリックでないメンバー
結果ビュー
結果ビューを展開すると、IEnumerable が列挙されます
展開した後の状態です

Countプロパティの値が25となっており、25個のコントロールがあることがわかります。コントロールの値は、さらに［結果ビュー］を展開すると、まとめてみることができます。

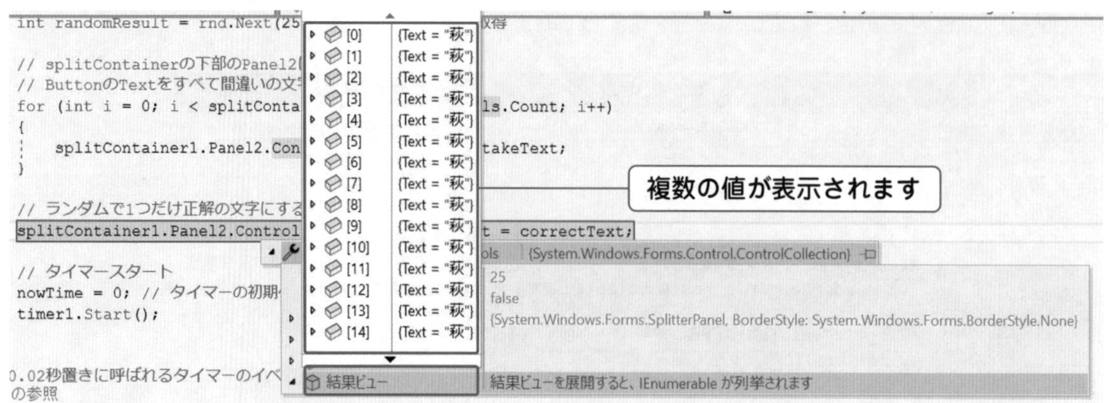
複数の値が表示されます
結果ビュー
結果ビューを展開すると、IEnumerable が列挙されます

Controls[]は、複数の変数を1つにまとめてグループ化した**配列***と呼ばれるもので、その値も複数個が含まれます。このようにビジュアライザーを使うと、配列のすべての値を一度に見ることができますね（一度に表示できる値には限りがあるので、スクロールすることですべての値を確認できます）。

まとめ

- **ウォッチウィンドウを使うと、アプリケーションを実行したときに、変数や式の値がどう変化していくかを確認できる。**
- **クイックウォッチを使うと、変数や式の値を別のウィンドウでまとめて確認できる。**
- **データヒントを使うと、変数や式の値の表示をコード上に固定でき、コメントを入力することもできる。**
- **ビジュアライザーを使うと、変数や式の形式に応じて、表やテキストなどでデータを確認できる。**

用語のまとめ

用語	意味
ウォッチウィンドウ	変数や式の値の変化を観察しやすいように、同じ値を表示し続けることが可能なウィンドウ。任意の変数や式を追加することもできる

＊**配列**　複数の変数をまとめて扱いたい場合に使用する仕組み。7.1 節を参照。

4 エディットコンティニュの活用

デバッグ機能を使って問題のあるコードが見つかったら、すぐに修正して動作を確認したくなりますね。このときに使える機能が「エディットコンティニュ」です。

●エディットコンティニュって何だろう？

ここまでは、アプリケーションの動作がおかしいときに、どのような問題点があるのかを調べる方法について見てきました。問題点が見つかれば、後はその問題点を修正し、再度デバッグを実行して動作を確認すれば、アプリケーションは正しく動作するようになります。

ただし、問題点が見つかったときに、デバッグを終了してから問題点を修正し、再度デバッグを実行すると特に性能の悪いパソコンでは時間がかかってしまいます。

ちょっとした修正で直る場合は、デバッグ実行中にそのまま修正できてしまえるととても便利です。これを実現する機能が**エディットコンティニュ**です。

●エディットコンティニュでコードを修正する

それでは、実際に「今日の占い」アプリケーションを使ってエディットコンティニュの機能を見ていきましょう。まず、実行する前に、コードに細工をします。もともと「case 0:」と書いてあるコードを「case 10:」に変更します。

```
case 0: // 大吉
```

```
case 10: // 大吉
```

ちなみに修正した箇所の行の先頭には、ドライバーのアイコンとともにやや黄色い印が表示されます。

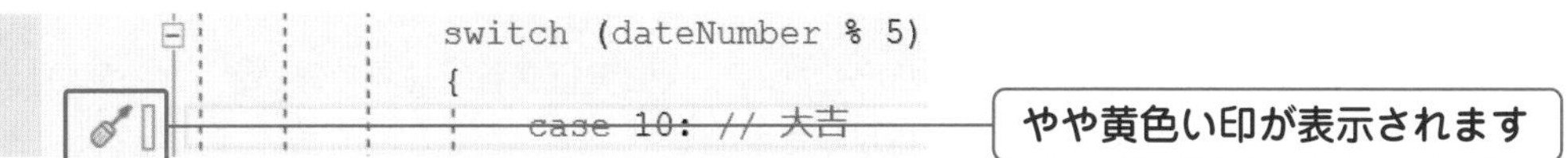
switch (dateNumber % 5)
{
case 10: // 大吉
やや黄色い印が表示されます

「case 0:」が存在しない不思議な状況になっています。この状態でいったん、プログラムを保存します。

プログラムの保存方法は、VS Community 2022の［ファイル］メニュー→［すべて保存］でしたね（[Ctrl] キー＋ [Shift] キー＋ [S] キーでも保存できます）。

保存すると、先ほどのやや黄色い印が緑色に変化します。保存されて安全になったイメージです。コードを変更したときの、やや黄色い印の状況では保存されていないため、VS Community 2022が落ちたりしたときには、この修正は保存されていません。「危険！」という意味だと思うとよいですね。

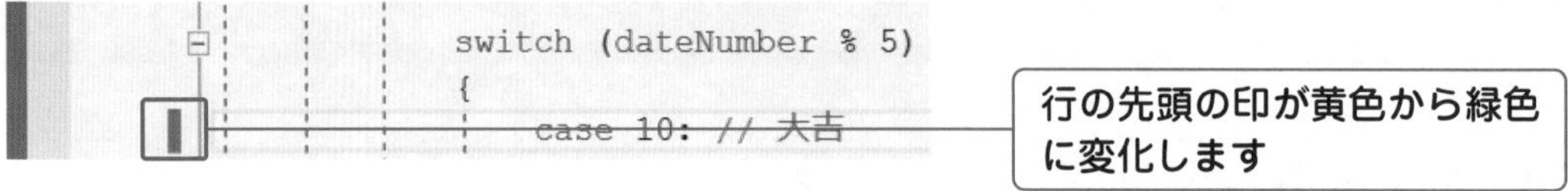
switch (dateNumber % 5)
{
case 10: // 大吉
行の先頭の印が黄色から緑色に変化します

条件分岐を行うための条件式、

```
switch (dateNumber % 5)
```

にブレークポイントを設定した状態で、アプリケーションのデバッグを実行します。

「今日の占い」アプリケーションが起動するので、今日の日付を「2022年9月2日」にして［占う］ボタンをクリックしてください（2022年9月2日は、1月1日から数えて245日目となり、5で割り切れるため、余りは0になります）。

［占う］ボタンをクリックすると、次のような状態になります。

Form1.cs [デザイン]
Form1.cs
Resources.resx
Uranai
private void buttonUranaiSta
{
int dateNumber; // 年間累
dateNumber = dateTimeUra
switch (dateNumber % 5)
{
case 10: // 大吉
pictureBoxResult
textResult.Text
break;
case 1: // 中吉
pictureBoxResult
textResult.Text
break;
case 2: // 小吉
ブレークポイントを設定した行で一時停止します

ステップ実行の［ステップオーバー］ボタンをクリックして、次に実行する行を見てみると、「case 0」がないために「default:」の次の行に移動することがわかります。

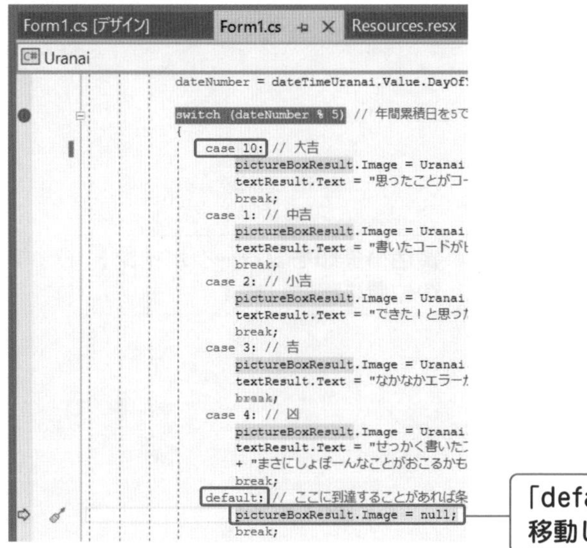

前述したように、おかしいコードをデバッグの実行中に見つけた場合、その都度、デバッグを終わらせてから修正し、改めてデバッグを実行すると時間がかかってしまい、大変面倒です。

このような場合、VS Community 2022では**エディットコンティニュ**を使って、一時停止中にそのままコードを修正することができます。「Edit（修正して）」「Continue（実行を続ける）」という意味です。

コードを修正したら、そのままデバッグを再開します。

それではデバッグの実行前に変更した箇所を、一時停止の状態のまま、修正してみましょう。「case 10: // 大吉」を「case 0: // 大吉」に修正します。

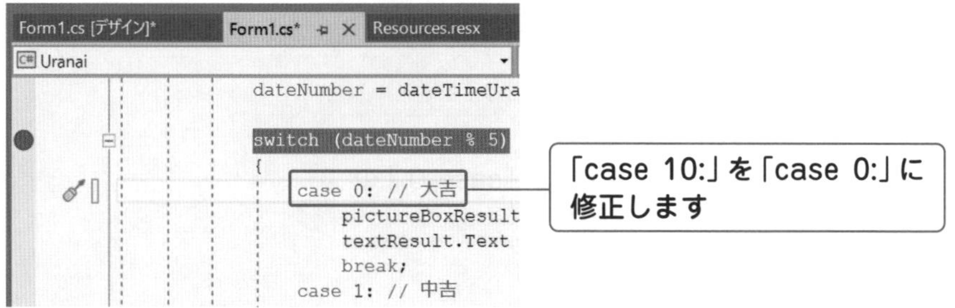

コードの修正後、継続してそのままデバッグを実行できますが、すでに条件判定が終わっているため、条件判定前に戻しましょう。

黄色い矢印（➡）は、現在実行中の行を指しているのですが、この現在実行中の行をマウスの操作で移動させることができます。

条件判定が行われるブレークポイントの位置まで黄色い矢印を移動してください。

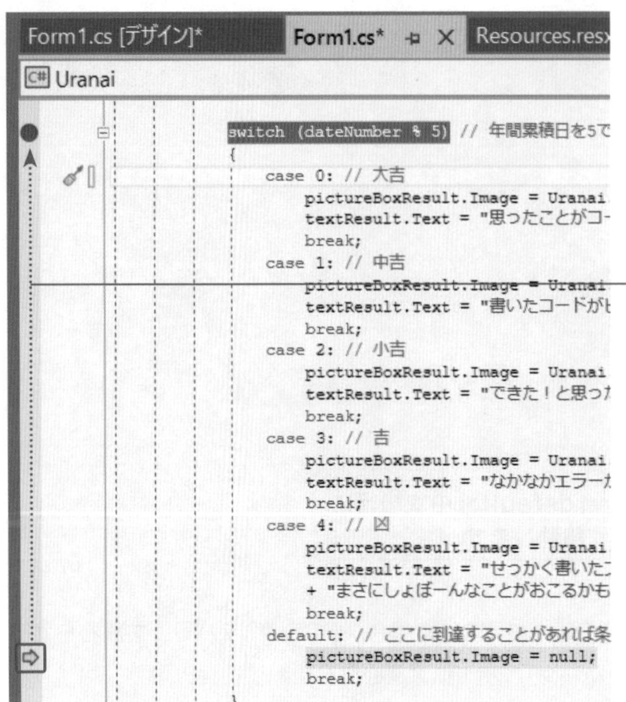

この状態になったら、[ステップオーバー] ボタンをクリックして次の行を実行してみましょう。
すると今度は、修正した「case 0」の行が実行されることが確認できますね。

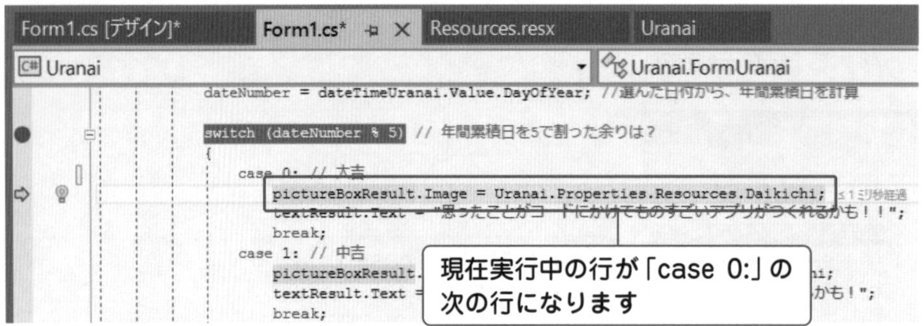

このエディットコンティニュの機能は非常に便利ですので、ぜひ覚えておいて使いこなしてください。なお、別のメソッドに移動するような無茶なことは基本的にできませんので、ほどほどに検証してみてください。

まとめ

- エディットコンティニュにより、デバッグ実行中に見つけた問題点は、デバッグ実行を行った状態のまま修正することができる。

用語のまとめ

用語	意味
エディットコンティニュ	デバッグ実行を行った状態のままコードを修正し、デバッグを続ける機能のこと

Column コード入力中や編集時に使えるショートカットキー

コード入力中や編集時にコードエディター内で使える主なショートカットキーには、次のようなものがあります。

▼コードエディター内での検索と置換

コマンド	ショートカットキー
クイック検索	[Ctrl]＋[F] キー
クイック検索の次の結果	[Enter] キー
クイック検索の前の結果	[Shift]＋[Enter] キー
クイック検索でドロップダウンを展開	[Alt]＋[Down] キー
検索を消去	[Esc] キー
クイック置換	[Ctrl]＋[H] キー
クイック置換で次を置換	[Alt]＋[R] キー
クイック置換ですべて置換	[Alt]＋[A] キー

ホットリロードの活用

Visual Studio 2022 からできるようになった新機能に「ホットリロード」という機能があります。今までのように修正→ビルド→実行という流れで確認するのではなく、実行中にリアルタイムで結果が確認できるという機能になります。

●ホットリロードって何だろう？

先ほどのエディットコンティニュは、実行中にブレークポイントなどで一時停止をして、その間に修正ができる機能でしたね。

ホットリロードはその発展形で、ブレークポイントで一時停止をする必要はなく、実行中にコードを変更すると、実行中のアプリケーションの結果に即時に反映されるという機能です。実行中ですので、ファイルに保存もしていません。

●実行中にコードを修正して、ホットリロードを実行してみる

［実行］ボタン（▶）よりも気になる、［ホットリロード］ボタン（🔥）を活用してみましょう。

今回も「今日の占い」アプリケーションを使用します。気持ちも新たに、いったんVS Community 2022を終了させてから、「今日の占い」アプリケーションを起動しましょう。タスクバーからVS Community 2022のアイコンを右クリックし、表示された一覧から「Uranai.sln」を選ぶと、VS Community 2022が起動します。

VS Community 2022が起動したら、「今日の占い」アプリケーションを実行してみましょう。

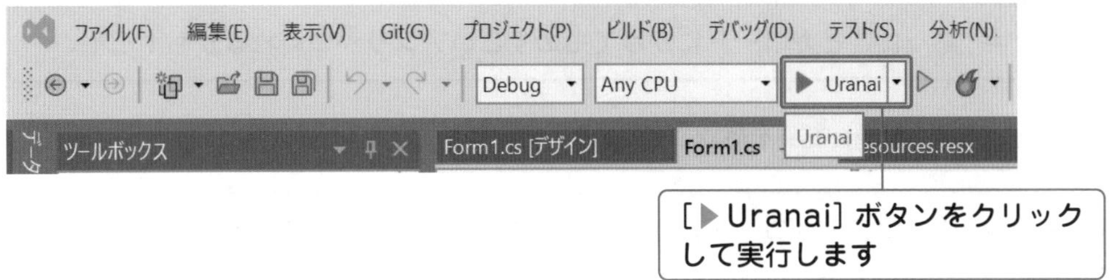
ファイル(F) 編集(E) 表示(V) Git(G) プロジェクト(P) ビルド(B) デバッグ(D) テスト(S) 分析(N)
Debug
Any CPU
Uranai
ツールボックス
Form1.cs [デザイン]
Form1.cs
Resources.resx
[▶Uranai] ボタンをクリックして実行します

「今日の占い」アプリケーションの［今日の日付］を「2022年9月2日」にして、［占う］ボタンをクリックして、実行結果を確認しましょう。

今日の日付
2022年 9月 2
占う
大吉
思ったことがコードにかけてものすごいアプリがつくれるかも！！
日付を「2022年9月2日」にします
［占う］ボタンをクリックします

実行したままの状態でVS Community 2022から「Form1.cs」のコードを表示します。

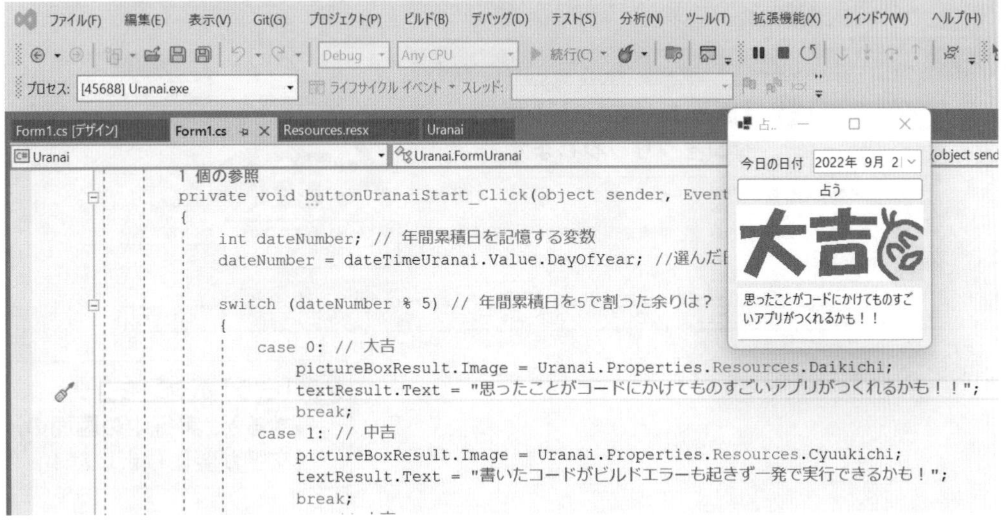
プロセス: [45688] Uranai.exe
Form1.cs [デザイン]
Form1.cs
Resources.resx
Uranai
Uranai.FormUranai
1 個の参照
private void buttonUranaiStart_Click(object sender, Event
int dateNumber; // 年間累積日を記憶する変数
dateNumber = dateTimeUranai.Value.DayOfYear; //選んだ
switch (dateNumber % 5) // 年間累積日を5で割った余りは？
case 0: // 大吉
pictureBoxResult.Image = Uranai.Properties.Resources.Daikichi;
textResult.Text = "思ったことがコードにかけてものすごいアプリがつくれるかも！！";
break;
case 1: // 中吉
pictureBoxResult.Image = Uranai.Properties.Resources.Cyuukichi;
textResult.Text = "書いたコードがビルドエラーも起きず一発で実行できるかも！";
break;

2022年9月2日は、結果としてcase 0の処理が実行されるため、以下のコードが実行されます。

```
textResult.Text = "思ったことがコードにかけてものすごいアプリがつくれるかも！！";
```

このコードを書き替えます。簡単に結果を確認するために、行の最後に「！」を2つ追加します。

```
textResult.Text = "思ったことがコードにかけてものすごいアプリがつくれるかも！！！！";
```

まだ、この時点では変化していません。

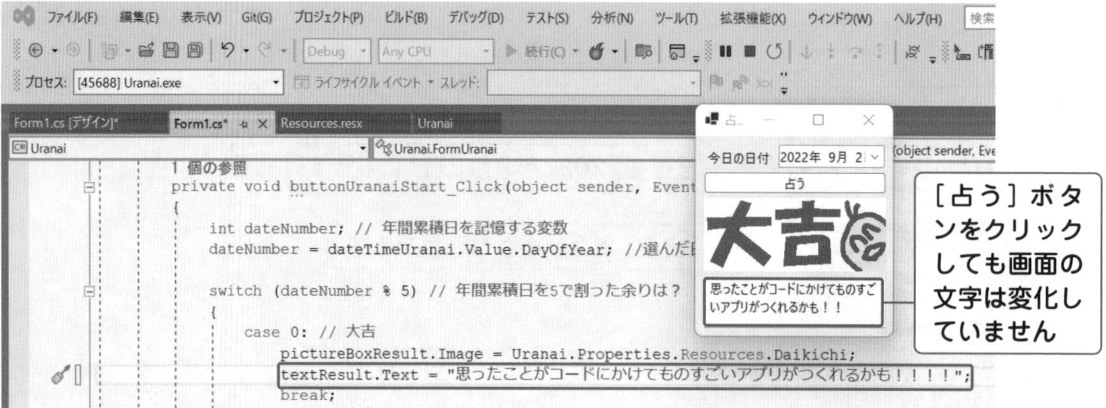

そこで［ホットリロード］ボタンをクリックした後、［占い］ボタンをクリックしてください。

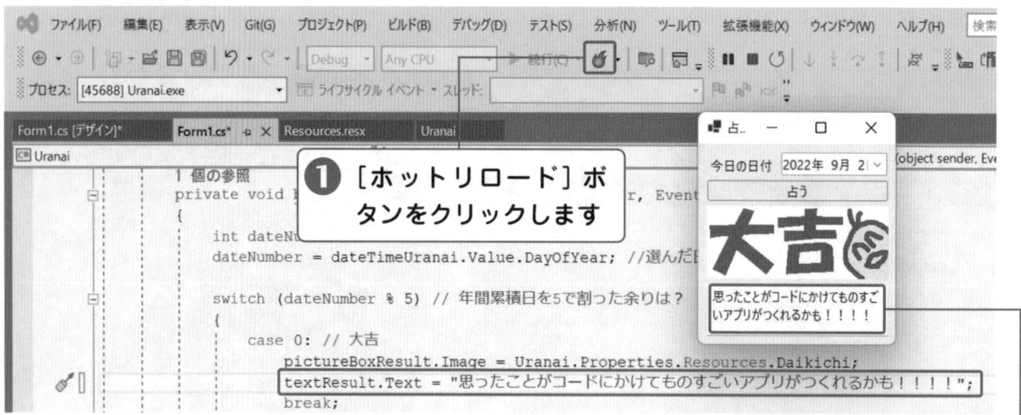

このホットリロード機能を使うと、実行結果を見ながら修正ができるようになるので、デバッグの効率がかなり上がります。

なお、実行を停止した状態でも、まだコードは保存されていません。修正を反映したい場合は、ショートカットキーの［Ctrl］＋［S］キーなどを使ってコードの修正を保存してください。

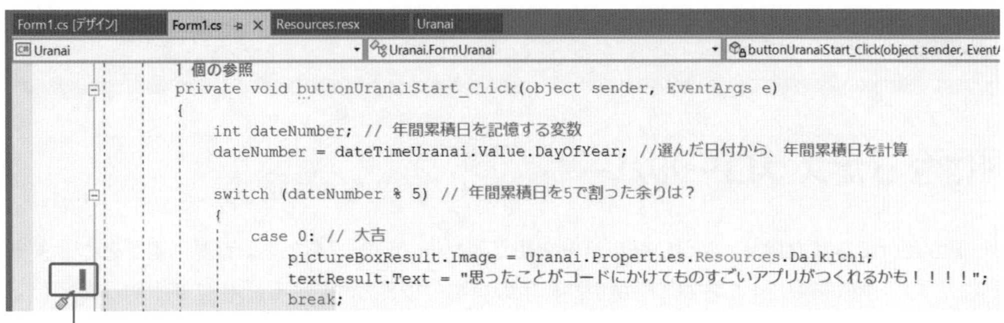
Form1.cs [デザイン]
Form1.cs
Resources.resx
Uranai
Uranai
Uranai.FormUranai
buttonUranaiStart_Click(object sender, Event
1 個の参照
private void buttonUranaiStart_Click(object sender, EventArgs e)
{
int dateNumber; // 年間累積日を記憶する変数
dateNumber = dateTimeUranai.Value.DayOfYear; //選んだ日付から、年間累積日を計算
switch (dateNumber % 5) // 年間累積日を5で割った余りは？
{
case 0: // 大吉
pictureBoxResult.Image = Uranai.Properties.Resources.Daikichi;
textResult.Text = "思ったことがコードにかけてものすごいアプリがつくれるかも！！！！";
break;

保存すると、行の先頭の印が緑色になりますね

まとめ

- ホットリロードにより、実行中にソースコードの変更がリアルタイムに反映することができる。実行したときに気づいたミスを手軽に修正することができる。

用語のまとめ

用語	意味
ホットリロード	実行中にコードの修正結果をリアルタイムに反映できる機能のこと

6

スクロールバーの活用

最後にVS Community 2022の面白い機能を紹介します。

●便利になったスクロールバー

ソースコードが巨大になった場合、**スクロールバー**を使ってソースコードを上下に移動することがよくあると思います。このスクロールバーの左側に、黄色や緑色の小さな模様が付いているのに気が付いたでしょうか？

Form1.cs [デザイン]*
Form1.cs*
Resources.resx
Uranai
Uranai
Uranai.FormUranai
buttonUranaiStart_Click(object sender, EventArgs e)
private void buttonUranaiStart_Click(object sender, EventArgs e)
{
int dateNumber; // 年間累積日を記憶する変数
dateNumber = dateTimeUranai.Value.DayOfYear; //選んだ日付から、年間累積
switch (dateNumber % 5) // 年間累積日を5で割った余りは？
{
case 0: // 大吉
pictureBoxResult.Image = Uranai.Properties.Resources.Daikichi;
textResult.Text = "思ったことがコードにかけてものすごいアプリがつくれるかも！！";
break;
case 1: // 中吉
pictureBoxResult.Image = Uranai.Properties.Resources.Cyuukichi;
textResult.Text = "書いたコードがビルドエラーも起きず一発で実行できるかも！？";
break;
case 2: // 小吉
pictureBoxResult.Image = Uranai.Properties.Resources.Syoukichi;
textResult.Text = "できた！と思ったらコード書き忘れて動かないところがあるかも";
break;
case 3: // 吉
pictureBoxResult.Image = Uranai.Properties.Resources.Kichi;
textResult.Text = "なかなかエラーが修正できないかも";
112 %
問題は見つかりませんでした
行: 21 文字: 30 列: 31 SPC CRLF
黄色や緑色の模様が付いています
紫色の線も付いています

ちょっと地味ですが、スクロールバーをソースコードの全体になぞらえて、どのあたりの位置に変更があったかを見た目ですぐわかるようにしてあります。

黄色は変更したソースコードで、まだ保存がされていない部分です。**緑色**は変更したソースコードで、保存済みの部分になります。また、**紫色**の線は現在、カーソルがある位置、つまり今、変更しようとしている部分を示しています。

コードの左側にも付いていますが、全体像としてどのあたりになるかがわかるため、ソースコードが非常に長くなった場合、かなり便利です。

●スクロールバーオプションでコードを確認する

さらに、このスクロールバーの面白い機能を紹介します。スクロールバーを右クリックして、[スクロールバーオプション] を選択してください。

Form1.cs [デザイン]*
Form1.cs*
Resources.resx
Uranai
Uranai
Uranai.FormUranai
buttonUranaiStart_Click(object sender, EventArgs e)
int dateNumber; // 年間累積日を記憶する変数
dateNumber = dateTimeUranai.Value.DayOfYear; //選んだ日付から、年間累積日を計算
switch (dateNumber % 5) // 年間累積日を5で割った余りは？
case 0: // 大吉
pictureBoxResult.Image = Uranai.Properties.Resources.Daikichi;
textResult.Text = "思ったことがコードにかけてものすごいアプリがつくれ
case 1: // 中吉
textResult.Text = "書いたコードがビルドエラーも起きず一発で実行できる
case 2: // 小吉
textResult.Text = "できた！と思ったらコード書き忘れて動かないところが
case 3: // 吉
pictureBoxResult.Image = Uranai.Properties.Resources.Kichi;
textResult.Text = "なかなかエラーが修正できないかも";
ここにスクロール
上端
下端
1 画面分上へ移動
1 画面分下へ移動
上にスクロール
下にスクロール
スクロール バー オプション
112 %
問題は見つかりませんでした
行: 21
文字: 30
列: 31
SPC
CRLF

スクロールバーを右クリックして、[スクロールバーオプション] を選択します

起動した [オプション] ダイアログボックスの [動作] の項目に注目し、[垂直スクロールバーでのマップモードの使用] を選択してください。さらに、[プレビューツールヒントの表示] にチェックが入っていることを確認し、ソースの概要を [ワイド] に指定してください。

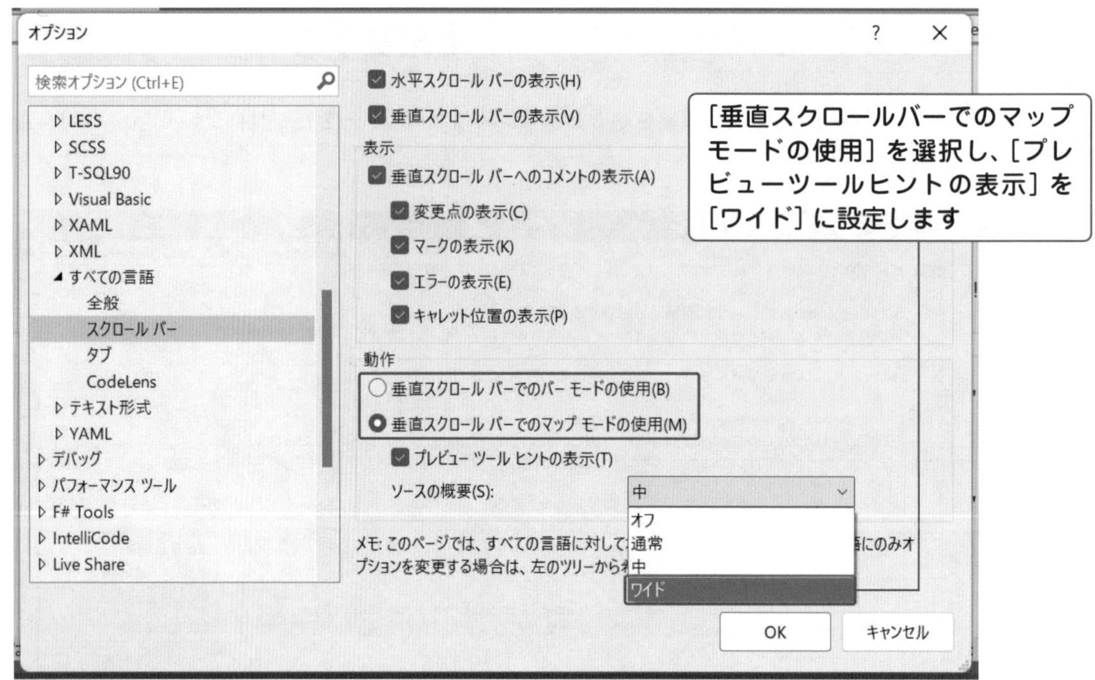
オプション
検索オプション (Ctrl+E)
LESS
SCSS
T-SQL90
Visual Basic
XAML
XML
すべての言語
全般
スクロール バー
タブ
CodeLens
テキスト形式
YAML
デバッグ
パフォーマンス ツール
F# Tools
IntelliCode
Live Share
水平スクロール バーの表示(H)
垂直スクロール バーの表示(V)
表示
垂直スクロール バーへのコメントの表示(A)
変更点の表示(C)
マークの表示(K)
エラーの表示(E)
キャレット位置の表示(P)
動作
垂直スクロール バーでのバー モードの使用(B)
垂直スクロール バーでのマップ モードの使用(M)
プレビュー ツール ヒントの表示(T)
ソースの概要(S):
中
オフ
通常
中
ワイド
OK
キャンセル
[垂直スクロールバーでのマップモードの使用]を選択し、[プレビューツールヒントの表示]を[ワイド]に設定します

さて、ソースに戻ってみると……おや？　スクロールバーが……！

Form1.cs [デザイン]*
Form1.cs*
Resources.resx
Uranai
Uranai.FormUranai
buttonUranaiStart_Click(object sender, EventArgs e)
private void buttonUranaiStart_Click(object sender, EventArgs e)
{
int dateNumber; // 年間累積日を記憶する変数
dateNumber = dateTimeUranai.Value.DayOfYear; //選んだ日付から、年間累積日を計算
switch (dateNumber % 5) // 年間累積日を5で割った余りは？
{
case 0: // 大吉
pictureBoxResult.Image = Uranai.Properties.Resources.Daikichi;
textResult.Text = "思ったことがコードにかけてものすごいアプリがつくれるかも！！";
break;
case 1: // 中吉
pictureBoxResult.Image = Uranai.Properties.Resources.Cyuukichi;
textResult.Text = "書いたコードがビルドエラーも起きず一発で実行できるかも！？";
break;
case 2: // 小吉
pictureBoxResult.Image = Uranai.Properties.Resources.Syoukichi;
textResult.Text = "できた！と思ったらコード書き忘れて動かないところがあるかも";
break;
case 3: // 吉
pictureBoxResult.Image = Uranai.Properties.Resources.Kichi;
textResult.Text = "なかなかエラーが修正できないかも";
112 %
問題は見つかりませんでした
行: 21
文字: 30
列: 31
SPC
CRLF
スクロールバーが太くなりました

ものすごく太くなって、なんだかごちゃごちゃしています。どういうことかというと、これ、ソースコードがものすごく小さいフォントで表示されているのです。

カーソルを近づけると、そのカーソル付近のソースコードの一部が見えます。

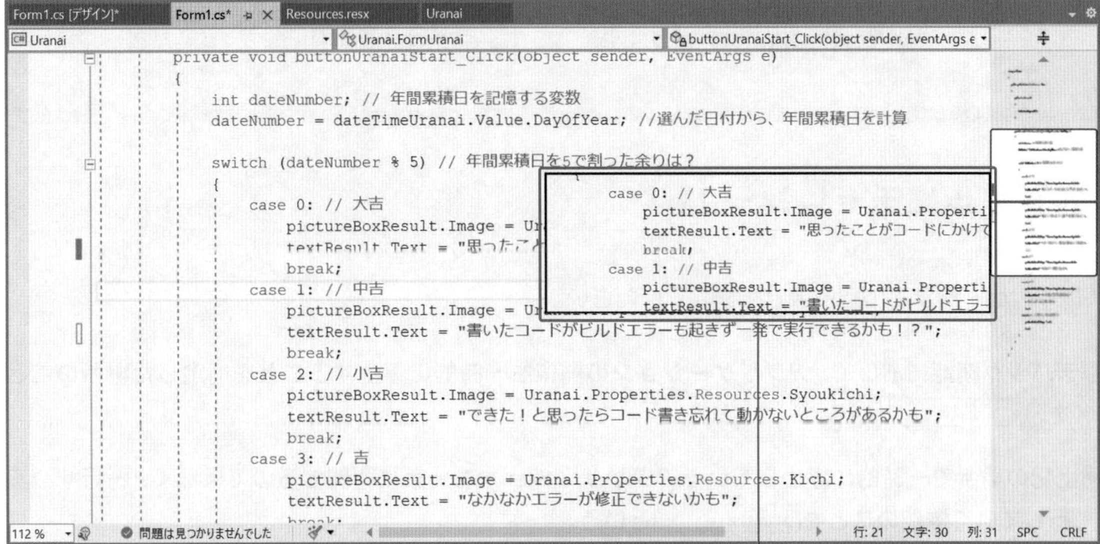
Form1.cs [デザイン]*
Form1.cs*
Resources.resx
Uranai
Uranai
Uranai.FormUranai
buttonUranaiStart_Click(object sender, EventArgs e
private void buttonUranaiStart_Click(object sender, EventArgs e)
{
int dateNumber; // 年間累積日を記憶する変数
dateNumber = dateTimeUranai.Value.DayOfYear; //選んだ日付から、年間累積日を計算
switch (dateNumber % 5) // 年間累積日を5で割った余りは？
{
case 0: // 大吉
pictureBoxResult.Image = Uranai.Properti
textResult.Text = "思ったことがコードにかけて
break;
case 1: // 中吉
pictureBoxResult.Image = Uranai.Properti
textResult.Text = "書いたコードがビルドエラー
textResult.Text = "書いたコードがビルドエラーも起きず一発で実行できるかも！？";
break;
case 2: // 小吉
pictureBoxResult.Image = Uranai.Properties.Resources.Syoukichi;
textResult.Text = "できた！と思ったらコード書き忘れて動かないところがあるかも";
break;
case 3: // 吉
pictureBoxResult.Image = Uranai.Properties.Resources.Kichi;
textResult.Text = "なかなかエラーが修正できないかも";
112 %
問題は見つかりませんでした
行: 21
文字: 30
列: 31
SPC
CRLF

カーソル付近のソースコードの一部が表示されます

この機能によって、コード全体のどの部分を修正しているかが視覚的にものすごくわかりやすくなりますね。

まとめ

- **スクロールバーオプションを使うと、コードの全体像から、どのあたりを修正しているかが視覚的にものすごくわかりやすくなる。**

復習ドリル

いかがでしたでしょうか？　デバッグについての理解を深めるためにドリルを用意しました。

●ドリルにチャレンジ！

以下の1～7までの空白部分を埋めてください。

1 デバッグ機能において、アプリケーションの動作を一時的に停止することを指定した場所のことを［　　　　　　］という。

2 上記の場所で一時的に停止しているアプリケーションを一気に再開するのではなく、一行ずつ実行していく機能のことを［　　　　　　］という。

3 デバッグの際、変数や式の値の変化を見やすいように同じ値を表示し続けることができるウィンドウのことを［　　　　　　］という。

4 デバッグの際、集中して観察したい変数や式を、付箋紙のようにコード上に貼り付けて手軽に観察できる機能を［　　　　　　］という。

5 デバッグの際、変数や式の形式に応じて、Textや表などで値をすべて見ることができる機能のことを［　　　　　　］という。

6 デバッグ実行を行った状態のまま、コードを修正し、デバッグを続ける機能のことを［　　　　　　］という。

7 実行したままの状態で、ソースコードの変更を反映できる機能のことを［　　　　　　］という。

ステップオーバーって何だっけ？

復習ドリルの答え

1 ブレークポイント
2 ステップ実行
3 ウォッチウィンドウ
4 データヒント
5 ビジュアライザー
6 エディットコンティニュ
7 ホットリロード

Chapter 6

オブジェクト指向プログラミングの考え方

C#は、オブジェクト指向言語です。このChapter6では、難しい理論よりも「知っておくと便利です」といった視点からオブジェクト指向プログラミングをやさしく説明します。

このChapterの目標

- ✓「オブジェクト指向プログラミングは便利だな」ということが理解できる。
- ✓ カプセル化、クラス、インスタンス、継承、ポリモーフィズムといったオブジェクト指向の用語の意味が理解できる。
- ✓ C#でオブジェクト指向の考え方の実装方法が理解できる。

オブジェクト指向の概要

最初に、ほかのプログラム設計手法と比較しながら、オブジェクト指向の概要をやさしく説明します。

●オブジェクト指向が生まれた背景

オブジェクト指向という言葉をいきなり耳にすると、少しハードルが高いように感じます。

しかし、このオブジェクト指向が**どうして生まれたのか**、また**どういった点が便利なのか**を見ていくと、誰もが使いたくなると思います。まずは、オブジェクト指向がどのような背景から生まれたかを見ていくことにしましょう。

最初のプログラミング言語が生まれた頃は、1人のものすごいプログラマーがいれば、アプリケーションができていました。そして、この時代に「プログラムは順番に実行される」ことから、実行の順番をある程度まとめて大きな塊（かたまり）にする設計手法が生まれました。それが**構造化設計**と言われるものです。

ある程度まとまった単位でプログラマーを割り当てて、アプリケーションを開発できるため、大規模アプリケーションが開発できるようになります。

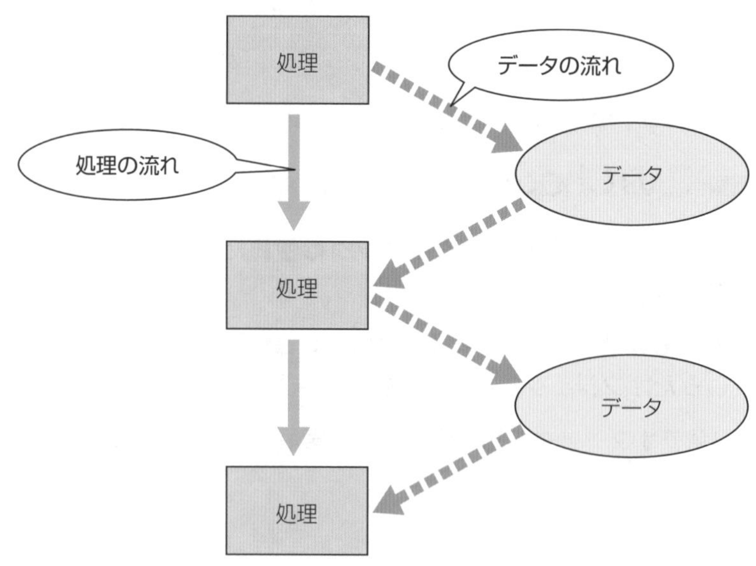

図6-1：構造化設計のデータ処理

しかしながら、構造化設計には問題点がありました。ほかのアプリケーションを作る場合、すでに作成したプログラムの再利用が難しかったのです。データはアプリケーション固有のものが多く、処理にも影響が大きかったことがその理由です。

やがて時代が進み、ハードウェアの容量や処理スピードが劇的に増加するようになります。それに伴って**データベース**も誕生しました。

アプリケーションはもともとデータを扱うものですから、データに着目した考え方が生まれます。それが**データ中心アプローチ**と言われる設計手法です。これによってデータに関して、見通しの良い設計ができるようになりました。

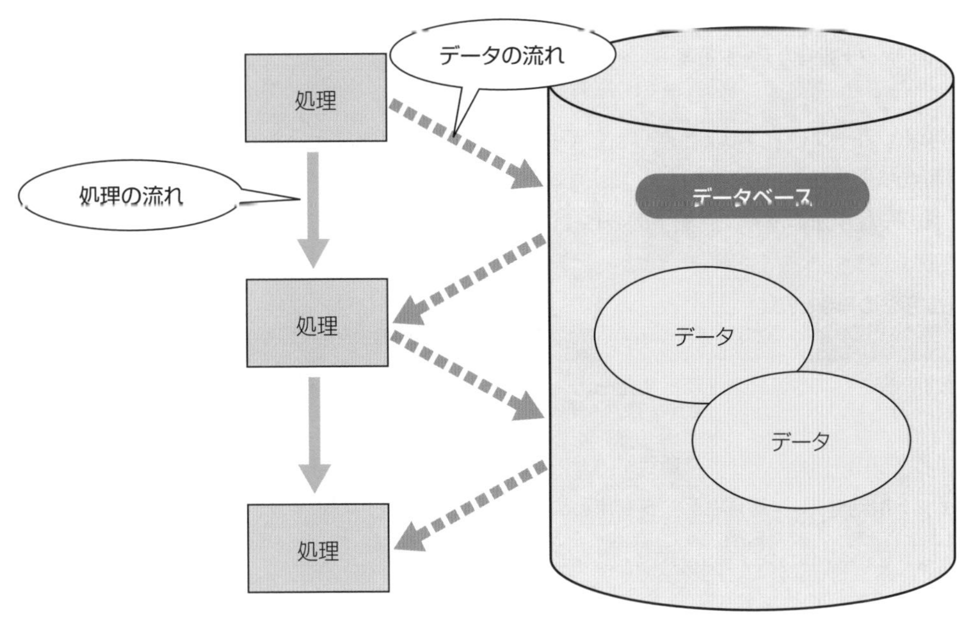

図6-2：データ中心アプローチのデータ処理

しかし、処理の部分は依然として変化がありません。処理に関しては、やはりほかのアプリケーションから再利用することが難しいという問題が残りました。

アプリケーションは結局のところ、**処理**と**データ**の集まりです。そこで、この処理とデータをひとくくりにする考え方が生まれました。処理の手順ではなく、処理の対象に注目したのです。

この1つのまとまりを**オブジェクト**と言います。このオブジェクトの考え方が人間の発想に近く、処理とデータの集まりを人間が利用する「モノ（=Object）」になぞらえた考え方ができることから、**オブジェクト指向**と言われます。

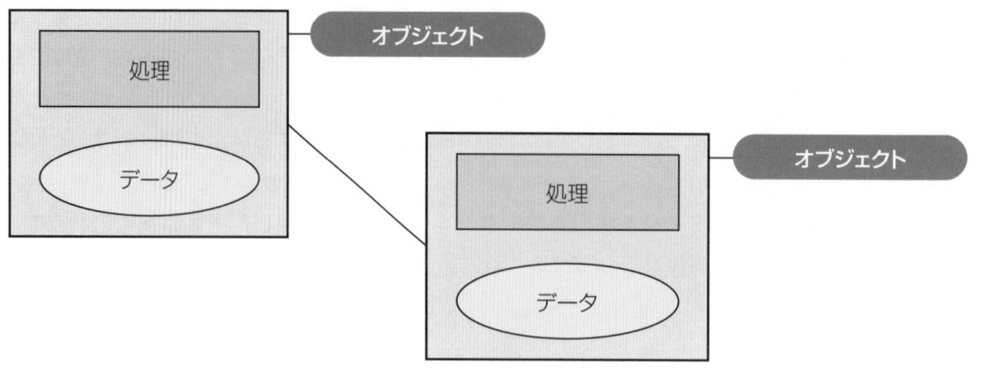

図6-3：オブジェクト指向のデータ処理

また、処理とデータを1つのまとまりとして扱うと、ほかのアプリケーションを作る際にも再利用しやすいという利点が生まれました。

それぞれの設計手法のポイントを下の表6-1にまとめます。

表6-1：設計手法の種類と概要

設計手法	ポイント	利点	欠点
構造化設計	処理をまとめたもの	大規模アプリケーションが開発可能	処理の再利用が難しい
データ中心アプローチ	データに着目	見通しの良い設計が可能	処理の再利用が難しい
オブジェクト指向	処理とデータをまとめたもの	処理の再利用がしやすい	用語が難解でハードルが高い

オブジェクト指向には、多様で複雑な部分もあります。そのため、オブジェクト指向を極めたい方は専門の本を読むことをお勧めします。本書では、はじめてプログラムをする人の視点に立って、必要なこと、便利なことを中心に解説していきたいと思います。

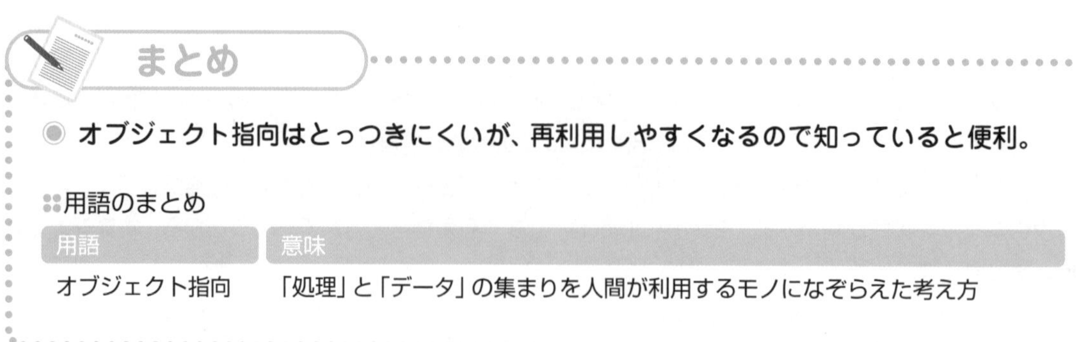

まとめ

◉ **オブジェクト指向はとっつきにくいが、再利用しやすくなるので知っていると便利。**

用語のまとめ

用語	意味
オブジェクト指向	「処理」と「データ」の集まりを人間が利用するモノになぞらえた考え方

2 プロパティ、メソッド、イベント、イベントハンドラー

まずは、オブジェクト指向の中でも、よく使う用語から説明していきましょう。プロパティ、メソッド、イベント、イベントハンドラーの話です。

●プロパティって何だろう？

プロパティは、オブジェクトの中の「データ」にあたる部分です。オブジェクトが持っている、そのオブジェクトの「性質」を表すデータです。

なお、プロパティは正確には、6.4節で説明するカプセル化の概念も含むのですが、現時点では単なるデータだと思っていただいてかまいません。オブジェクト指向の用語では、**属性**とも言います。

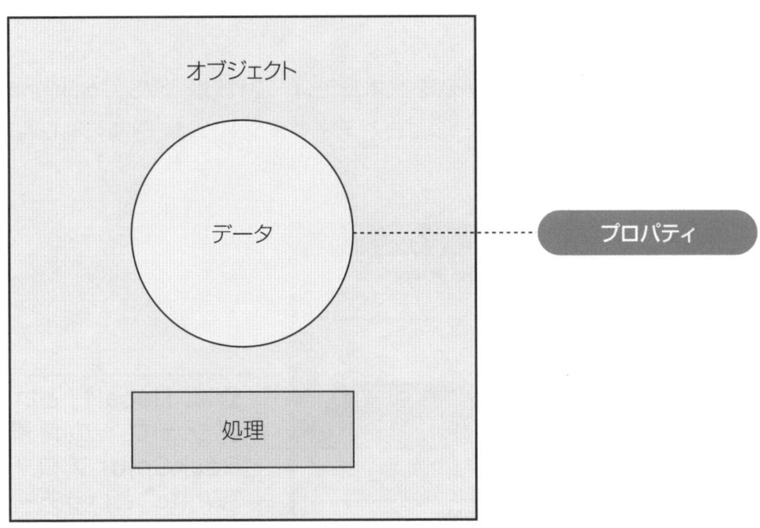

図6-4：プロパティの仕組み

●プロパティのサンプルを作成する

難しい話よりも、身近な例を見ていきましょう。プロパティの仕組みを理解するために、簡単なサンプルを作ってみます。まず次の表6-2の設定で、ひな形を作成してください。

表6-2：**サンプルソリューションの設定**

画面名	キーワード	値、選択した項目
Visual Studio 2022	開始する	新しいプロジェクトの作成
新しいプロジェクトの作成	プロジェクトテンプレート	Windows フォームアプリ [C#]
新しいプロジェクトを構成	プロジェクト名	ObjectOrientedSamples
	場所	C:¥VCS2022_Application¥Chapter6-2
	ソリューション名	(プロジェクト名と同じ)
追加情報	フレームワーク	.NET 6.0 (長期的なサポート)

ひな形が完成したら、デザイン画面でForm1にLabelコントロールを1つ貼り付けて、「こんにちは」と表示させてみましょう。次のデザイン画面では、Form1に「こんにちは」と表示されています。

このForm1をVisual Studio Community 2022（本章では、これ以降、VS Community 2022と略します）の**プロパティウィンドウ**で見てみましょう。プロパティウィンドウは、画面に貼り付けた部品の値を設定・変更する領域です。

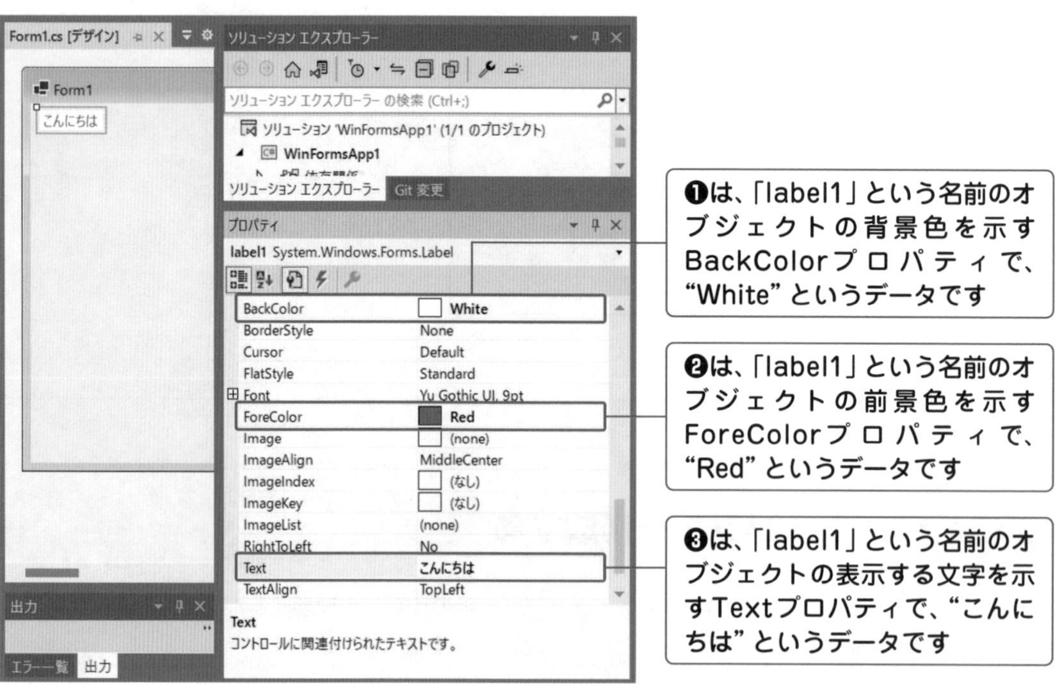

このようにプロパティの値は、デザイン画面の「label1」オブジェクトのプロパティウィンドウで設定できます。また、次のサンプルコードのように、コード画面（プログラムコード）でも値を設定できます。

なお、Form1_Loadイベントハンドラーは、Formが起動したときに呼ばれるメソッドです。デザイン画面でForm1をダブルクリックすると作成されます。

List 1 サンプルコード（label1の設定：Form1.cs）

```
private void Form1_Load(object sender, EventArgs e)
{
    label1.BackColor = Color.White; ――❶
    label1.ForeColor = Color.Red; ――❷
    label1.Text = "こんにちは"; ――❸
}
```

Tips デザイン画面とコード画面、どっちで書けばいいの？

❶〜❸は、デザイン画面でもコード画面でも表現できます。はじめて表示される場合のデータはデザイン画面で、後から値を変える場合はコード画面を使うとよいでしょう。

●メソッドって何だろう？

前述したように、オブジェクトは、「処理」と「データ」からできていますが、その「処理」にあたるものが**メソッド**です。

データを操作する処理は、データとともにオブジェクトの内部にあるため、外部から処理内容を隠せます。また、処理を開始させるには、外部や内部から処理を呼び出します。

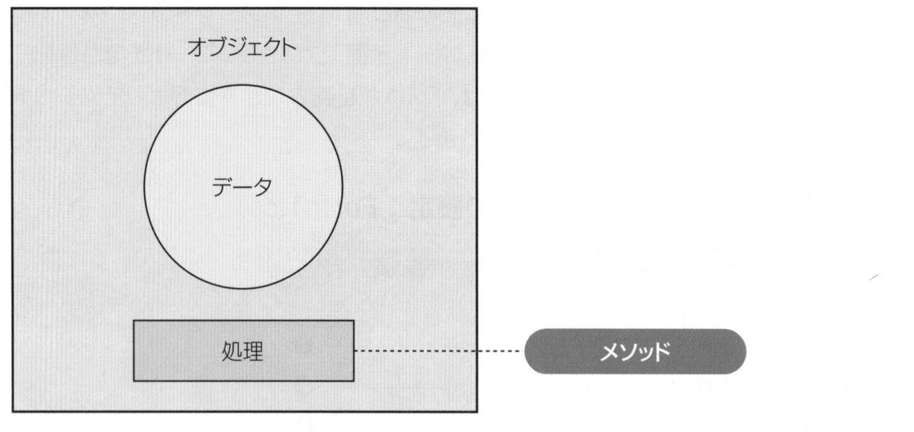
オブジェクト
データ
処理
メソッド

図6-5：メソッドの仕組み

例を見てみましょう。下の例では、［メソッド呼び出し］ボタンをクリックすると、Windowsフォームの「こんにちは」を非表示にした後、新たに「こんにちは」と書かれたメッセージボックスを表示しています。

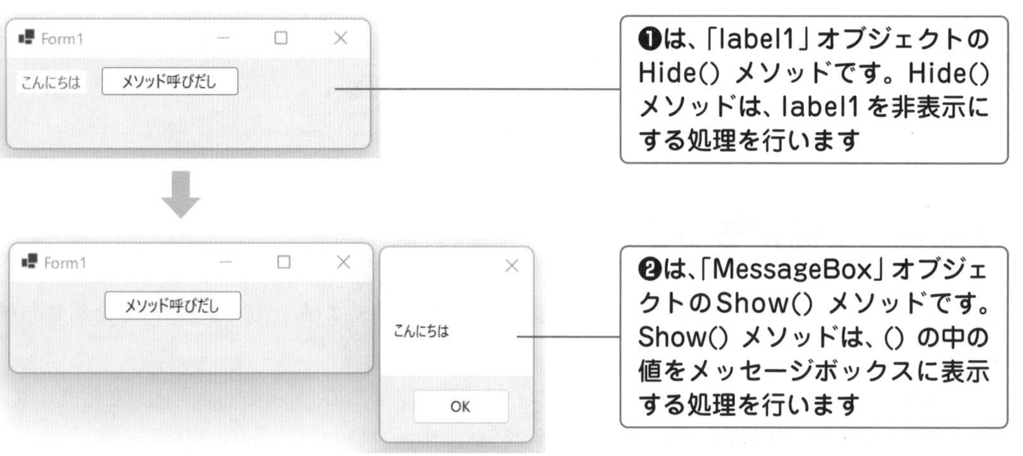
Form1
こんにちは
メソッド呼びだし
❶は、「label1」オブジェクトのHide() メソッドです。Hide() メソッドは、label1を非表示にする処理を行います
Form1
メソッド呼びだし
こんにちは
OK
❷は、「MessageBox」オブジェクトのShow() メソッドです。Show() メソッドは、() の中の値をメッセージボックスに表示する処理を行います

コードを見てみましょう。

List 2 サンプルコード（メソッドを呼び出す場合の記述例：Form1.cs）

```
private void button1_Click(object sender, EventArgs e)
{
    // ボタンがクリックされた時に以下のメソッド呼び出し
    label1.Hide();                    // ①
    MessageBox.Show("こんにちは");    // ②
}
```

各コントロールもオブジェクトでできているので、メソッドを持っています。その場合は以下のように、

コントロール名.メソッド名();

で呼び出すことができます。

また、自分でメソッドを作成することもできます。メソッドの中には、処理を順番に書きます。

List 3 サンプルコード（自分でMyMethod()というメソッドを新しく作成する場合の記述例）

```
// 自分で作成したMyMethodを書く例
public void MyMethod()
{
    //処理
}
```

イベントって何だろう？

イベントは、オブジェクトの処理を行うきっかけにあたるものです。

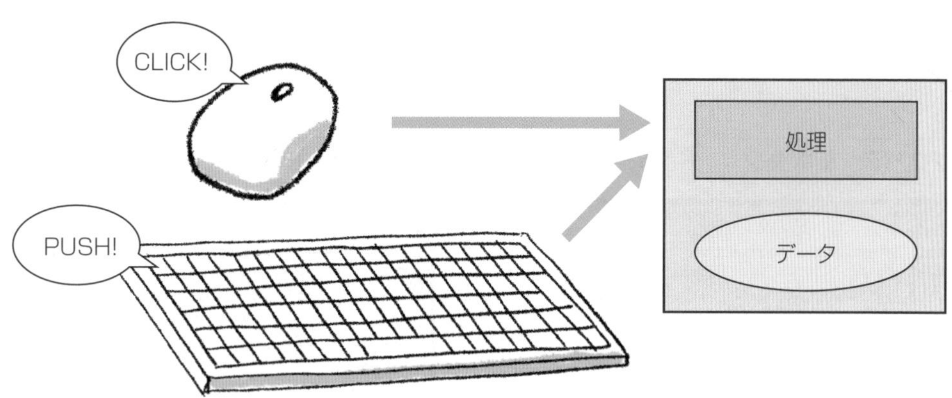

図6-6：イベントの仕組み

「マウスで画面上のボタンをクリックする」「キーボードで特定の文字を入力する」などのきっかけが起こると、対応したメソッドが処理を行います。例を見てみましょう。

なお、イベントは処理のきっかけを表すものですから、プログラムコードがありません。

Tips イベントの一覧表示

VS Community 2022の開発環境では、デザイン画面を表示しているときのプロパティウィンドウで、**プロパティ一覧**と**イベント一覧**を簡単に切り替えることができます。

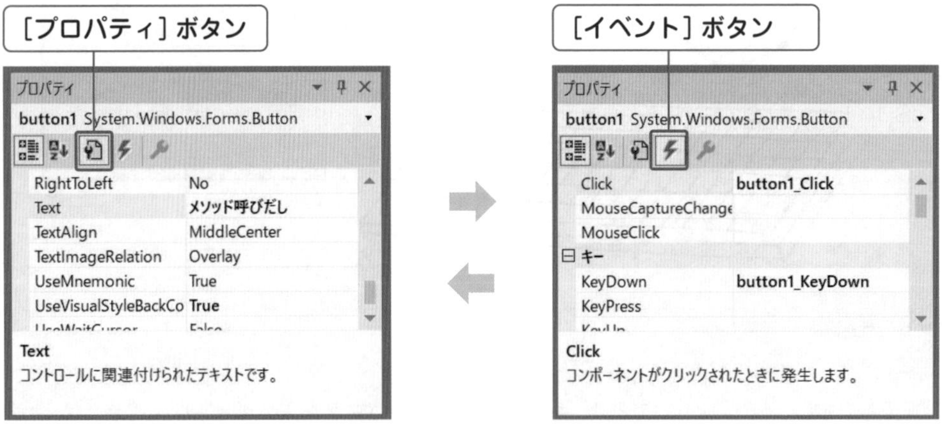

［プロパティ］ボタン

［イベント］ボタン

プロパティには、そのオブジェクトのデータの値を記述します。イベントには、イベントに関連付けたメソッドの名前と、この後に説明するイベントハンドラーを記述します。

●イベントハンドラーって何だろう？

イベントハンドラーは、イベントが発生したときに実際に呼ばれるメソッドのことです。名前はちょっと難しいですが、要するにイベントをハンドルする（Handle：処理する）仕組みだと考えてください。

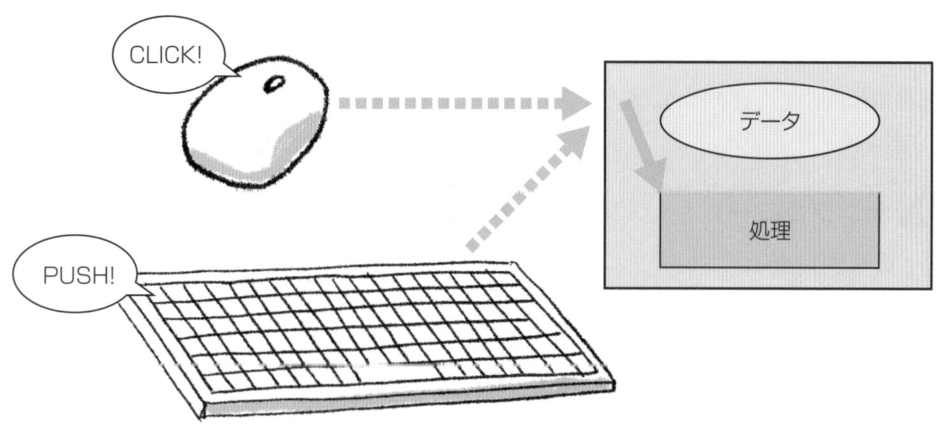

図6-7：イベントハンドラーの仕組み

VS Community 2022では、イベントとメソッドをイベントハンドラーという仕組みで対応させることによって、ドラッグ&ドロップで画面開発ができるようになっています。例を見てみましょう。

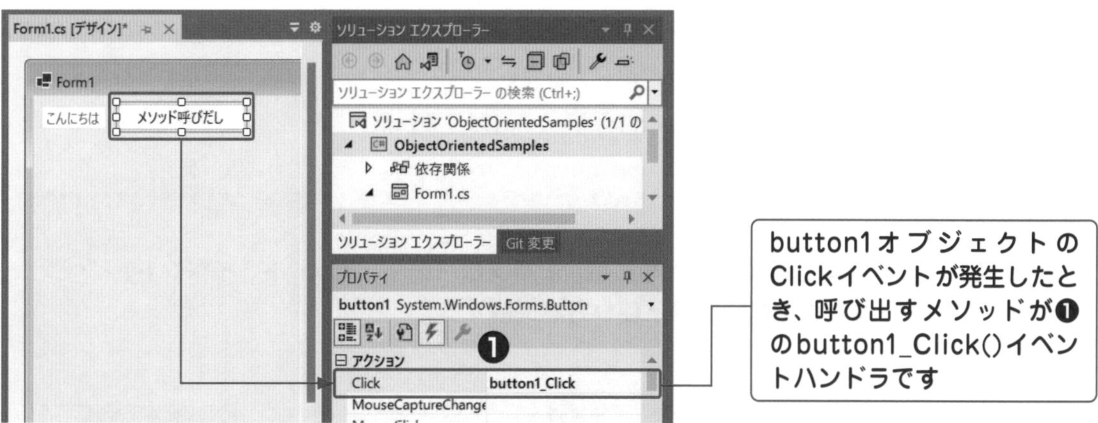

［メソッド呼び出し］ボタンをクリックすると、❶の**button1_Click()イベントハンドラー**が呼ばれます。クリックという動作と、処理を行うメソッドを結び付ける仕組みがイベントハンドラーなのです。

なお、button1_Click()イベントハンドラーは、VS Community 2022が自動的に付けた名前です。デザイン画面でコントロールをクリックすると、コントロールに対応した一番よく使うClickイベントに対応したメソッドを、以下の規則で自動生成します。

コントロール名_イベント名()

プロパティウィンドウの[イベント]ボタンをクリックしたときに表示される箇所で、自由に名前を設定することもできます。慣れるまでは、自動で付けてくれた名前をそのまま使っても問題ありません。

次のサンプルコードは、イベントハンドラーの記述例です。イベントハンドラー自体はVS Community 2022が自動で生成してくれるため、メソッド部分のコードを書く必要はありません。中の処理を記載することになります。

List 4 サンプルコード(イベントハンドラーの記述例:Form1.cs)

```
// ボタンのクリック時に以下のメソッド呼び出し
private void button1_Click(object sender, EventArgs e)
{
    // 処理
}
```


また、イベントハンドラーには、必ず引数(ひきすう)が2つあるというお約束があります。

引数とは、メソッドを呼び出す際に引き渡す情報のことで、イベントハンドラーの最初の**第1引数**が「どのオブジェクトから呼ばれたか」という情報を示します。

また、**第2引数**は、どんな手段で呼ばれたかという情報を示しています。どんな手段かというのは、キーボードの場合、「どんな手段でキーが押されたか」、つまり「どのキーが押されたか」という情報を示します。マウスの場合は、「マウスのどのボタンが押されたか」「どの位置で押されたか」という情報を示します。

まとめ

◉ **オブジェクト指向を理解するためには、まずプロパティ、メソッド、イベント、イベントハンドラーなどの用語の意味と使い方を理解する。**

用語のまとめ

用語	意味
プロパティ	オブジェクトの中の「データ」にあたる部分
メソッド	オブジェクトの中の「処理」にあたる部分
イベント	オブジェクトの処理を行うきっかけにあたるもの
イベントハンドラー	イベントが発生したときに、実際に呼ばれるメソッド

3 クラス、インスタンス

オブジェクト指向プログラミングで一番よく使うのが、クラスとインスタンスです。その考え方は少し難しいのですが、身近なところで使われているので、よく覚えておいてください。

●クラスって何だろう？

前回、**データ**と**処理**を１つにまとめたものを**オブジェクト**と言いましたが、「共通の目的」を持ったデータと処理を集めたものを**クラス**と言います。クラスの意味するところが、英語なのでニュアンスがわかりづらいですが、「共通の性質を持った物の集まり、部類」という意味になります。

Windowsフォームも「フォームを使う」という目的を持ったデータと処理を集めたクラスです。また、ツールボックスもクラスです。

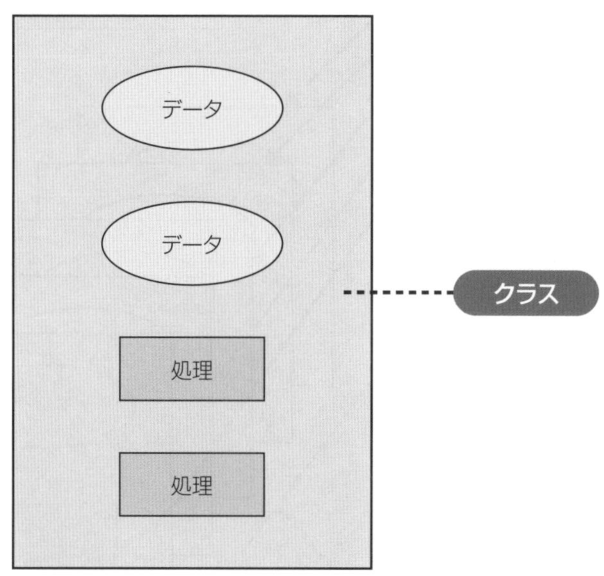

図6-8：クラスの仕組み

このクラスの中に**プロパティ**や**メソッド**を記述します。

インスタンスって何だろう？

クラスを元にして、実際に処理やデータを扱うものを**インスタンス**と言います。日本語だと、ちょっとわかりにくいですが、インスタンスは「実体」という意味です。英語の「for instance」が「実際の例」という意味になるので、そのニュアンスになります。

1つのクラスから、多くの実体であるインスタンスが生成されます。

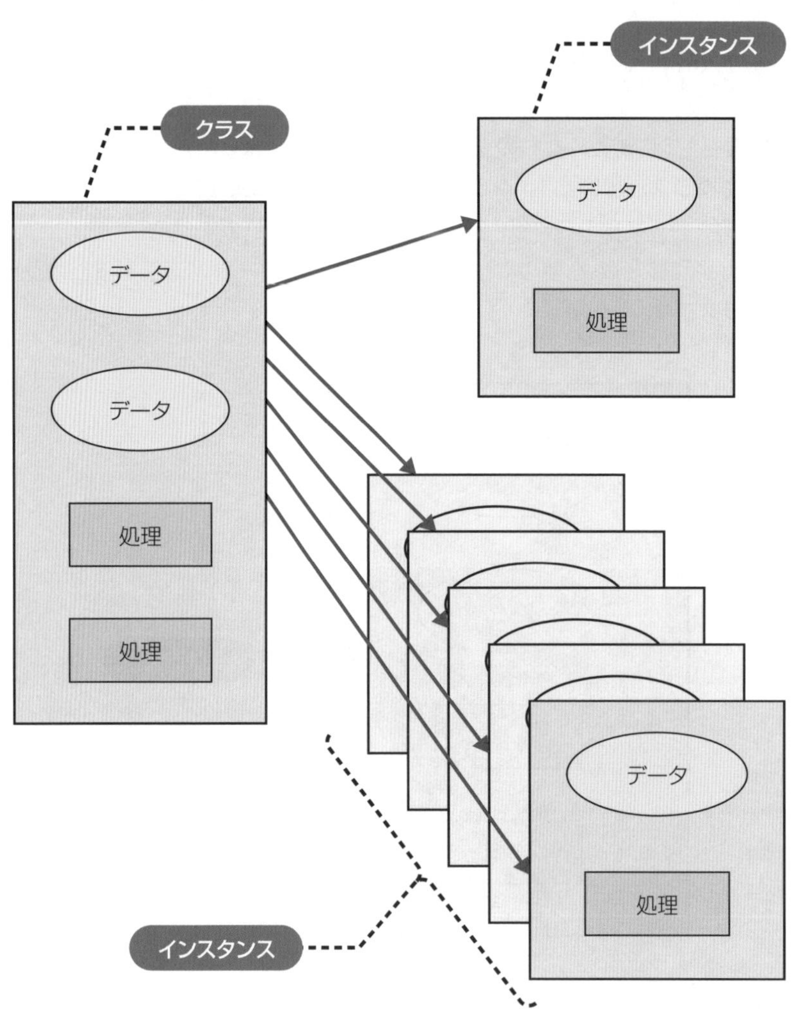

図6-9：**インスタンスの仕組み**

処理を行う場合もクラスを直接処理するのではなく、クラスから生成されたインスタンスに対して処理を行います。

言葉で説明しただけでは、クラスとインスタンスの関係がなかなかイメージしづらいと思いますので、料理に例えてみます。

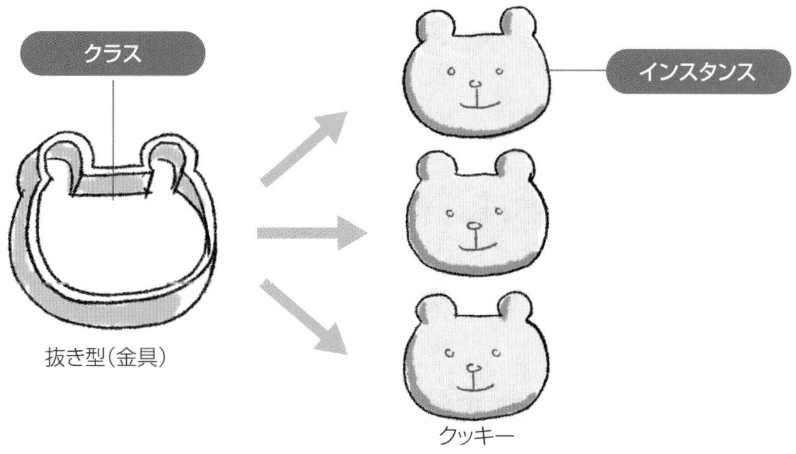

図6-10：クラスとインスタンスの関係

クラスは、クッキーをくりぬく「抜き型（金具）」に相当します。1つの抜き型から大量のクッキー（実体）を作ることができます。私たちが実際に食べるのも、クッキーの実体（インスタンス）です。実体には形だけでなく、具体的な色や味、匂いといったデータが各々備わっているというイメージです。

実際の例では、ツールボックスにある部品（コントロール）が**クラス**です。その部品をフォームに貼り付けたものが、実体の**インスタンス**になります。

私たちが実行する場合は、フォーム上に配置された実体のボタンをクリックするというわけです。

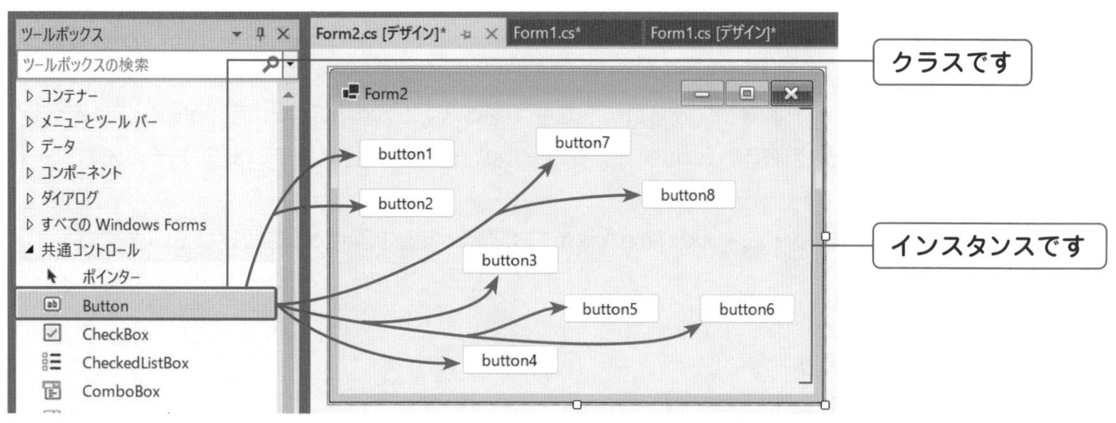

Windowsフォームそのものも、クラスです。以下にクラスのサンプルコードを示します。

List 1 サンプルコード（クラスの記述例）

```
public partial ❶class ❷Form1 : Form
{
    // Windows フォームの処理やデータのコード
}
```

表6-3：List1のコード解説

No.	コード	内容
❶	class	クラスであることを示します
❷	Form1	このクラスの名前です

●クラスのサンプルを作成する

クラスの仕組みを体験するために、簡単なサンプルを作ってみましょう。次の表6-4の設定で、ひな形を作成してください。

表6-4：サンプルソリューションの設定

画面名	選択	値および選択した項目
Visual Studio 2022	開始する	新しいプロジェクトの作成
新しいプロジェクトの作成	プロジェクトテンプレート	Windowsフォームアプリ [C#]
新しいプロジェクトを構成	プロジェクト名	ClassSamples
	場所	C:¥VCS2022_Application¥Chapter6-3
	ソリューション名	（プロジェクト名と同じ）
追加情報	フレームワーク	.NET 6.0 (長期的なサポート)

ひな形が完成したら、ツールボックスからコントロールを配置し、次のような画面を作成してください。表6-5は、コントロールの設定値です（Labelコントロールの設定値は、省略しています）。その先のコードと関係します。

また、すべてのTextBoxコントロールのTextAlignプロパティ*は、「Center」に設定しています。

＊**TextAlignプロパティ**　テキストをどのように配置するかを設定するプロパティ。「Center」は中央に揃えて配置します。

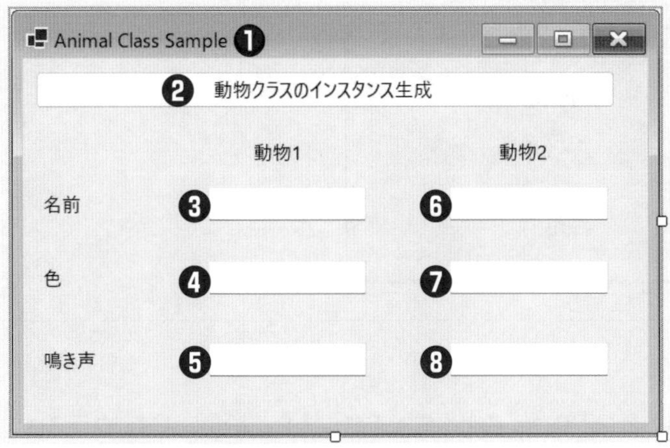

表6-5：各コントロールのプロパティの設定

No.	コントロール名	プロパティ名	内容
❶	Formコントロール	Textプロパティ	Animal Class Sample
❷	Buttonコントロール	(Name)プロパティ	buttonAnimalInstanceCreate
		Textプロパティ	動物クラスのインスタンス生成
❸	TextBoxコントロール	(Name)プロパティ	textBoxName1
❹	TextBoxコントロール	(Name)プロパティ	textBoxColor1
❺	TextBoxコントロール	(Name)プロパティ	textBoxSing1
❻	TextBoxコントロール	(Name)プロパティ	textBoxName2
❼	TextBoxコントロール	(Name)プロパティ	textBoxColor2
❽	TextBoxコントロール	(Name)プロパティ	textBoxSing2

［buttonAnimalInstanceCreate］ボタンをダブルクリックして、**buttonAnimalInstanceCreate_Click()イベントハンドラー**を作成しておきましょう。こちらにAnimalインスタンスを設定する部分を記載します。

それでは早速、クラスを作成してみましょう。クラスの名前は、Animal（動物）クラスになります。また、動物の名前を表すデータの「Name」、色を表すデータの「Color」、動物の鳴き声を返す処理の「Sing()メソッド」が記述されています。

Amimal
Name
Color
Sing()

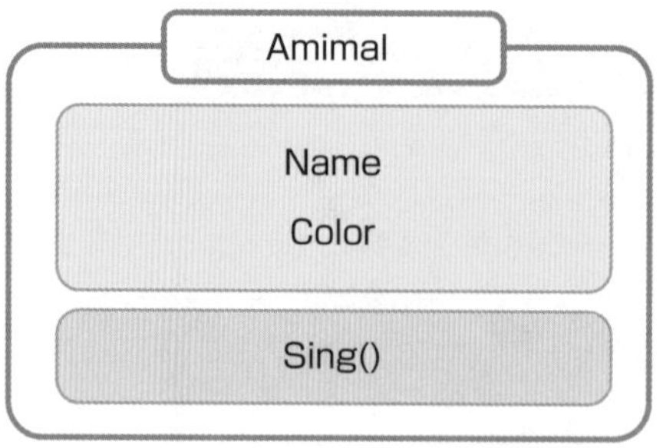

図6-11：動物クラスのイメージ

実際にコードを書く前に、VS Community 2022でクラスを作成するお作法をご紹介します。クラスはいろんなコードから利用されるので、基本的に1つのクラスは、1ファイルで作成するようにします。

クラスは、下記の手順で作成します。VS Community 2022の場合は、「こんなことができると便利だな」という機能は右クリックすると、大概できるようになっています。

1 新しいクラスを作成する

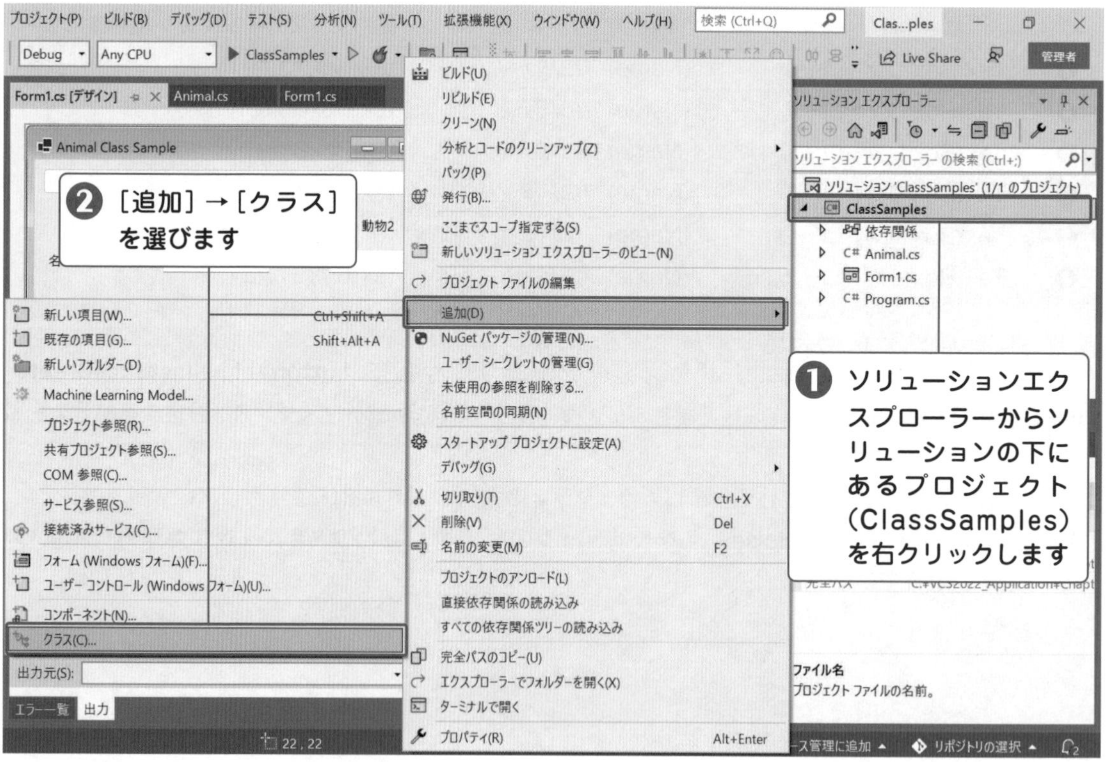

❷［追加］→［クラス］を選びます
❶ソリューションエクスプローラーからソリューションの下にあるプロジェクト（ClassSamples）を右クリックします
追加(D)
クラス(C)...
ClassSamples

2 クラス名を設定する

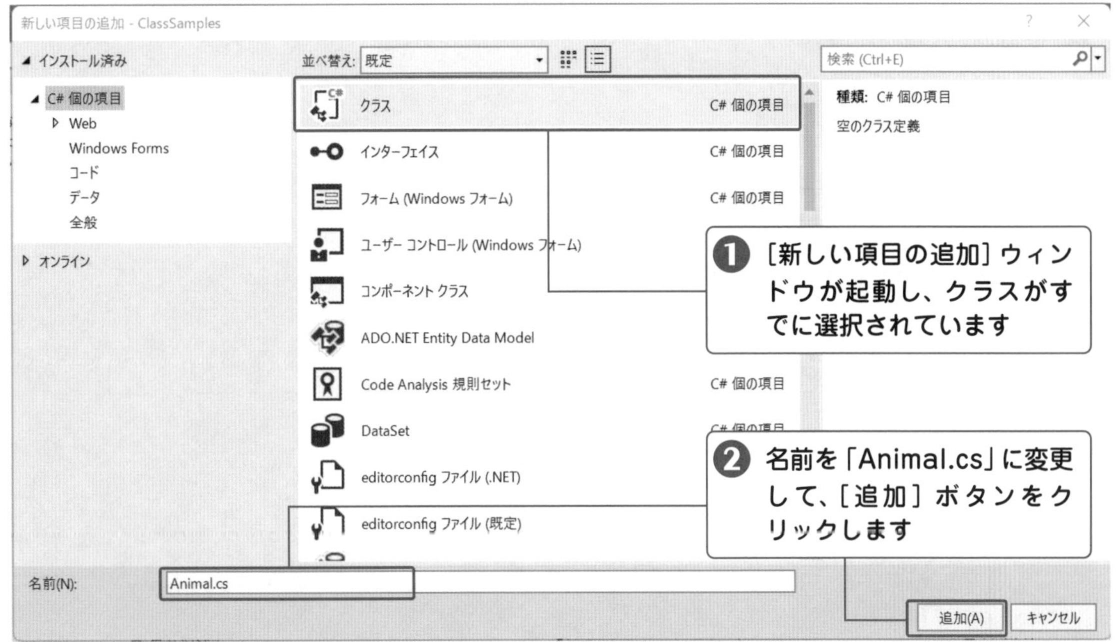

3 Animalクラスのひな形が作成された

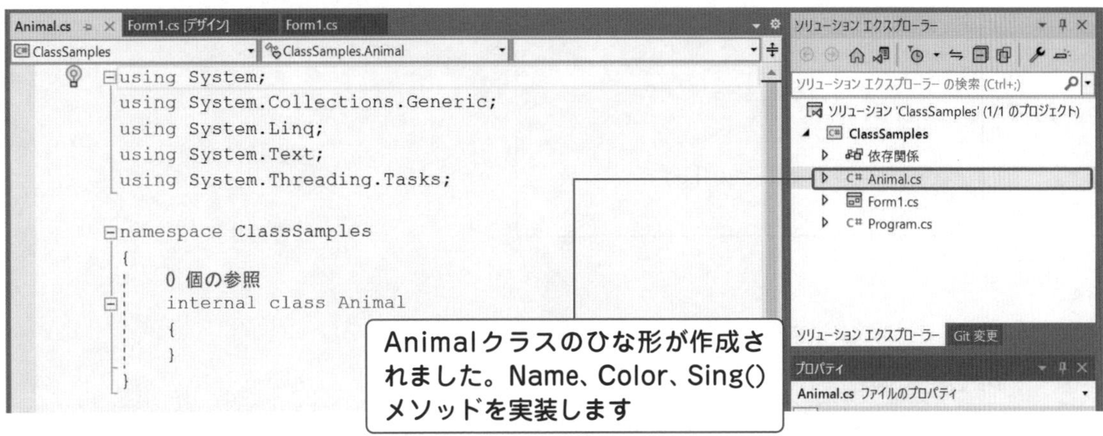

次のサンプルコードは、List2がAnimalクラス（動物クラス）の記述例、List3がAnimalクラスのインスタンスを呼び出すサンプルコードです。　　　の部分は、自動で記述される部分になります。

また、インスタンスは、**newキーワード**で**クラス名**を指定して作成します。

List 2 サンプルコード（Animalクラスの記述例：Animal.cs）

```
namespace ClassSamples
{
    internal ❶class Animal
    {
        ❷public string name = "";
        public string color = ""; // 色
        ❸public string Sing()
        {
            string resultString = "";
            if (❹name == "ネコ")
            {
                resultString = "にゃー！";
            }
            else if (name == "イヌ")
            {
                resultString = "わんわん！";
            }
            else
            {
                resultString = "？";
            }
            return resultString;
        }
    }
}
```

表6-6：List2のコード解説

No.	コード	内容
❶	class Animal	Animal クラスを定義しています。クラスの宣言は、classと書きます
❷	public string name	Animalクラスで扱うデータの宣言です

❸	public string Sing()
	{
	～
	}
		Animalクラスで扱うメソッドです。外部から呼び出されると、こちらに記載した処理が実行されます

❹	name	変数nameはメソッドの内部では宣言されていません。Animalクラス全体で使うことができます。外部に公開している変数なので、外部から値が変更できます。その変更された値をみて処理を行っています

List 3 Animalクラスのインスタンスを呼び出すサンプルコード（Form1.cs）

```
namespace ClassSamples
{
    public partial class Form1 : Form
    {
        public Form1()
        {
            InitializeComponent();
        }

        private void buttonAnimalInstanceCreate_Click(object sender, EventArgs e)
        {
❶           Animal cat = new Animal();  // catという名前のインスタンス生成
❷           Animal dog = new Animal();  // dogという名前のインスタンス生成

            // catインスタンスに具体的な値を設定
❸           cat.name = "ネコ";
            cat.color = "白";
            // catインスタンスの値をテキストボックスに表示
            textBoxName1.Text = cat.name;
            textBoxColor1.Text = cat.color;
            textBoxSing1.Text = ❹cat.Sing();

            // dogインスタンスに具体的な値を設定
            dog.name = "イヌ";
            dog.color = "茶";
            // dogインスタンスの値をテキストボックスに表示
            textBoxName2.Text = dog.name;
            textBoxColor2.Text = dog.color;
            textBoxSing2.Text = ❺dog.Sing();
```

上級編 Chapter 6

```
        }
    }
}
```

表6-7：List3のコード解説

No.	コード	内容
❶	`Animal cat = new Animal();`	Animal catの部分は、int aと同じく、Aanimalクラスの変数を宣言しています。変数名がcatですね。イコールの右辺のnew Animal()でインスタンス（実体）を生成しています。この実体の生成以降、catという変数を使って値の設定、メソッドの呼び出しができるようになります
❷	`Animal dog = new Animal();`	Animalクラスのインスタンスをdogという名前で生成しています。このように1つのクラスから変数の名前を変えることで、いくつものインスタンスを作成することができます
❸	`cat.name = "ネコ";`	インスタンスに対して、プロパティやメソッドを呼び出します。この例では、catインスタンスのnameプロパティに"ネコ"を設定しています
❹	`cat.Sing();`	catインスタンスを利用して、Sing()メソッドを呼びます。内部の処理では、設定したnameによって結果の鳴き声を変える処理をしています。ここでは、cat.nameは"ネコ"に設定されているので、Sing()は、"にゃー！"を返します
❺	`dog.Sing();`	dogインスタンスを利用して、Sing()メソッドを呼びます。dog.nameは"イヌ"に設定されているので、Sing()は、"わんわん！"を返します

まとめ

- **クラスは、共通した目的を持ったデータと処理の集まりで、「ひな形」「抜き型」に相当する。**
- **インスタンスは「実体」で、クラスから大量に複製して作ることができる。**
- **インスタンスは、newキーワードでクラス名を指定して作成する。**

用語のまとめ

用語	意味
クラス	共通の目的を持ったデータと処理を集めたもの
インスタンス	クラスを元にして、実際に処理やデータを扱うもの

4 カプセル化

オブジェクト指向プログラミングで、データを保護するためによく使われるカプセル化の概念を理解しましょう。

●カプセル化って何だろう？

構造化設計が行われていた頃は、データを誤った方法で使わないように、チェック用のメソッドを作っていました。

例えば、クッキーの色を指定したいとき、色を示す文字列を渡す処理があったとして、

```
クマのクッキー.色 = "茶色";
```

となっていればよいのですが、

```
クマのクッキー.色 = 123;
```

だと何色かわかりません。そのため、いったんチェックしてから値を代入していました。

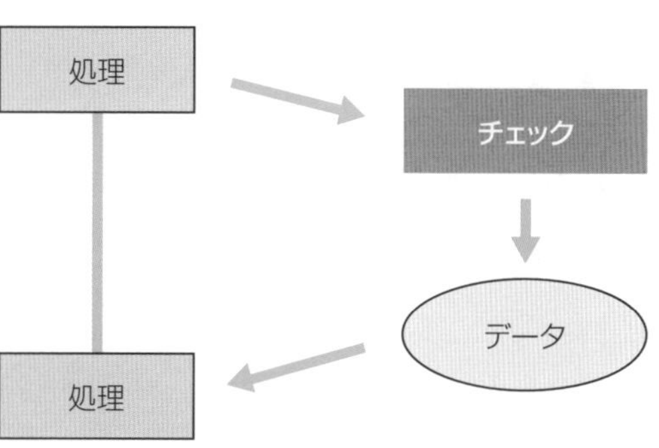

図6-12：データのチェックと処理の方法①

しかし、このチェックの存在を知らない人が勝手にチェック処理を作成したり、チェックせずに値を入れたりするケースがあり、データが知らない間に破壊されることがあります。

オブジェクト指向プログラミングでは、データとチェック処理が一緒にあるので、値を代入する際、必ずチェックしてからデータに値を入れることができるようになりました。

そして、チェックなしにデータを触らせないようにするため、データそのものを直接ふれないようにすることもできます。

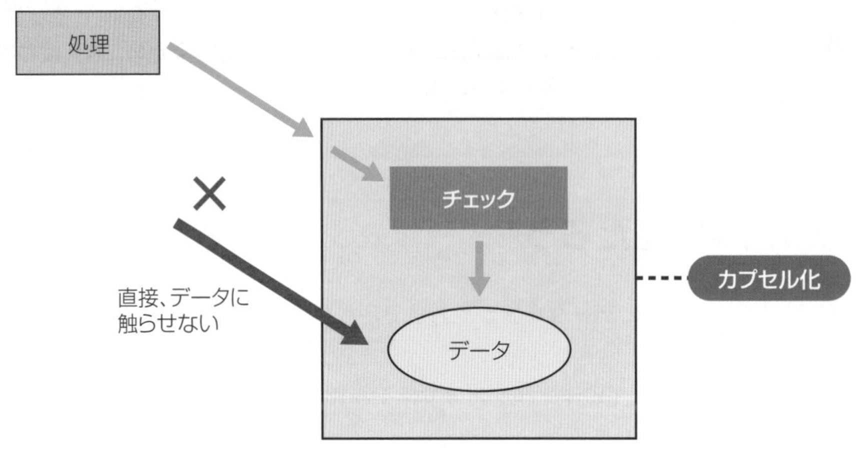

図6-13：データのチェックと処理の方法②

外部からデータが直接ふれないように、オブジェクトの中に処理とデータを隠し、オブジェクトを操作するために必要な処理のみ外部に公開することを**カプセル化**と言います。カプセルのように、中に処理とデータを閉じ込めることで、データを安全に確保することができるようになりました。

イメージ的には、薬のカプセルと同じで、中身が守られているというイメージです。

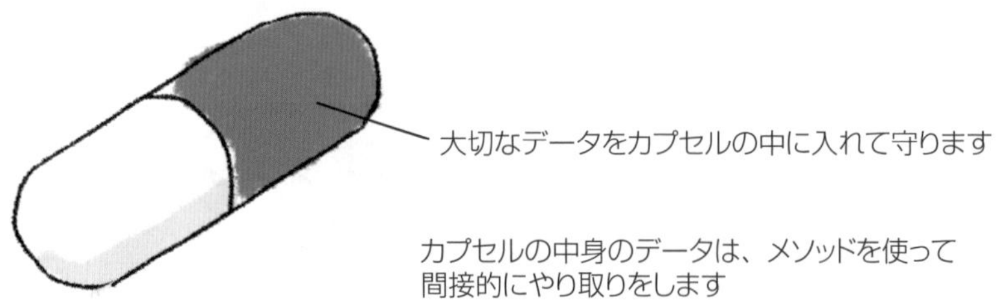

図6-14：カプセル化のイメージ

カプセル化が実現されている例を見てみましょう。実はプロパティは、カプセル化によって守られています。VS Community 2022での実現例は、次の通りです。

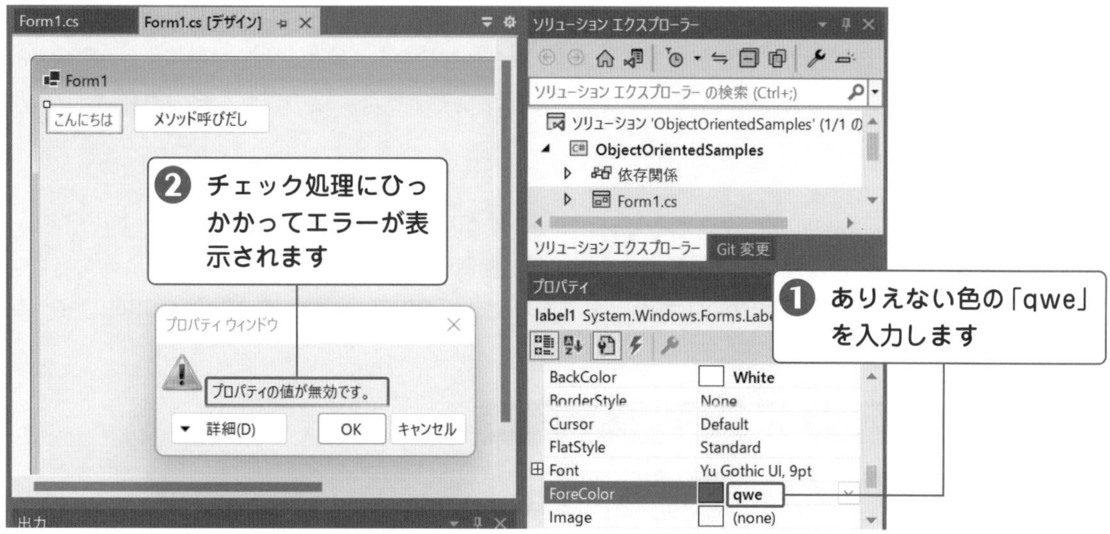

label1のBackColorプロパティに、「ありえない色」として「qwe」を入力して［Enter］キーを押すと、「プロパティの値が無効です。」と警告されます。つまり、直接、値を設定しようとしても、チェック処理にひっかかってエラーが表示されたのです。

なお、カプセル化は英語で「encapsulation」と言います。難しい英単語ですが、「en-」(〜にする) +「capsule」(カプセル) +「-tion」(名詞化) という意味があり、「カプセルにする」の名詞形でカプセル化だとイメージいただければよいかと思います。

●カプセル化のサンプルを作成する

それではカプセル化のサンプルコードを書いてみましょう。次の表6-8の設定で、ひな形を作成してください。

表6-8：サンプルソリューションの設定

画面名	選択	値および選択した項目
Visual Studio 2022	開始する	新しいプロジェクトの作成
新しいプロジェクトの作成	プロジェクトテンプレート	Windowsフォームアプリ [C#]
新しいプロジェクトを構成	プロジェクト名	EncapsulationSamples
	場所	C:¥VCS2022_Application¥Chapter6-4
	ソリューション名	(プロジェクト名と同じ)
追加情報	フレームワーク	.NET 6.0 (長期的なサポート)

このEncapsulationSamplesは、カプセル化の説明をするサンプルです。ボタンをクリックすると、テキストボックスに書いた色でLabel部分が着色されます。存在しない色や、何も入力しない場合は、Blackとなります(初期値としてもBlackをテキストボックスに設定してあります)。カプセル化の実装は、プロパティの仕組みを使っています。

ひな形が完成したら、ツールボックスからコントロールを配置し、次のような画面を作成してください。表6-9は、各コントロールの設定値です(その先のコードと関係します)。

画面が完成したら、[buttonSetColor] ボタンをダブルクリックして、**buttonSetColor_Click()イベントハンドラー**を作成します。

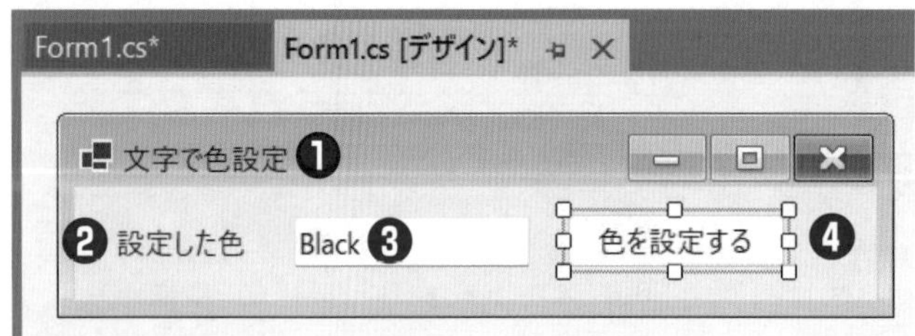

表6-9：**各コントロールのプロパティの設定**

No.	コントロール名	プロパティ名	内容
❶	Formコントロール	Textプロパティ	文字で色を設定
❷	Labelコントロール	(Name) プロパティ	labelColorResult
		Textプロパティ	設定した色
❸	TextBoxコントロー	(Name)	textBoxColorValue
		Textプロパティ	Black
❹	Buttonコントロール	(Name) プロパティ	buttonSetColor
		Textプロパティ	色を設定する

カプセル化の概念を実現するために、内部の変数とその変数を設定するための仕組みとして、プロパティを実装します。　　　の部分は、自動で記述される部分です。

コードの中にget、setというキーワード*があったら**プロパティの宣言**のことで、**getキーワード**で内部の変数を外部から読み取り、**setキーワード**で外部の値を内部の変数に設定します。

List 1 サンプルコード(カプセル化の実現、プロパティを使って実装した例：Form1.cs)

```
namespace EncapsulationSamples
{
    public partial class Form1 : Form
```

*get、setというキーワード　**getアクセサー**、**setアクセサー**とも呼ばれます。アクセサーとは、オブジェクト内部のデータに外部からアクセスするために用意されたメソッドのようなものです。

```
{
    public Form1()
    {
        InitializeComponent();
    }

    // クラス内部の変数、外から操作できないようにしています。
❶  private string _colorName;

    //プロパティのサンプルコード
❷  public string ColorName
    {
❸      get // 値を取得するメソッドに該当、getは固定、引数や()は書かない
        {
            return _colorName;        // 内部の変数の値を取得
        }
❹      set // 値を設定するメソッドに該当、setは固定、引数や()は書かない
        {
            // setは、引数を書かない代わりに、valueに値が入っています
            // 値のチェックをして内部の変数に適切な値を設定
❺          if (value == "")
            {
                // 値が入力されていない場合、内部の変数にBlackを設定
                _colorName = "Black";
            }
            else
            {
                // 上記以外は入力した値をそのまま内部の変数に設定
                _colorName = value;
            }
        }
    }
    private void buttonSetColor_Click(object sender, EventArgs e)
    {
        // テキストボックスに入力された値をプロパティに設定
❻      ColorName = textBoxColorValue.Text;
```

```
            // プロパティから値を取得して、色に変換。定義されていない色はBlackになります。
            labelColorResult.ForeColor = Color.FromName(ColorName); ❼
        }
    }
}
```

表6-10：List1のコード解説

No.	コード	内容
❶	`private string _colorName;`	「_colorName」という名前の変数（内部データ）を定義しています。カプセルの中に含まれるデータのイメージで、外から操作できないようになっています

❷	`public string ColorName`
	`{`
	`～`
	`}`
		「ColorName」という名前のチェック処理を定義しています。このチェック処理を含めたコードが**プロパティ**で、カプセル化を実現するコードです。こちらを外から操作します

❸	`get`
	`{`
	`～`
	`}`
		getキーワードで出力する値をチェックし、値を返す部分です。クラス内部の変数「_colorName」の値を返すメソッドのようなものです。一般的なメソッドとは異なり、()は使いませんが、リターン値として、「return 値;」を記述します。**チェックが必要なら、ここに処理を書きます**

❹	`set`
	`{`
	`～`
	`}`
		setキーワードで入力された値をチェックし、内部のデータに設定する部分です。クラス内部の変数「_colorName」に値を設定するメソッドのようなものです。一般的なメソッドとは異なり、()を使わないので、引数でのやり取りができず、**valueキーワード**に設定した値が入ります。**チェックが必要ならここに処理を書きます**

❺	`if (value == "")`	setキーワードで設定された値がvalueキーワードに自動的に設定されるので、その値をチェックしています
❻	`ColorName =` `textBoxColorValue.Text;`	**ColorNameプロパティ**に値を設定しています。メソッドの引数で値を引き渡すよりも変数そのものに近い感覚で代入できるイメージです。値を設定した後は、内部的にsetキーワードの部分の処理が実行されます。テキストボックスに入力された値がこのプロパティを経由して内部の変数「_colorName」に代入されます。判定文が記述できるので、想定していない値を受け取らないように処理できます
❼	`Color.FromName(ColorName);`	FromName()メソッドは、引数の文字列の色をColor型に変換して返します。**ColorNameプロパティ**の戻り値の型がstring型なのでFromName()で直接利用しています

Tips .NET 6.0で指定できる色の名前

.NET 6.0で指定できる色の名前の一覧は、下記のWebサイトをご参照ください(1文字の値(R,G,B,A)は、別の用途のものです)。

▼Color構造体

https://docs.microsoft.com/ja-jp/dotnet/api/system.drawing.color?view=net-6.0#properties

コードの中身を細かく理解できなくても大丈夫です。カプセル化を実現しているプロパティは、こんな感じで実現されているという雰囲気だけ感じてください。

なお、メソッドと内部のデータの先頭にあるprivateやpublicは、**アクセス修飾子**といい、表6-11に示した意味があります。

表6-11：アクセス修飾子の種類と意味

アクセス修飾子	意味
private	外部（自分以外のクラス）から見えないようにする（非公開にする）
public	外部に公開する
なし	publicと同じ

まとめ

◉ **オブジェクトが自分自身を守るために「カプセル化」という概念が生まれた。**

用語のまとめ

用語	意味
カプセル化	オブジェクトの中に処理とデータを隠し、オブジェクトを操作するために必要な処理のみ外部に公開すること
アクセス修飾子	自分以外のクラスに見えるようにするか、しないかを指定するキーワード

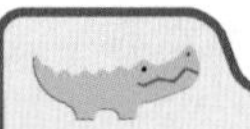

Column 自動実装するプロパティ

プロパティの**getキーワード**、**setキーワード**の中に処理が必要ない場合、次のようにもっと簡単にプロパティの宣言を書くことができます。

```
public Color MyBackColor { get; set; }
```

慣れてきたら、このような書き方にも挑戦してみてください。まずは中で何が行われているかわかるように、丁寧に書いて覚えることをお勧めします。

Column コードスニペット

C#では、プロパティをかなり煩雑に利用します。しかし、コードを書くのが大変です。そのため、短いキーワードである程度、コードを自動で書いてくれる**コードスニペット**の使い方を知っておくとよいでしょう。スニペット（snippet）は、「わずか、少し」という意味です。

プロパティのコードスニペットには複数の種類がありますが、次の手順を知っておくとよいでしょう。

❶「キーワード+[Tab][Tab]」とタイプすると、自動でキーワードのコードを書いてくれます（[Tab][Tab]は、[Tab] キーを2回押すという意味です）。propfullキーワードでプロパティの全実装コード、propキーワードで自動実装するプロパティのコードを自動で書いてくれます。
❷自動で書かれたコード部分を元に、変数名、プロパティ名、戻り値の型などを適切に変更します。

▼コードスニペットの例

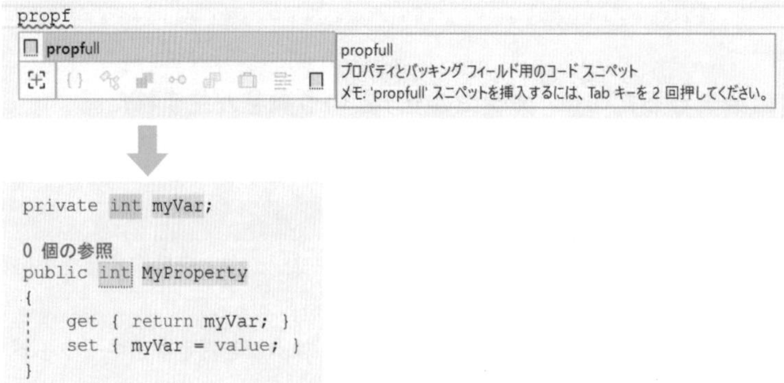

▼コードスニペット（プロパティの全実装コード）

```
propfull [Tab][Tab]
```

▼コードスニペットの結果、自動で書かれたコード

```
private int myVar;

public int MyProperty
{
    get { return myVar; }
    set { myVar = value; }
}
```

▼コードスニペット（自動実装するプロパティ）

```
prop [Tab][Tab]
```

▼コードスニペットの結果、自動で書かれたコード

```
public int MyProperty { get; set; }
```

5 クラスの継承

すでにあるプログラムをうまく使いまわして、プログラムコードを書く手間と時間を大幅に減らしてくれるのが、「クラスの継承」です。ここでは、とても便利なクラスの継承の仕組みを説明します。

●継承って何だろう？

例えば、「クマのクッキーが大好評だったので、ネコとイヌとヒヨコのクッキーを作ってください」と言われたらどうしますか？　それぞれのクッキーごとに材料を用意して、抜き型（金具）も作成しますか？　大変ですよね。

よく似た部分はそのまま流用し、**差分**（さぶん）と呼ばれる「違う部分」だけ作ると楽ができそうです。

プログラムを作成するときも同じ発想です。「すでに存在するプログラムをうまく使いまわして楽をしよう」という考え方です。プログラムの共通した目的の部分を**クラス**としてまとめます。

さらに、クラスの共通する部分を抜き出して基本的なクラスにすることで、その基本的なクラスをうまく使って楽ができるわけです。

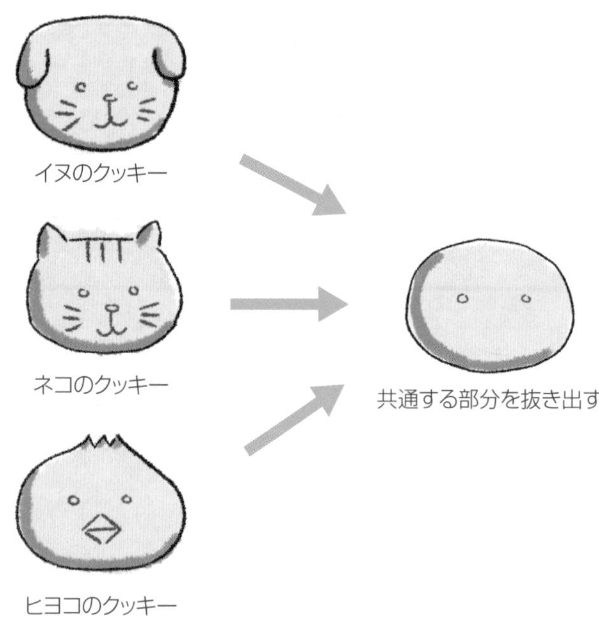

図6-15：たくさんの種類のクッキーを作るには？

共通する部分を抜き出して元になるクラスを作成すると、後は単純に耳やクチバシなどを加えれば楽に作成できます。新しい種類のクッキーも簡単にできそうです。

このように「共通する部分」を抜き出して、元になるクラスから新しいクラスを作成することを、**継承**（けいしょう）と言います。継承という名称の通り、元のクラスの「処理」や「データ」を、継承したクラスに受け継ぐことができます。

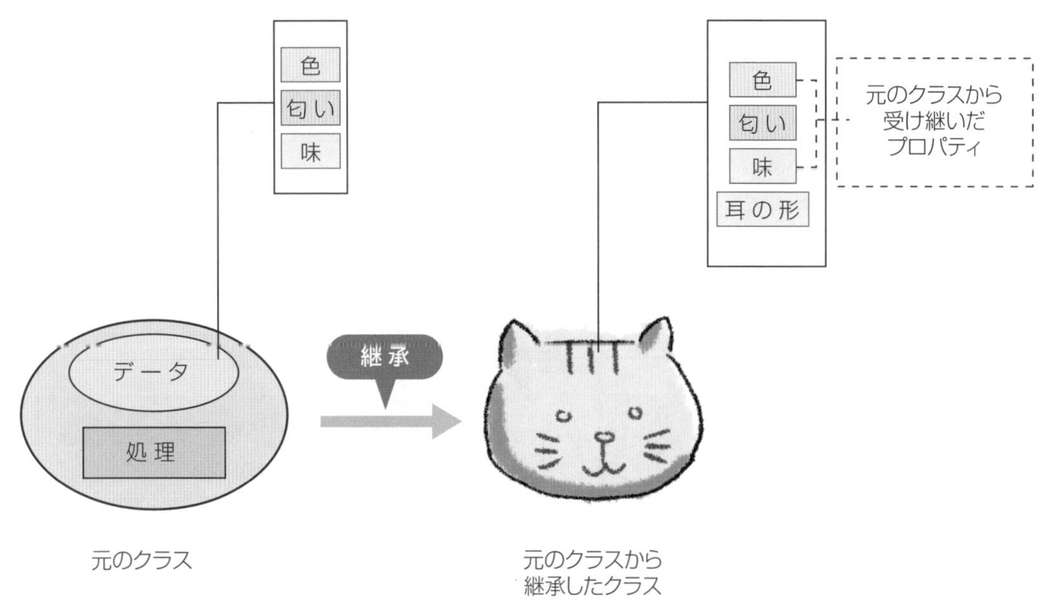

図6-16：元のクラスと継承したクラス

つまり、**元のクラス（親クラス）**で作成したプロパティとメソッドは、**継承した新しいクラス（子クラス）**に受け継がれるというわけです。

継承によって作成された子クラスは、親クラスが持っているプロパティ、メソッドを受け継ぐので、何もしなくても、そのまま自分のクラスのプロパティ、メソッドとして使用できます。そして、足りないプロパティ、メソッドがあれば追加する、というわけです。

これにより、同じコードを何度も書く手間が省ける差分コーディング*ができます。

以下は、Animalクラスのイメージと、それを継承したクラスであるCatクラスのイメージです。

＊**差分コーディング**　差分（さぶん）とは、それぞれの間にある差のこと。継承によって作成されたクラスの独自部分だけを追加・修正するコーディング方法。なお、コードを書くことをコーディングという。

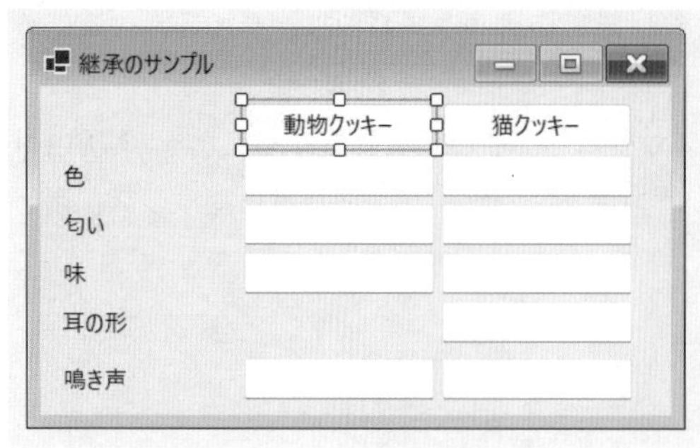

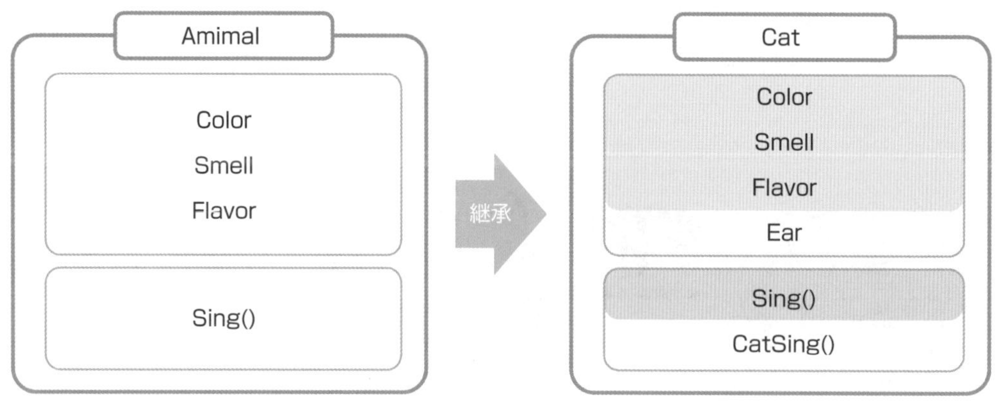

図6-17：Animalクラスと、それを継承したCatクラス

元になる親クラスの名前は、Animal（動物）クラスです。動物クッキーの色を表すデータの「Color」、匂いを表すデータの「Smell」、味を表すデータの「Flavor」、鳴き声を返す処理の「Sing()メソッド」を定義します。

そして、その親クラスであるAnimalクラスを継承したのが、Catクラスになります。親クラスから引き継いだデータや処理はそのまま使えますので、Catクラスで新しく追加したいデータや処理のみを記述します。

なお、継承は英語で、「inheritance」と言います。「in-」（中へ）＋「herit」（受け継ぐ）＋「-ance」（もの、こと）が語源で、身内の中で受け継ぐことから、継承という意味になります。

●クラスの継承のサンプルを作成する

それでは、クラスの継承を体験するために、簡単なサンプルを作ってみましょう。まず次の表6-12の設定で、ひな形を作成します。

表6-12：サンプルソリューションの設定

画面名	選択	値および選択した項目
Visual Studio 2022	開始する	新しいプロジェクトの作成
新しいプロジェクトの作成	プロジェクトテンプレート	Windows フォームアプリ [C#]
新しいプロジェクトを構成	プロジェクト名	InheritanceSamples
	場所	C:¥VCS2022_Application¥Chapter6-5
	ソリューション名	（プロジェクト名と同じ）
追加情報	フレームワーク	.NET 6.0（長期的なサポート）

ひな形が完成したら、ツールボックスからコントロールを配置し、次のような画面を作成してください。表6-13は、コントロールの設定値です（Labelコントロールの設定値は、省略しています）。その先のコードと関係します。

また、すべてのTextBoxコントロールのTextAlignプロパティは、「Center」に設定しています。

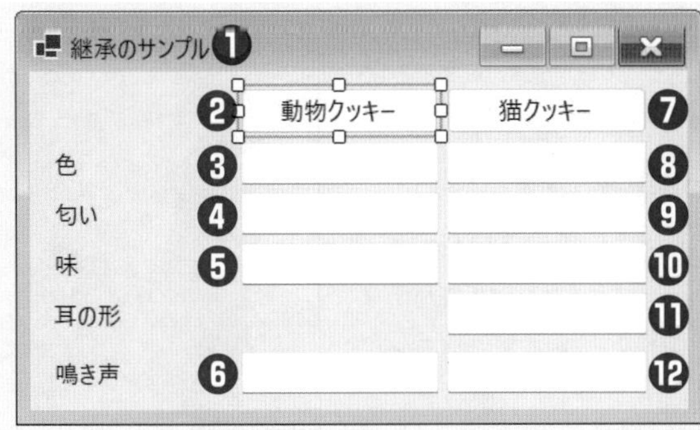

表6-13：各コントロールのプロパティの設定

No.	コントロール名	プロパティ名	内容
❶	Formコントロール	Textプロパティ	継承のサンプル
❷	Buttonコントロール	(Name)プロパティ	buttonAnimal
		Textプロパティ	動物クッキー
❸	TextBoxコントロール	(Name)プロパティ	textBoxAnimalColor
❹	TextBoxコントロール	(Name)プロパティ	textBoxAnimalSmell
❺	TextBoxコントロール	(Name)プロパティ	textBoxAnimalFlavor
❻	TextBoxコントロール	(Name)プロパティ	textBoxAnimalSing
❼	Buttonコントロール	(Name)プロパティ	buttonCat
		Textプロパティ	猫クッキー
❽	TextBoxコントロール	(Name)プロパティ	textBoxCatColor
❾	TextBoxコントロール	(Name)プロパティ	textBoxCatSmell
❿	TextBoxコントロール	(Name)プロパティ	textBoxCatFlavor

⓫	TextBoxコントロール	(Name)プロパティ	textBoxCatEar
⓬	TextBoxコントロール	(Name)プロパティ	textBoxCatSing

[buttonAnimal] ボタンと [buttonCat] ボタンをそれぞれダブルクリックして、**buttonAnimal_Click_Click()イベントハンドラー**と、**buttonCat_Click()イベントハンドラー**を作成しておきましょう。こちらにAnimalクラスのインスタンスと、継承したCatクラスのインスタンスを設定する部分を記載します。

まずは、おおもとになるAnimalクラスを作成するコードです。VS Community 2022でクラスを作成する方法は、6.3節の「クラス、インスタンス」を参考にしてください。　　　の部分は、自動で記述される部分です。

List 1 サンプルコード（Animalクラスの記述例：Animal.cs）

```
namespace InheritanceSamples
{
    // Animal クラスです。
    internal class Animal
    {
        // すべての動物クッキーに共通している値を定義します。
        public string Color { get; set; }   // 色のプロパティ
        public string Smell { get; set; }   // 匂いのプロパティ
        public string Flavor { get; set; }  // 味のプロパティ

        // 動物の鳴き声
        public string Sing()
        {
            return "・・・";
        }
    }
}
```

表6-14：List1のコード解説

No.	コード	内容

❶	`class Animal`
	`{`
	`～`
	`}`
		「Animal」という名前の親クラスを定義しています

❷	`public string Color { get; set; }`	Animalクラス（親クラス）の中にあるプロパティ（属性）です

それでは、本題である継承クラスのコードのサンプルを書いてみましょう。ポイントは、「クラスを継承していることをコードでどのように記述するか？」の部分です。

クラスのひな形の作成方法は、Animalクラスと同じです。List2では、クラス名と同じファイル名で、Catクラスを個別のファイルとして作成しています。　　　　の部分は、自動で記述される部分です。

List 2　サンプルコード（Animalクラスを継承したCatクラスの記述例：Cat.cs）

```
namespace InheritanceSamples
{
    // Animal クラスを継承した Cat クラスです
❶  internal class Cat : Animal ❷
    {
        // Animal クラスで定義されていない部分だけを記述します。
❸      public string Ear { get; set; } // 耳の形のプロパティ

        // Cat クラス独自のメソッドも追加できます。
        public string CatSing()
        {
            return "にゃー！";
        }
    }
}
```

表6-15：List2のコード解説

No.	コード	内容

❶	`internal class Cat : Animal`
	～
	}
		クラスを継承したCatクラス（子クラス）を定義しています

❷	`: Animal`	Animalクラスを継承するという意味のコードです
❸	`public string Ear { get; set; }`	Animalクラスから「色」「匂い」「味」を受け継いでいるので、足りない部分の「耳の形」だけを書きます

クラスを受け継いだという実感がわかないので、Catクラスのメソッドで試してみましょう。

インテリセンスの中にクラスの中で使用可能なプロパティ（属性）の一覧が表示されます。色（Color）、耳の形（Ear）、味（Flavor）、匂い（Smell）の4つが表示され、これらのプロパティが使えることが確認できます。

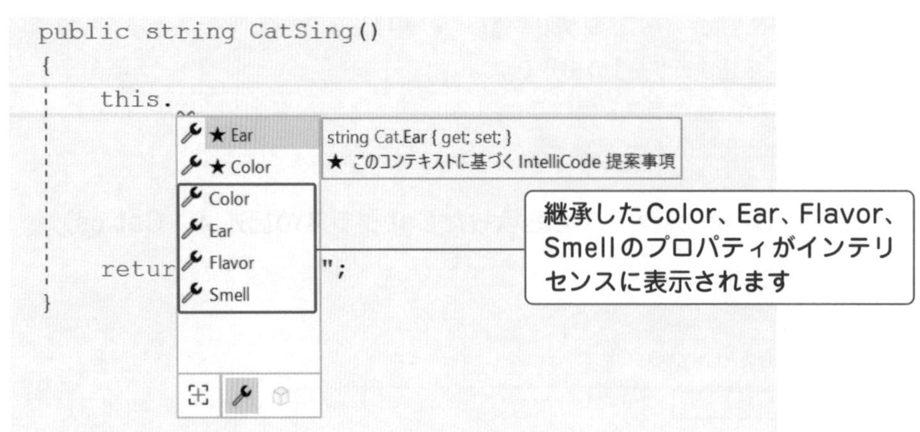
public string CatSing()
{
this.
retur
";
}
★ Ear
★ Color
Color
Ear
Flavor
Smell
string Cat.Ear { get; set; }
★ このコンテキストに基づく IntelliCode 提案事項
継承したColor、Ear、Flavor、Smellのプロパティがインテリセンスに表示されます

Tips 表示結果を絞り込む

インテリセンスの表示結果が多い場合は、アイコンをクリックしてカテゴリごとに絞り込むことができます。レンチのアイコン がプロパティです。このアイコンをクリックして絞り込みましょう。上の画面では、インテリセンスの項目が多かったので、フィールドのみ（プロパティ、変数のみ）を表示しています。

このList2は、Animalクラスを継承したCatクラスの記述例ですが、その中にpublicでも、privateでもないアクセス修飾子があります。それが**internal**で、「同じプロジェクトからのみ参照できる」アクセス修飾子になります。

クラスは便利なので、いろいろなところから利用されます。しかし、完全にどこからでも利用できると都合が悪いこともあります。ソリューションの下にぶら下がっているプロジェクトは、まとめてビルドする単位になり、プロジェクトごとにプログラミング言語を変更することも可能です。このビルドする単位の中だけで使えるようにアクセスの範囲を絞ったアクセス修飾子がinternalなのです。

なお、ビルドの単位のプロジェクトは、結果として.exeファイルや.dllファイルが作成できますが、これらのことを**アセンブリ**と言います。そのため、言い方を変えると「internalは、同じアセンブリの中からのみ参照できる」ことになります。

アクセス修飾子には、ほかにも**protected**があります。protectedは、親子関係（継承関係）にあるクラスの間のみで参照が可能なアクセス修飾子です。

表6-16：クラスに関係したアクセス修飾子の種類と意味

アクセス修飾子	意味
private	外部（自分以外のクラス）から見えないようにする（非公開にする）
public	外部に公開する
internal	同じアセンブリ内（exe, dll）でのみ参照が可能
protected	親子関係（継承関係）にあるクラスの間のみで参照が可能
なし	クラスの場合は、アクセス修飾子を省略すると自動的にinternalと同じになります

また、**thisキーワード**は自分のクラス（ここではCatクラス）を指します。コーディングで「this.」と書くと、インテリセンスの機能によって「.」の後に自分のクラスで使用可能なメソッドやフィールド（プロパティ、変数）が表示されます。

まとめ

- クラスの継承によって、元になるクラス（親クラス）からプロパティ、メソッドを受け継ぐことができる。
- 継承をうまく使うと、自分のクラスのコードを書く手間を削減できる。

用語のまとめ

用語	意味
継承	元になるクラス（親クラス）から処理、データを引き継ぐこと

Column 「null許容警告」を解決する

タイトルの意味が少しわかりにくいのですが、今回のサンプルコード、AnimalクラスやCatクラスのプロパティを実装しているときに、紫色の波下線が表示されます。

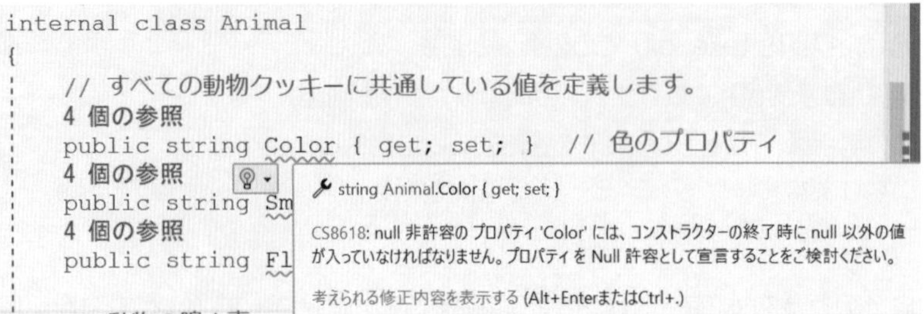

internal class Animal
{
// すべての動物クッキーに共通している値を定義します。
4 個の参照
public string Color { get; set; } // 色のプロパティ
4 個の参照
public string Sm
4 個の参照
public string Fl
string Animal.Color { get; set; }
CS8618: null 非許容の プロパティ 'Color' には、コンストラクターの終了時に null 以外の値が入っていなければなりません。プロパティ を Null 許容として宣言することをご検討ください。
考えられる修正内容を表示する (Alt+EnterまたはCtrl+.)

これは、ワーニング（警告）メッセージとなります。実行に支障はないので無視してかまわないのですが、「より良い方法があるので、修正をした方がよい」と促されています。

ワーニングの内容を見ると、「null 非許容のプロパティ' Color' には、コンストラクターの終了時にnull以外の値が入っていなければなりません。プロパティをnull許容として宣言することをご検討ください。」と表示されています。

C# 8.0から新しくできた考え方なのですが、多くのバグの原因になっているのが、想定していないnullの値だったりします。string型は、何も値を代入していない状態では、参照している値もないため、nullという値になっています。このエラーは、「本当にnullでいいのですか？　であれば、nullを受け入れる新しい書き方で定義してくださいね！」という意味になります。

●ワーニングの改善案①

「string型の値がnullでもかまわない＝null許容」として宣言します。string型の後ろに「?」を付けることで、「nullという値をとってもよいですよ」という宣言になります。専門的な用語では、この「?」の付いた型をnull許容参照型と言います。

```
public string? Color { get; set; }
```

●ワーニングの改善案②

null以外の値で初期化します。ワーニングのそもそもの意図は、「このままでは、初期値がnullになりますよ、バグの原因になりますよ、null以外の値で初期化できませんか？」ということですので、長さが0の文字列で初期化します。

string型の後ろに「?」を書かないで、null以外の値で初期化します。短い書き方のプロパティの場合、プロパティの宣言の後ろにそのまま、「= 値」と書くことで初期値が設定できます。長さが0の文字列で初期化したいので、「= ""」と書きます。

```
public string Color { get; set; } = "";
```

6 ポリモーフィズム（多態性）

クラスの継承と同様に、ポリモーフィズム（多態性）もコーディングの手間と時間を削減する仕組みです。ポリモーフィズムの概要を理解しておきましょう。

●ポリモーフィズムって何だろう？

クラスの継承で、主にプロパティの流用が楽になりました。今度は、処理を行うメソッドを呼び出す部分に注目してみましょう。

やや強引ですが、クッキーに「鳴く()」というメソッドの機能を追加してみます。クッキーの裏に鳴き声が書いてあって、クッキーの裏の鳴き声を見ることを、「鳴く()」としましょう。

・ネコのクッキーに対して「鳴く」メソッドを呼ぶと、「にゃ～！」と答えてくれます。
・イヌのクッキーに対して「鳴く」メソッドを呼ぶと、「わん！」と答えてくれます。
・ヒヨコのクッキーに対して「鳴く」メソッドを呼ぶと、「ピヨピヨ」と答えてくれます。

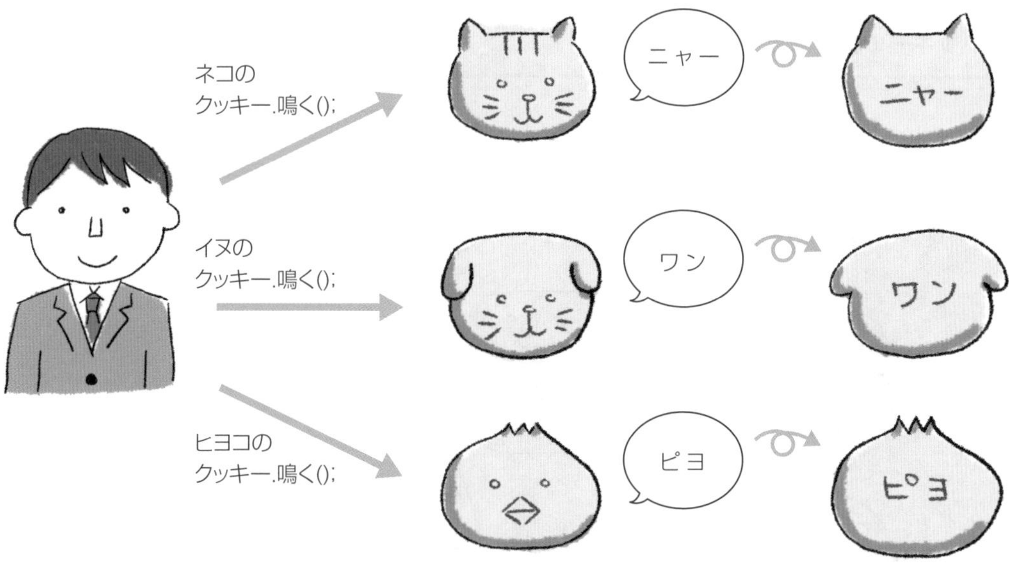

図6-18：「鳴く」メソッド

これをプログラムっぽく書くと、

```
鳴き声1 = ネコのクッキー.鳴く();
```

```
鳴き声2 = イヌのクッキー.鳴く();
```

```
鳴き声3 = ヒヨコのクッキー.鳴く();
```

となり、それぞれ、「にゃ～！」「わん！」「ピヨピヨ」という結果が返ってきます。

よく見ると、すべて「□□□.鳴く();」となっていて、呼び出すメソッドは同じです。同じなので、この部分も楽に呼び出せたらいいですね。継承の概念のように、共通部分を抜き出せたらコーディングが楽になります。

引き続き、ネコのクッキー、イヌのクッキー、ヒヨコのクッキーを同じ動物クッキーの袋に入れてみます。袋は全部で3つあります。

```
動物クッキーの袋1 = ネコのクッキー;
```

```
動物クッキーの袋2 = イヌのクッキー;
```

```
動物クッキーの袋3 = ヒヨコのクッキー;
```

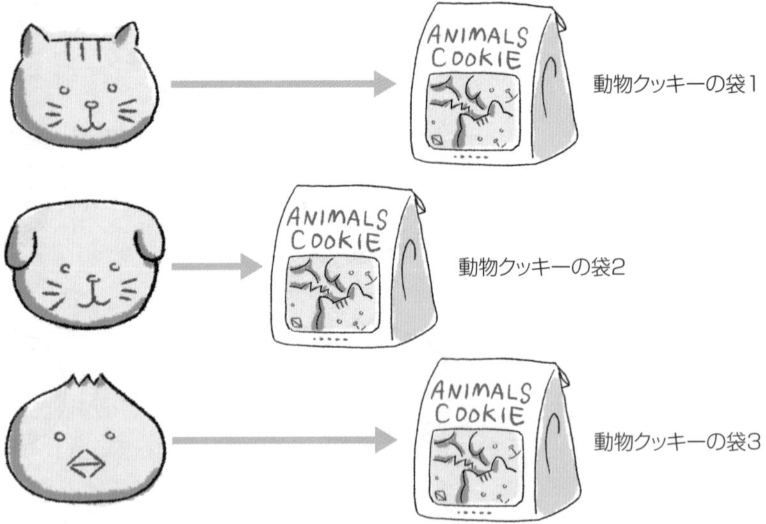

図6-19：クッキーを動物クッキーの袋に入れる

さらに、袋の裏が透明になっていて、鳴き声が書かれた文字が見られるということにして、「鳴く()」メソッドを実行すると、袋の裏から鳴き声がわかるということにします。

動物のクッキーの袋に対して、「鳴く()」メソッドを呼んでみましょう。

```
鳴き声1 = 動物クッキーの袋1.鳴く();
```

```
鳴き声2 = 動物クッキーの袋2.鳴く();
```

```
鳴き声3 = 動物クッキーの袋3.鳴く();
```

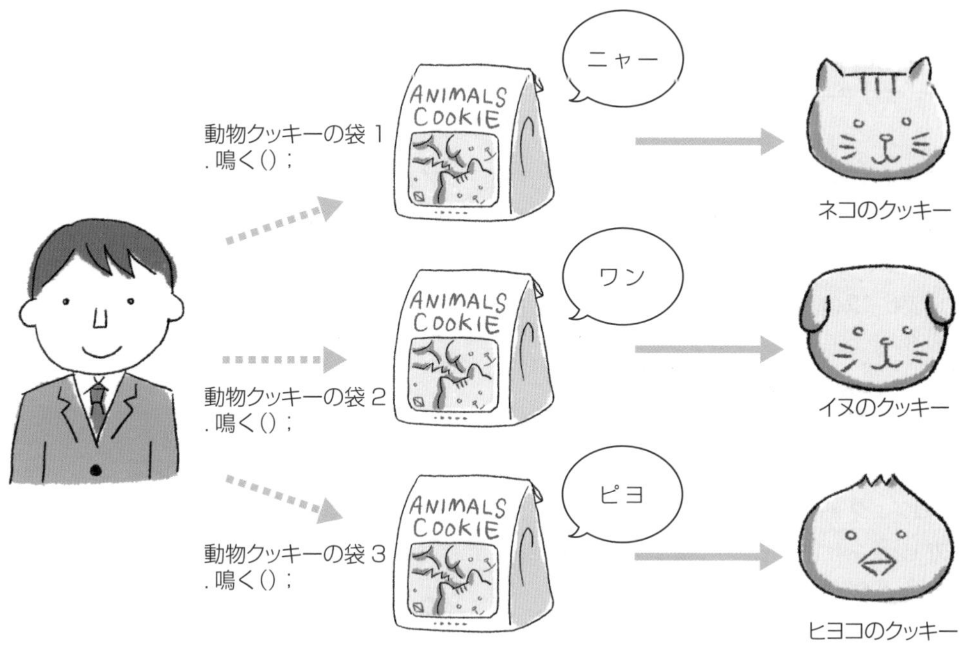

図6-20：動物のクッキーの袋に対して、「鳴く()」メソッドを呼ぶ

見た目は同じなのですが、袋の中身、つまり実体に応じた鳴き声をします。このように、呼び出す側を共通にして、楽に呼び出せるようにした仕組みを**ポリモーフィズム**と言います。

なんだか聞きなれない言葉ですが、英語では「polymorphism」と書きます。「ポリ（Poly）＝多くの」と「モーフ（Morph）＝姿を変える、変身する」という言葉が組み合わさっていて、見た目は1つでも、実際にはたくさんの意味があることを表します。日本語では、「多態性」「多様性」「多相性」などと言います。

では、ポリモーフィズムがあると、なぜ便利なのでしょうか？

例えば、後からさらにヒツジ、ウシ、ウマなどのクッキーの種類を増やしたとしても、元のクラスのコード、つまり、以下のコードは変更しなくてもよいメリットがあります。

```
動物クッキーの袋.鳴く();
```

アプリケーションでこの仕組みを応用すると、後から機能を追加したりするのに非常に便利になると言うわけです。

●ポリモーフィズムのサンプルを作成する

それでは、このポリモーフィズムのサンプルを書いてみましょう。

いつも文字だけでは味気ないので、今回は動物（Animal）クッキーを画像で表現しています。説明に合わせる感じで、ポリモーフィズムの結果として、それぞれの各動物クッキーの裏側の鳴き声を見るイメージです。

クラスの継承を利用して、その継承の中でポリモーフィズムを実践するコードを書いています。ポイントは「同じメソッドを呼んでいるのに結果が異なっている」点です。

まず次の表6-17の設定で、ひな形を作成してください。

表6-17：**サンプルソリューションの設定**

画面名	選択	値および選択した項目
Visual Studio 2022	開始する	新しいプロジェクトの作成
新しいプロジェクトの作成	プロジェクトテンプレート	Windowsフォームアプリ[C#]
新しいプロジェクトを構成	プロジェクト名	PolymorphismSamples
	場所	C:¥VCS2022_Application¥Chapter6-6
	ソリューション名	（プロジェクト名と同じ）
追加情報	フレームワーク	.NET 6.0（長期的なサポート）

ひな形が完成したら、ツールボックスからコントロールを配置し、次のような画面を作成してください。表6-18は、コントロールの設定値です（Labelコントロールの設定値は、省略しています）。その先のコードと関係します。

表6-18:各コントロールのプロパティの設定

No.	コントロール名	プロパティ名	内容
❶	Formコントロール	(Name)プロパティ	FormCookie
		Textプロパティ	動物クッキー
❷	PictureBoxコントロール	(Name)プロパティ	pictureBoxDog
		SizeModeプロパティ	Zoom
❸	PictureBoxコントロール	(Name)	pictureBoxCat
		SizeModeプロパティ	Zoom
❹	PictureBoxコントロール	(Name)プロパティ	pictureBoxBird
		SizeMode	Zoom
❺	Buttonコントロール	(Name)プロパティ	buttonSing
		Textプロパティ	鳴く
❻	Buttonコントロール	(Name)プロパティ	buttonReset
		Textプロパティ	元に戻す

画像に関しては、大きさが同じくらいの動物で、イヌ、ネコ、ヒヨコのクッキーだとわかるイメージの画像と、クッキーの裏面の各動物の鳴き声の画像を用意してください。PictureBoxコントロールのSizeModeプロパティ*をZoomに設定しているため、ある程度、画像サイズが異なっていても問題ありません。

今回は、png形式の画像*を用意しました。

* **SizeModeプロパティ** 領域に合わせて画像のサイズを調整するプロパティ。Zoomは、オブジェクトの縦横の比率を変更せずに、サイズを調整してオブジェクト全体を表示します。
* **png形式の画像** 本文中で使用している画像は、本書のサポートページからサンプルプログラムと一緒にダウンロードできます。

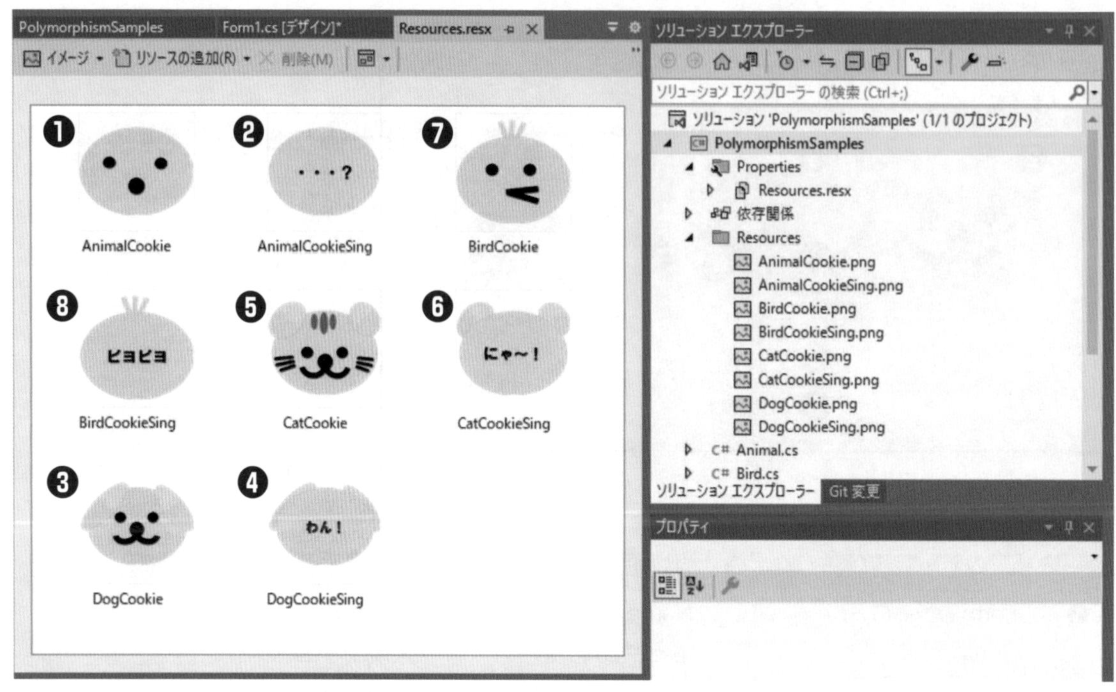

表6-19：**画像の設定**

No.	イメージの名前	設定値
❶	動物クッキー表	AnimalCookie.png
❷	動物クッキー裏	AnimalCookieSing.png
❸	イヌのクッキー表	DogCookie.png
❹	イヌのクッキー裏	DogCookieSing.png
❺	ネコのクッキー表	CatCookie.png
❻	ネコのクッキー裏	CatCookieSing.png
❼	ヒヨコのクッキー表	BirdCookie.png
❽	ヒヨコのクッキー裏	BirdCookieSing.png

画像ファイルを取り込む方法

8個の画像すべてをVS Community 2022付属のエディタで作成するのは大変なので、1つ作成したら、まずプロジェクトのプロパティのリソース画面でイメージを表示した後、次にエクスプローラーから任意の画像をドラッグ＆ドロップすることで、取り込むことができます。

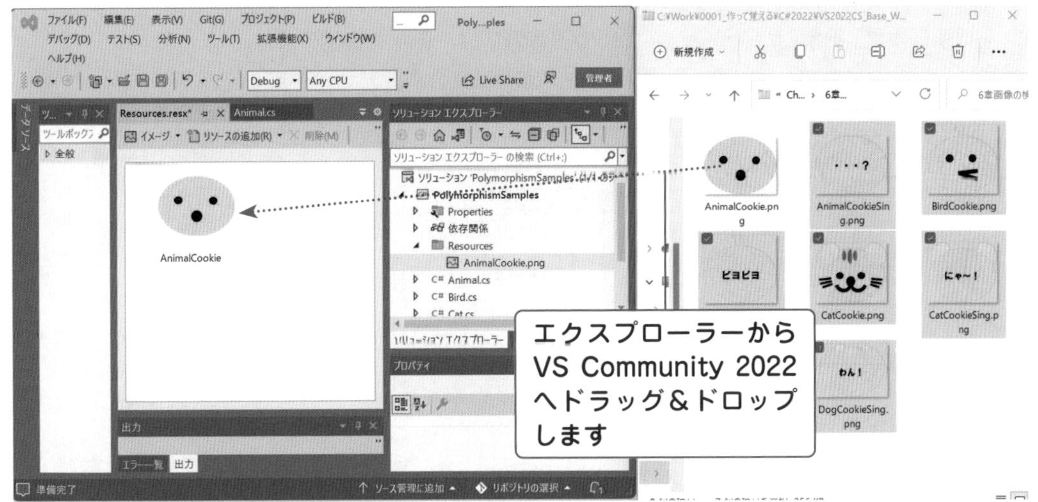

エクスプローラーから
VS Community 2022
へドラッグ＆ドロップ
します

すべての画像が用意できたら、デザイン画面で画像を次のように初期設定用に設定してください。

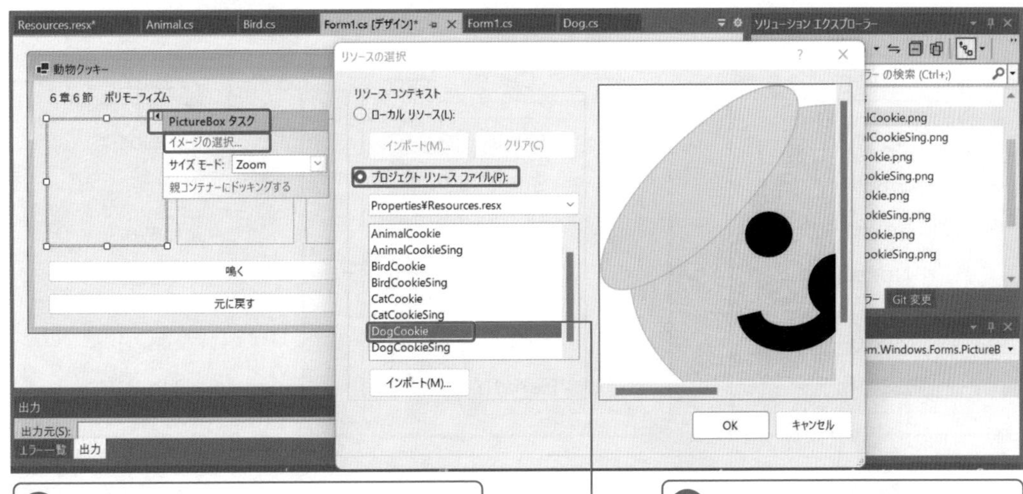

❶ [PoctureBoxタスク]→[イメージの選択]→リソースの選択画面の[プロジェクト リソース ファイル]→該当するイメージを選択します

❷ [リソースの選択]画面で、それぞれイヌ、ネコ、ヒヨコのクッキーの表にあたるpng画像を設定します

[buttonSing] ボタンと [buttonReset] ボタンをそれぞれダブルクリックして、**buttonSing_Click() イベントハンドラー**と、**buttonReset_Click() イベントハンドラー**を作成しておきましょう。このボタンをクリックしたときに、ポリモーフィズムのコードを利用して、クッキーの裏側の画像をセットするSing() メソッドを呼ぶ処理を記載します。

さらに、このコードにAnimalクラスのインスタンスと、継承したCatクラスのインスタンスを設定する部分を記載します。ポリモーフィズムを実装するために、AnimalクラスからDog、Cat、Birdという3つのクラスを継承します。継承したクラスに1つずつ固有のプロパティを追加します。

そして、メソッドで着目していただきたいのが、メソッドの名前がすべて同じことです。クラス部分の全体像は、次のようになります。

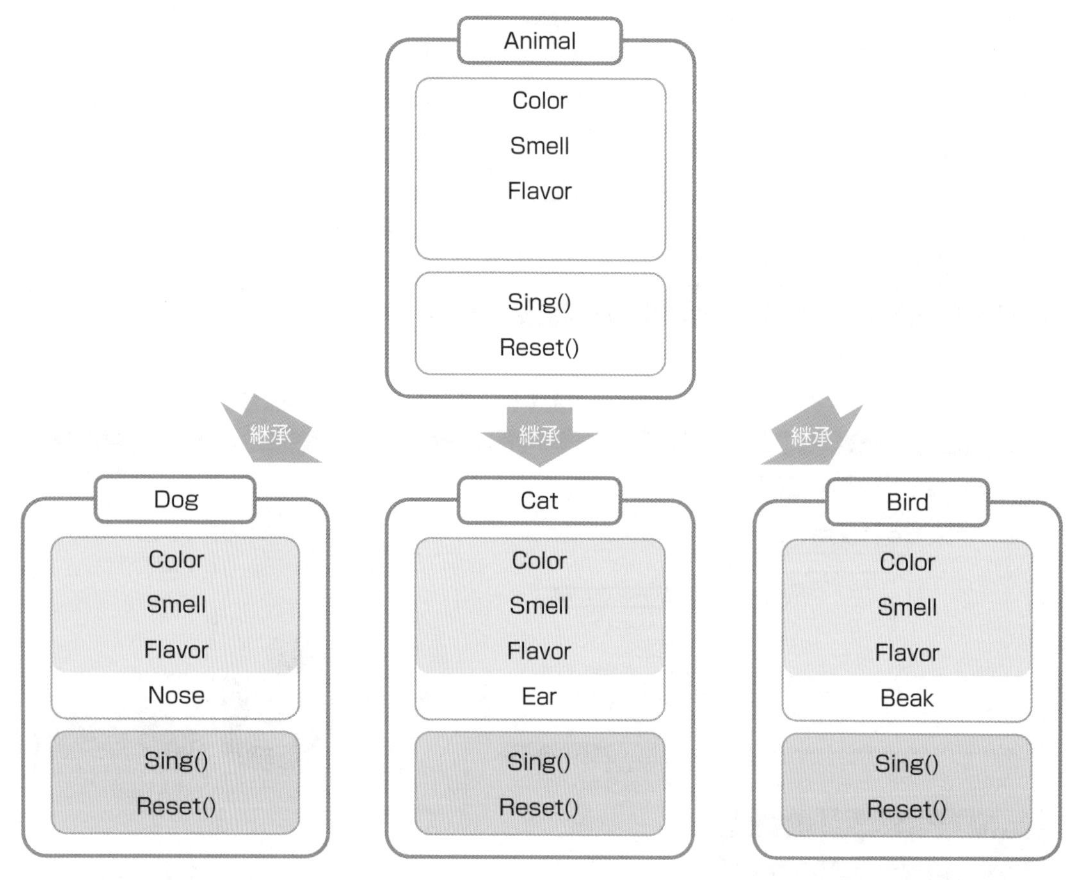

図6-21：**クラス部分の全体像**

なお、すべてのクラスと画像を作成し終わった後のファイルの構成をソリューションエクスプローラーで確認すると、次のようになります。

前置きが少し長くなりましたが、それでは実際にポリモーフィズムのサンプルを書いてみましょう。まずは、おおもとになるAnimalクラスのコードです。クラスの作成の方法は、6.3節の「クラス、インスタンス」の新しいクラスを作成する説明を参考にしてください。　　　　の部分は、自動で記述される部分です。

上級編 Chapter 6

List 1　サンプルコード（Animalクラスの記述例：Animal.cs）

```
namespace PolymorphismSamples
{
    internal class Animal
    {
        // すべての動物クッキーに共通している値を定義します。
❶      public string Color { get; set; } = "茶";              // 色のプロパティ
        public string Smell { get; set; } = "コーヒー";         // 匂いのプロパティ
        public string Flavor { get; set; } = "チョコレート";  // 味のプロパティ

        // 動物の鳴き声
❷      public virtual Image Sing()
        {
❸          return Resources.AnimalCookieSing;
```

```
        }

        public virtual Image Reset()
        {
            return Resources.AnimalCookie;
        }
    }
}
```

表6-20：List1のコード解説

No.	コード	内容
❶	`public string Color { get; set; } = "茶";`	Colorプロパティを定義します。今回は初期値として「茶」を設定しています
❷	`public virtual Image Sing()`	鳴くメソッドの定義です。戻り値は画像なので、Image型です。**virtual**というキーワードが増えています。親側のクラスのメソッドにこのキーワードを指定すると、継承先で機能を書き換えてよいという印になります。継承の親になるメソッドの結果は直接は利用しないため、仮という意味合いでvirtualとなっています
❸	`return Resources.AnimalCookieSing;`	戻り値として、リソースにある動物の鳴き声（クッキーの裏側）の画像を設定しています
❹	`return Resources.AnimalCookie;`	戻り値として、リソースにある動物（クッキーの表側）の画像を設定しています

継承した3つのクラスのコードのサンプルを書いてみましょう。少し大変ですが、1クラス・1ファイルとなるので、3つの継承クラスを作成します。　　　の部分は、自動で記述される部分です。

ここでのポイントは、メソッドの書き方です。1つの継承クラスを作成した後は、ソリューションエクスプローラー上でDog.csをコピーして名前を変更する方法でもかまいません。その場合は、クラスの内容の修正漏れに注意しましょう。

List 2 サンプルコード（Animalクラスを継承したDogクラスの記述例：Dog.cs）

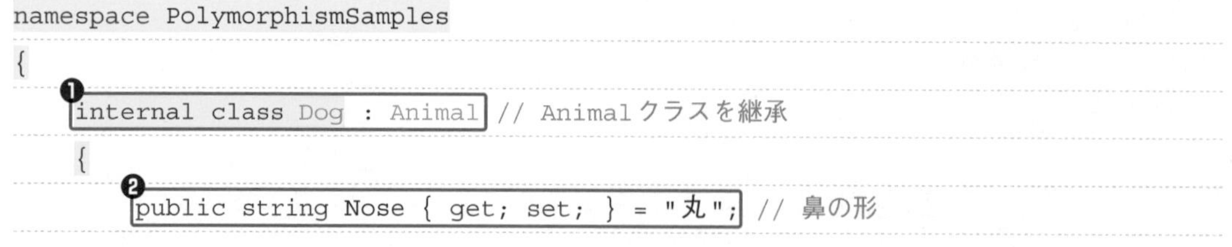

```
namespace PolymorphismSamples
{
    internal class Dog : Animal // Animalクラスを継承
    {
        public string Nose { get; set; } = "丸"; // 鼻の形
```

```
        public override Image Sing()
        {
            return Resources.DogCookieSing;
        }

        public override Image Reset()
        {
            return Resources.DogCookie;
        }
    }
}
```

表6-21 List2のコード解説

No.	コード	内容
❶	`internal class Dog : Animal`	Animalクラスを継承して、Dogクラスを作成しています。公開する範囲は同じアセンブリ（同じプロジェクト）となります
❷	`public string Nose { get; set; } = "丸";`	親クラスにはない、新しく追加するプロパティを定義します。今回は初期値として「丸」を設定しています
❸	`public override Image Sing()`	鳴くメソッドの定義です。戻り値は画像なので、Image型です。**override**というキーワードが増えています。継承したクラスのメソッドに、このoverrideキーワードを指定すると、"処理の内容を上書きする"という意味になります。overrideキーワードは、そのまま上書きを意味します。親クラスと同じ名前のメソッドにoverrideキーワードの指定をして上書きをすることで、外からこのメソッドが呼ばれたときに、上書きされたこのメソッドが実行されます。実行時にブレークポイントを貼って動きを確かめるとよいですね
❹	`return Resources.DocCookieSing;`	戻り値として、リソースにあるイヌの鳴き声（クッキーの裏側）の画像を設定しています
❺	`return Resources.DocCookie;`	戻り値として、リソースにあるイヌ（クッキーの表側）の画像を設定しています

List 3 サンプルコード

```
namespace PolymorphismSamples
{
    internal class Cat : Animal      // Animalクラスを継承
    {
        public string Ear { get; set; } = "丸";    // 耳の形

        public override Image Sing()
        {
            return Resources.CatCookieSing;
        }

        public override Image Reset()
        {
            return Resources.CatCookie;
        }
    }
}
```

List 4 サンプルコード（Animalクラスを継承したBirdクラスの記述例：Bird.cs）

```
namespace PolymorphismSamples
{
    internal class Bird : Animal      // Animalクラスを継承
    {
        public string Beak { get; set; } = "三角";    // クチバシの形

        public override Image Sing()
        {
            return Resources.BirdCookieSing;
        }

        public override Image Reset()
        {
            return Resources.BirdCookie;
        }
```

```
    }
}
```

Catクラスと Birdクラスは、Dogクラスと基本は同じで、プロパティとメソッドの中身が異なるだけなので、説明は省略します。最後にこれらのクラスを実際に使う側、インスタンスのコードです。このコードがポリモーフィズムを実現するコードになります。

List 5 サンプルコード（ポリモーフィズムの記述例：Form1.cs）

```
namespace PolymorphismSamples
{
  public partial class FormCookie : Form
  {
    public FormCookie()
    {
      InitializeComponent();
    }

    ❶Animal animalCookie;  // クラス全体で使えるAnimalクラスのインスタンス変数

    // 動物クッキー.鳴く() の実装
    private void buttonSing_Click(object sender, EventArgs e)
    {
      ❷animalCookie = new Dog();                    // Dogクラスのインスタンスを設定
      ❸pictureBoxDog.Image = animalCookie.Sing();   // イヌのクッキーの裏側の画像を設定
      ❹animalCookie = new Cat();
      pictureBoxCat.Image = animalCookie.Sing();    // ネコのクッキーの裏側の画像を設定
      animalCookie = new Bird();
      pictureBoxBird.Image = animalCookie.Sing();   // ヒヨコのクッキーの裏側の画像を設定
    }

    // 動物クッキーを表側にリセット
    private void buttonReset_Click(object sender, EventArgs e)
    {
      animalCookie = new Dog();
      pictureBoxDog.Image = animalCookie.Reset();   // イヌのクッキーの表側の画像を設定
      animalCookie = new Cat();
```

```
        pictureBoxCat.Image = animalCookie.Reset();    // ネコのクッキーの表側の画像を設定
        animalCookie = new Bird();
        pictureBoxBird.Image = animalCookie.Reset();   // ヒヨコのクッキーの表側の画像を設定
      }
    }
  }
```

表6-22：List5のコード解説

No.	コード	内容
❶	`Animal animalCookie;`	Animalクラスのインスタンス変数をクラス全体で利用できるように設定します
❷	`animalCookie = new Dog();`	Animalクラスのインスタンス変数に継承したDogクラスのインスタンスを生成します。Animalクラスは、共通した部分を抜き出したクラスとも考えらるので、このような代入が可能になります
❸	`pictureBoxDog.Image = animalCookie.Sing();`	「動物クッキーの袋.鳴く();」の概念を実際のコードで書いた例です。下の2つのメソッドのコードも、「animalCookie.Sing();」というまったく同じコードで実装されていますね。まさに呼び出すメソッドを共通化させています。これがポリモーフィズムの実装コードです
❹	`animalCookie = new Cat();` `pictureBoxCat.Image = animalCookie.Sing();`	同じAnimalクラスのインスタンス変数に今度は、Catクラスのインスタンスを設定しています。これにより、その下のコードは、1つ上のコードとまったく同じ（メソッドを呼び出すanimalCookie.Sing()の部分）ですが、実行時のインスタンスが異なるため、結果としてネコの鳴き声を結果として返すことができています

いかがでしたでしょうか。3つとも同じ、

animalCookie.Sing();　// 動物クッキーの袋.鳴く();

を呼び出していますが、袋の中身に応じた鳴き声が表示されています。

動物クッキー
6章6節　ポリモーフィズム
鳴く
元に戻す
［鳴く］ボタンをクリックすると、ポリモーフィズムが実行されます

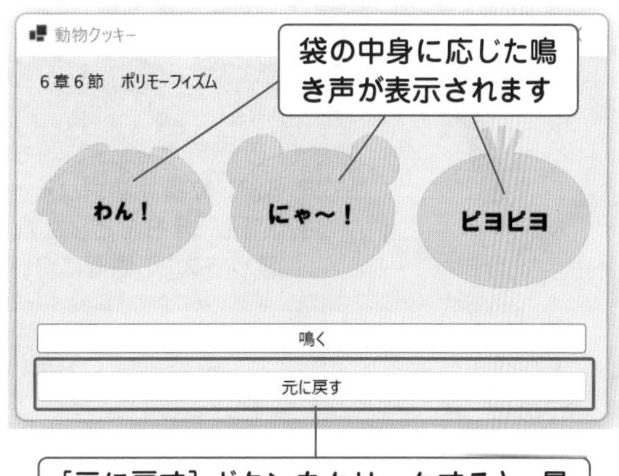
動物クッキー
6章6節　ポリモーフィズム
袋の中身に応じた鳴き声が表示されます
わん！
にゃ～！
ピヨピヨ
鳴く
元に戻す
［元に戻す］ボタンをクリックすると、最初のクッキーの表側の画像に戻ります

上級編
Chapter
6

まとめ

- ポリモーフィズムは、同じ動作をまとめるため、呼び出す側が楽をできる。
- ポリモーフィズムは、後から機能を追加しやすくなる利点がある。

用語のまとめ

用語	意味
ポリモーフィズム	同じ動作をまとめて、呼び出す側が楽をする仕組み

抽象クラス

あらかじめ継承やポリモーフィズムに使われることがわかっている元のクラスであっても、きちんとした処理を書かなければならないのでしょうか？　ここでは「抽象クラス」の概要について説明します。

●抽象クラスって何だろう？

ここまで説明してきた**クラスの継承**や**ポリモーフィズム**では、まず元のクラス（親クラス）を作り、そこから継承やポリモーフィズムを実行してきました。

ただ、例えば、この元のクラス（Animalクラス）の実体を使って、

```
動物クッキー.鳴く();
```

と、「鳴く()」メソッドを呼んだときの鳴き声が決まっていませんでした。一般的な動物の鳴き声って、何でしょう？　無理に「ガォー」としても変ですね。

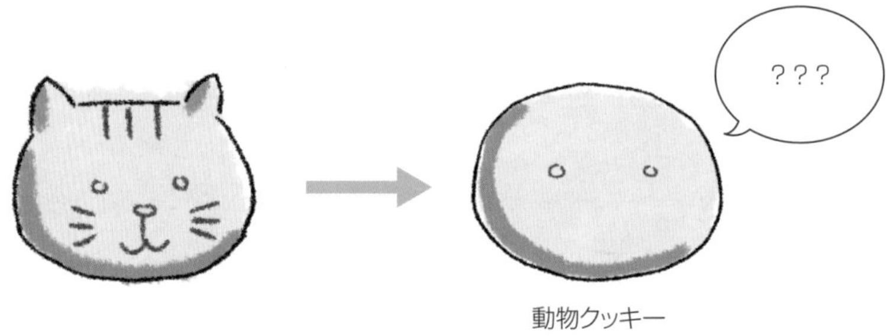

図6-22：動物クッキーの鳴き声は？

そこで、「元のクラスは実体化させない」といった仕組みが考え出されました。継承関係がある元のクラス（親クラス）で「クラスを実体化しない」、つまり、**インスタンスを持たないようにする仕組み**です。

このような仕組みのクラスを**抽象クラス**と言います。この抽象クラスを用いることで、わざわざ無理な処理を書かなくてもよくなりました。プログラムコードの中で**abstract（抽象）**と書くと、「このクラスは抽象クラスです」という意味になります。

また、メソッドにabstractを付けることで、「このメソッドは抽象メソッドです」という意味になります。ただ、抽象メソッドでは、中の処理を書くことができなくなります。これは継承先のメソッドだけで処理を書かせたいためです。

●抽象クラスのサンプルを作成する

それでは、この抽象クラスのサンプルを書いてみましょう。今回は、6.6節で使用したサンプルコードを利用して書き換えてみましょう。「C:¥VCS2022_Application¥Chapter6-6」フォルダーをコピーして、「C:¥VCS2022_Application¥Chapter6-7」フォルダーを作成してください。

コピーが完了したら、そのフォルダーをたどって、PolymorphismSamples.slnをダブルクリックして起動してください。

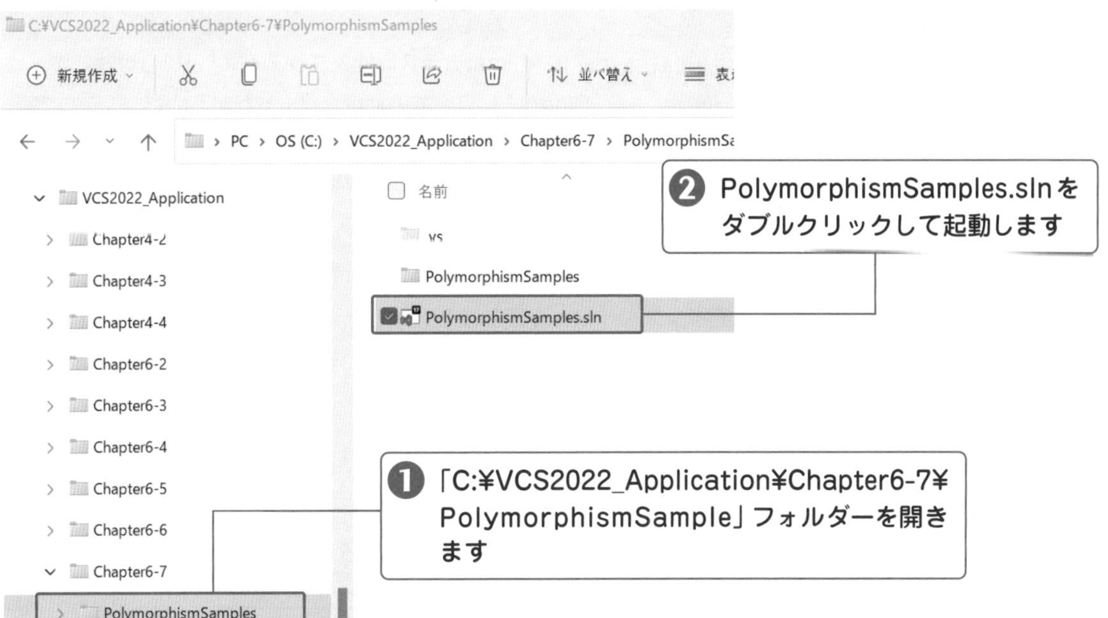

Animalクラスを抽象クラスに書き換えます。 の部分は、書き換えをしない部分です。

List 1 サンプルコード（抽象クラスの記述例：Animal.cs）

```
namespace PolymorphismSamples
{
    ❶internal abstract class Animal
    {
        // すべての動物クッキーに共通している値を定義します。
        public string Color { get; set; } = "茶";          // 色のプロパティ
        public string Smell { get; set; } = "コーヒー";     // 匂いのプロパティ
        public string Flavor { get; set; } = "チョコレート"; // 味のプロパティ

```

```
        // 動物の鳴き声
❷       public abstract Image Sing();

        public abstract Image Reset();
    }
}
```

表6-23：List1のコード解説

No.	コード	内容
❶	internal abstract class Animal	「このAnimalクラスは抽象クラスです」という意味です
❷	public abstract Image Sing();	「Sing()という名前の抽象メソッドがあるので、継承先で実装してください」という意味になります。そのため、{}を含めて、メソッドの実装部分は不要になります

なお、インスタンスは、**newキーワード**の後にクラス名を指定して生成しますが、同じようにnewキーワードの後に抽象クラス名を指定してインスタンスを生成しようとすると、エラーが表示されるのでご注意ください。

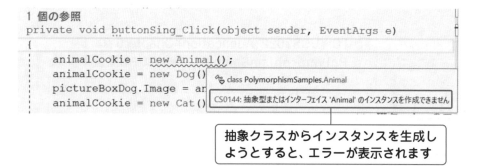

```
1 個の参照
private void buttonSing_Click(object sender, EventArgs e)
{
    animalCookie = new Animal();
    animalCookie = new Dog()
    pictureBoxDog.Image = ar
    animalCookie = new Cat()
```

まとめ

◉ **継承やポリモーフィズムの元になるクラスに、無理な処理を書かなくするための工夫として抽象クラスがある。**

用語のまとめ

用語	意味
抽象クラス	インスタンスを持たないクラス。そのままでは使用できないため、必ず継承し、継承の元のクラスになる

8 インターフェイス

最初に、クラスの細かい値や動作を決めなくても、後からいろいろな機能をクラスに追加できる「インターフェイス」の仕組みを説明します。

●インターフェイスって何だろう？

最後に、**インターフェイス**の説明をしましょう。

パソコンを使っていると、インターフェイスという言葉は、よく耳にすると思います。例えば、ユーザーインターフェイスやUSBインターフェイスなど、身近に多く存在する言葉です。

このインターフェイスという言葉ですが、広い意味で日本語に訳すと「（規約のある）境界面」という意味になります。

ちょっと想像しづらいかと思いますので、図にしてみます。

図6-23：装置とパソコンをつなぐUSBインターフェイス

パソコンのUSBインターフェイス（USBポート）の差込口は、すべて同じ形をしていて、USB*という**規格**に沿ったマウスやキーボードなど様々な周辺機器の操作に対応します。

見方を変えると、USBインターフェイスは、パソコンとの**境界面**になります。つまり、USBという同じ「規約」に沿ったマウスなどの機器とパソコンをつなぐ「境界面」になります。この境界面では、同じ規約を持った装置をつなぐことができると言うわけです。

＊**USB**　マウスやキーボード、スキャナなどの周辺機器とパソコンを接続するための規格の1つ。Universal Serial Busの略称。

この考え方をオブジェクト指向プログラミングの世界に応用すると、次のようになります。

・ある規約に沿って操作することができる
・境界面

これらを実現するために、特殊なクラスが考え出されました。「そのクラスには、こんなメソッドとこんなプロパティがあります」という**お約束（規約）**だけが書かれたクラスです。

オブジェクト指向プログラミングでは、このような使用するクラスの操作、つまりクラスの境界面の規約だけを決める特殊なクラスのことを**インターフェイス**と言います。

さて、前に**クラスの継承**について説明しましたが、プログラミング言語の歴史的な流れから、.NETの言語では多重継承を禁止しています。

多重継承とは、親クラス（継承元）が複数存在するようなクラスです。どの機能を継承するとか、優先順位とか、継承の階層が深くなればなるほど、ややこしさがどんどん増してしまい、予想外の実行結果になることもありました。

そこで、複数の親クラス（継承元）を持たなくてもよいように、あらかじめ必要な機能だけを決めてあげて、実際は継承したクラスで細かい値や動作、機能を実現することにしました。これにより、かなりややこしさがなくなりました。

抽象クラスとよく似ているのですが、考え方に違いがあります。

抽象クラス ➡ 自身のインスタンスを作らない（実体化させない）という考え方。クラスなので内部用の変数の記述は可能

インターフェイス ➡ プロパティ、メソッドの名前だけを決めて、細かい値や動作は継承したクラスで行うという考え方。内部用の変数（フィールド）の記述はできない。

まぁ、「いろんなアプローチがあるのだなぁ」と思っていただければ結構です。

では、またクッキーに戻って……なかば強引に説明してみましょう。

動物クッキーにさらなるオプションを付けましょう。トッピングです。トッピングにはいろいろな機能があるため、クラスにしてみました。トッピングクラスには、

チョコレートで包む()

などのメソッドがあります。このトッピングクラスを継承してみましょう。

ただし、そうなると、先ほど述べた親クラス（継承元）が複数あるような**多重継承**になってしまいます。

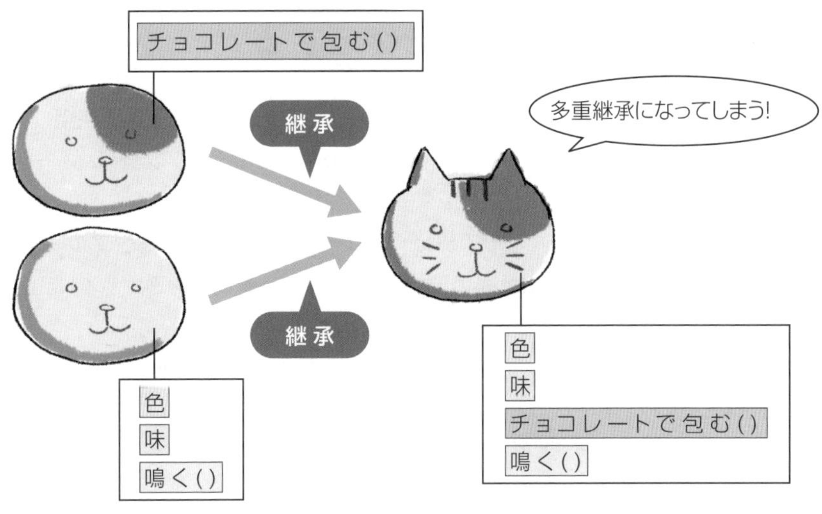

図6-24：トッピングクラスの継承（多重継承）

そこでクラスとして細かい値や動作を決めなくても、トッピングの部分で必要なことだけ決めておけば、それぞれのネコのクッキー、イヌのクッキー、ヒヨコのクッキーごとに好きなトッピングを選べます。

このように、オブジェクトに対して使用可能な**メソッド**と**プロパティ**の一覧だけを書くことを**インターフェイス**と言います。「こんなプロパティがあって、こんなメソッドがありますよ」という**規約書**のようなものと思ってください。

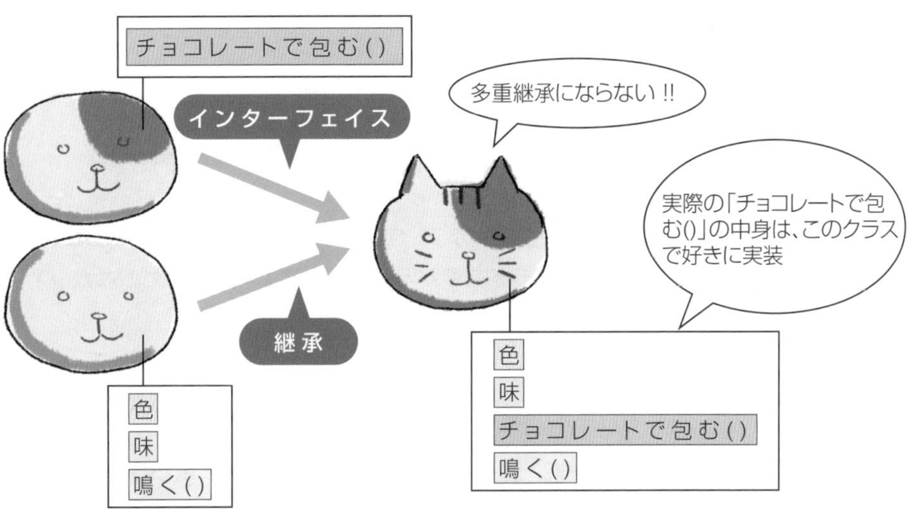

図6-25：クッキーにトッピング

●インターフェイスのサンプルを作成する

それでは、インターフェイスのサンプルを作成してみましょう。先ほどの6.7節で使用したサンプルコードを利用して書き換えます。「C:¥VCS2022_Application¥Chapter6-7」フォルダーをコピーして、「C:¥VCS2022_Application¥Chapter6-8」フォルダーを作成してください。

コピーが完了したら、そのフォルダーをたどって、PolymorphismSamples.slnをダブルクリックして起動してください。見た目がわかりやすいように、Labelの部分は「6章8節　インターフェイス」に変更しましょう。

VS Community 2022でのインターフェイスの作成方法は、基本的にクラスの作成方法と同じです。［新しい項目の追加］画面でクラスの下にあるインターフェイスを選ぶ方法もありますし、ひな形のコードのclassの代わりに**interface**（インターフェイス）と書き換えると、「このクラスはインターフェイスです」という意味になります。

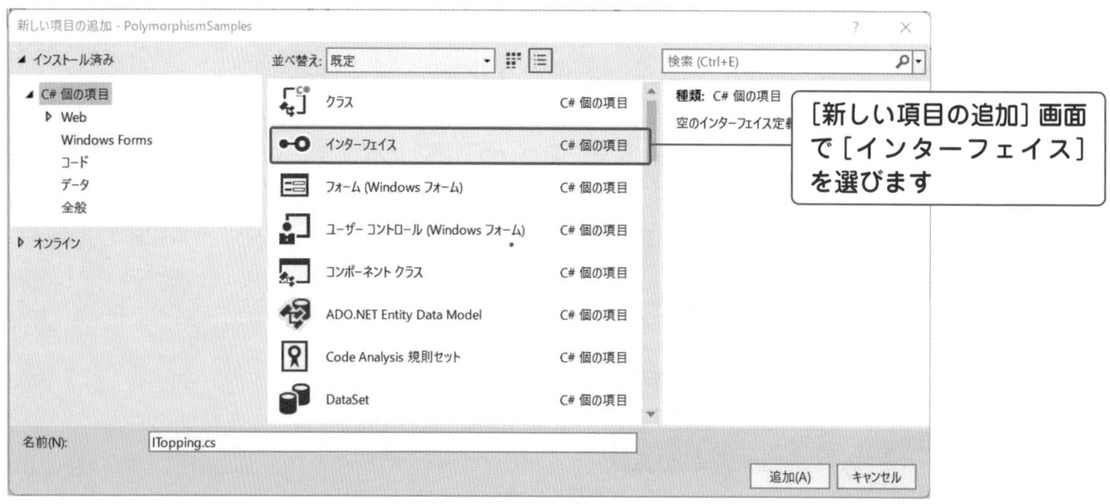

なお、インターフェイスの名前には、お約束があります。先頭に「I」（大文字のアイ）を加えます。エラーになるわけではないですが、利用するときに、このお約束が守られていると利用する側がわかりやすいので慣習としてこのようになっています。

以下にトッピングのインターフェイスのコードを書きます。　　　の部分は、書き換えをしない部分です。

List 1　サンプルコード（インターフェイスの記述例：ITopping.cs）

```
namespace PolymorphismSamples
{
    // トッピングインターフェイス
```

```
❶internal interface ITopping
    {
        ❷public string WrapChocolate { get; set; }    // チョコで包む
    }
}
```

表6-24：List1のコード解説

No.	コード	内容
❶	internal interface ITopping	「IToppingクラスはインターフェイスです」という意味です
❷	public string WrapChocolate { get; set; }	「WrapChocolateというstring型をやり取りするプロパティがあります」という宣言です。プロパティにチェック処理、初期化処理が必要な場合は、継承したクラスで設定します

インターフェイスの具体的な機能は、List2に示した継承したクラスで実装します。1つのクラスに値やメソッドを含めず、別のものとして扱うのは、後からまとまった機能を追加しやすいようにするためです。このようにする事で、継承したクラスは追加したい機能を柔軟に加えることができるようになります。

今回は、AnimalクラスのDogクラスだけにトッピング機能を追加してみましょう。雰囲気を出すために、Dogクッキーの表と裏を「ホワイトチョコ」でトッピングした画像を用意し、VS Community 2022上のプロジェクトのリソースにドラッグ&ドロップで追加しましょう。コードと関連しているため、設定値は表6-25に記載した通りでお願いします。

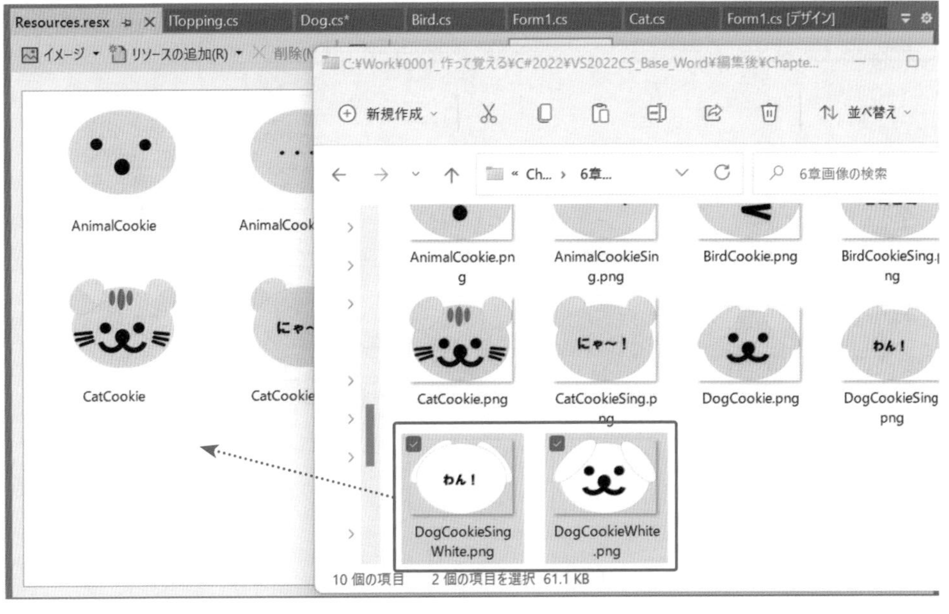

表6-25：**画像の設定**

No.	イメージの名前	設定値
❶	イヌのクッキートッピング表	DogCookieSingWhite.png
❷	イヌのクッキートッピング裏	DogCookieWhite.png

Dogクラスを元に、インターフェイスの継承を追加したコードに書き換えます。　　　の部分は、書き換えをしない部分です。

List 2 サンプルコード（インターフェイスの実装部分の記述例：Dog.cs）

```
namespace PolymorphismSamples
{
  ❶internal class Dog : Animal , ITopping    // 追加でトッピングインターフェイスを継承
  {
    public string Nose { get; set; } = "丸"; // 鼻の形

    // インターフェイスの実装例
    // インターフェイスを継承すると、実装が終わるまでエラーが出続けます。
    ❷public string WrapChocolate { get; set; } = "ホワイトチョコ";

    public override Image Sing()
    {
      ❸return this is ITopping ? Resources.DogCookieSingWhite : Resources.DogCookieSing;
    }

    public override Image Reset()
    {
      return this is ITopping ? Resources.DogCookieWhite : Resources.DogCookie;
    }
  }
}
```

表6-26：List2のコード解説

No.	コード	内容
❶	`internal class Dog : Animal, ITopping`	インターフェイスの具体的な機能は、この継承したクラスで実装します。Dogクラスは、Animalクラスの機能と、IToppingクラスの2つの機能を継承したクラスということになります。インターフェイスは、「,」で区切って複数継承することができます
❷	`public string WrapChocolate { get; set; } = "ホワイトチョコ";`	インターフェイスを継承したクラスでプロパティの実装をしています。ここでは初期値を実装しています
❸	`return this is ITopping ? Resources.DogCookieSingWhite : Resources.DogCookieSing;`	リターン値にクッキーを返す設定です。**三項演算子**を利用して、1文で記述しています。「this」は自分自身のクラスを指しています。is演算子は、型を確認できる演算子です。つまり、「this is Itopping」は「Dogクラスは、IToppingを含んだクラスですか？」という判定をしています。今回はIToppingインターフェイスが継承されているので、「?」の次の部分に書いてある処理「Resources.DogCookieSingWhite」が戻ってきます。IToppingが継承に含まれていない場合は、「:」の後ろの処理「Resources.DogCookieSing」が戻ってきます

Dogクラスは、親クラスとなるAnimalクラスを継承するとともに、IToppingインターフェイスからも使用可能なメソッドとプロパティを継承しています。

Form1のコードは、まったく変更していません。そのまま実行すると、次のような画面になります。

なお、三項演算子を使っているので、Dogクラスのトッピングの継承部分をコメントにして、もう一度実行してみましょう。

上級編 Chapter 6

Tips 三項演算子

三項演算子は、Excelの関数のようなイメージで、条件に応じて処理を並べて書ける方法です。同じ処理は、if文でも実現できますが、コード量がかなり少なくなるので覚えておきましょう。

文法 三項演算子の使い方

```
判定文 ? 判定文がtrueのときの処理 : 判定文がfalseのときの処理
```

「項目1 ? 項目2 : 項目3」というように、必ず3つの項目が必要な演算子なので、三項演算子と言います。先ほどのサンプルコードをif文で表現すると、このようになります。

▼三項演算子で書いた処理

```
return this is ITopping ? Resources.DogCookieSingWhite : Resources.
DogCookieSing;
```

▼if文で書いた処理

```
if (this is ITopping == true)            // このクラスはIToppingを含みますか?
{
    return Resources.DogCookieSingWhite;   // trueの場合、こちらをリターン
}
else
{
    return Resources.DogCookieSing;        // falseの場合、こちらをリターン
}
```

Animalクラスを継承した後の「,」より前をコメントにしましょう。

List 3 サンプルコード(インターフェイスの継承をコメントにする:Dog.cs)

```
internal class Dog : Animal  //, ITopping  // 追加でトッピングインターフェイスを継承
```

実行してみると、インターフェイスの継承がない処理になります。

クラスやインターフェイスをうまく利用すると、少ないコードの変更量でいろんなことが実現できるようになると感じていただければと思います。

まとめ

- インターフェイスを使うと、いろいろな機能を後から追加しやすい。

用語のまとめ

用語	意味
インターフェイス	クラスの境界面の規約だけを決める特殊なクラスのこと

Column 新人クンからの質問（データ型について）

データ型について、新人クンから「最大のデータ型に入れておけば、それで事足りるのでは？」と質問されました。たしかに整数であれば、すべてlong型を使えば考えなくていいので楽ですね。しかし、long型を使っている間、PCのメモリをint型よりも多く使用します。最近ではメモリも大きくなったのですが、その分、アプリケーションを同時にいくつも実行していますよね。その1つ1つがメモリを無駄に消費してしまうことになります。……ということで、お作法として、必要最小限のデータ型を使うようにしましょう。

そのほか、開発現場で気を付けるデータ型としては、「1.2」などの小数を扱いたいときは基本的にdouble型、お金などの誤差があっては困るときは、decimal型を使用します。

復習ドリル

いかがだったでしょうか？　オブジェクト指向プログラミングの理解を深めるためにドリルを用意しました。

●ドリルにチャレンジ！

以下の1～23までの空白部分を埋めてください。

1 設計手法の1つで、実行の順番をある程度まとめて大きな塊（かたまり）にする設計手法を［　　　　］と呼ぶ。

2 設計手法の1つで、データに着目した考え方を［　　　　］と呼ぶ。

3 設計手法の1つで、処理とデータをひとくくりにする考え方を［　　　　］と呼ぶ。

4 オブジェクトが持っている、そのオブジェクトの性質を表すデータを［　　　　］と呼ぶ。

5 オブジェクトは、「処理」と「データ」からできているが、その「処理」にあたるものを［　　　　］と呼ぶ。

6 オブジェクトの処理を行うきっかけを［　　　　］と呼ぶ。

7 イベントが発生したときに実際に呼ばれるメソッドのことを［　　　　］と呼ぶ。

8 共通の目的を持ったデータと処理を集めたものを［　　　　］と呼ぶ。

9 クラスを元にして、実際に処理やデータを扱うものを［　　　　］と呼ぶ。「実体」という意味。

10 処理を行う場合は、［　　　　］に対して処理を行う。

11 以下は、Animalクラスのサンプルコードです。

```
internal ［　　　　］ Animal
{
    //処理
}
```

12 以下は、Animalクラスのプロパティとメソッドを持った変数aniを宣言するサンプルコードです。

```
[　　　　] ani;
```

13 以下は、宣言した変数aniに対してAnimalクラスのインスタンスを作成して、代入するコードです。

```
ani = [　　　　] Animal();
```

14 オブジェクトの中に処理とデータを隠し、オブジェクトを操作するために必要な処理のみ外部に公開することを[　　　　]と呼ぶ。

15 自分以外のクラスに見えるようにするか、しないかを指定するコードを[　　　　]と呼ぶ。

16 共通部分を抜き出して作成した元になるクラスから新しいクラスを作成することを[　　　　]と呼ぶ。

17 以下は、Animalクラスを継承したCatクラスのコードです。

```
internal class Animal
{
    // クラスの内部のコード
}
internal class Cat [　　　　]
{
    // クラスの内部のコード
}
```

18 クラスの動作に着目し、同じ動作をまとめて、呼び出す側が楽をする仕組みを[　　　　]と呼ぶ。

19 継承関係がある元となるクラスで「クラスを実体化しない」、つまりインスタンスを持たないようにする仕組みを持ったクラスを[　　　　]と呼ぶ。

20 以下は、Animal抽象クラスのサンプルコードです。

```
internal [　　　　] class Animal
{
    // クラスの内部のコード
}
```

21 オブジェクトに対して使用可能なメソッドとプロパティの一覧だけを示すクラスを[　　　　]と呼ぶ。

上級編 Chapter 6

22 以下は、IToppingインターフェイスのサンプルコードです。

```
internal [        ] ITopping
{
    string WrappChocolate();
}
```

23 以下は、Animalクラスと、IToppingインターフェイスを継承したCatクラスサンプルコードです。

```
internal class Cat : Animal [        ]
{
    public string WrappChocolate(){
        return "ホワイトチョコ";
  };
}
```

オブジェクト指向
プログラミングが
わかったかな？

復習ドリルの答え

1 構造化設計
2 データ中心アプローチ
3 オブジェクト指向
4 プロパティ
5 メソッド
6 イベント
7 イベントハンドラー
8 クラス
9 インスタンス
10 インスタンス
11 class
12 Animal
13 new
14 カプセル化
15 アクセス修飾子
16 継承
17 :Animal
18 ポリモーフィズム
19 抽象クラス
20 abstract
21 インターフェイス
22 interface
23 , ITopping

上級編　オブジェクト指向プログラミングをしてみよう！

Chapter 7

難しいアプリケーションの作成に挑戦

C#の基盤となる.NETには用意されていないライブラリを利用したり、オブジェクト指向の考え方を使ったアプリケーションを作ってみましょう

このChapterの目標

- ✓ オープンソースのライブラリを取り込んで使うことに慣れる。
- ✓ 流行りのSlackに投稿するアプリケーションをC#で作成する。
- ✓ オブジェクト指向を使うと、便利になる。
- ✓ C#でグラフィックを書いてみる。
- ✓ 最新のC#の書き方で、書くコード量が少なくなることを体験する。

「CSVの読み書きアプリ」の作成

世の中の技術の進歩は、とても速いです。C#では便利な機能を開発環境に取り込んで利用することができます。ここでは.NETにはない機能を追加して利用する例を見てみましょう。

●NuGetで便利なライブラリを探してみよう

誰でも無償で利用できるソフトウェアのことを**OSS***といいます。コードが公開されており、改変や再配布も自由に許可されています。しかし、便利な機能があるOSSを探すのは結構、大変です。

Visual Studio Community 2022（本章では以降、VS Community 2022と表記します）では、そのOSSを探してソリューションに追加する便利ツールがあります。そのツールの名前を**NuGet**（ヌゲット、ニューゲット）と呼びます。

CSV*形式のファイルは、かなりの頻度で利用します。CSVファイルの読み書きを、C#のコードですべて実装することもできますがコード量が多くなります。そこで、NuGetからCSVのオープンソースを探して、プロジェクトに組み込んで利用してみましょう。

いつもの手順で「**CSVの読み書きアプリ**」を作っていきますが、手順④でNuGetの利用の仕方を含めて説明します。

●手順①「CSVの読み書きアプリ」の完成イメージを絵に描く

「CSVの読み書きアプリ」の特徴を、以下にいくつか挙げてみましょう。

- **CSVファイルを読み込む（取得）。**
- **Excel表のようなものに取り込んだCSVファイルを表示する。**
- **その表で編集できる。**
- **編集した結果をCSVファイルに書き込む（出力）。**

これらの特徴を踏まえて、完成イメージを紙に描いてみます。

* **OSS**　Open Source Software（オープンソースソフトウェア）の略。無償で誰でも自由に改変、再配布が可能なソフトウェアのこと。

* **CSV**　Comma Separated Values（カンマセパレーティドヴァリューズ）の略。カンマ「,」で区切られた（＝Separated）値（＝Values）のことで……そのままですね。

図7-1：「CSVの読み書きアプリ」の完成イメージを絵に描く

●手順② 「CSVの読み書きアプリ」の画面を作成する

参考までに、完成した画面は次のようになります。

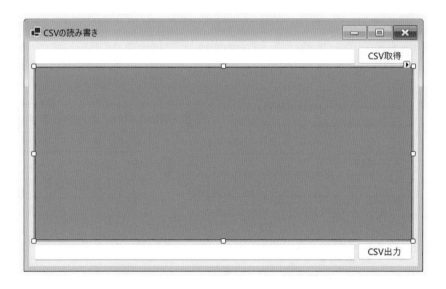

VS Community 2022を起動し、[新しいプロジェクトの作成] をクリックしてください。

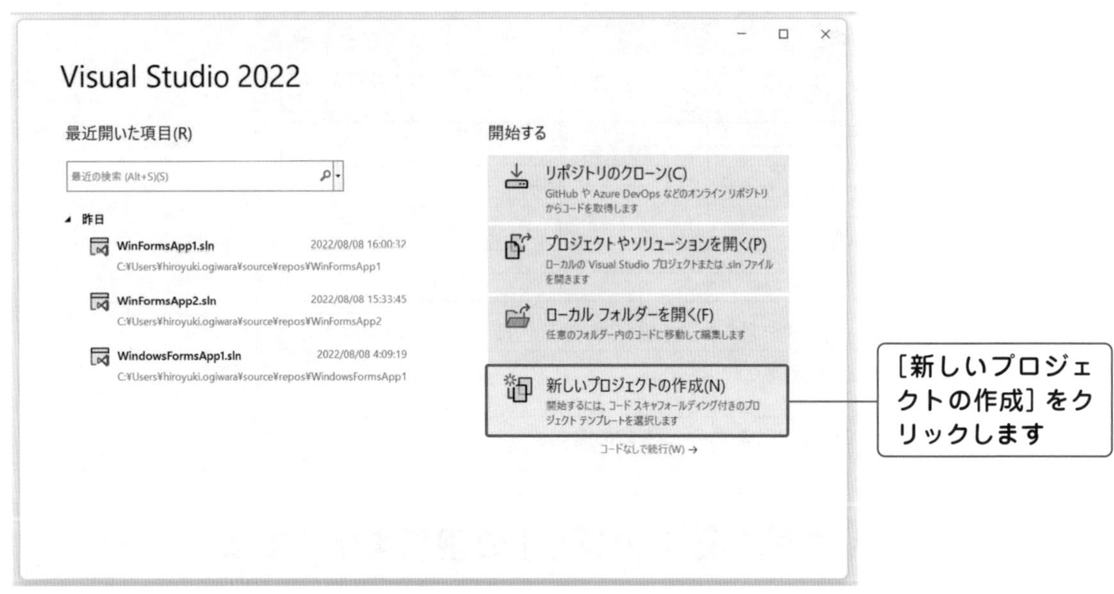

[新しいプロジェクトの作成]画面が表示されますので、上部検索ボックスに「winforms」と入力します。その下の一覧に[Windowsフォームアプリ]が表示されます。C#用のアプリを選択し、[次へ]ボタンをクリックします([Windowsフォームアプリケーション(.NET Framework)]ではありません)。

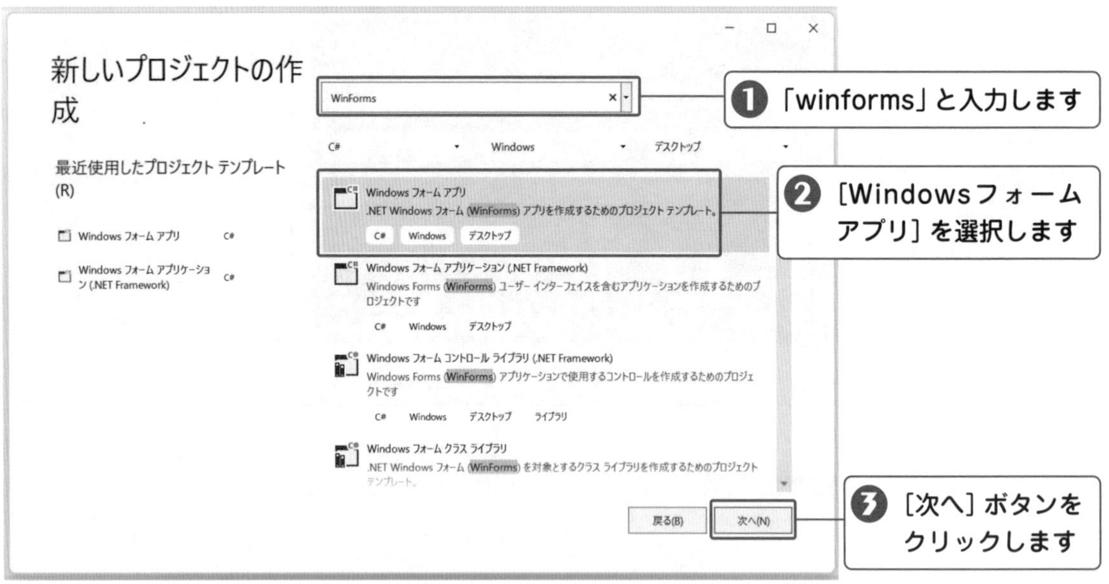

[新しいプロジェクトを構成します]画面が表示されますので、プロジェクト名に、「CsvReadWrite」と入力してください。また、保存する場所はどこでもかまいませんが、支障がなければ「C:¥VCS2022_

Application¥Chapter7-1」としてください(「VCS」は、Visual C Sharpの略です)。

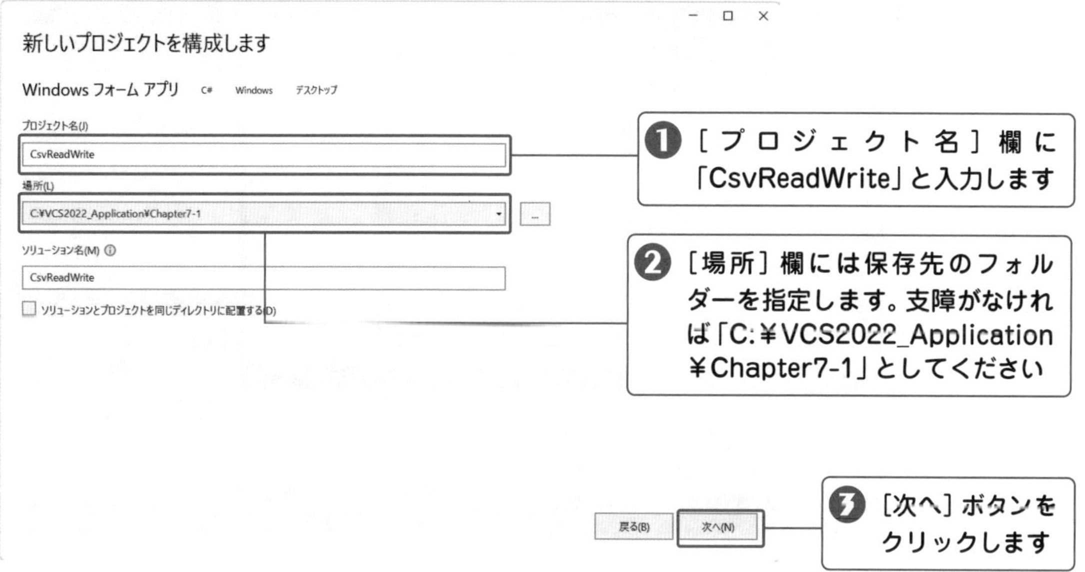

[追加情報]画面ではデフォルトのまま、[.NET 6.0(長期的なサポート)]を選びます。

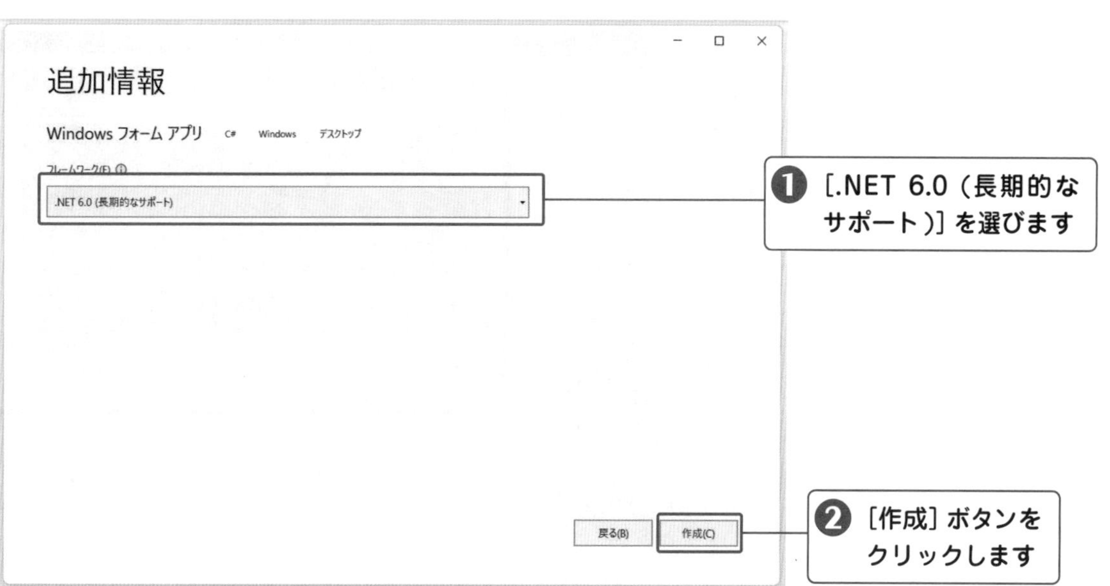

これでWindowsフォームアプリケーションのひな形ができました(表示されるまでに、少し時間がかかります)。

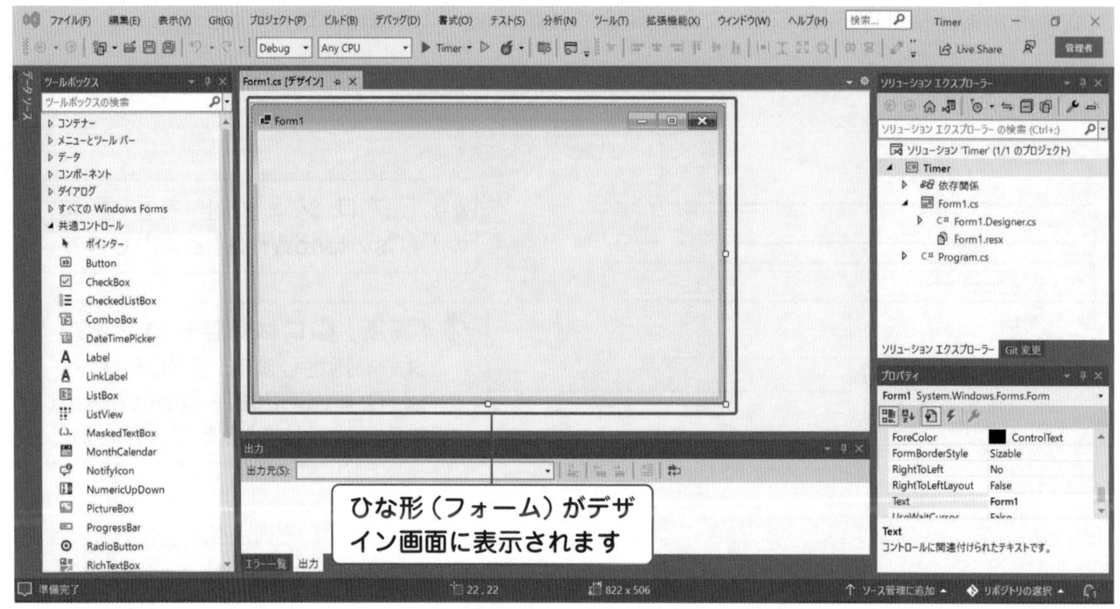

それでは、手順❶で描いた絵を見ながら、コントロールを配置していきます。ここまでの画面イメージは、次のようになります。変わったコントロールを優先的に表示しました（TextBoxコントロール、Buttonコントロールは省略しています）。

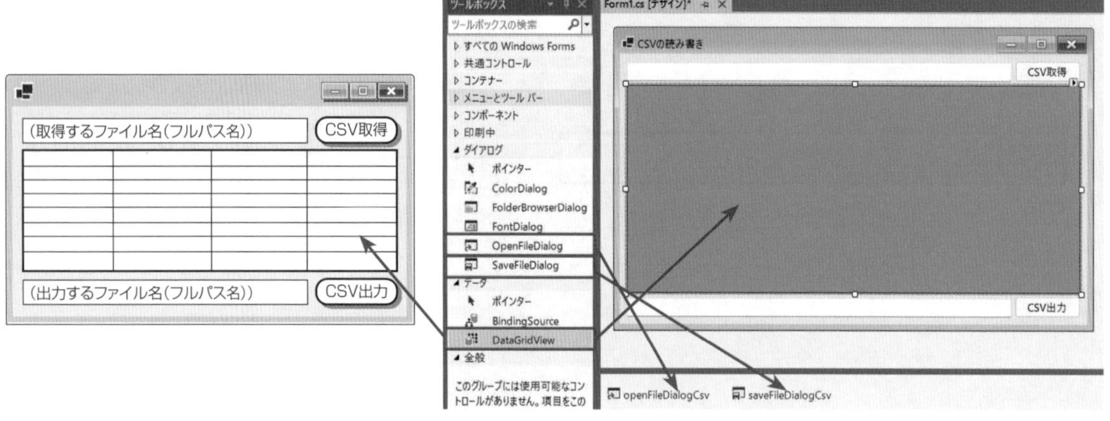

図7-2：ツールボックスからコントロールを選んで割り当てる

Excelの表のように表示できるコントロールは［データ］の配下にある**DataGridViewコントロール**を利用します。

また、CSVファイルを取得するコントロールは［ダイアログ］の配下にある**OpenFileDialogコントロール**、CSVファイルを出力するコントロールは、同じく［ダイアログ］の配下にある**SaveFileDialogコントロール**を利用します。

●手順③ 画面のプロパティや値を設定する

それぞれのコントロールの名前やサイズなどのプロパティを設定しましょう。

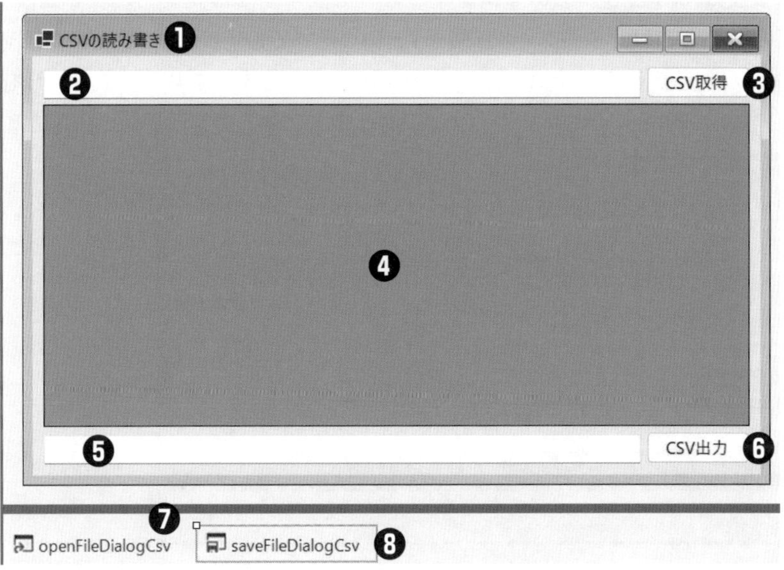

表7-1：コントロールとプロパティの設定

No.	コントロール名	プロパティ名	内容
❶	Formコントロール	Textプロパティ	CSVの読み書き
❷	TextBoxコントロール	(Name)プロパティ	textBoxInputCSVFileName
		Anchorプロパティ	Top, Left, Right
❸	Buttonコントロール	(Name)プロパティ	buttonCsvRead
		Textプロパティ	CSV取得
		Anchorプロパティ	Top, Right
❹	DataGridView コントロール	(Name)プロパティ	dataGridViewCsv
		Anchorプロパティ	Top, Bottom, Left, Right
❺	TextBoxコントロール	(Name)プロパティ	textBoxOutputCSVFileName
		Anchorプロパティ	Bottom, Left, Right
❻	Buttonコントロール	(Name)プロパティ	buttonCsvWrite
		Textプロパティ	CSV出力
		Anchorプロパティ	Bottom, Right
❼	OpenFileDialog コントロール	(Name)プロパティ	openFileDialogCsv
		FileNameプロパティ	*.csv
		InitialDirectoryプロパティ	.¥

❽	SaveFileDialog コントロール	(Name) プロパティ	saveFileDialogCsv
		Filterプロパティ	CSVファイル|*.csv|すべてのファイル|*.*
		InitialDirectoryプロパティ	.¥

❽の**Filterプロパティ**は、拡張子が.csvとなっているファイルのみを表示する設定を行っています。Filterプロパティは指定に独特のお作法があり、「説明文　|拡張子」という形式で指定します。今回の「CSVファイル|*.csv|すべてのファイル|*.*」という設定は、CSVファイル(.csv)とすべてのファイル(.*)を選択できるようにした設定となります。Filterプロパティで「CSVファイル|*.csv|すべてのファイル|*.*」を設定した場合の画面は、次のようになります。

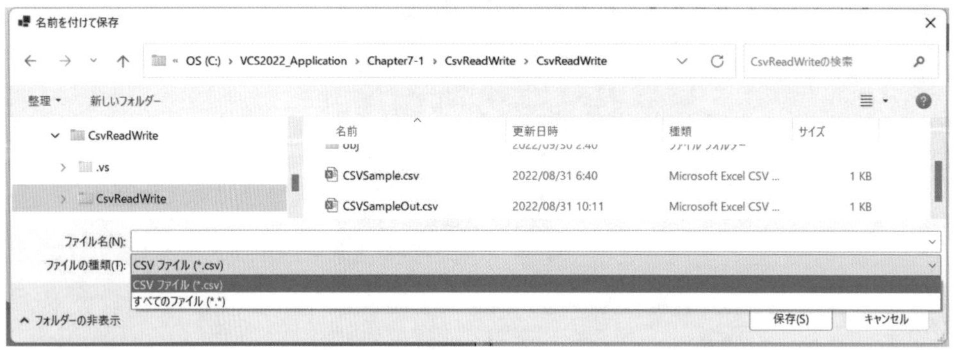

また、**InitialDirectoryプロパティ**は、ダイアログを起動するときに開くフォルダの位置を指定しています。「.¥」は、実行している.exeと同じ位置を示しています。

●手順④ CSVを利用する準備を行う

いよいよオープンソースで公開されているC#のCSVライブラリを利用する準備をします。この手順④で、NuGetを使用します。

1 NuGetを管理する［ソリューションのNuGetパッケージの管理］を開く

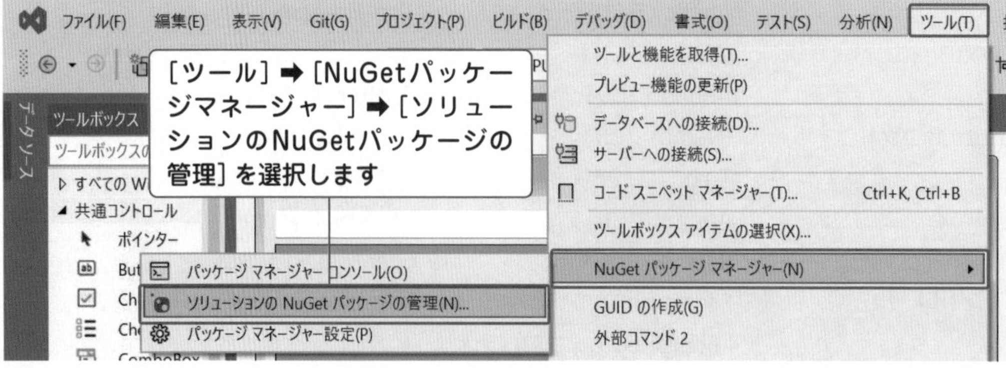

2 CSVライブラリを検索する

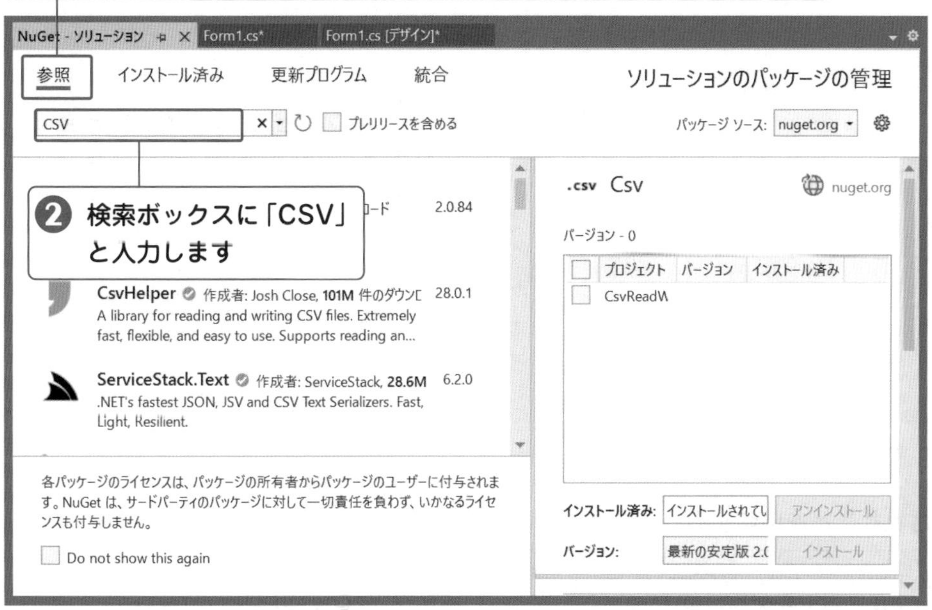

3 ［Csv］を選択し、インストールする

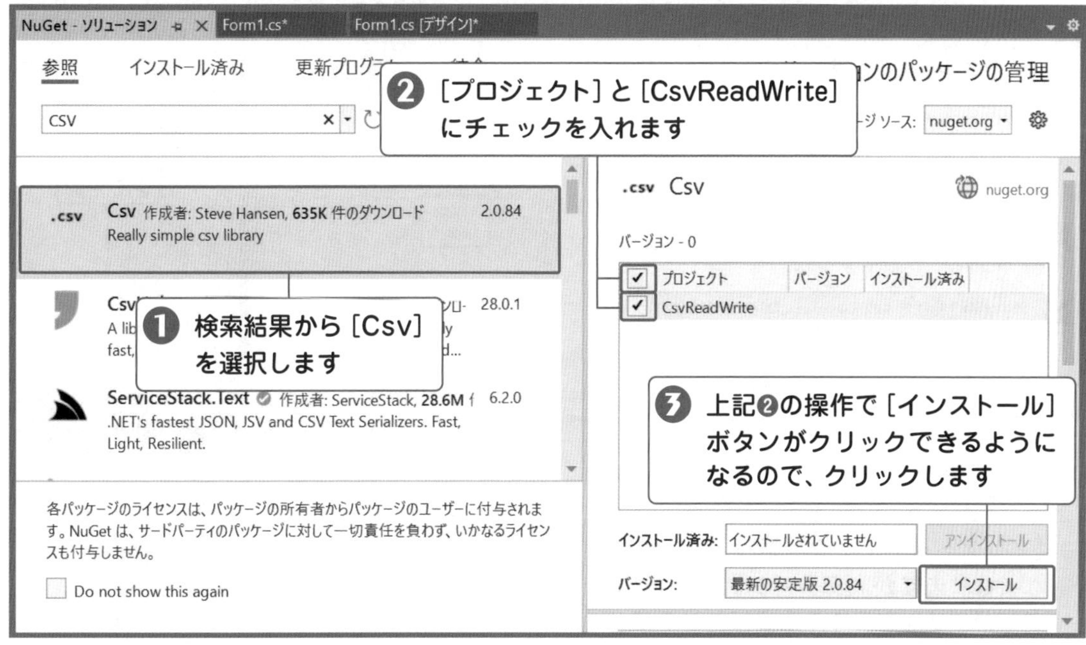

4 ［変更のプレビュー］画面が表示される

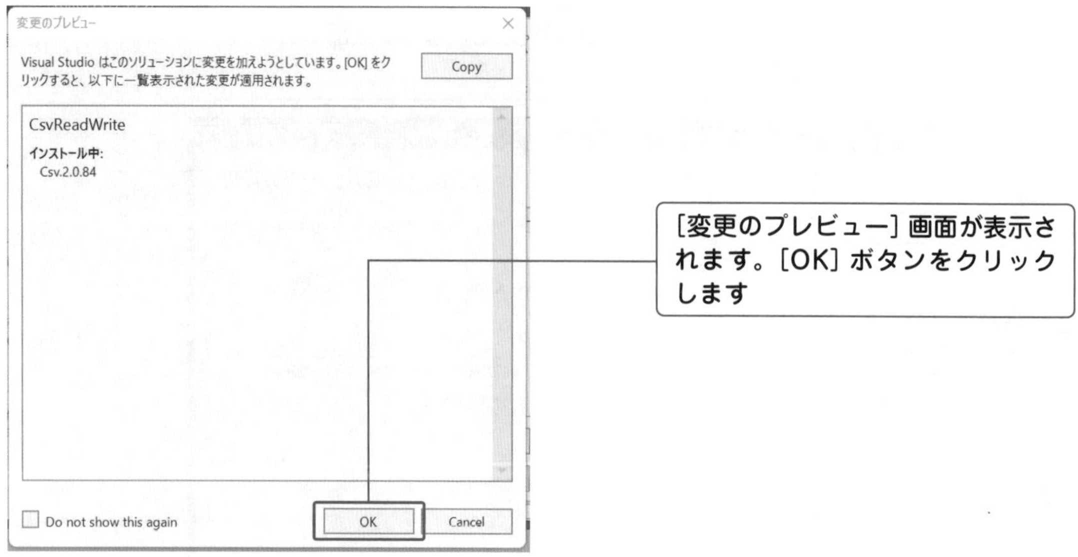

5 インストールされたことを確認する

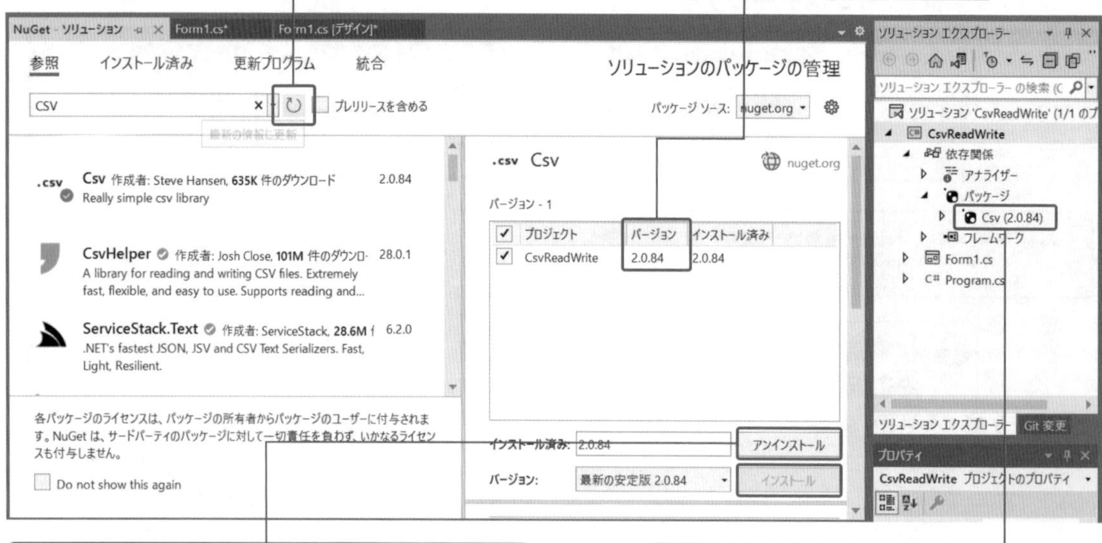

●手順⑤ コードを書く

手順❹までで、NuGetを利用して、OSSのCsvライブラリがソリューションエクスプローラーで利用できるようになりました。画面もできましたので、コードを書いていきましょう。

ボタンが2つありますので、それぞれクリックして、2つのイベントハンドラーを作成します。

［CSV取得］ボタンのClickイベントでは、**buttonCsvRead_Click()イベントハンドラー**、［CSV出力］ボタンのClickイベントでは、**buttonCsvWrite_Click()イベントハンドラー**を作成します。

［CSV取得］ボタンをクリックしたとき、［CSV出力］ボタンをクリックしたときの処理をフローチャートにすると、次のようになります。

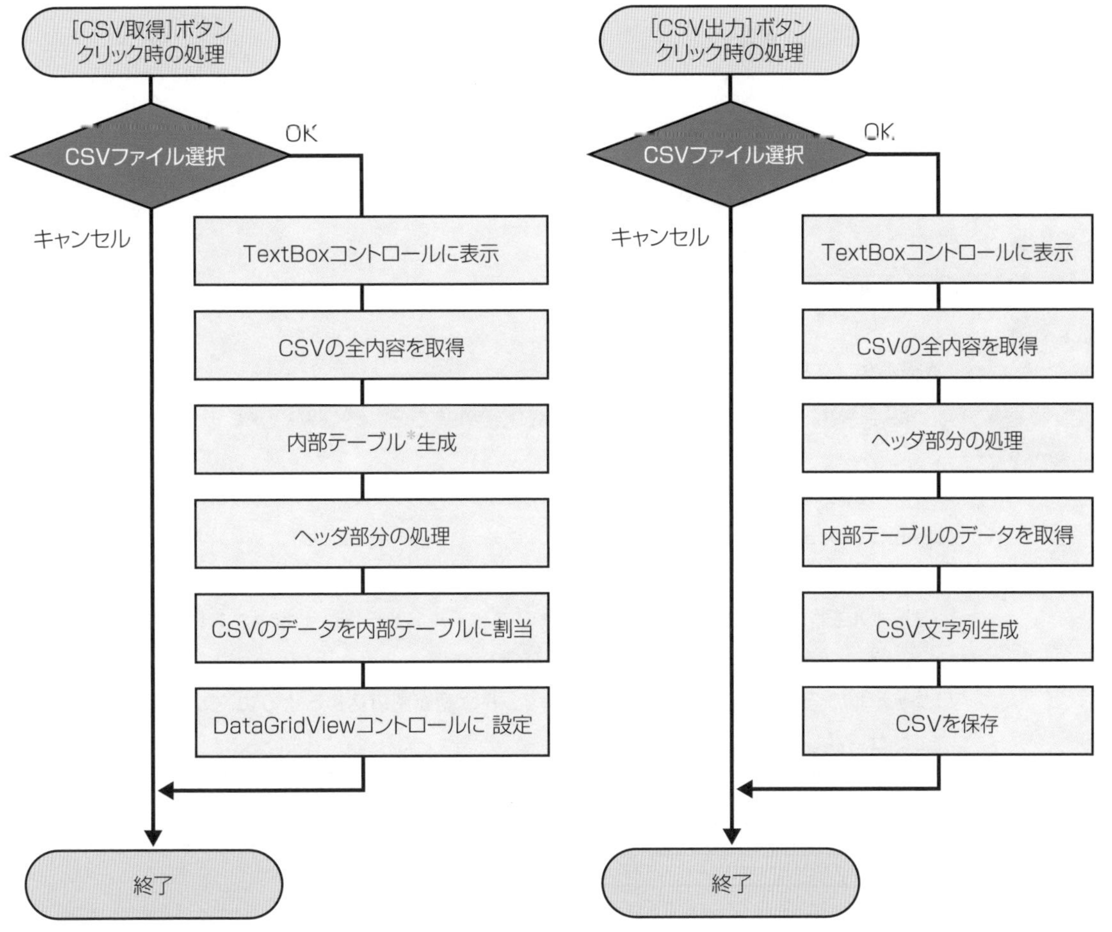

図7-3：［CSV取得］ボタンクリック時と［CSV出力］ボタンクリック時の処理のフローチャート

＊**テーブル**　データセット（複数の値を持っているオブジェクト）の中に準備される変数群の一覧表のこと。データテーブル（DataTable）とも言う。一覧表の縦の並びのことをカラム（Column）、横の並びのことをロー（Row）と呼ぶ。

今回のコードのポイントは、NuGetで取得した**OSSのCsvのライブラリの利用**になります。コード中の、「CsvReader」「CsvWriter」がCsvのライブラリのコード部分です。　　　　の部分は、自動で記述される部分です。

List 1 サンプルコード（[投稿] ボタンをクリックしたときの処理：Form1.cs）

```
❶using Csv;            // ライブラリCsvを使うのに必要
using System.Data;     // DataTableを使うのに必要
using System.Text;     // Encodingを使うのに必要

namespace CsvReadWrite
{
  public partial class Form1 : Form
  {
    // 内部でデータを保持するテーブルを用意します。
    ❷DataTable dataTable = new DataTable();
    public Form1()
    {
      InitializeComponent();
    }
    // CSV取得ボタンクリック時の処理
    private void buttonCsvRead_Click(object sender, EventArgs e)
    {
      // ファイルを開くウィンドウでCSVファイルを選択し、OKボタンをクリックしたとき
      if (openFileDialogCsv.ShowDialog() == DialogResult.OK)
      {
        // ファイルを開くウィンドウで選んだCSVのファイル名をテキストボックスに反映
        textBoxInputCSVFileName.Text = openFileDialogCsv.FileName;
        // ファイルの全内容を文字列に読み込みます。日本語が読み込めるように、文字はutf-16で
           エンコードします。
        ❸string csv = File.ReadAllText(openFileDialogCsv.FileName, Encoding.
        GetEncoding("utf-16"));
        ❹dataTable.TableName = "CSVTable";    // 内部でテーブルを生成します。
        dataTable.Columns.Clear();            // 内部テーブルのヘッダーを初期化（2連続で
                                                 読み込んだときの対応）
        dataTable.Clear();                    // 内部テーブルのデータを初期化（2連続で読
                                                 み込んだときの対応）
```

```
        // CSVからヘッダー部分のデータを取得し、内部のテーブルのカラムに設定
        // csvから1行取得し、結果をline変数に入れる
❺       foreach (ICsvLine line in CsvReader.ReadFromText(csv))
        {
            // 1行分のデータのヘッダーの情報を取り出す
❻           foreach (var item in line.Headers)
            {
❼               dataTable.Columns.Add(item); // 内部のテーブルのカラムに設定
            }
❽           break; // 2列目以降のデータもカラム名は同じなのでCSVの読み込みを終了
        }
        // 読み込んだcsvのデータを、内部のテーブルに割り当てる
        // もう一度csvから1行取得し、結果をline変数に入れる
❾       foreach (ICsvLine line in CsvReader.ReadFromText(csv))
        {
❿           dataTable.Rows.Add(line.Values);     // 1レコード分まとめて設定
        }
⓫       dataGridViewCsv.DataSource = dataTable;  // 表示用のDataGridViewに内部の
                                                    テーブルを割当
    }
}

// CSV出力ボタンクリック時の処理
private void buttonCsvWrite_Click(object sender, EventArgs e)
{
    // ファイルを保存するウィンドウでCSVファイルを選択し、OKボタンをクリックしたとき
    if (saveFileDialogCsv.ShowDialog() == DialogResult.OK)
    {
        // ファイルを保存するウィンドウで選んだCSVのファイル名をテキストボックスに反映
        textBoxOutputCSVFileName.Text = saveFileDialogCsv.FileName;
        // headerという変数に内部のテーブルのカラム名を設定
⓬       string[] header = new string[dataTable.Columns.Count];
        // カラムの数だけループしてカラムのデータを設定
⓭       for (int i = 0; i < dataTable.Columns.Count; i++)
```

```
            {
                ⓮header[i] = dataTable.Columns[i].ColumnName;
            }
            // newLineという変数に内部のテーブルを表のイメージ（2次元配列）で設定
            ⓯string[][] newLine = new string[dataTable.Rows.Count][];
            // データの数分ループして、データを取得
            ⓰for (int i = 0; i < dataTable.Rows.Count; i++)
            {
                ⓱newLine[i] = new string[dataTable.Columns.Count];
                // 該当するカラム、列の値を内部のテーブルから、newLineに設定
                ⓲for (int j = 0; j < dataTable.Columns.Count; j++)
                {
                    // nullの場合は、""としてnewLineに設定
                    ⓳newLine[i][j] = (dataTable.Rows[i][j] ?? "").ToString();
                }
            }

            // データからCSV形式の文字列を生成します
            ⓴string outcsv = CsvWriter.WriteToText(header, newLine);
            // FileNameという名前で、outcsvの値を保存します。文字はutf-16でエンコードします。
            ㉑File.WriteAllText(saveFileDialogCsv.FileName, outcsv, Encoding.
            GetEncoding("utf-16"));
        }
    }
  }
}
```

表7-2：List1のコード解説

No.	コード	内容
❶	`using Csv;`	NuGetで取得したOSSのCsvのライブラリの名前空間を指定しています。この記述は自動で設定されるときもあります。この記述をすることで、本来のCsvのライブラリは、「Csv.CsvReader.ReadFromText」と記述するところを、このusingキーワードを書くことによって、名前空間部分のCsvの記述を省略できます

❷	`DataTable dataTable = new DataTable();`	読み込んだCSVの内容をテーブル（DataTable）の形で覚えておくために用意しています。2つのイベントハンドラーのメソッドから呼び出すため、メソッドの内部ではなくクラスに置いています
❸	`string csv = File.ReadAllText(openFileDialogCsv.FileName, Encoding.GetEncoding("utf-16"));`	「File.ReadAllText(ファイル名)」で、ファイル名で指定したファイルを読み込んですべての内容を変数csvに代入しています。つまり変数csvの内容は、読み込んだCSVファイルの中身と同じです。「ReadAllText()」の第2引数は、文字のエンコードを意味しています。簡単にいうと、日本語が表示できるようにしています
❹	`dataTable.TableName = "CSVTable";`	内部のテーブルに名前を付けています
❺	`foreach (ICsvLine line in CsvReader.ReadFromText(csv))`	変数csvの内容を内部のテーブルに反映するためのforeachループ文*の二重ループになります。こちらの外側のループでは、変数csvから1行のデータを読み込んで変数lineに入れています。例えば、「1,2,3」という値が変数lineに入っています
❻	`foreach (var item in line.Headers)`	二重ループの内側の処理です。varキーワードは、テーブルの要素のデータ型を類推して変数itemを使用するという宣言です。変数lineからヘッダーの情報を取り出して、変数itemに代入します。例えば、CSVの1行目のデータ「データ1, データ2, データ3」という値が変数lineに入り、変数itemには、「データ1」から順に値が入ります
❼	`dataTable.Columns.Add(item);`	取り出した変数itemの値、つまりヘッダーの値を内部のテーブルのカラム部分に設定します
❽	`break;`	ここで処理を終わらせて、外側のforeachループ文を抜けます。ここで処理を抜けないと、次のレコードを読んで、そのヘッダー情報を取得しても同じ値をカラムに設定することになり、すでに存在するというエラーになるためです
❾	`foreach (ICsvLine line in CsvReader.ReadFromText(csv))`	❺と同じループです。今回は変数csvの中身を内部のテーブルに取得する処理です
❿	`dataTable.Rows.Add(line.Values);`	CSVから1レコード分取り出した値をそのままテーブルのローとして代入します。例えば、「1,2,3」という値が変数lineに入っていたとき、まとめて3つの値を割り当てます。まとめて処理ができるので、内側のループ分が不要になります
⓫	`dataGridViewCsv.DataSource = dataTable;`	CSVから取得した値をテーブルの状態にしたものをDataGridViewコントールに表示するデータとして割り当てます。この際、DataSourceプロパティが表示するテーブル形式のデータとなりますので、そちらと内部テーブルを関連付けします。これにより、DataGridViewコントロールで変更した値がdataTableに反映されるようにもなります。

* **foreachループ文**　データセットや配列に含まれるデータ（要素）を取り出して、同じ処理を繰り返し行うループ処理。「foreach（データ型名 変数名 in 取り出す元のオブジェクト）{ 繰り返す処理 }」と記述する。

⓬	`string[] header = new string[dataTable.Columns.Count];`	string型の変数をイコールの右辺値の[]の内部で書かれた数だけまとめて確保します。同じデータ型でまとめて扱う仕組みを**配列**といいます
⓭	`for (int i = 0; i < dataTable.Columns.Count; i++)`	dataTable.Columns.Countでカラムの数がわかります。このループはカラムの数だけループして、iの値が変化します
⓮	`header[i] = dataTable.Columns[i].ColumnName;`	CSVのヘッダーにしたいので、内部のテーブルからカラム名を取得しています。ループ文を使ってDataGridViewコントロールにあるすべてのカラム名をheaderに取り込んでいます
⓯	`string[][] newLine = new string[dataTable.Rows.Count][];`	newLineにDataGridViewコントロールに紐づいた内部テーブルのデータを表形式で取得したいので、文字列を二次元の配列として定義しています。この書き方は正確には配列の要素が配列になる書き方です
⓰	`for (int i = 0; i < dataTable.Rows.Count; i++)`	forループ文の終了値がデータの数分であることを示しています
⓱	`newLine[i] = new string[dataTable.Columns.Count];`	newLineのi番目の配列の要素に、配列を設定しています。カラム数分の文字列の配列を設定しています。このあたりは、後ほど図で解説します
⓲	`for (int j = 0; j < dataTable.Columns.Count; j++)`	内側のループで内部のテーブルをカラムの方向にループしています
⓳	`newLine[i][j] = (dataTable.Rows[i][j] ?? "").ToString();`	DataGridViewコントロールに紐づいた内側のテーブルから1つ1つデータを取り出して、newLineの該当する場所に設定しています。「??」は**null合体演算子**といいます。「??」の左側（先に値を見るほう）の値がnullの場合は、「??」の右側の値を採用し、結果としてnullにならないような結果を返します。if文で表現することも可能ですが、null合体演算子を使うと1行ですっきりコードが書けますね
⓴	`string outcsv = CsvWriter.WriteToText(header, newLine);`	ここまでの処理で作成したヘッダーの値と、CSVの表イメージのデータをCSV形式のデータにして返します
㉑	`File.WriteAllText(saveFileDialogCsv.FileName, outcsv, Encoding.GetEncoding("utf-16"));`	保存するファイル名で、CSVのデータを保存します。日本語が扱えるように文字をエンコードしています

文字の説明では、イメージがわきづらいと思いますので、コードと変数、その変数へのデータの取得の様子を図にしてみました。

● [CSV取得] ボタンクリック時の処理

❸❹の処理イメージは、次の通りです。

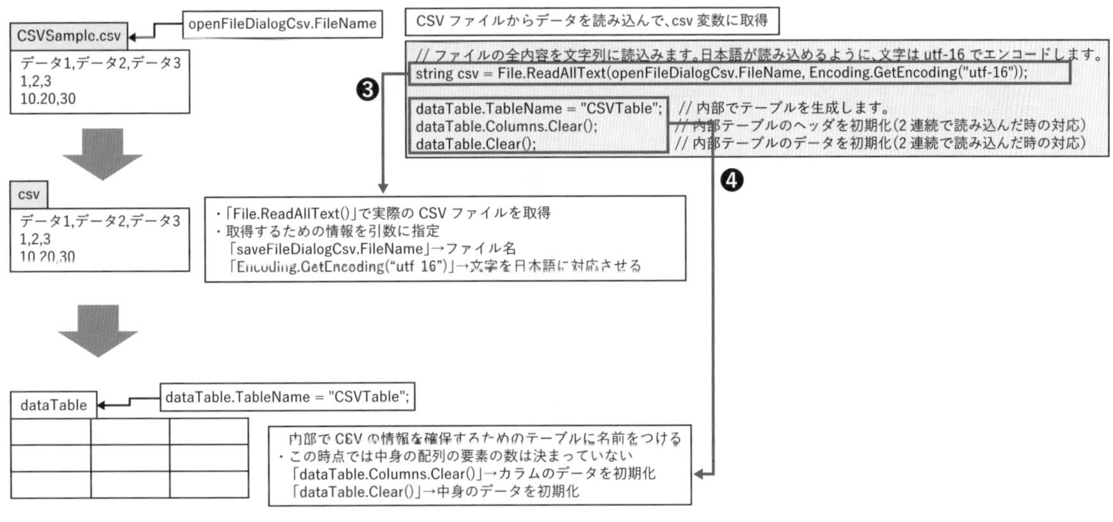

図7-4：❸❹の処理イメージ（[CSV取得] ボタンクリック時の処理）

❺❻❼❽の処理イメージは、次の通りです。

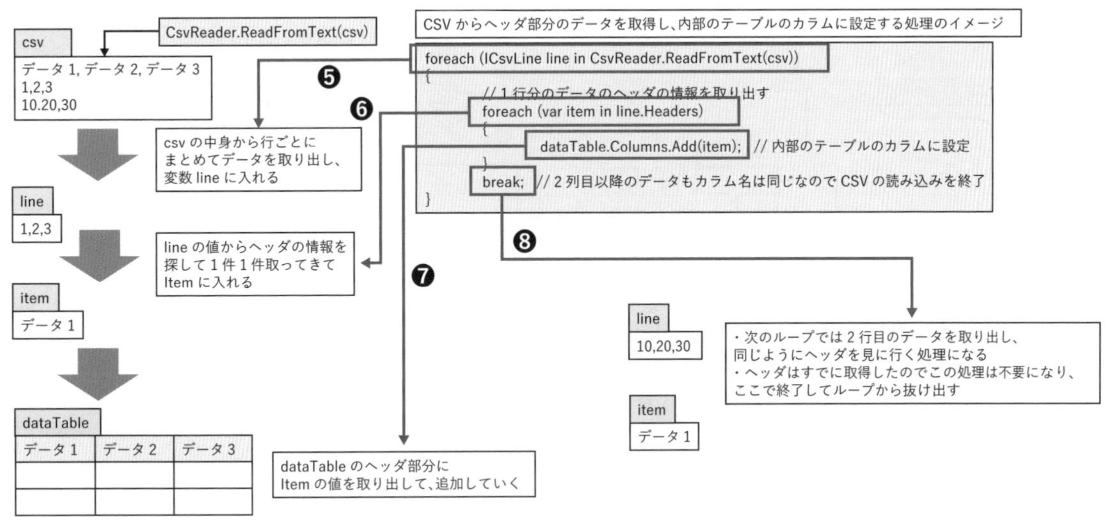

図7-5：❺❻❼❽の処理イメージ（[CSV取得] ボタンクリック時の処理）

❾❿⓫の処理イメージは、次の通りです。

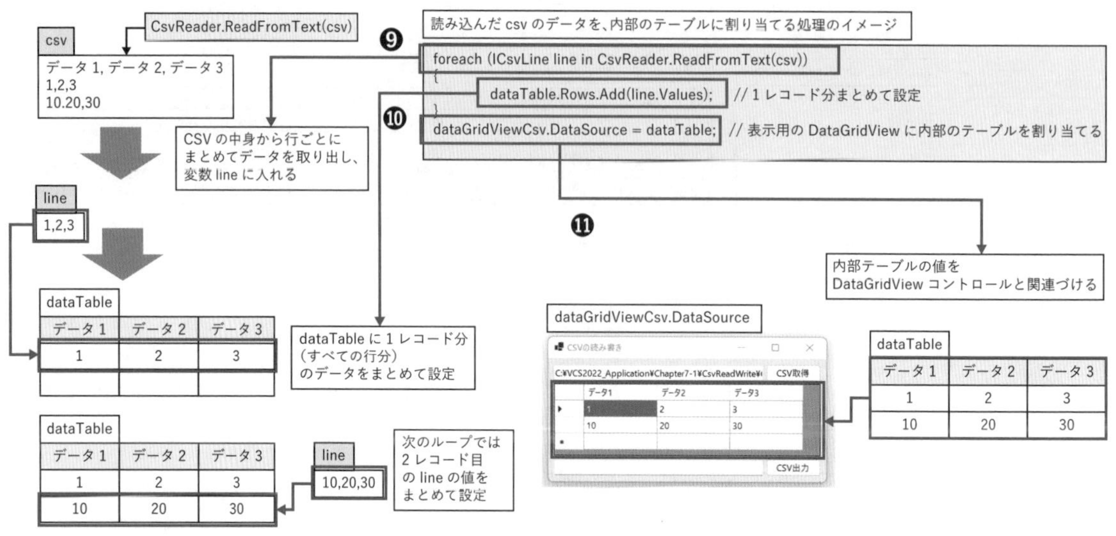

図 7-6：❾❿⓫の処理のイメージ（[CSV取得] ボタンクリック時の処理）

● [CSV出力] ボタンクリック時の処理

⓬⓮の処理のイメージは、次の通りです。

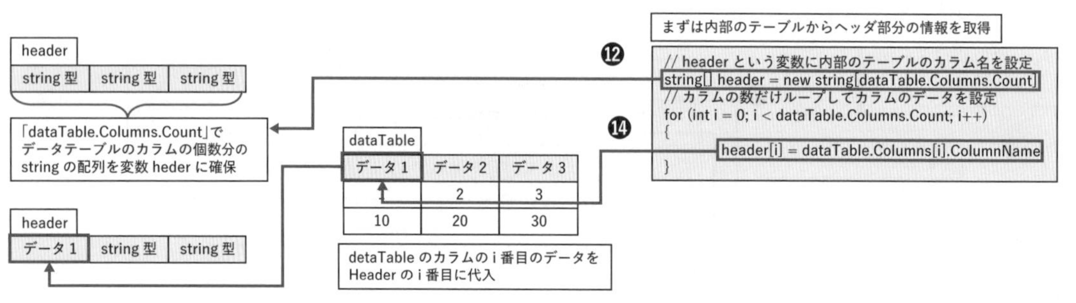

図 7-7：⓬⓮の処理のイメージ（[CSV出力] ボタンクリック時の処理）

⑮⑰⑲の処理のイメージは、次の通りです。

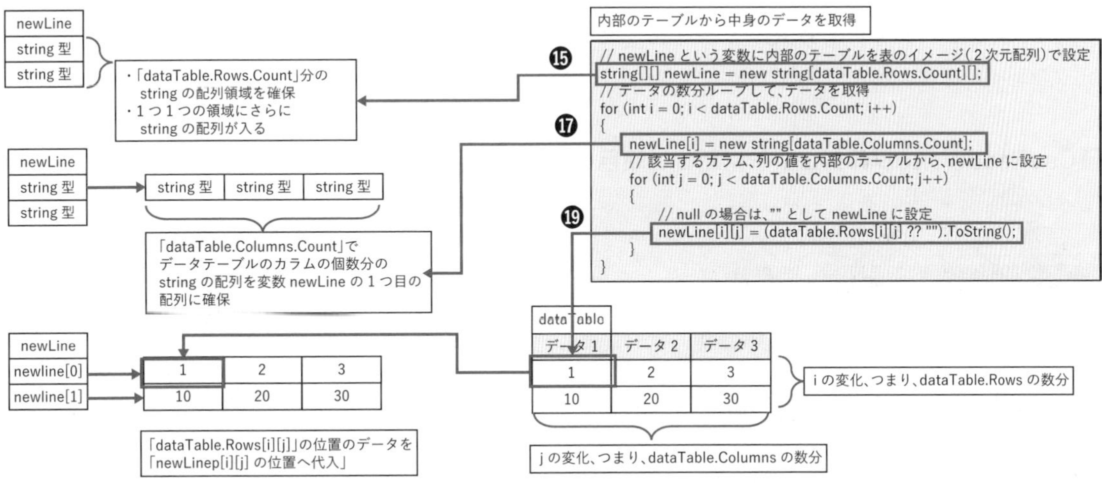

図 7-8：⑮⑰⑲の処理のイメージ（[CSV出力] ボタンクリック時の処理）

⑳㉑の処理のイメージは、次の通りです。

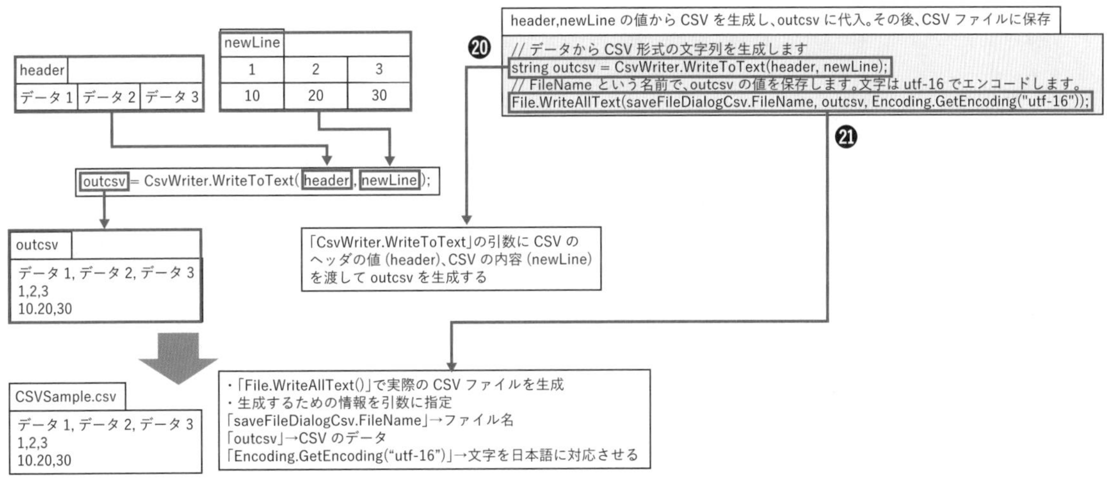

図 7-9：⑳㉑の処理のイメージ（[CSV出力] ボタンクリック時の処理）

●手順⑥ 動かしてみる

動かすために、テスト用のCSVファイルを作成します。せっかくですので、VS Community 2022でCSVファイルを作成しましょう。

1 CsvReadWriteプロジェクトに新しい項目を追加する

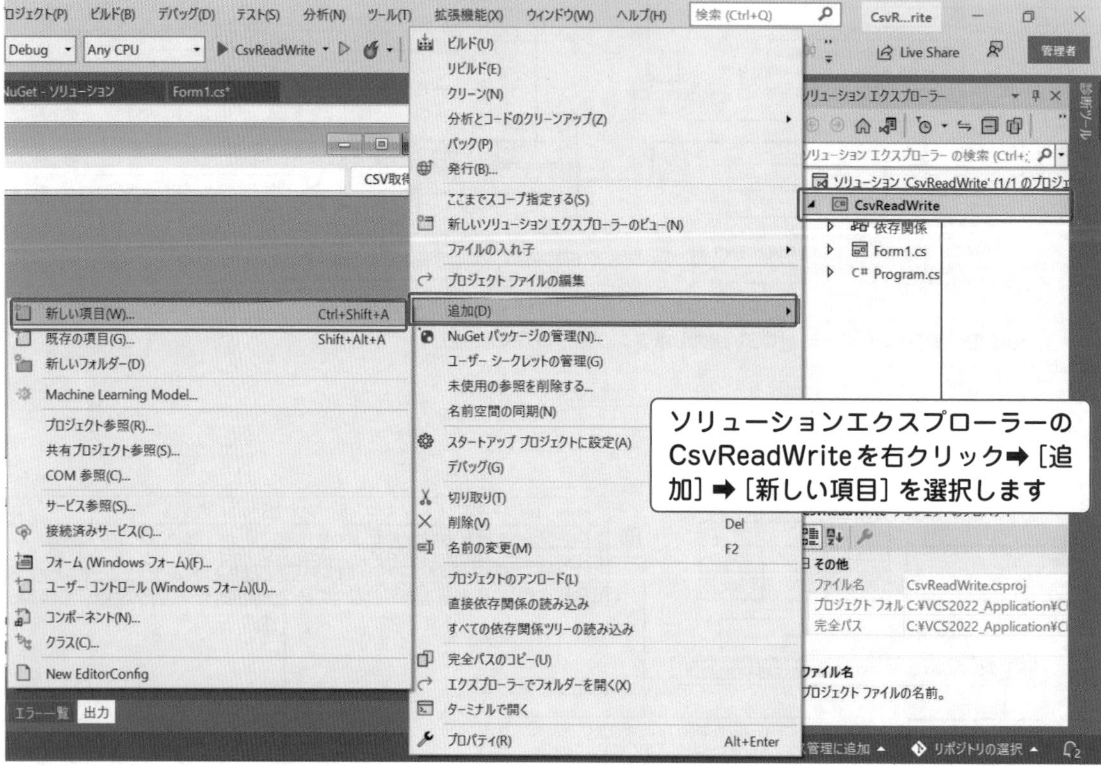

ソリューションエクスプローラーのCsvReadWriteを右クリック➡［追加］➡［新しい項目］を選択します

2 CSVファイル名を設定する

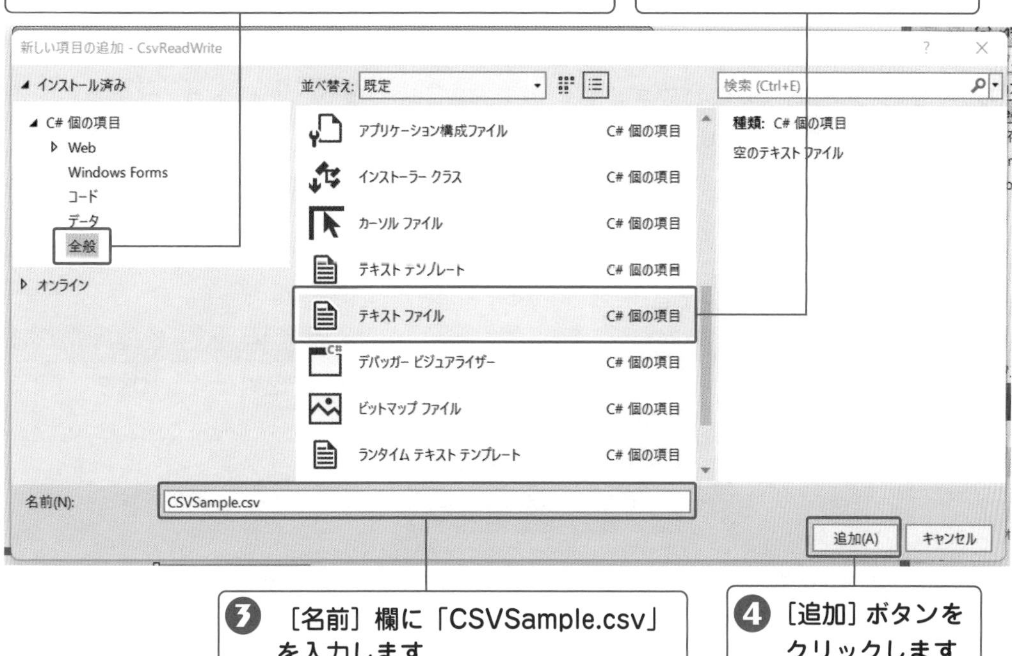

3 CSVSample.csvファイルに実際の値を入力する

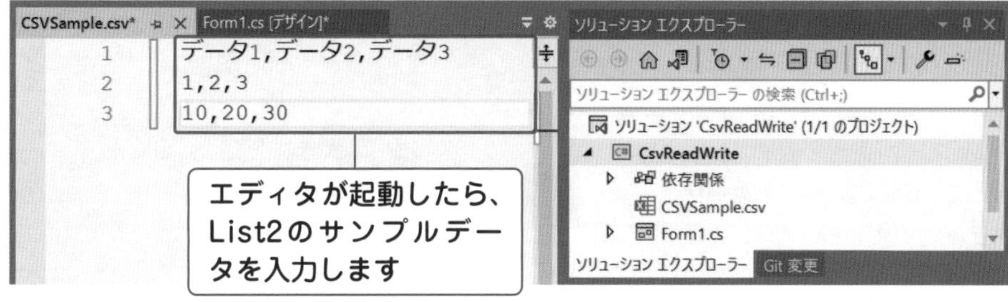

List 2 サンプルデータ（csvファイルにCSVの値を入力：CSVSample.cvs）

```
データ1,データ2,データ3
1,2,3
10,20,30
```

「データ1,データ2,データ3」が項目名、いわゆるヘッダー項目です。「1,2,3」からがデータになります。それぞれ半角の「,」(カンマ)で区切ります。

項目の数とデータの数は、一致させてください。データの値や数はいくつでもよいですが、まずはこの値で確認しましょう。

サンプルのCSVファイルの準備ができましたので、実行して確認しましょう。ツールバーの[▶ CsvReadWrite]ボタンをクリックして、実際に動かしてみましょう。

最初に考えたイメージ通り動作するかを確認するために、チェック項目を作ってみました。みなさんも同じようにチェックしてみてください。

表7-3:「CSVの読み書きアプリ」のチェック項目

No.	特徴	実行したときの画面	コメント	チェック結果
❶	初期表示がイメージの通り		初期表示された	OK?
❷	[CSV取得]ボタンをクリックすると、CSVSample.csvが選択できる		CSVSample.csvが選択された	OK?
❸	CSVSample.csvを選択すると、DataGridViewコントロールに結果が反映される	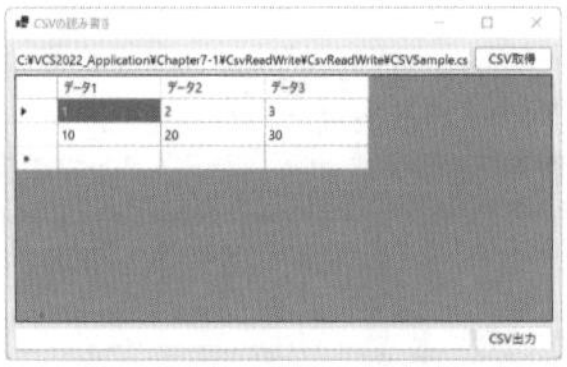	結果が反映された	OK?
❹	DataGridViewコントロールに結果が反映された状態で、縦横の大きさを変えても綺麗に表示される	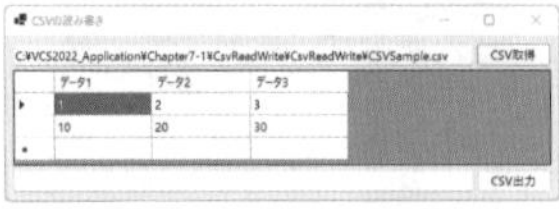	縦横の大きさを変えても綺麗に表示された	OK?
❺	DataGridViewコントロールに表示されている値をいくつか更新した後に[CSV出力]ボタンをクリックする	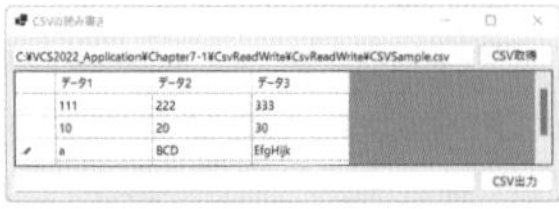	[CSV出力]ボタンをクリックできた	OK?

❻	出力するファイル名を「CSVSampleOut.csv」にして、出力されたCSVファイルの内容を確認する	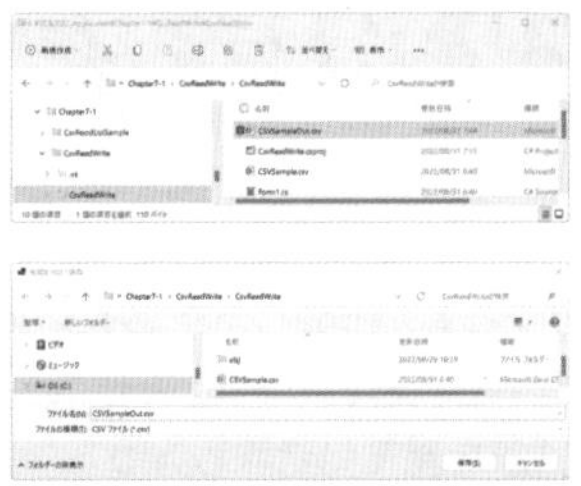	内容に問題はなかった	OK？

まとめ

- VS Community 2022には、OSSを探してソリューションに追加する便利なNuGetという仕組みが用意されている。

用語のまとめ

用語	意味
OSS	Open Source Softwareの略。無償で誰でも自由に改変、再配布が可能なソフトウェアのこと

Column nullを許すデータ型

通常、C#で使うデータ型は、入れられる値が決まっていて、int型であれば、0や100といった整数値しか入れることができませんし、bool型であれば、trueとfalseの2つの値しか入れられません。

ところが、データベースの世界では「まだまったく何も値が入っていない状態」を示すためにnull（ヌル）という概念があります。Visual C# 2005から、そのあたりのわだかまりを解消するために、nullを指定できるデータ型が用意されました。そのデータ型がnull許容型です。

null許容型の宣言には、いろいろな方法があるのですが、最も簡単なのが、以下のようにデータ型の部分に「?」を付けて表現する方法です。

```
bool? flag;
int? count;
```

覚え方としては、「なんだか頼りなさそうな型の指定だな～」と、イメージしていただければよいかと思います。(^-^)　C#の世界は、奥が深いですね(^～^;)

2 「Slack投稿アプリ」の作成

「Slack投稿アプリ」を作成します。インターネット上では、多くのサービスが提供されていますが、これらのサービスを.NETアプリケーションから利用する場合にどうすればいいかを見ていきましょう。

●手順① 「Slack投稿アプリ」の完成イメージを絵に描く

「**Slack投稿アプリ**」の特徴と、完成イメージを絵に描いてみましょう。

少し面倒ですが、あらかじめイメージを固めておくことで、完成したアプリの出来をチェックできます。最初のうちは、いろいろと描いてみてください。

- Slackへ投稿する内容を入力できる。
- ［投稿］ボタンをクリックすると、入力したテキストの内容をSlackへ送信し、結果として、Slackへの投稿を行う。

図7-10：「Slack投稿アプリ」の完成イメージを絵に描く

●手順② 「Slack投稿アプリ」の画面を作成する

参考までに、完成した画面は次のようになります。

VS Community 2022を起動し、[新しいプロジェクトの作成] をクリックしてください。

[新しいプロジェクトの作成] 画面が表示されますので、上部検索ボックスに「winforms」と入力します。その下の一覧に [Windowsフォームアプリ] が表示されます。C#用のアプリを選択し、[次へ] ボタンをクリックします ([Windowsフォームアプリケーション(.NET Framework)] ではありません)。

[新しいプロジェクトを構成します] 画面が表示されますので、プロジェクト名に、「SlackPost」と入力してください。また、保存する場所はどこでもかまいませんが、支障がなければ「C:¥VCS2022_Application¥Chapter7-2」としてください (「VCS」は、Visual C Sharpの略です)。

[追加情報] 画面ではデフォルトのまま、「.NET 6.0 (長期的なサポート)」を選びます。

これでWindowsフォームアプリケーションのひな形ができました (表示されるまでに、少し時間がかかります)。

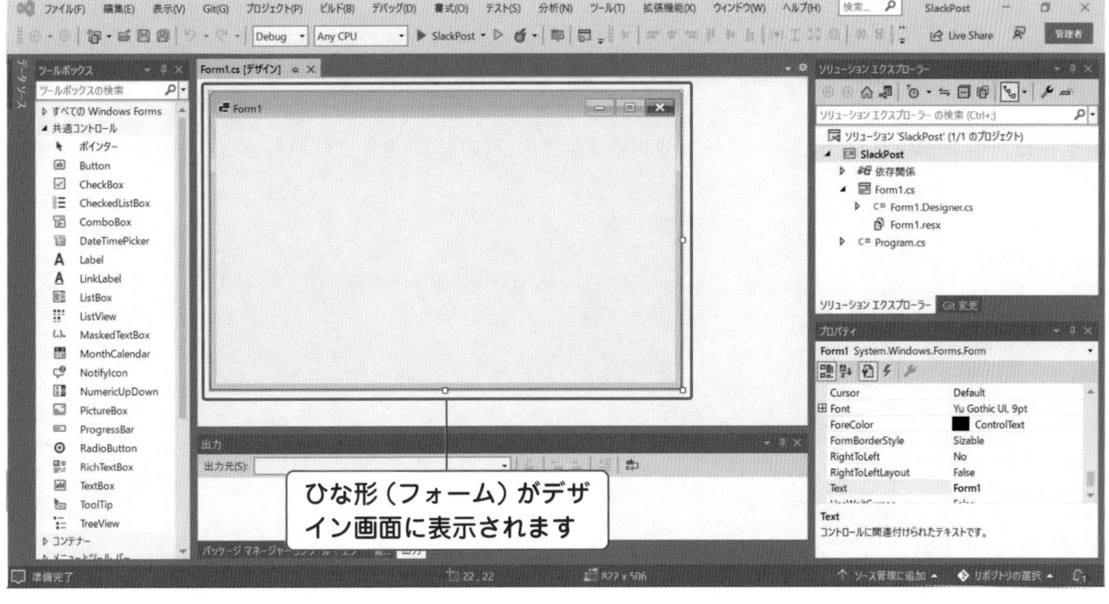

それでは、先ほど手順❶で描いた完成イメージの絵を元にして、最適なコントロールを選び、Windowsフォームに貼り付けていきましょう。

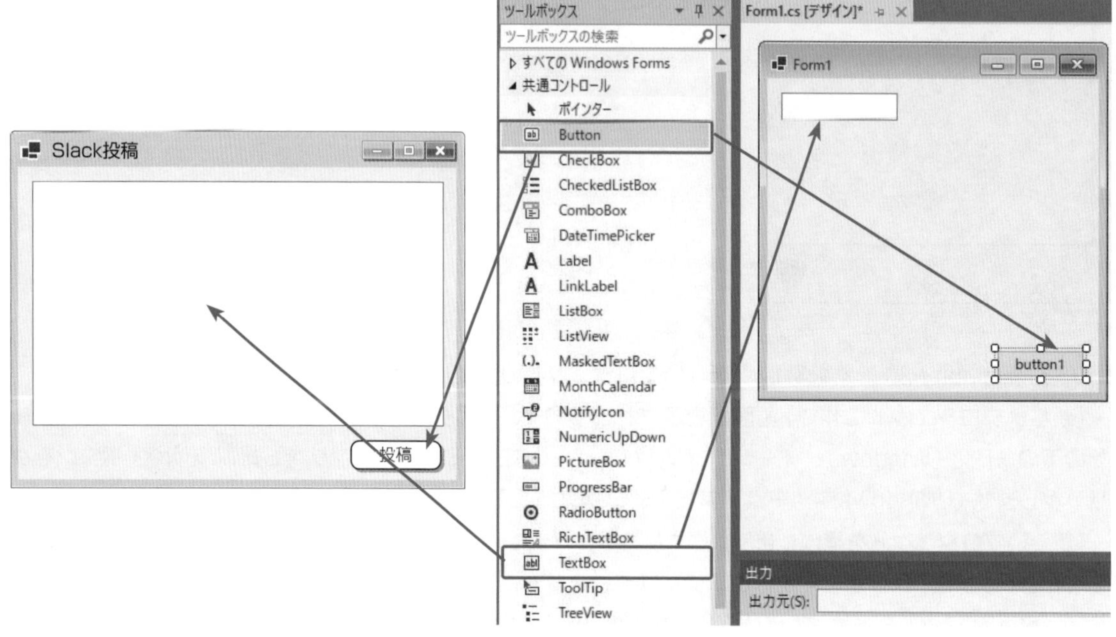

図7-11：ツールボックスからコントロールを選んで割り当てる

画面の作成自体には、特に難しい点はありません。これまでの知識で作成してください。

●手順③ 画面のプロパティや値を設定する

まずは、それぞれのコントロールの名前やサイズなどのプロパティを設定しましょう。

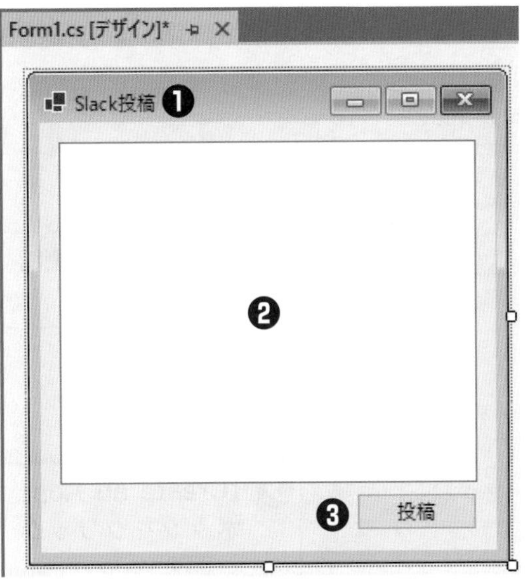

表7-4：コントロールとプロパティの設定

No.	コントロール名	プロパティ名	内容
❶	Formコントロール	(Name)プロパティ	FormSlackPost
		Textプロパティ	Slack投稿
		Sizeプロパティ	300, 300
❷	TextBoxコントロール	(Name)プロパティ	txtPost
		Multilineプロパティ	True
❸	Buttonコントロール	(Name)プロパティ	butPost
		Textプロパティ	投稿

●手順④ Slackを利用する準備を行う

アプリからSlackに投稿を行う場合には、Slack側で許可を設定する必要があります。そのために、Slackで**Incoming Webhook***の設定が必要です。ここで、SlackのIncoming Webhookの設定をしておきましょう。

Slackワークスペースにはすでに参加していることを前提として解説しますので、Slackのワークスペースに参加されてない方はあらかじめ参加しておいてください。

* **Incoming Webhook**　外部アプリからSlackにメッセージを投稿することができる仕組み。

1 slack apiにアクセスする

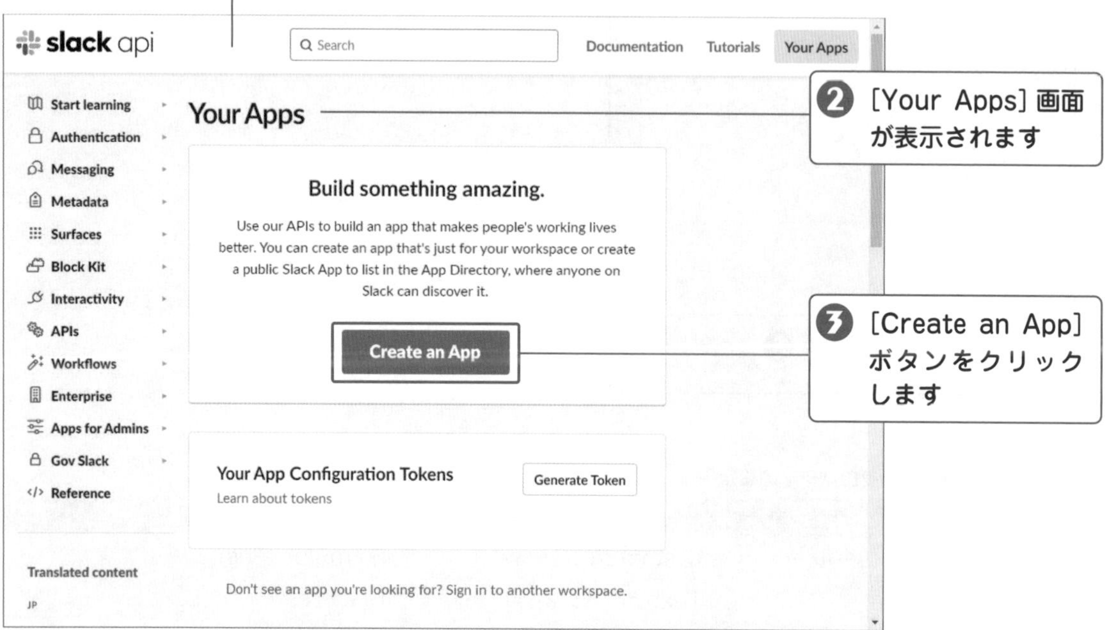

2 [Create an app] 画面が表示される

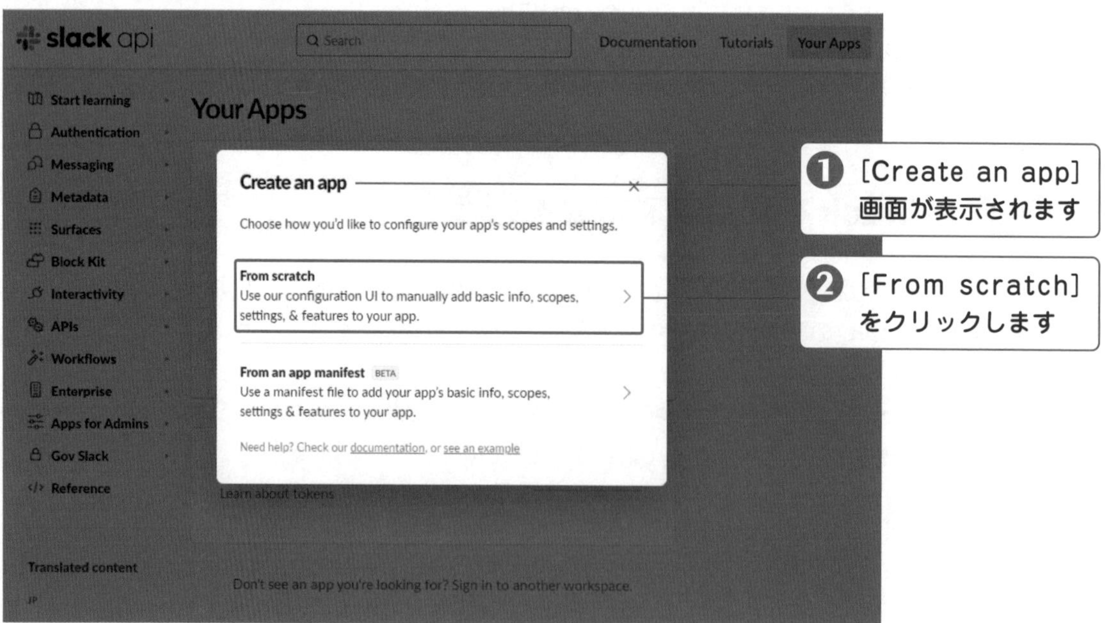

3 [Name app & choose workspace] 画面が表示される

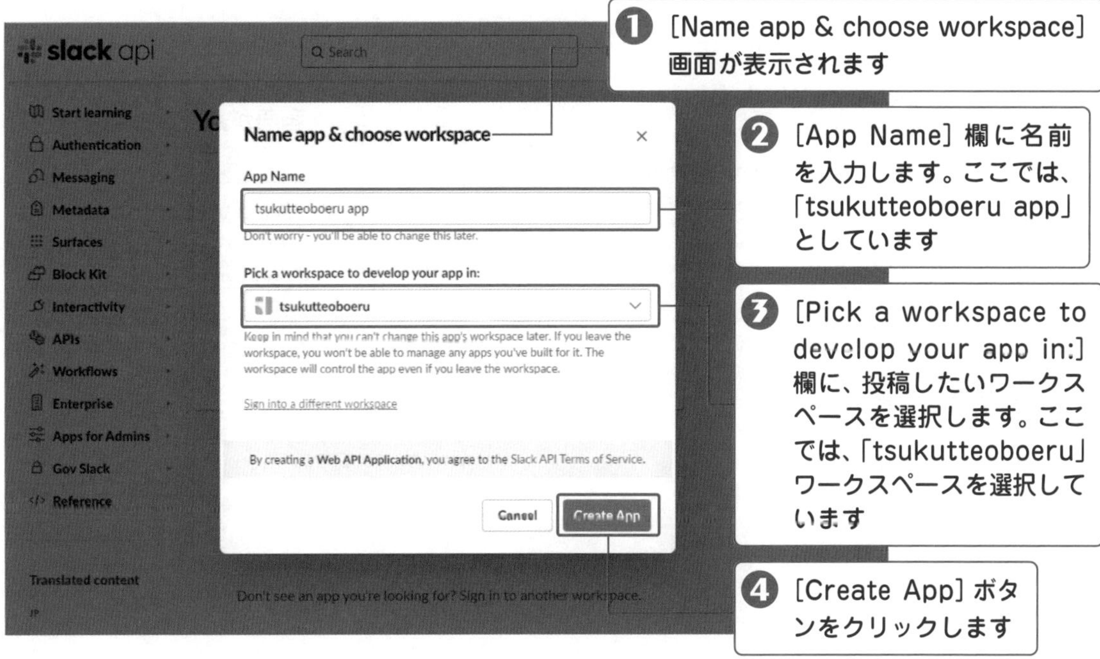

4 [Basic Information] 画面が表示される

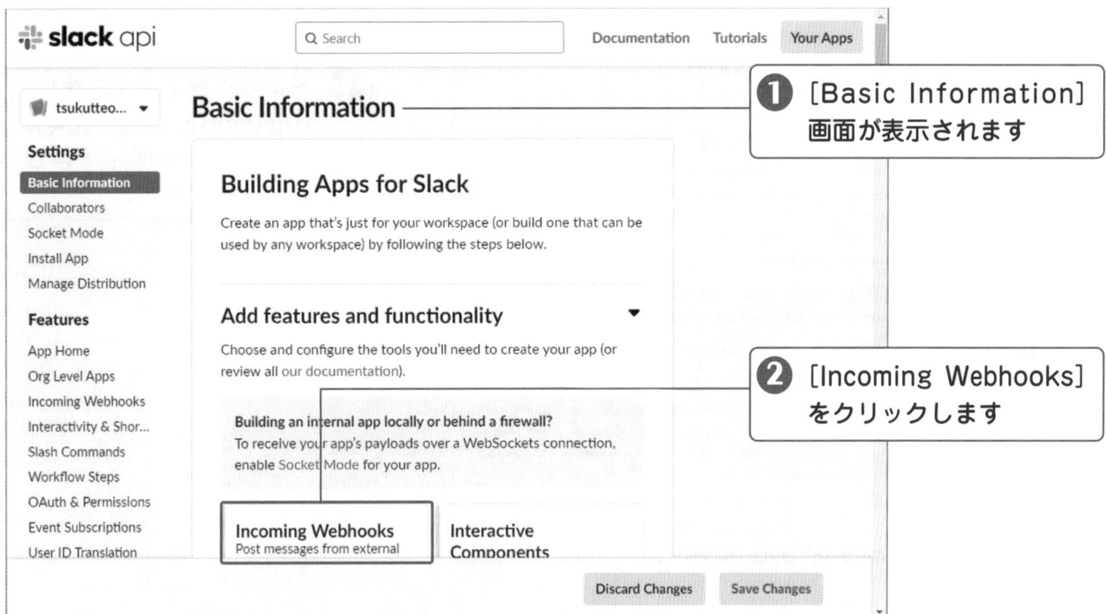

上級編 Chapter 7

5 [Incoming Webhooks] 画面が表示される

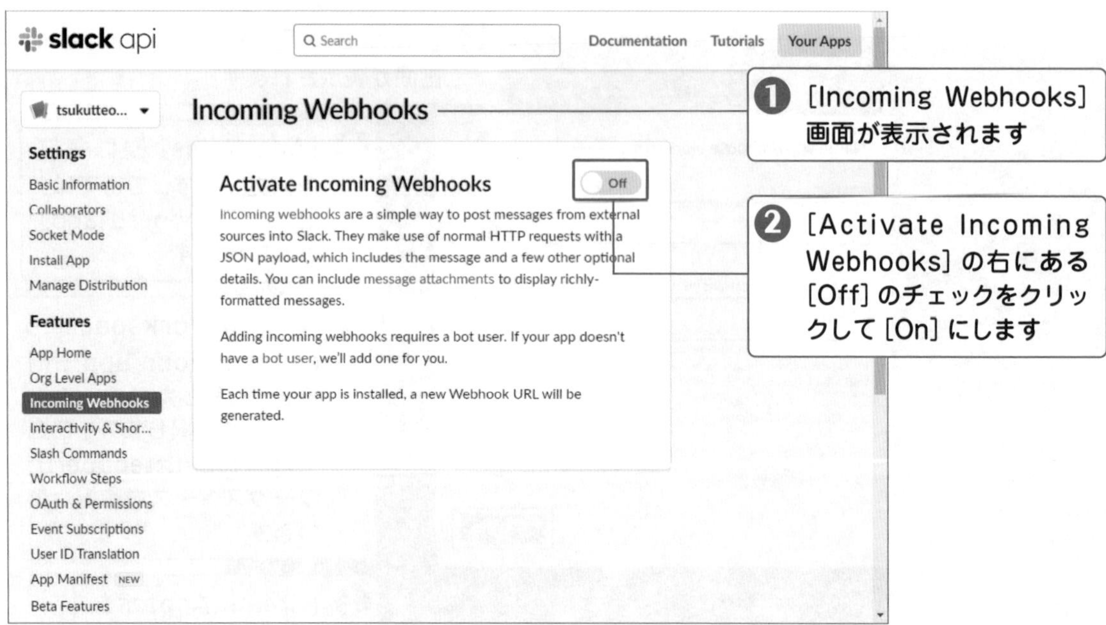

6 [Incoming Webhooks] 画面の表示が切り替わる

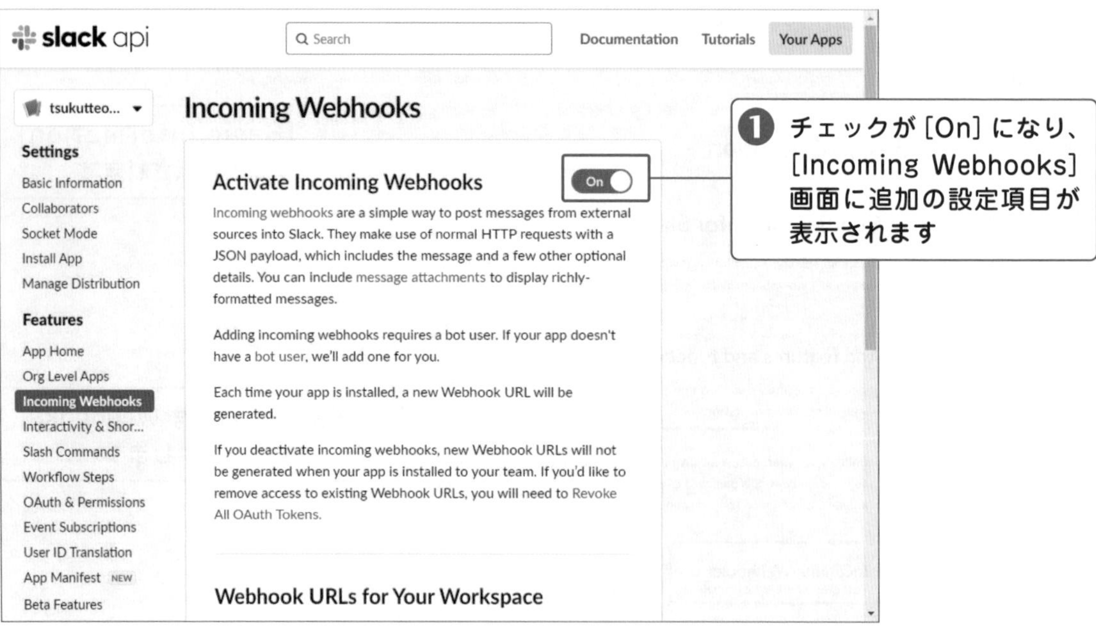

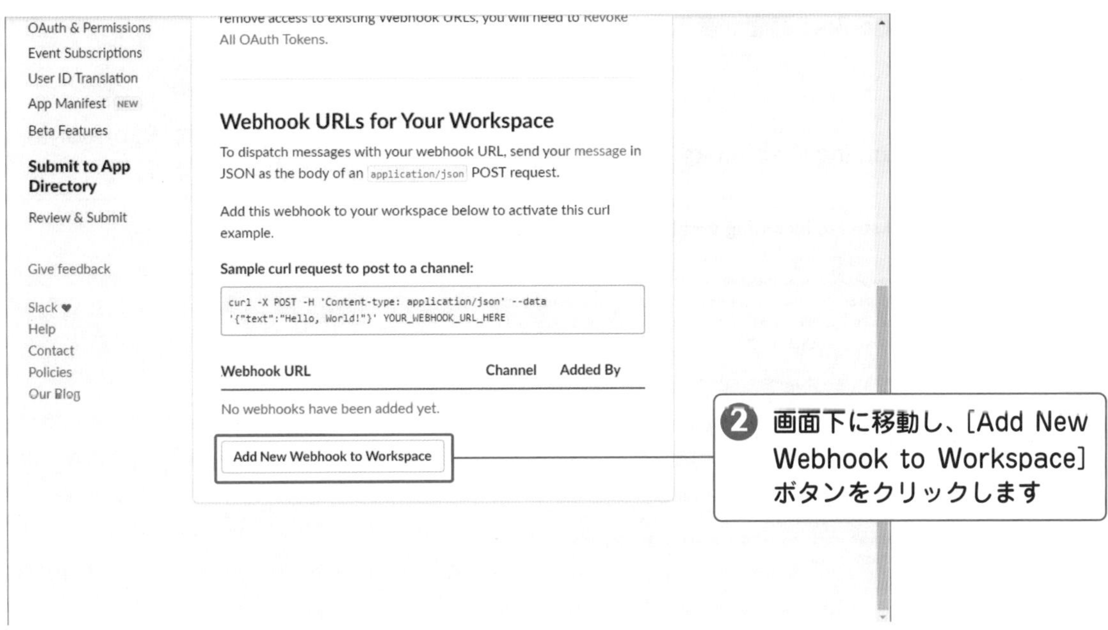

7 投稿先の選択画面が表示される

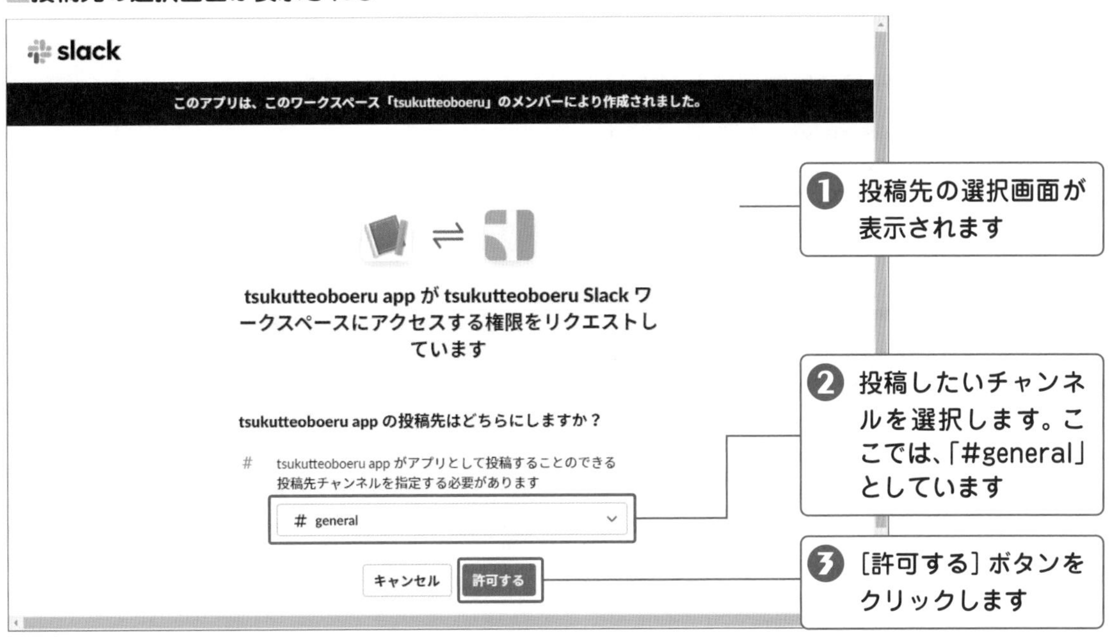

8 [Incoming Webhooks] 画面が表示される

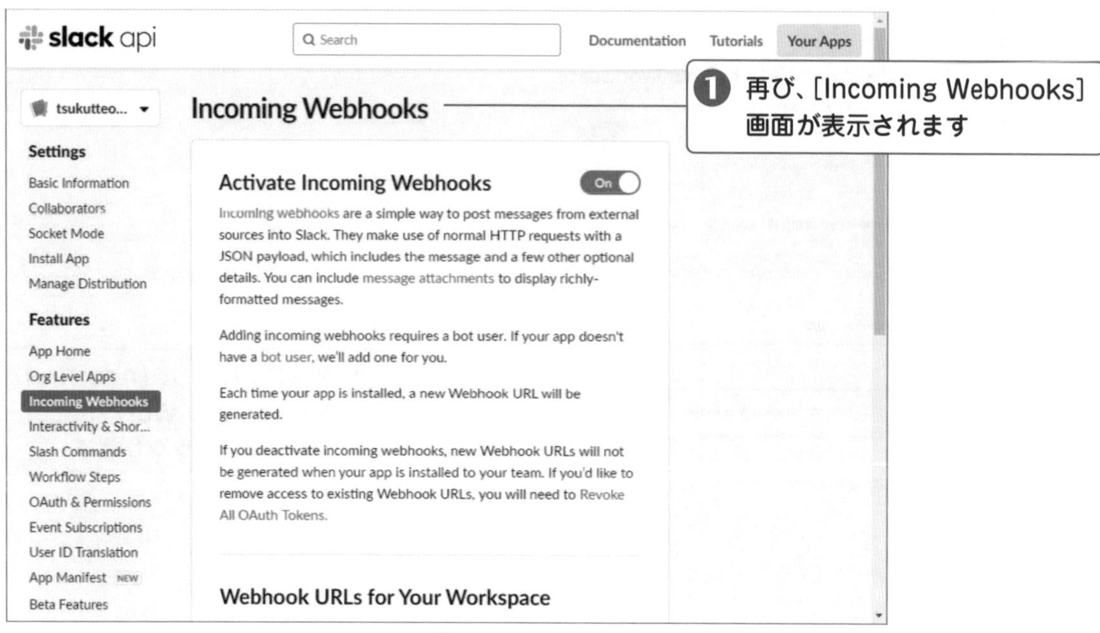

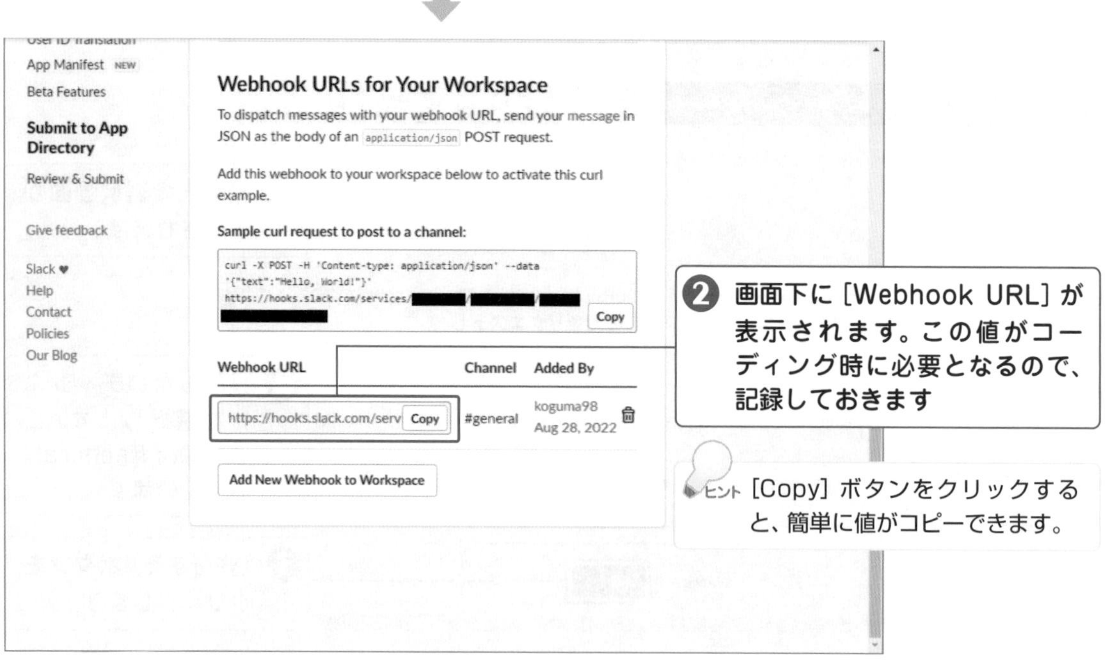

●手順⑤ コードを書く

「Slack投稿アプリ」の画面ができたので、次はコードを書いていきましょう。

「Slack投稿アプリ」のイベントは、［投稿］ボタンをクリックしたときのイベントになります。［投稿］ボタンをクリックしたときの処理をフローチャートにすると、次のようになります。

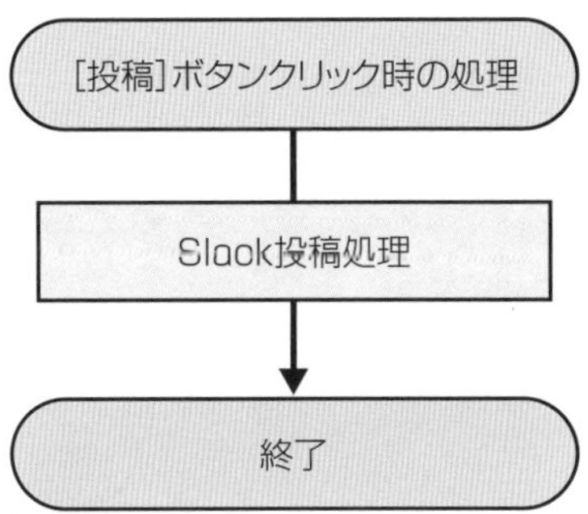

図7-12：［投稿］ボタンクリック時の処理のフローチャート

今回のコードのポイントは、**Slackとの連携**になります。7.1節でも利用したNuGetを利用してもよいのですが、Slackの投稿は簡単なコードで実現でき、ほかの**API**＊でも使える知識となりますので、自分でコードを書いていきましょう。

それでは、実際のコードを示します。　　　の部分は、自動で記述される部分です。なお、**Webhook URL**は、各自で取得した値を利用してください。

List 1 サンプルコード（［投稿］ボタンをクリックしたときの処理：Form1.cs）

```
private void butPost_Click(object sender, EventArgs e)
{
    // Webhook URLは、各自で取得した値を利用してください。
❶  string strWebHookUrl = "https://hooks.slack.com/services/..... ";
❷  string strData = string.Format("{{'text':'{0}'}}", txtPost.Text);
❸  System.Net.WebClient client = new System.Net.WebClient();
❹  var cl = new System.Net.Http.HttpClient();
❺  client.Headers.Add(System.Net.HttpRequestHeader.ContentType,
                        "application/json;charset=UTF-8");
    client.Encoding = System.Text.Encoding.UTF8;
    string reply = ❻client.UploadString(strWebHookUrl, strData);
    MessageBox.Show(reply);
}
```

＊API　Application Programming Interfaceの略。Webなど、外部で処理を行った結果を共有する仕組み。サービスともいう。

表7-5：List1のコード解説

No.	コード	内容
❶	`strWebHookUrl = "https://hooks.slack.com/services/..... "`	前々ページでコピーした値を元に、各自で取得した値を利用してください
❷	`string.Format(""{{'text':'{0}'}}"", txtPost.Text);`	Slackへ投稿するデータを作成します。String.Formatで{0}部分にテキストボックスの内容*を当てはめています
❸	`System.Net.WebClient client = new System.Net.WebClient();`	Webを経由して、APIを呼び出し、テキストデータを送るために、WebClientクラスを生成しています。今回単純化するために、WebClientを使っていますが、HttpClientの使用が推奨されています
❹	`client.Headers.Add(HttpRequestHeader.ContentType, ""application/json;charset=UTF-8"");`	送信するデータの形式を指定しています
❺	`client.Encoding = System.Text.Encoding.UTF8;`	エンコードを指定しています
❻	`client.UploadString(strWebHookUrl, strData)`	投稿データを送信しています

●手順⑥ 動かしてみる

ツールバーの［▶SlackPost］ボタンをクリックして、実際に動かしてみましょう。

最初に考えたイメージ通り動作するかを確認するために、チェック項目を作ってみました。みなさんも同じようにチェックしてみてください。

表7-6：「Slack投稿アプリ」のチェック項目

No.	特徴	実行したときの画面	コメント	チェック結果
❶	Slack投稿を行う	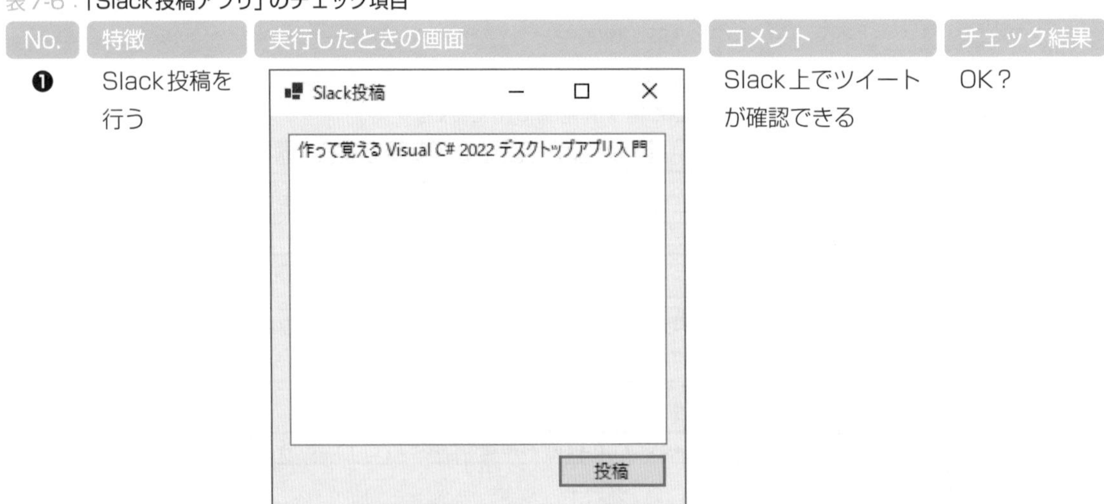	Slack上でツイートが確認できる	OK？

＊テキストボックスの内容　Slackへ投稿するデータはJSONと呼ばれる形式で作成します。今回は投稿する文字列のみでしたので、string.Formatで作成しましたが、複雑な場合はNuGetなどでJSONを組み立てるライブラリがありますので、こちらを使うとよいでしょう。

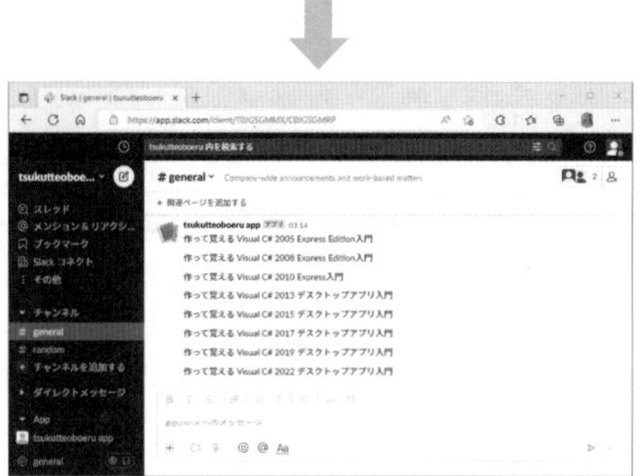

「Slack投稿アプリ」は、難易度が高いため、必要最小限の処理しか組み込んでいません。

そのほかの機能については今後、C#のコードを習得していく過程で徐々に追加していってみてください。

まとめ

◎ **インターネット上にはサービスが多数公開されている。これらのサービスもAPIを利用することで簡単に呼び出すことができる。**

用語のまとめ

用語	意味
API	Application Programming Interfaceの略。Webなど、外部で処理を行った結果を共有する仕組み。サービスともいう

「間違いボール探しゲーム」の作成

今回は、グラフィックの機能を使った「間違いボール探しゲーム」を作成します。

●手順①「間違いボール探しゲーム」の完成イメージを絵に描く

Windowsフォームには、グラフィックの機能も充実しています。そのグラフィックの機能を用いて、4.4節の「間違い探しゲーム」を進化させた「**間違いボール探しゲーム**」を作成します。

画面では、ボールが飛び交っており、そのボールには「荻」と「萩」の文字が書いてあります。そして、たくさんの「萩」という文字の中に、1つだけ「荻」という文字があり、その「荻」を発見するゲームです。

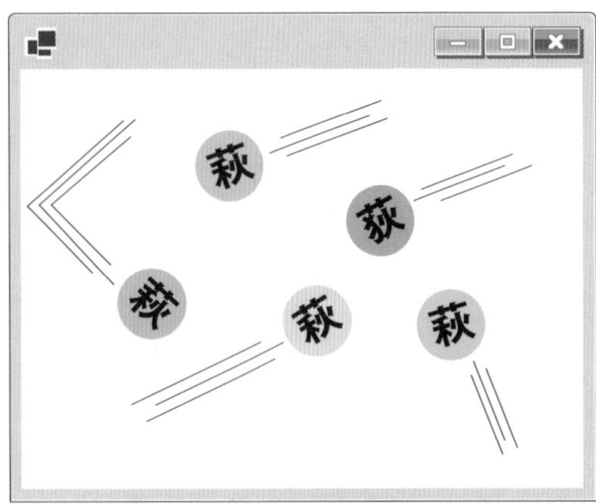

図7-13：「荻」と「萩」の文字が書いてあるボールがランダムに飛び交う

ゲーム性を高めるために、ルールも考えました。

- **いきなり開始。ランダムにボールが飛び交う。**
- **ボールなので、壁に当たると跳ね返る。**
- **発見するまでの秒数をリアルに表示して、プレーヤーを焦らせる。**
- **正解の文字の場所は、ランダムに表示される（毎回、違う位置にする）。**
- **動いているボールをクリックするのは難しいので、同じ色のボールを画面上部に配置する。**
- **間違ったボールをクリックすると、ボールの移動速度が遅くなる。**
- **間違ったボールをクリックすると、ペナルティーで10秒加算される。**

ルールを考慮して画面を描いてみると、以下のようになりそうです。

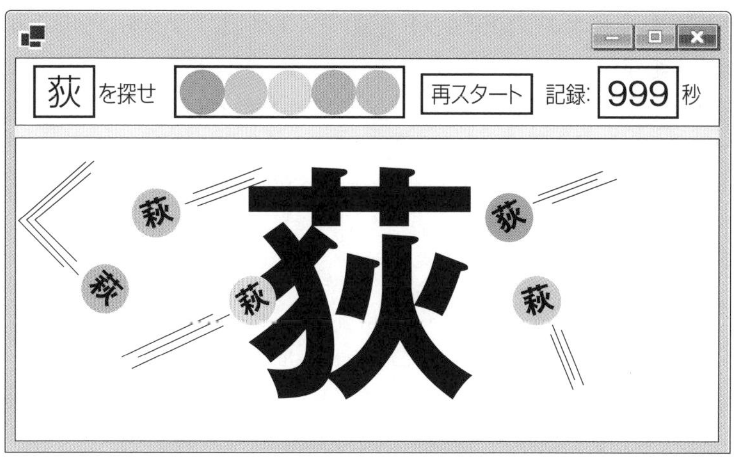

図7-14 「間違いボール探しゲーム」の完成イメージを絵に描く

手順② 「間違いボール探しゲーム」の画面を作成する

参考までに、完成イメージは以下のようになります。

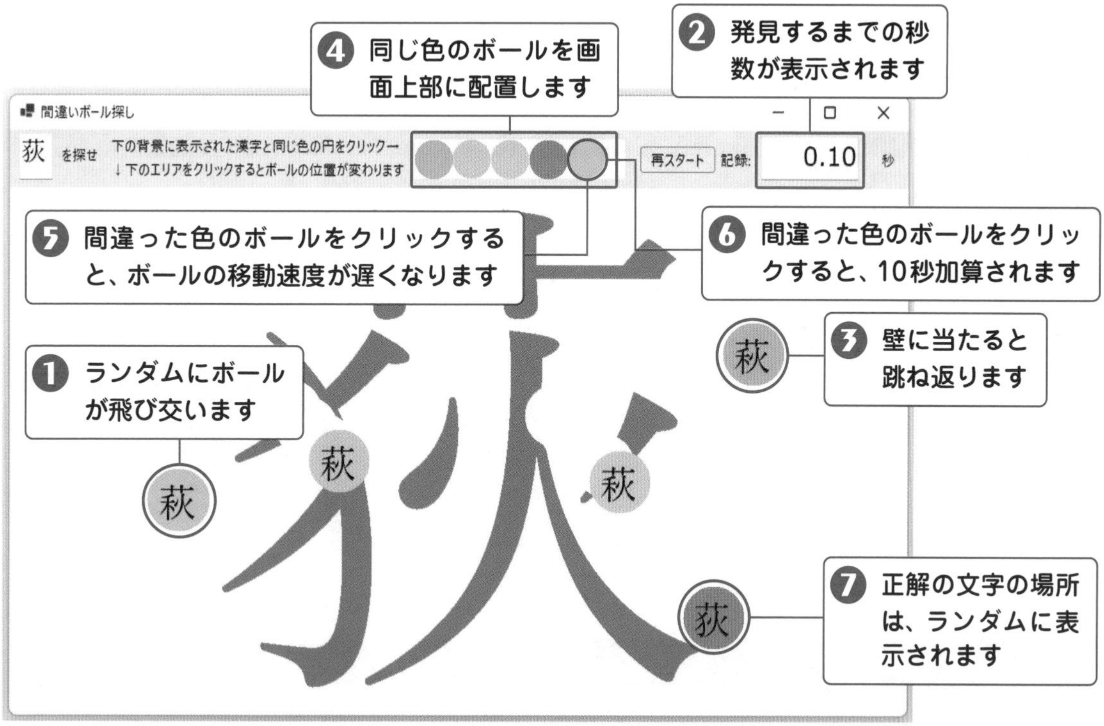

間違いボール探し

荻 を探せ

下の背景に表示された漢字と同じ色の円をクリックー
↓下のエリアをクリックするとボールの位置が変わります

再スタート 記録: 0.10 秒

❶ ランダムにボールが飛び交います

❷ 発見するまでの秒数が表示されます

❸ 壁に当たると跳ね返ります

❹ 同じ色のボールを画面上部に配置します

❺ 間違った色のボールをクリックすると、ボールの移動速度が遅くなります

❻ 間違った色のボールをクリックすると、10秒加算されます

❼ 正解の文字の場所は、ランダムに表示されます

VS Community 2022を起動し、[新しいプロジェクトの作成] をクリックしてください。[新しいプロジェクトの作成」画面が表示されますので、上部検索ボックスに「winforms」と入力します。その下の一覧に [Windowsフォームアプリ] が表示されます。　C#のプロジェクトを選択し、[次へ] ボタンをクリックすると、[新しいプロジェクトを構成します] 画面が表示されますので、プロジェクト名に「MoveCircle」と入力してください。また、保存する場所はどこでもかまいませんが、支障がなければ「C:¥VCS2022_Application¥Chapter7-3」としてください。

さらに [追加情報] 画面が表示されますので、フレームワークから、「.NET 6.0(長期的なサポート)」を選択し、[次へ] ボタンをクリックします。

「間違いボール探しゲーム」アプリケーションは、画面上部に [スタート] ボタンや時刻表示を示す機能が集中していて、画面下部はゲーム画面ですね。そこで、画面を分けるコントロールを使ってみましょう。

まずは、Windowsフォームのデザイン画面を土台にして、いろいろコントロールを貼り付けていきたいので、デザイン画面を以下のように設定してください。

表7-7：**コントロールとプロパティの設定**

No.	コントロール名	プロパティ名	設定値
❶	Formコントロール	(Name)プロパティ	FormBallGame
		Sizeプロパティ	1200, 800
		Textプロパティ	間違いボール探し

設定後のVS Community 2022のデザイン画面は、以下のようになっています。

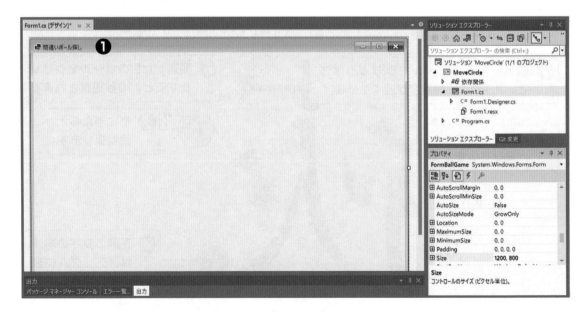

次に、画面を分割する**SplitContainerコントロール**を選びます。

ある程度慣れてくると、使いたいコントロールを選ぶ時間がもったいなく感じますね。その場合、ツールボックスの検索機能を使うと、素早く目的のコントロールを見つけることができます。

SplitContainerコントロールを探したいので、［ツールボックスの検索］欄に「sp」と入力してみましょう。

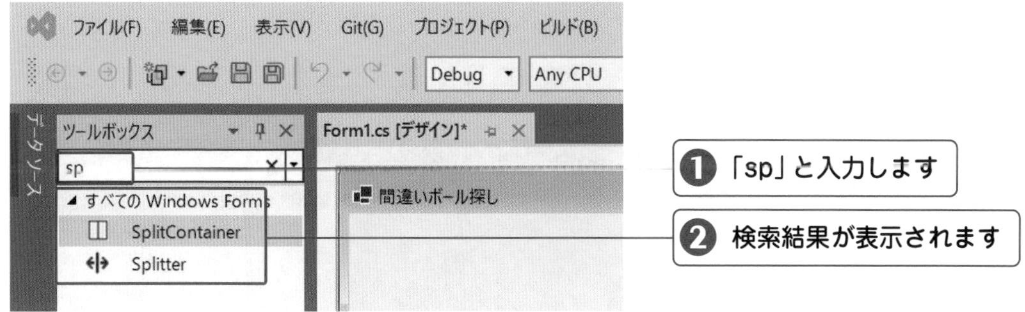

SplitContainerコントロールがすぐに見つかりましたね。デザイン画面に配置しましょう。

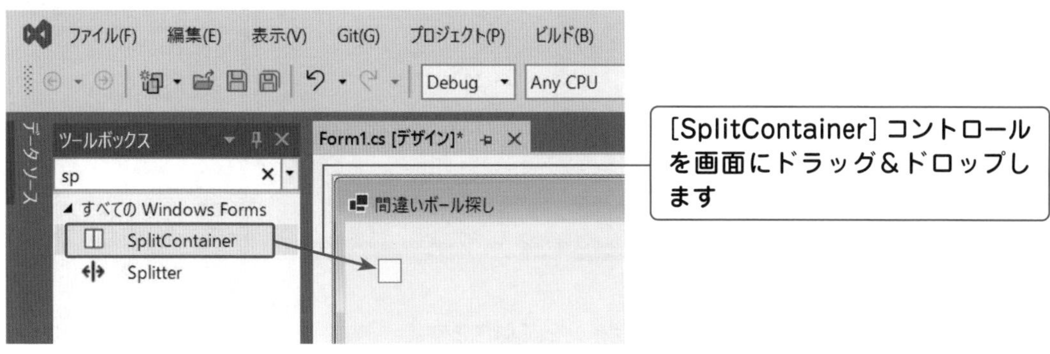

SplitContainerコントロールを画面にドラッグ&ドロップすると、左右に分割された画面になっていますが、ここでも4.4節と同様に、上下に分割された画面に設定します。

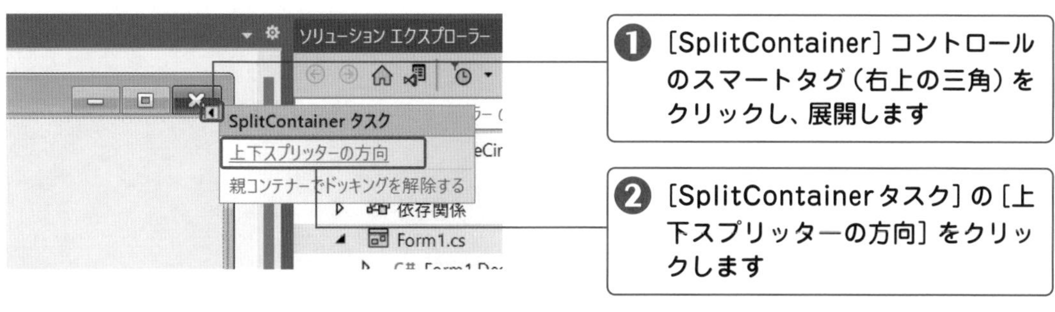

上級編 Chapter 7

このSplitContainerコントロールのプロパティも、先に設定しておきましょう。

表7-8：**コントロールとプロパティの設定**

No.	コントロール名	プロパティ名	設定値
❶	SplitContainerコントロール	(Name) プロパティ	splitContainer1
		SplitterDistanceプロパティ	70

設定後は、以下のような画面になります。

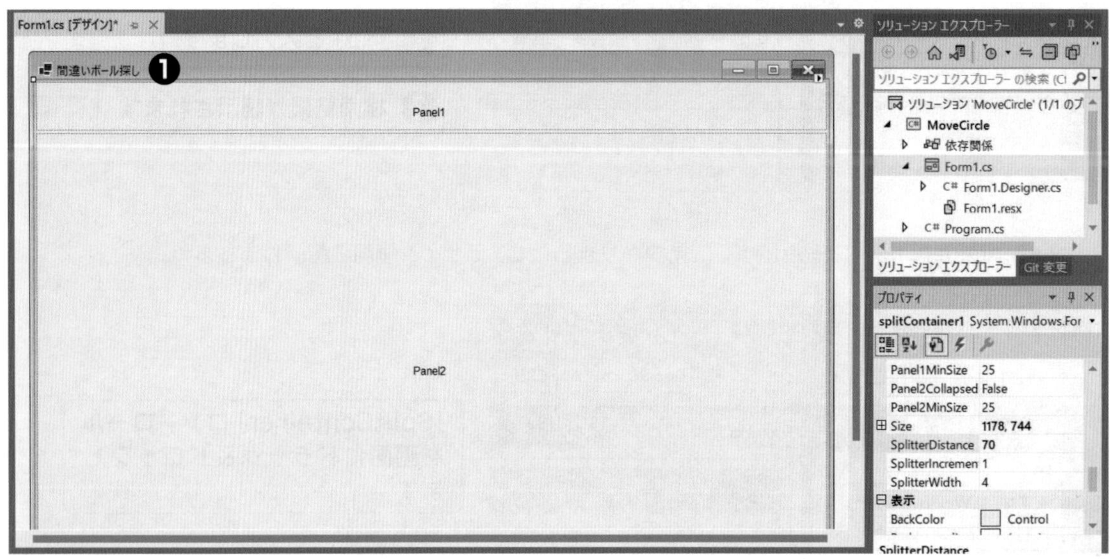

画面を上下に分割したので、画面上部からデザインしていきます。

最初の完成イメージになかった［再スタート］ボタンと、ルール説明用のラベルも追加しましょう。中央の●が複数表示されているコントロールは、**PictureBoxコントロール**です。

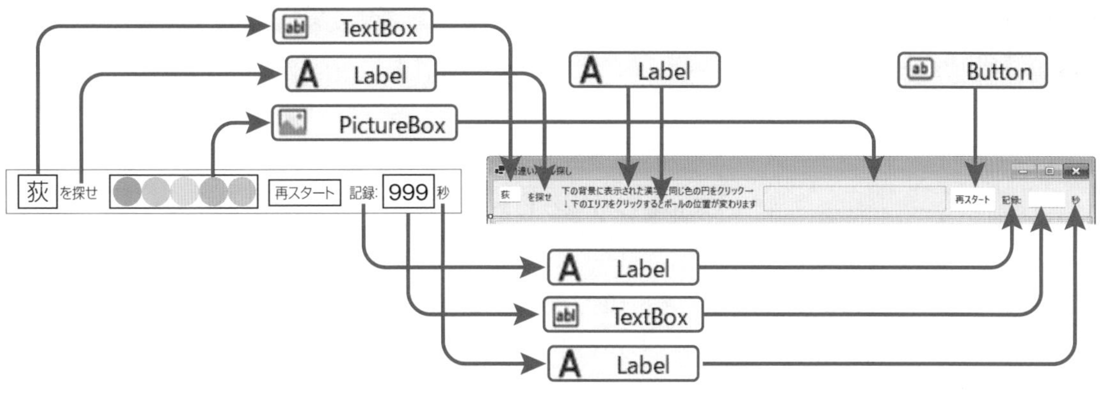

図7-15：ツールボックスからコントロールを選んで割り当てる

4.4節で同じような画面を作った方は、少し手を抜いてみましょう。VS Community 2022は、WordやExcelのように複数の**ソリューションファイル**（.sln）を同時に起動することができます。

4.4節の「C:¥CS2022_Application¥Chapter4-4¥KanjiDifferenceHunt¥KanjiDifferenceHunt.sln」を別のVisual Studioのソリューションとして起動して、「間違い探しゲーム」（「間違いボール探しゲーム」ではありません）の「Form1.cs」のデザイン画面を表示させてください。

そして、下の画像に示した緑色の罫線で囲まれた部分のコントロールを選択してください（もし、マウスで範囲選択がしづらい方は、[Ctrl] キーを押しながらマウスをクリックしてみてください。いかがでしょうか？　まとめて選択できましたか？）。

まとめて選択ができたら、ショートカットキーのコピーの操作、[Ctrl] + [C] キーを押して、コントロールをコピーしてください。

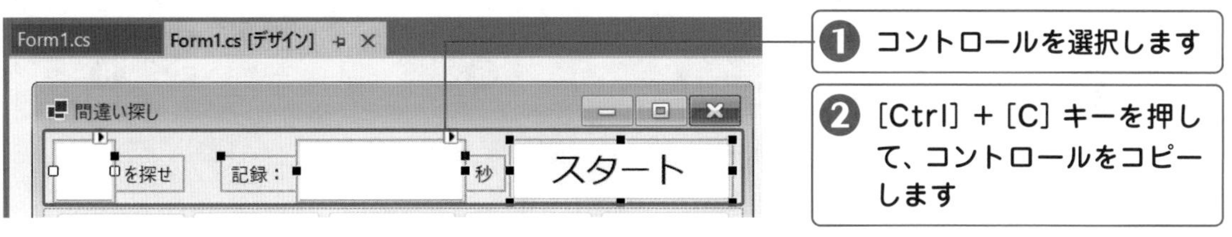

コピーできたら、「間違いボール探しゲーム」のデザイン画面に戻って「Form1.cs」の画面を表示させます。splitContainer1コントロールの上部のパネル（Panel1）をクリックしてください。

この状態で、ショートカットキーのペースト（貼り付け）の操作、[Ctrl] + [V] キーを押すと、Panel1 に、先ほどコピーしたコントロールがペーストされます。

画面上部のコントロールのプロパティに値を設定しましょう。

先ほどのコントロールのコピーが成功した方は、❶❷❼❽❾の設定内容がコピーされていることを確認できれば、その5つのコントロールの設定は不要です。最小限になります（ボタン名等が変わります）。

表7-9：**コントロールとプロパティの設定**

No.	コントロール名	プロパティ名	設定値
❶	TextBoxコントロール	(Name) プロパティ	textHunt
		Fontプロパティ	メイリオ, 16pt
		Sizeプロパティ＊	45, 55
❷	Labelコントロール	Textプロパティ	を探せ
❸	Labelコントロール	Textプロパティ	下の背景に表示された漢字と同じ色の円をクリック→
❹	Labelコントロール	Textプロパティ	↓下のエリアをクリックするとボールの位置が変わります

＊ **Sizeプロパティ**　フォントの種類によっては、サイズが優先されて、勝手に設定される場合があります。その場合は、その大きさを優先してください。

❺	PictureBoxコントロール	(Name)プロパティ	selectPictureBox
		BackColorプロパティ	White
		Sizeプロパティ	275, 50
❻	Buttonコントロール	(Name)プロパティ	restartButton
		Sizeプロパティ	100, 35
		Textプロパティ	再スタート
❼	Labelコントロール	Textプロパティ	記録：
❽	TextBoxコントロール	(Name)プロパティ	textTimer
		Fontプロパティ	メイリオ, 16pt
		Sizeプロパティ	130, 55
		TextAlignプロパティ	Right
❾	Labelコントロール	Textプロパティ	秒

なお、TextBoxコントロールやPictureBoxコントロール、Buttonコントロールの**(Name)プロパティ**の値を正しく設定しないと、プログラムが動かなくなるのでご注意ください。

Tips デザインのコツ

画面をきれいに見せるには、テキストの下部の位置を揃えるとよいでしょう。

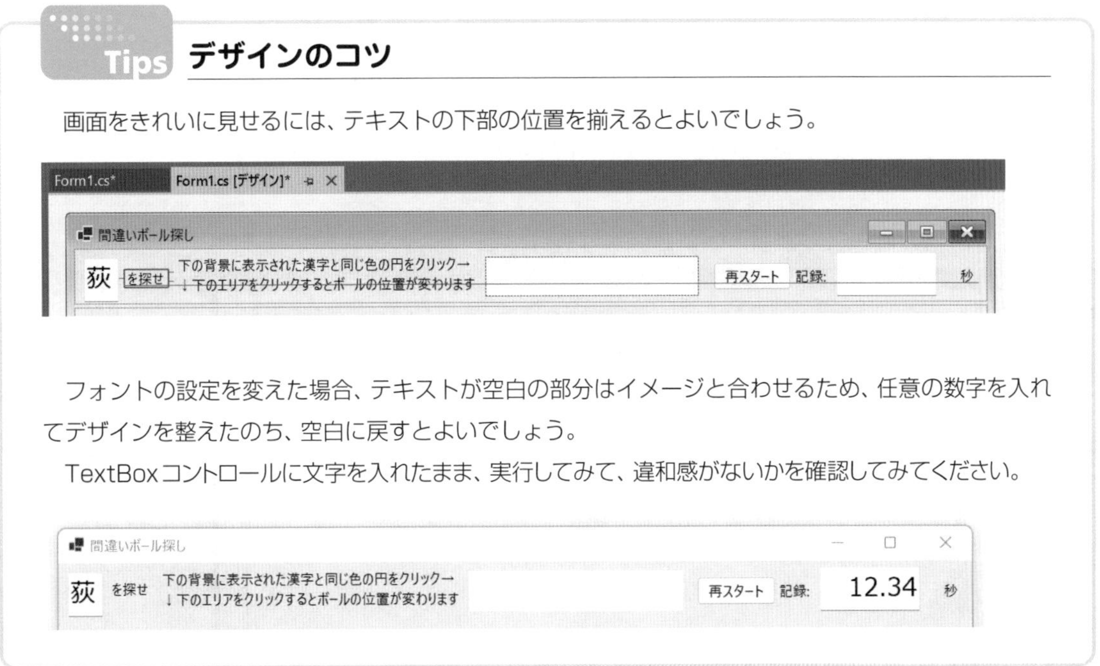

フォントの設定を変えた場合、テキストが空白の部分はイメージと合わせるため、任意の数字を入れてデザインを整えたのち、空白に戻すとよいでしょう。

TextBoxコントロールに文字を入れたまま、実行してみて、違和感がないかを確認してみてください。

次に画面下部のデザインです。

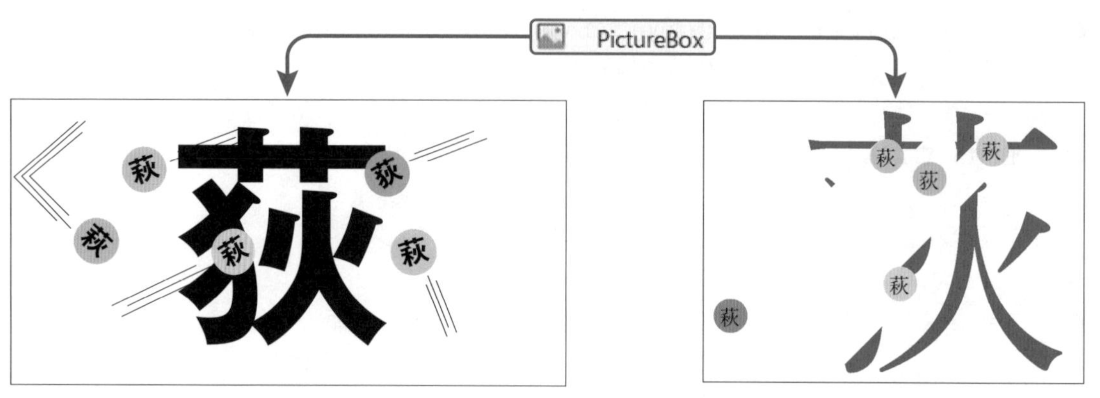

図7-16：ツールボックスからコントロールを選んで割り当てる

PictureBoxコントロールが1つだけですが、中にいろいろな図形をプログラムで描きます。

表7-10：コントロールとプロパティの設定

No.	コントロール名	プロパティ名	設定値
❶	PictureBoxコントロール	(Name)プロパティ	mainPictureBox
		SizeModeプロパティ	Zoom
		Dockプロパティ	Fill
		BackColorプロパティ	White

プロパティ設定後の画面下部のデザイン画面は、以下のようなイメージになります。

最後に時間計測用の**Timerコントロール**をツールボックスから画面にドラッグ&ドロップし、以下のようにプロパティを設定してください。

表7-11：コントロールとプロパティの設定

No.	コントロール名	プロパティ名	設定値
❷	Timerコントロール	(Name)プロパティ	timer1（規定値のまま）
		Intervalプロパティ	20

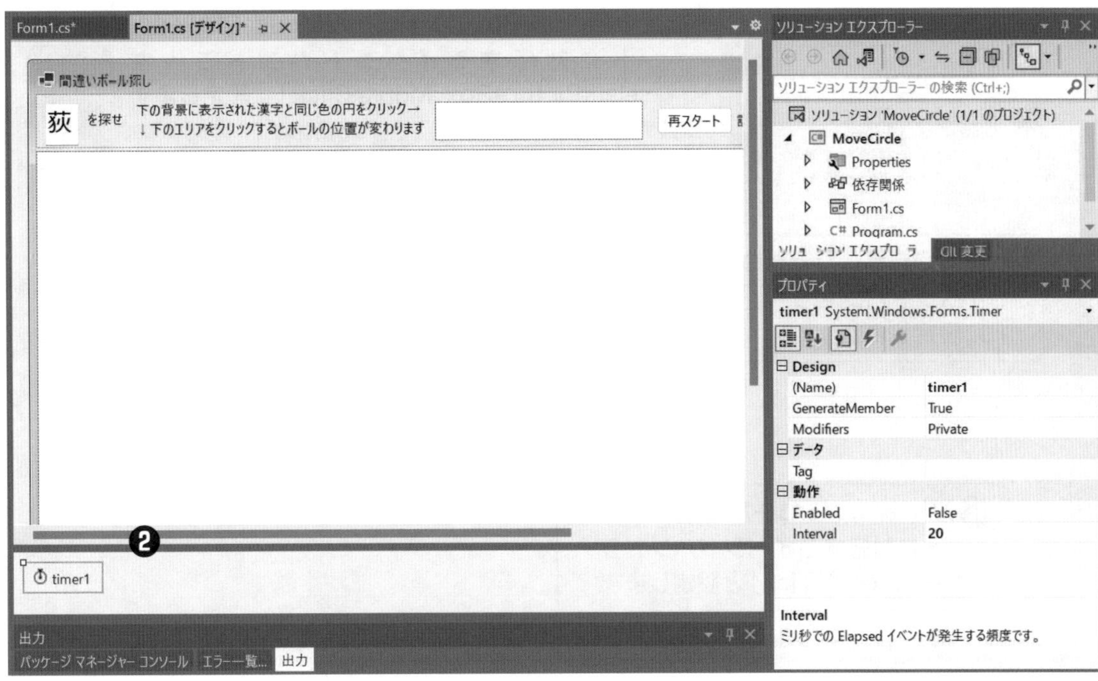

これで画面のデザインが完成しました。

●手順③ 画面のプロパティや値を設定する

手順❷の「間違いボール探しゲーム」の画面を作成するのと同時にプロパティも設定したので、今回この手順はありません。

●手順④ コードを書く

必要なイベントは、

・画面が起動したときのイベント
・上のPictureBoxコントロールをマウスでクリックしたときのイベント
・［再スタート］ボタンをクリックしたときのイベント
・Timerコントロールのティックイベント

です。イメージでまとめると以下のようになります。

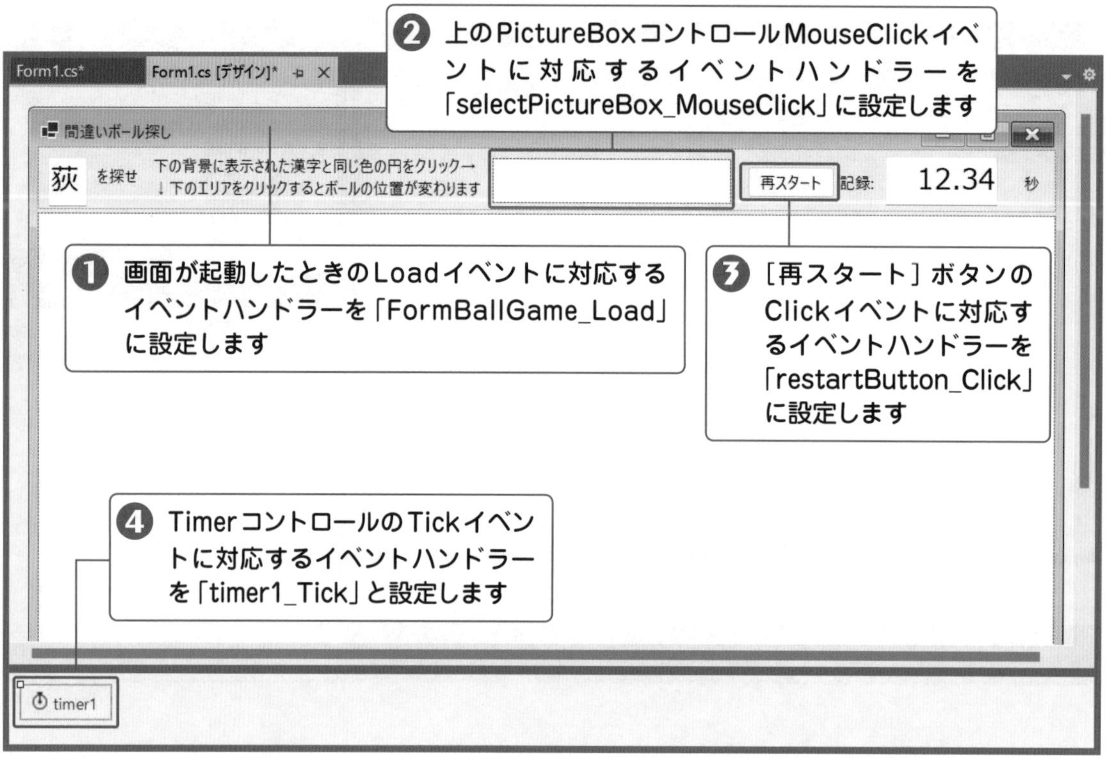

Form1.cs*　Form1.cs [デザイン]*

間違いボール探し

荻　を探せ　下の背景に表示された漢字と同じ色の円をクリック→
↓下のエリアをクリックするとボールの位置が変わります

再スタート　記録:　12.34　秒

timer1

❶ 画面が起動したときのLoadイベントに対応するイベントハンドラーを「FormBallGame_Load」に設定します

❷ 上のPictureBoxコントロールMouseClickイベントに対応するイベントハンドラーを「selectPictureBox_MouseClick」に設定します

❸ ［再スタート］ボタンのClickイベントに対応するイベントハンドラーを「restartButton_Click」に設定します

❹ TimerコントロールのTickイベントに対応するイベントハンドラーを「timer1_Tick」と設定します

ヒント PictureBoxコントロールをダブルクリックしてしまうと、「selectPictureBox_Click()」というイベントハンドラーが作成されてしまいます。使用しないので、そのまま放置でもよいのですが、消したい場合は、デザイン画面のselectPictureBoxのプロパティからイベントを表示させ、Clickイベントに間違ったイベントハンドラーが生成されていることを確認できたら、Clickイベントを右クリックして、［リセット］を選んでください。そうすることで、後からこのselectPictureBox_Click()メソッドを手動で消すことできます。

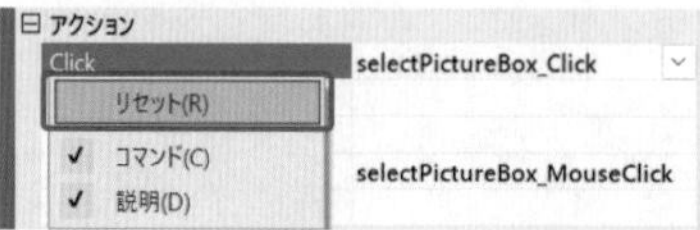

後のサンプルコードで使用しますので、この時点で4つのイベントハンドラーを作成してください。イベントハンドラーの作成方法を忘れてしまった方は、4.2節のイベントを作成しているあたりを参考にしてください。

今回のコードのポイントは、**図形の描画**です。最初は難しいと感じますが、実はお作法があって、その通りに描けばいいだけです。

まずは手始めに、上のPictureBoxコントロールに円を描いてみましょう。

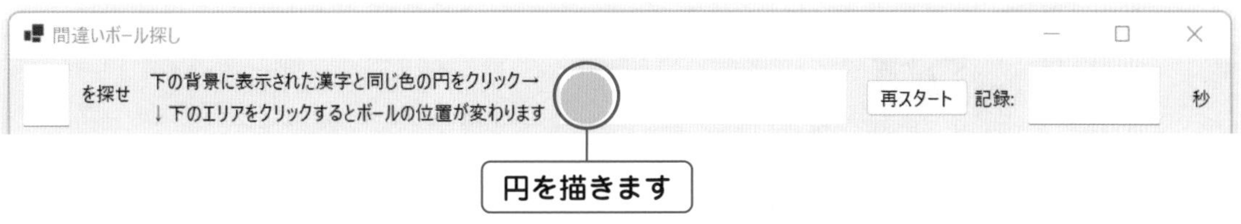

後から利用しやすいように、サブルーチンとして作成します。サブルーチンの名前は、どんな処理をしているかわかりやすいように「上のPictureBoxコントロールに円を描く」ことがわかる英語、「DrawCircleSelectPictureBox」にします。

List 1 サンプルコード（上のPictureBoxコントロールに円を描いてみる：Form1.cs）

```
// 上のPictureBoxコントロールに円を描いてみる
private void DrawCircleSelectPictureBox()
{
❶ var height = selectPictureBox.Height;                // 高さをselectPictureBoxから取得
  var width = selectPictureBox.Width;                  // 幅をselectPictureBoxから取得
❷ var selectCanvas = new Bitmap(width, height);        // 幅×高さでキャンバス作成
❹ using ❸var g = Graphics.FromImage(selectCanvas);    // キャンバスに絵を描く準備
❺ g.FillEllipse(Brushes.LightBlue,                     // 円を描きます。薄い青で
    0, 0, height, height);                            // (0,0)の位置に高さ：height，幅：height
❻ selectPictureBox.Image = selectCanvas;               // キャンバスに描いた絵をImageに設定
}   // using 指定がされた変数 g はこの時点で破棄する処理が内部的に呼ばれます。
```

図形の描画の処理は、表7-12のようなイメージになります

表7-12：図形の描画のイメージ

No.	イメージ	内容
❶		図形を描くためのキャンパスを用意します。横幅と高さを指定することで、図形を描く大きさを指定します
❷		キャンパスに描くための筆を用意します
❸		円を描きます
❹		描いた内容をコントロールに割り当てます
❺	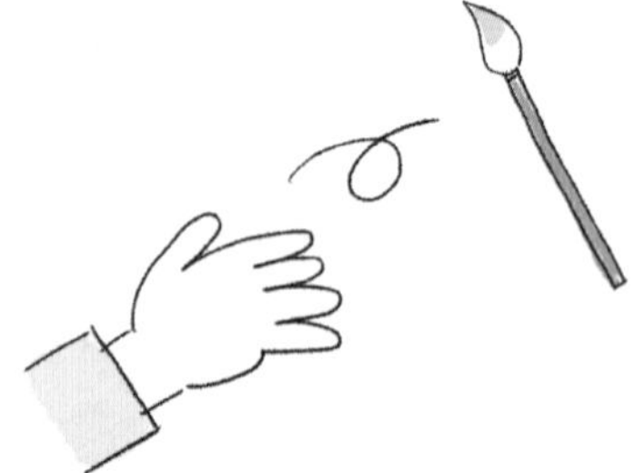	描き終わったら、すぐに筆を明け渡します

実際のコードの解説です。

表7-13：List1のコード解説

No.	コード	説明
❶	`var height = selectPictureBox.Height;`	selectPictureBoxの高さを取得しています。**var**は「暗黙的に型指定されたローカル変数」であることを宣言します。名前は難しいですが、イコールの右辺の値から型が想像できるので、コンパイラが型を自動で指定してくれます。どんな型になっているかは、変数名にカーソルを近づけると確認できます
❷	`var selectCanvas = new Bitmap(width, height);`	Bitmapクラスのコンストラクタを生成しています。引数に図形を描く大きさを指定します。セレクトキャンパスという名前の変数selectCanvasに設定します
❸	`var g = Graphics.FromImage(selectCanvas)`	キャンパスに描くための筆を用意します。変数gを設定します
❹	`using var g = Graphics.FromImage(selectCanvas);`	キャンパスに描くための筆（Graphics）は貴重なものなので、描き終わったらすぐに明け渡す（開放する）必要があります。変数宣言の前にusingを書くとメソッドを抜けたタイミングで変数の内容を自動で開放してくれます。**using変数宣言**という言い方をします
❺	`g.FillEllipse(Brushes.LightBlue, 0, 0, height, height);`	円を描きます。g.FillEllipse() メソッドは、筆で中身を塗りつぶす円を描くメソッドです。第1引数は「塗りつぶす色」、第2引数は「描画開始位置のX座標」、第3引数は「描画開始位置のY座標」、第4引数は「幅」、第5引数は「高さ」を指定します。この場合、「高さ」と同じ長さで「幅」を指定しています
❻	`selectPictureBox.Image = selectCanvas;`	描いた内容をコントロールに割り当てます。PictureBoxコントロールのImageプロパティにキャンパスに描いた内容を指定します

はじめてなので、実際に図形が描けているかが気になりますね。後でコードを書き換えるとして、一旦、この処理を呼び出してみましょう。フォームが表示されたときに自動で呼ばれるFormBallGame_Loadに、サブルーチンを呼び出す処理を書いてみます。　　　の部分は、自動で記述される部分です。

List 2 サンプルコード（フォーム表示時に上のPictureBoxに円を描く処理を呼び出す：Form1.cs）

```
private void FormBallGame_Load(object sender, EventArgs e)
{
    DrawCircleSelectPictureBox();
}
```

実行してみましょう。以下のように表示されます。

●手順⑤ コードを書く（正解の文字を表示させる）

サブルーチンを使って、画面下の背景に正解の文字を大きく表示させます。サブルーチンの名前は、どんな処理をしているかわかりやすいように、「下のmainのPictureBoxに描く」ことがわかる英語、「DrawMainPictureBox()」にします。

確認用に、FormBallGame_Loadイベントハンドラーに呼び出す処理も書いてみましょう。List2のコードを書き換えています。　　　の部分は、自動で記述される部分です。空のイベントハンドラー等、説明に関係のない部分は省略しています。

List 3 サンプルコード（フォーム表示時に下のPictureBoxに文字を表示する処理を呼び出す：Form1.cs）

```
namespace MoveCircle
{
  public partial class FormBallGame : Form
```

```
{
  // クラス共通の変数
❶private Bitmap? canvas;                       // 画面下の描画領域
  private string correctText = "荻";    // 正解の文字：1つだけ

  // フォームが起動した時（Load時）、呼ばれるイベントハンドラー
  private void FormBallGame_Load(object sender, EventArgs e)
  {
    DrawCircleSelectPictureBox();  // List 2 で記載済の処理
    DrawMainPictureBox(Brushes.Gray, correctText); // 下のPictureBoxに描画する
  }

  （今回処理を記述しないイベントハンドラーは省略します）

  // 下のPictureBoxに描画する
  private void DrawMainPictureBox(Brush color, string text)
  {
    //描画先とするImageオブジェクトをmainPictureBoxの幅×高さの大きさで作成する
❷   canvas ??= new Bitmap(mainPictureBox.Width, mainPictureBox.Height);
❸   using var g = Graphics.FromImage(canvas);  // キャンバスに絵を描く準備
    //背景に引数で指定した文字列を描画する
❹   g.DrawString(text,                        // 描画する文字列
      new Font(textHunt.Font.FontFamily,    // フォント名（textHuntと同じ）
          mainPictureBox.Height/2),         // フォントサイズ（高さの半分）
      color,                                // 描画する色
      mainPictureBox.Width/8,               // x座標（横位置）（0~横幅の1/8で調整）
      -mainPictureBox.Height/8              // Y座標（縦位置）（0~縦幅の-1/8で調整）
      );
❺   mainPictureBox.Image = canvas;          // キャンバスに描いた絵をImageに設定
  }  // using 指定がされた変数 g はこの時点で破棄する処理が内部的に呼ばれます。
 }
}
```

表7-14：List3のコード解説

No.	コード	内容
❶	`private Bitmap? canvas;`	図を書く場所を示す変数canvasをいろいろなメソッドから利用することを想定して、クラス共通の変数として定義しています。型名の後ろに「?」が付いていますがミスではありません。null（参照先のインスタンスがない状態）があってもよいことを明示的に宣言する型で、**null許容型**と呼びます。逆にクラスの変数宣言に「?」が付いていない場合は、「可能性としてnullになることはありません」ということになります。C# 8.0からこのようにnullの扱いに厳しい型が生まれました
❷	`canvas ??= new Bitmap(mainPictureBox.Width, mainPictureBox.Height);`	Bitmapのインスタンスを生成する際に引数で文字の大きさを指定します。キャンパスという名前の変数canvasに設定します。第1引数が「描画領域の幅」を表します。mainPictureBoxの幅の値に設定しています。第2引数は「描画領域の高」さを表します。mainPictureBoxの高さの値に設定しています。なお、「??=」は**null合体代入**という演算子です。「if (canvas == null)　new Bitmap(mainPictureBox.Width, mainPictureBox.Height);」と同じ処理です。C# 8.0からこのように短く書けるようになりました
❸	`using var g = Graphics.FromImage(canvas)`	キャンパスに文字を描くための筆を用意します。変数gを設定します

❹	`g.DrawString(text,`
	`  new Font(textHunt.Font.FontFamily,`
	`    mainPictureBox.Height/2),`
	`  color,`
	`  mainPictureBox.Width/8,`
	`  -mainPictureBox.Height/8`
	`  );`
		文字を描きます。g.DrawString()メソッドは、筆で中身を塗りつぶす文字を描くメソッドです。メソッドに渡す情報としては、第1引数から、第5引数まで5つあります。第1引数から順に「キャンパスに描く文字」「フォント（フォント名、フォントサイズ）」「色」「描画開始位置のX座標」「描画開始位置のY座標」を指定します。フォント名はtextHuntで設定したフォントと同じ値を取得して設定しています。「描画開始位置のX座標」は、mainPictureBoxの横幅の1/8、「描画開始位置のY座標」は、mainPictureBoxの縦幅のマイナス1/8を指定しています。ともに0からこの範囲を目安として文字が中央に来るように調整していますが、みなさんの環境に合わせて調整してください

❺	`mainPictureBox.Image = canvas;`	描いた内容をコントロールに割り当てます。PictureBoxコントロールのImageプロパティに変数canvasの内容、つまりここまでの処理で、キャンパスに書いた内容を設定しています

実行してみましょう。以下のように表示されます。

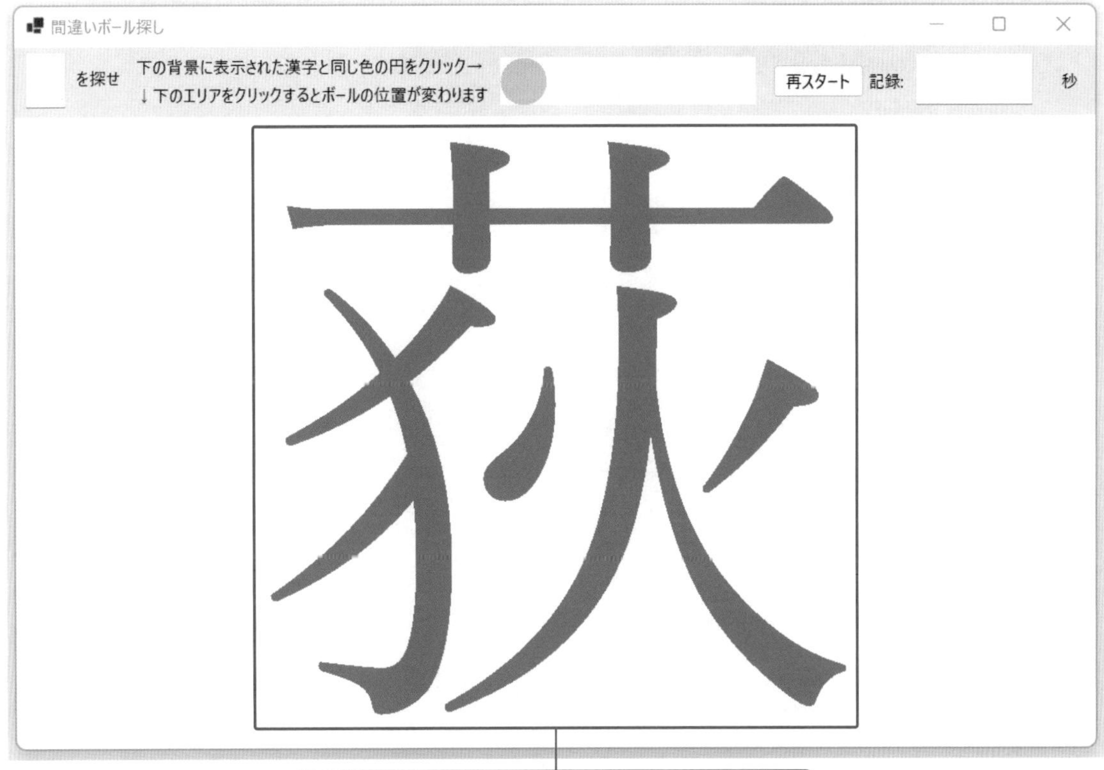

下のPictureBoxコントロールに正解の文字の「荻」が灰色で描かれます

Tips メソッドを書く場所について

メソッドは、クラスの中のどこに書いても構わないのですが、ある程度ルール化されているとコードが読みやすくなります。以下の順で記載するとよいでしょう。

①クラス共通の変数、プロパティ
②初期化するメソッド、コンストラクタ
③publicなメソッド。イベントハンドラー
④privateなメソッド。クラスのメソッドの中から呼ばれるメソッド。サブルーチンなど

こちらのサンプルもそのルールに従って記載しています。ここまでのコードのクラス内のざっくりとした位置関係は、このようになっています。

▼クラス内の位置関係①

Form1.cs　Form1.cs [デザイン]

MoveCircle　MoveCircle.FormBallGame

```
namespace MoveCircle
{
    3 個の参照
    public partial class FormBallGame : Form
    {
        //-----------------------------------------------------------------
        // クラス共通の変数
        //-----------------------------------------------------------------
        private Bitmap canvas;                  // 画面下の描画領域
        private string correctText = "荻";    // 正解の文字：1つだけ

        1 個の参照
        public FormBallGame()
        {
            InitializeComponent();
        }

        //-----------------------------------------------------------------
        // イベントハンドラ
        //-----------------------------------------------------------------

        // フォームが起動した時（Load時）、呼ばれるイベントハンドラ
        1 個の参照
        private void FormBallGame_Load(object sender, EventArgs e)
        {
            DrawCircleSelectPictureBox();      // [List2] で記載したコード
            DrawMainPictureBox(Brushes.Gray, correctText); // [List3] 下のPictureBoxに円を描く
        }

        // 再スタートボタンが押された時、呼ばれるイベントハンドラ
        1 個の参照
        private void restartButton_Click(object sender, EventArgs e)
        {
        }

        // 上のピクチャーボックスが押された時、呼ばれるイベントハンドラ
        1 個の参照
        private void selectPictureBox_MouseClick(object sender, MouseEventArgs e)
        {
        }

        // タイマーが動いている時、呼ばれるイベントハンドラ
        1 個の参照
        private void timer1_Tick(object sender, EventArgs e)
        {
        }
```

▼クラス内の位置関係②

Form1.cs　Form1.cs [デザイン]

MoveCircle　MoveCircle.FormBallGame

```
        //-----------------------------------------------------------------
        // 独自のメソッド
        //-----------------------------------------------------------------

        // 上のPictureBoxコントロールに円を描いてみるs
        1 個の参照
        private void DrawCircleSelectPictureBox()
        {
            var height = selectPictureBox.Height;              // 高さをselectPictureBoxから取得
            var width = selectPictureBox.Width;                // 幅をselectPictureBoxから取得
            var selectCanvas = new Bitmap(width, height);      // 幅×高さでキャンバス作成
            using var g = Graphics.FromImage(selectCanvas);    // キャンバスに絵を書く準備
            g.FillEllipse(Brushes.LightBlue,                   // 円を書きます. 薄い青で
                0, 0, height, height);                         // (0,0)の位置に高さ：height,幅：height
            selectPictureBox.Image = selectCanvas;             // キャンバスに書いた絵をImageに設定
        }   // using 指定がされた変数 g はこの時点で破棄する処理が内部的に呼ばれます。

        // 下のPictureBoxに描画する
        1 個の参照
        private void DrawMainPictureBox(Brush color, string text)
        {
            //描画先とするImageオブジェクトをmainPictureBoxの幅×高さの大きさで作成する
            canvas  ??= new Bitmap(mainPictureBox.Width, mainPictureBox.Height);
            using var g = Graphics.FromImage(canvas);  // キャンバスに絵を書く準備
            //背景に引数で指定した文字列を描画する
            g.DrawString(text,                                 // 描画する文字列
                        new Font(textHunt.Font.FontFamily,     // フォント名(textHuntと同じ)
                                mainPictureBox.Height/2),      // フォントサイズ(高さの半分)
                        color,                                 // 描画する色
                        mainPictureBox.Width/8,                // x座標(横位置)(0~横幅の1/8で調整)
                        -mainPictureBox.Height/8               // Y座標(縦位置)(0~縦幅の1/8で調整)
                        );
            mainPictureBox.Image = canvas;                     // キャンバスに書いた絵をImageに設定
        }   // using 指定がされた変数 g はこの時点で破棄する処理が内部的に呼ばれます。
    }
}
```

手順⑥ コードを書く（図形を動かす）

これまでの知識を組み合わせると、ボールに文字を重ねることもできそうですね。さらにそのボールを動かしてみましょう。いろいろ方法はあると思いますが、前にあった位置に白色でボールを描いて、新しい位置にボールを描くことで、簡単に動きが表現できます。

ボールを複数作成して動かすという次のステップを考えると、新しくBallクラスを作ったほうが操作しやすくなります。Ballのことは、Ballクラスに任せて、そのBallクラスのインスタンスを呼び出して操作するイメージです。

ボールを描く

同じ位置に白色でボールを描く

新しい位置にボールを描く

図7-17：ボールを動かすイメージ

Ballクラスのインスタンスから白色でボールを描くメソッドと、ボール描くメソッドをこまめに呼び出すとよさそうですね。今までのTimerコントロールのTickイベントで処理をするとよさそうです。

それでは、Ballクラスを作成しましょう。ファイル名はそのまま「Ball.cs」とします。

1 MoveCircleプロジェクトを右クリックする

2 新しい項目の追加ダイアログが表示される

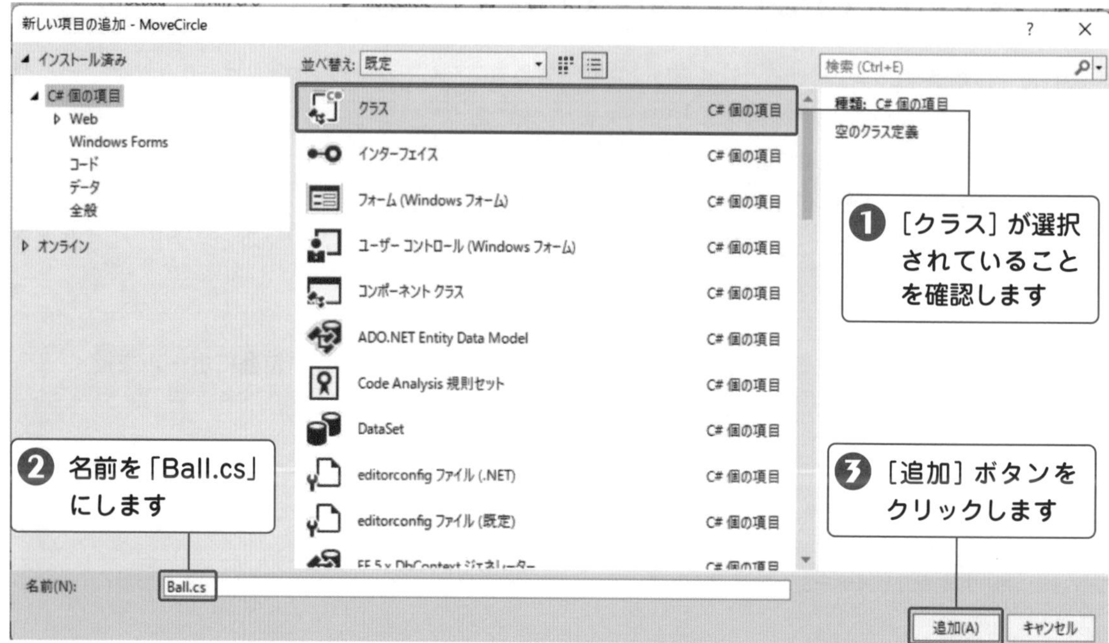

3 Ballクラスが作成される

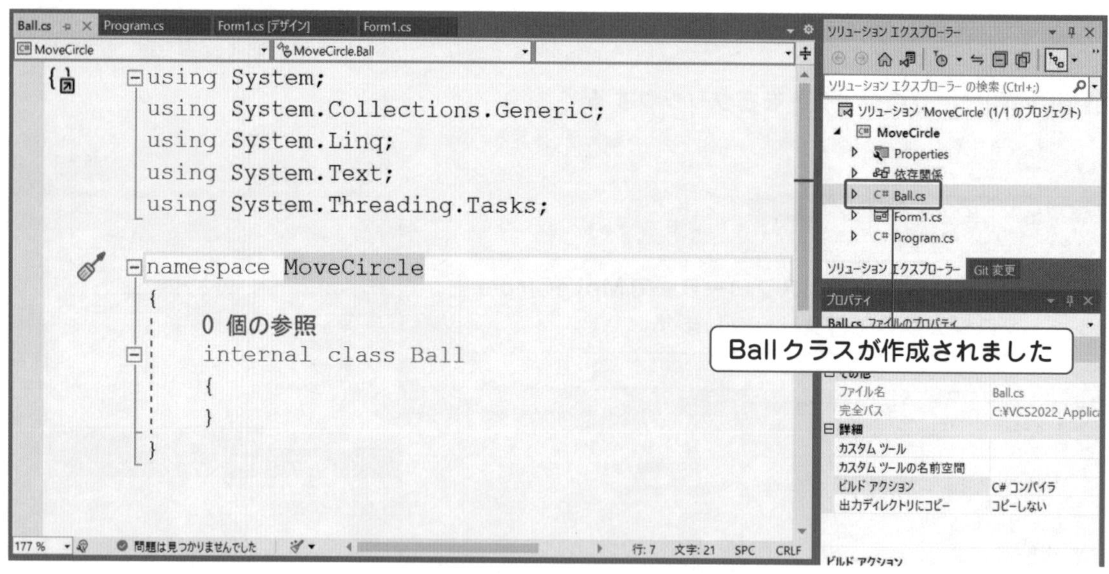

ヒント クラス作成の手順を忘れてしまった方は、Chapter6のオブジェクト指向を復習しましょう。

Ballクラスに必要な情報を考えます。ゲームのルールから、ボールの部分に着目します。

- いきなり開始。ランダムにボールが飛び交う。➡ボールには位置情報と移動する情報が必要
- ボールなので、壁に当たると跳ね返る➡移動方向の情報が必要
- 間違ったボールをクリックすると、ボールの移動速度が遅くなる。➡移動の割合が必要、外部から操作させたい。

上記から「Ballクラスには、以下のような情報があるとよいな」ということがわかります。

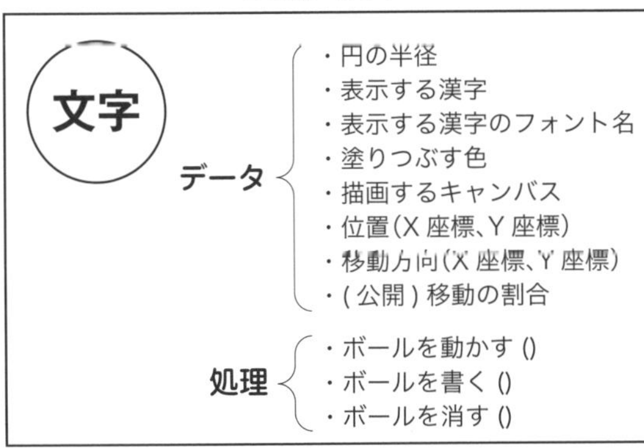

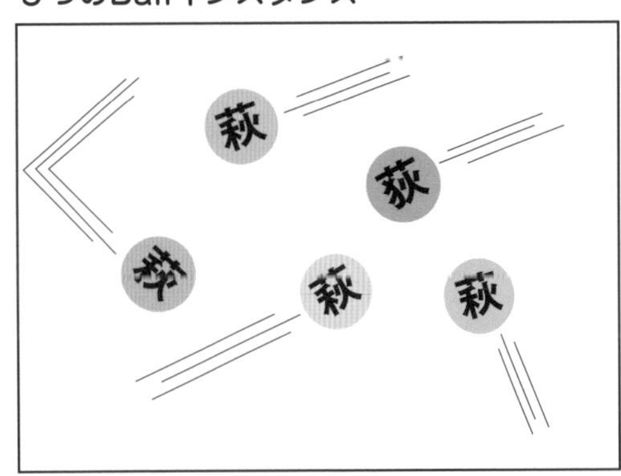

図7-18：Ballクラスに必要な情報のイメージ

表7-15：Ballクラスに必要な動き（メソッド）

メソッド	内容
PutCircle()メソッド	指定した位置にボールを描く
DeleteCircle()メソッド	指定した位置のボールを消す（白で描く）
Move()メソッド	指定した位置にボールを動かす（PutCircleとDeleteCircleを利用）

表7-16：Ballクラスの初期化を行う（コンストラクタ*）

コンストラクタ	内容
Ballコンストラクタ	Ballクラスの初期化を行います。5つの引数を指定し、クラスの内部に保持する。5つの引数は、「描画するPictureBoxコントロール」「描画するキャンバス」「塗りつぶす色」「表示する漢字」「フォント名」

Ballクラスのメソッドの内容を考えます。**PutCircle()メソッド**、**DeleteCircle()メソッド**は、すでに解説した内容とほぼ同じとなります。

ボールを動かす**Move()メソッド**について、まずは処理の大まかな流れをフローチャートで示します。

* **コンストラクタ**　オブジェクト（クラスのインスタンス）の生成時に、オブジェクトが扱うデータを初期化するために呼び出される特殊なメソッドのこと。

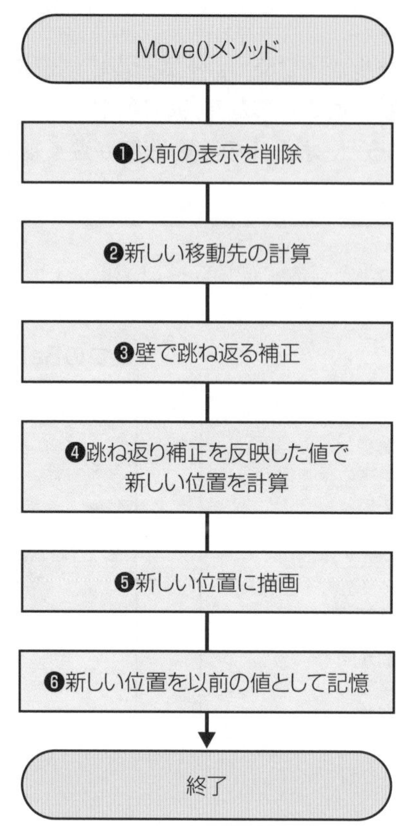

図7-19：Move() メソッドの処理

表7-17：Move() メソッドの流れ

No.	フロー	内容
❶	以前の表示を削除	DeleteCircle() メソッドを呼びます
❷	新しい移動先の計算	「今の位置」から「移動方向」に「移動の割合」分移動させた位置を算出します
❸	壁で跳ね返る補正	複雑なので別途解説します
❹	跳ね返り補正を反映した値で新しい位置を計算	移動させた位置に補正を反映させます
❺	新しい位置に描画	補正を反映した値でPutCircle() メソッドを呼びます
❻	新しい位置を以前の値として記憶	内部変数に補正を反映した値を記憶します

❸の「壁で跳ね返る補正」に関して、X軸に着目して考えてみましょう。「移動方向」が-1の場合、ボールのXの位置は、だんだん0に近づき、その後、何も処理がないとマイナス方向にボールが進んで見えなくなってしまいます。跳ね返る処理をするためには、Xの値が0以下になったら、移動方向を+1に変更します。

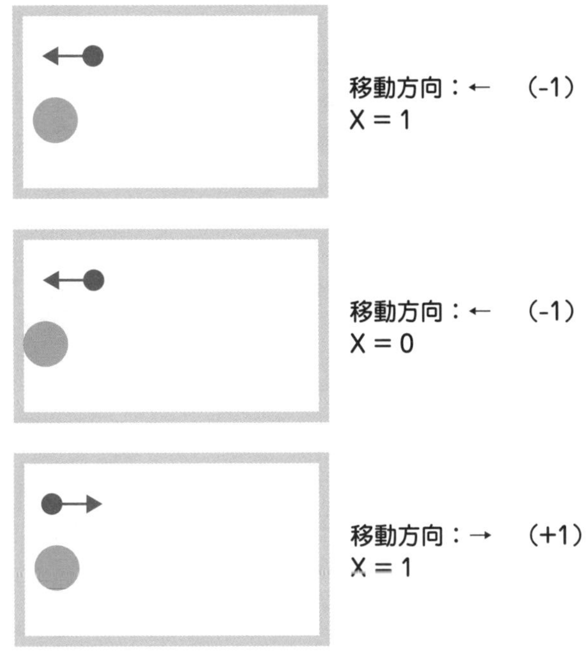

図7-20：左に移動しているボールを跳ね返す処理のイメージ

跳ね返す処理、つまり移動方向を変える処理の実装例は次のようになります（directionは、「移動方向」という意味です）。X座標の位置を判定し、0を含めて負の値になったときに、移動方向は+（プラス）の方向に設定しています。

以下に左端に来た場合の判定のサンプルコードを示します。Move()メソッドの処理を実装するときに周辺のコードを含め、処理全体のサンプルコードを書きますので、ここではイメージとしてとらえてください。

```
if (x <= 0)   // 左端に来た場合の判定
{
   directionX = +1;
}
```

また、「移動方向」が+1の場合、ボールの位置は画面の右に近づき、その後、何も処理がないと画面の右を通り超えて見えなくなってしまいます。跳ね返る処理をするためには、Xが画面の右端、つまり画面サイズより大きくなったら移動方向を-1に変更します。

画面サイズだけを考慮すると、以下の状態になってはじめて反転するため、美しくありません。

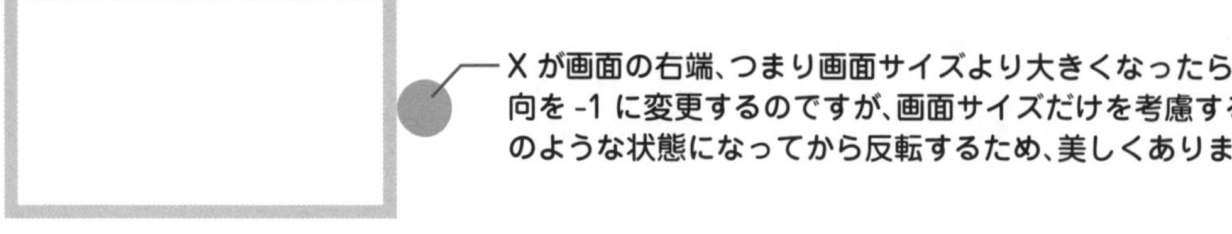

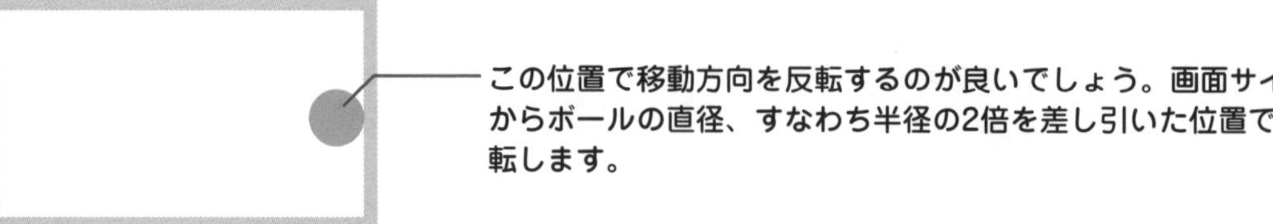

この位置で移動方向を反転するのが良いでしょう。画面サイズからボールの直径、すなわち半径の2倍を差し引いた位置で反転します。

図7-21：右に移動しているボールを跳ね返す処理のイメージ

右に移動しているボールを跳ね返すプログラムは、次のようになります。なお、縦方向のY座標についても同様に判定が必要になります。pictureBox.Widthは画面サイズ、radiusはボールの半径、directionXはX軸方向の移動方向となります。

```
if (x >= pictureBox.Width - radius * 2) // 右端に来た場合の判定
{
    directionX = -1;
}
```

それでは、Move()メソッドを含めた、Ballクラスのコードを示します。　　　　の部分は、自動で記述される部分です。

List 4 サンプルコード（Ballクラスの実装：Ball.cs）

```
namespace MoveCircle
{
    internal class Ball
    {
        // クラスに必要な情報の定義

        // 非公開で外部からは変更することができない値
❶      private const int radius = 40;    // 円の半径、初期値の値は変更できません
        private string kanji;             // 表示する漢字
        private string fontName;          // 表示する漢字のフォント名
        private Brush brushColor;         // 塗りつぶす色
```

```
private PictureBox pictureBox;  // 描画するPictureBox
private Bitmap canvas;          // 描画するキャンバス
❷
private Point position = new Point(0, 0);   // 位置(初期値 X=0,Y=0)
private Point previous = new Point(0, 0);   // 以前の位置(初期値 X=0,Y=0)
private Point direction = new Point(1, 1);  // 移動方向(初期値 X=1(右),Y=1(下))

// 公開し外部から触ることができる値
❸
public int Pitch { get; set; } = radius / 2;  // 移動の割合

// Ballコンストラクタ
// 5つの引数を指定しクラスの内部に保持する。
// 5つの引数は、描画するPictureBox、描画するキャンバス、
// 塗りつぶす色、表示する漢字、フォント名
❹
public Ball(PictureBox pb, Bitmap cv, Brush cl, string st, string fn)
{
  // 内部で使用する変数に引数の値で初期値を設定
  pictureBox = pb;  // 描画するPictureBox
  canvas     = cv;  // 描画するキャンバス
  brushColor = cl;  // 塗りつぶす色
  kanji      = st;  // 表示する漢字
  fontName   = fn;  // 漢字のフォント名の初期設定
}
// 指定した位置にボールを描く
public void PutCircle(int x, int y)
{
  // 現在の位置を記憶
  position.X = x;
  position.Y = y;
  using var g = Graphics.FromImage(canvas);

  //円を brushColorで指定された色で描く
❺
  g.FillEllipse(brushColor, x, y, radius * 2, radius * 2);
  //文字列を描画する
❻
  g.DrawString(kanji, new Font(fontName, radius),
    Brushes.Black, x + 4, y + 12, new StringFormat());
```

```
    pictureBox.Image = canvas;  //MainPictureBoxに表示する
}

// 指定した位置のボールを消す(白で描く)
public void DeleteCircle()
{
    // はじめて呼ばれて以前の値がない時(previous == (0,0))は、今の新しい値を設定
    ❼previous = (previous == new Point(0, 0)) ? position : previous;
    using Graphics g = Graphics.FromImage(canvas);
    //円を白で描く
    g.FillEllipse(Brushes.White, previous.X, previous.Y, radius * 2, radius * 2);
    //MainPictureBoxに表示する
    pictureBox.Image = canvas;
}
// 指定した位置にボールを動かす
public void Move()
{
    // ①以前の表示を削除
    DeleteCircle();
    // ②新しい移動先の計算
    var x = position.X + Pitch * direction.X;
    var y = position.Y + Pitch * direction.Y;
    // ③壁で跳ね返る補正
    if (x >= ❽pictureBox?.Width - radius * 2) // 右端に来た場合の判定
    {
        direction.X = -1;  // 進む方向を反転(左方向)
    }
    if (x <= 0) // 左端に来た場合の判定
    {
        direction.X = +1;  // 進む方向を反転(右方向)
    }
    if (y >= ❽pictureBox?.Height - radius * 2) // 下端に来た場合の判定
    {
        direction.Y = -1;  // 進む方向を反転(上方向)
    }
    if (y <= 0) // 上端に来た場合の判定
```

```
          {
            direction.Y = +1;    // 進む方向を反転（下方向）
          }
          // ④跳ね返り補正を反映した値で新しい位置を計算
          position.X = x + direction.X;    // x新しいx座標 + 方向(右:+1/左:-1)
          position.Y = y + direction.Y;    // y新しいy座標 + 方向(下:+1/上:-1)
          // ⑤新しい位置に描画
          PutCircle(position.X, position.Y);
          // ⑥新しい位置を以前の値として記憶
          previous = position;
        }
    }
}
```

表7-18：List4のコード解説

No.	コード	説明
❶	`private const int radius = 40;`	**const**は固定という意味があります。変数radiusの内容を変更しないという意味です
❷	`private Point position = new Point(0, 0);`	**Point**というクラスは、x座標とy座標の値をまとめて受け持ってくれる便利なクラスです。座標を扱うときに重宝するクラスです。このクラスを利用しない場合は、positionX, positionYという2つの変数を常に使う必要があります。Pointを使う場合は、そのインスタンスを利用して、position.X, position.Yという形で利用できます。なお、Pointは正確にはクラスではなく**構造体**といいます。内部的なメモリの持ち方が特殊で速度が速いイメージです。ここでは、(0,0)で初期化しているので、「position.X = 0, position.Y = 0」と同じ意味になります
❸	`public int Pitch { get; set; } = radius / 2;`	参照範囲を**public**にして、他のクラスから操作できる状態にします。プロパティですね。プロパティの初期値として、円の半径の半分の値を指定しています

❹	`public Ball(PictureBox pb, Bitmap cv, Brush cl, string st, string fn)`
	`{`
	`    pictureBox = pb;`
	`    canvas     = cv;`
	`    brushColor = cl;`
	`    kanji      = st;`
	`    fontName   = fn;`
	`}`
		Ballクラスの**コンストラクタ**です。コンストラクタは、クラスと同じ名前のメソッドのようなもので、主に初期化に使います。ここでは5つの引数を用いて、Ballクラスに必要な値を初期化しています

❺	`g.FillEllipse(brushColor, x, y, radius * 2, radius * 2);`	**FillEllipse() メソッド**で円を描画します。指定した色(brushColor)で、(x,y)の位置から、半径の倍の広さ(radius * 2)で円を書いています
❻	`g.DrawString(kanji, new Font(fontName, radius), Brushes.Black, x + 4, y + 12, new StringFormat());`	**DrawString() メソッド**は、指定した Brush の書式属性を使用して、指定した Fontオブジェクトで、指定した位置に指定した文字列を描画します。位置が x+4, y+12となっているのは、ボールの中に表示する文字をボールの中心にくるようにするための微調整です。ディスプレイの設定状況によりますので、ボールの中央に文字が表示されない方は、この値を微調整してみてください
❼	`previous = (previous == new Point(0, 0)) ? position : previous;`	初めて呼ばれて以前の値がない時(previous == (0,0))は、新しい値(position(x,y))を指定します。**Point構造体**を使うと、X座標、Y座標で2回記述しなくても一度に設定できます
❽	`pictureBox?.Width` `pictureBox?.Height`	「**?.**」は、タイプミスではありません、C#6.0以降で登場した**null条件演算子**と言います。pictureBoxがnullの可能性があるため、「pictureBox==null」の時、pictureBox.Widthはnullなのに、幅プロパティの値を見に行ってしまい、処理の途中で実行できなくなります。そのため、本来は「if(pictureBox != null)」の時のみ、pictureBox.Widthを扱う処理をするコードを書く必要があります。この「?.」を書くことで、処理が簡略化できるというイメージです

図7-22は、❺のイメージです。数学の座標と異なり、.NETの世界では、左上が(0,0)になり、y座標は下側に向かっています。コンピューターができた当時は左上から文字を表示することしかできなかったため、その名残りですね。

g.FillEllipse(brushColor, x, y, radius * 2, radius * 2);

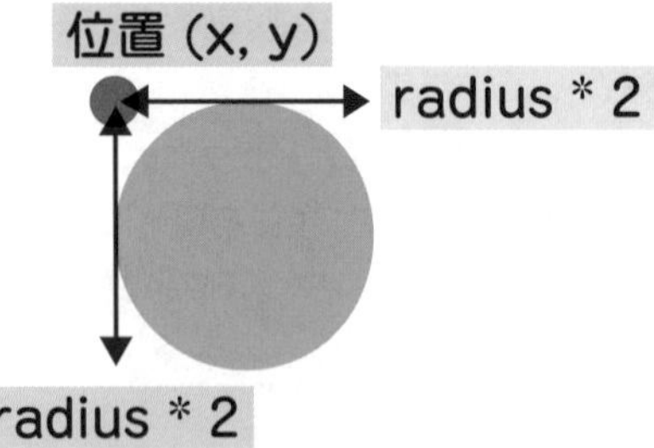

図7-22：❺のイメージ

Ballクラスは、これで完成となります。次は、Form画面からBallクラスを呼び出すコードを書いてみましょう。

DrawMainPictureBox()メソッドに引数を加えて汎用化したり、多く使う値はクラス共通の変数として定義し、初期化しました。　　　の部分は、自動で記述される部分です。

List 5 サンプルコード（FormBallGameクラスの実装：Form1.cs）

```
namespace MoveCircle
{
  public partial class FormBallGame : Form
  {
    // クラス共通の変数
    private Bitmap? canvas;                 // 画面下の描画領域 [List3] で記載したコード
    private string correctText = "荻";      // 正解の文字：1つだけ [List3] で記載したコード
    private Ball balls;                     // ボールを管理
    private string fontName;                // 表示する漢字のフォント名
    private double nowTime = 0.0;           // 経過時間

    public FormBallGame()
    {
      InitializeComponent();
    }

    //
    // イベントハンドラー
    //

    // フォームが起動した時（Load時）、呼ばれるイベントハンドラー
    private void FormBallGame_Load(object sender, EventArgs e)
    {
      DrawCircleSelectPictureBox();    // 上のPictureBoxに円を描く [List 2]
      DrawMainPictureBox(Brushes.Gray, correctText); // 下のPictureBoxに円を描く
[List 3]
      textHunt.Text = correctText;     // 正解の文字を設定
      fontName = textHunt.Font.Name;   // textHuntに設定したフォントと同じフォントにする
      // ボールクラスのインスタンス作成
```

```
❶        balls = new Ball(mainPictureBox, canvas, Brushes.LightBlue, correctText,
fontName);
            // 位置100, 100 にボールを置く
❷           balls.PutCircle(100, 100);

            // タイマーをスタートさせる
            nowTime = 0.0;
            timer1.Start();
        }

        // 再スタートボタンが押された時、呼ばれるイベントハンドラー
        private void restartButton_Click(object sender, EventArgs e)
        {
        }

        // 上のピクチャーボックスが押された時、呼ばれるイベントハンドラー
        private void selectPictureBox_MouseClick(object sender, MouseEventArgs e)
        {
        }

        // 下のピクチャーボックスが押された時、呼ばれるイベントハンドラー
        private void mainPictureBox_MouseClick(object sender, MouseEventArgs e)
        {
        }

        // タイマーが動いている時、呼ばれるイベントハンドラー
        private void timer1_Tick(object sender, EventArgs e)
        {
❸           balls.Move();
            nowTime += 0.02;
            textTimer.Text = nowTime.ToString("0.00");
        }

        //
        // 独自のメソッド
        //
```

```
    // 上のPictureBoxコントロールに円を描いてみる
    private void DrawCircleSelectPictureBox()
    {
      ([List 1] で記載済のため省略)
    }   // using 指定がされた変数 g はこの時点で破棄する処理が内部的に呼ばれます。

    // 下のPictureBoxに描画する
    private void DrawMainPictureBox(Brush color, string text)
    {
      ([List 3] で記載済のため省略)
    }   // using 指定がされた変数 g はこの時点で破棄する処理が内部的に呼ばれます。
  }
}
```

今回目新しい処理はありませんが、作成したBallクラスを呼ぶコードがありますので解説します。

表7-19：List5のコード解説

No.	コード	説明
❶	`balls = new Ball(mainPictureBox, canvas, Brushes.LightBlue, correctText, fontName);`	ボールクラスのインスタンスを作成しています。その際、5つの引数を渡して初期値を設定しています
❷	`balls.PutCircle(100, 100);`	作成したボールのインスタンスを(100, 100)の位置に書きます
❸	`balls.Move();`	作成したボールのインスタンスを動かします。Move()メソッドを呼び出すだけで、細かい処理はボールクラスにお任せしているイメージですね

さっそく動かしてみましょう。まだボールは1つですが、跳ね返ってますね。

●手順⑦ コードを書く（複数の図形を動かす）

すでにクラスが作成してあるため、複数の図形を扱う場合も実はそれほど難しくありません。単純に考えると、ボールを5個に増やしたい場合は、ボールクラスのインスタンスを5個作ればよく、各々のインスタンスを動かすMove()メソッドを呼ぶだけです。

同じ型の変数を扱うには、配列が便利ですね。配列の数分繰り返す処理は、forループ文と相性が良い感じです。上側の正解と同じ色をクリックさせるボールも、同じ要領で作れます。

List5の単体のボールを動かすコードは、コメントにしました。　　　の部分は、自動で記述される部分です。

List 6 サンプルコード（複数のボールを動かすように改良：Form1.cs）

```
namespace MoveCircle
{
  public partial class FormBallGame : Form
  {
    // クラス共通の変数
    private Bitmap? canvas;                          // 画面下の描画領域
    private string correctText = "荻";               // 正解の文字：1つだけ
❶  private string mistakeText = "萩";               // 間違いの文字：ボールの個数分並ぶ
     //private Ball balls;                           // ボールを管理 [List 5]までの処理
❷  private Ball[] balls;                            // 配列として複数のボールを管理
```

```
❸private string[] kanjis;                // ボールに描く漢字の配列
❹private Brush[] ballColor = new[]       // ボールの色、5個分配列で定義
                {
                    Brushes.LightPink,      // 薄いピンク
                    Brushes.LightBlue,      // 薄い青
                    Brushes.LightGray,      // 薄い灰色
                    Brushes.LightCoral,     // 薄い珊瑚色
                    Brushes.LightGreen      // 薄い緑
                };
// 色の詳細はこちら：https://docs.microsoft.com/ja-jp/dotnet/api/system.drawing
brushes?view=dotnet-plat-ext-6.0
private string? fontName;         // 表示する漢字のフォント名
private double nowTime = 0.0;     // 経過時間
❺private int ballCount = 5;        // ボールの数
❻private int randomResult = 0;     // 正解の番号：0〜ボールの数のいずれか

public FormBallGame()
{
  InitializeComponent();
}

//
// イベントハンドラー
//

// フォームが起動した時（Load時）、呼ばれるイベントハンドラー
private void FormBallGame_Load(object sender, EventArgs e)
{
  DrawCircleSelectPictureBox();    // 上のPictureBoxに円を描く [List 2]
  DrawMainPictureBox(Brushes.Gray, correctText); // 下のPictureBoxに円を描く [List 3]
  textHunt.Text = correctText;
  fontName = textHunt.Font.Name;  // textHuntに設定したフォントと同じフォントにする
  // ボールクラスのインスタンス作成
  // [List 5] ボールが1つの時
  // balls = new Ball(mainPictureBox, canvas, Brushes.LightBlue, correctText,
fontName);
```

上級編 Chapter 7

```
❼balls = new Ball[ballCount]; // ballsをballCount分配列として用意
  // 漢字の設定
❽kanjis = new string[ballCount];
❾for (int i = 0; i < ballCount; i++)
  {
    kanjis[i] = mistakeText; // 間違いの文字をセット
  }
❿randomResult = new Random().Next(ballCount); // ボールの数分の乱数を取得
  kanjis[randomResult] = correctText;          // ランダムな位置に正解の文字をセット
  // ballCount分Ballインスタンスを生成、背景色をballColor，表示する漢字もkanjisに用意
⓫for (int i = 0; i < ballCount; i++)
  {
    balls[i] = new Ball(mainPictureBox, canvas, ballColor[i], kanjis[i], fontName);
  }
  //balls.PutCircle(100, 100); // [List 5] ボールが1つの時
  // ランダムな位置にballCount個のボールを置く
⓬for (int i = 0; i < ballCount; i++)
  {
    balls[i].PutCircle(new Random().Next(mainPictureBox.Width),
              new Random().Next(mainPictureBox.Height));
  }

  // タイマーをスタートさせる
  nowTime = 0.0;
  timer1.Start();
}

// 再スタートボタンが押された時、呼ばれるイベントハンドラー
private void restartButton_Click(object sender, EventArgs e)
{
  // 処理内容が FormBallGame_Load と同じであるためそのまま呼ぶ
  canvas = null;      // 画面下の描画領域を初期化
⓭FormBallGame_Load( sender,  e);
}

// 上のピクチャーボックスが押された時、呼ばれるイベントハンドラー
```

```
private void selectPictureBox_MouseClick(object sender, MouseEventArgs e)
{
}

// 下のピクチャーボックスが押された時、呼ばれるイベントハンドラー
private void mainPictureBox_MouseClick(object sender, MouseEventArgs e)
{
}

// タイマーが動いている時、呼ばれるイベントハンドラー
private void timer1_Tick(object sender, EventArgs e)
{
  //balls.Move();    // [List 5] ボールが1つの時
  // ballCount分ループしてMove()を実行
⓮for (int i = 0; i < ballCount; i++)
  {
    balls[i].Move();
  }
  nowTime += 0.02;
  textTimer.Text = nowTime.ToString("0.00");
}

//
// 独自のメソッド
//

// 上のPictureBoxコントロールに円を描いてみる
private void DrawCircleSelectPictureBox()
{
  var height = selectPictureBox.Height;              // 高さをselectPictureBoxから取得
  var width = selectPictureBox.Width;                // 幅をselectPictureBoxから取得
  var selectCanvas = new Bitmap(width, height);      // 幅×高さでキャンバス作成
  using var g = Graphics.FromImage(selectCanvas);    // キャンバスに絵を描く準備
  //g.FillEllipse(Brushes.LightBlue,    // [ List 1 ]円を描きます。薄い青で
  //   0, 0, height, height);            // (0,0)の位置に高さ：height,幅：height
⓯for (int i = 0; i < ballCount; i++)
```

```
        {
          g.FillEllipse(ballColor[i], i * height, 0, height, height);
        }
        selectPictureBox.Image = selectCanvas;        // キャンバスに描いた絵をImageに設定
    }   // using 指定がされた変数 g はこの時点で破棄する処理が内部的に呼ばれます。

    // 下のPictureBoxに描画する
    // private void DrawMainPictureBox()
    private void DrawMainPictureBox(Brush color, string text)
    {
    ([List 3] で記載済のため省略)
    }   // usinしますg 指定がされた変数 g はこの時点で破棄する処理が内部的に呼ばれます。
  }
}
```

表7-20：List6のコード解説

No.	コード	説明
❶	`private string mistakeText = "萩";`	間違った文字です。基本はこの文字が配列の数-1個あり、1つだけ正解の文字になります
❷	`private Ball[] balls;`	ボールクラスを複数扱うために**配列**として定義しています。型名の後ろに［ ］(角括弧)をつけると、その型を複数まとめて扱える配列を定義できます
❸	`private string[] kanjis;`	ボールに書く漢字を扱うために配列として定義しています。1つだけ正解の文字にしたいので、このようにまとめて同じ型を同じ個数だけ持つように定義すると処理が簡潔になります

❹	`private Bush[] ballColor = new[]`
	`{`
	`Brushes.LightPink,`
	`Brushes.LightBlue,`
	`Brushes.LightGray,`
	`Brushes.LightCoral,`
	`Brushes.LightGreen`
	`};`
		ボールに色を塗りたいので、Brush型の変数をボールの数分配列として定義し、同時に初期値を割り当てています。イコールの右辺に配列をまとめて初期化することを表す **new[]** を書いた後、{}(波括弧)の中に初期値として設定したい値を順に記載します。すべて同じ型である必要があります。今回は黒い文字が見えやすいように、薄い色を5つ設定しました。ボールの数が変化した場合はこちらも調整してください

❺	`private int ballCount = 5;`	ボールの数です。変数にしておくことでボールの数を増減したときに修正範囲が最小限になります。各配列の要素数もこちらを元にしています
❻	`private int randomResult = 0;`	正解の番号を記憶する変数です。配列の要素は0から要素数-1までの範囲をとるため、この変数もその範囲で利用します

	コード	説明
❼	`balls = new Ball[ballCount];`	実際に変数ballsの配列の要素数を決定します。この処理でballsはballCount分配列として用意されました。5個のボールが利用できるようになります
❽	`kanjis = new string[ballCount];`	同じく5個のボールに書くために、5個の漢字を用意します

❾	`for (int i = 0; i < ballCount; i++)`
	`{`
	`    kanjis[i] = mistakeText;`
	`}`
		こちらは、以前の「間違い探し」と同じですね。先に間違いの漢字を必要な数だけ設定します。5個の「萩（はぎ）」が設定されました（終了条件にイコールを含めていない「i < ballCount」ので、ballCountは含まれません）

❿	`randomResult = new Random().`
	`Next(ballCount);`
	`kanjis[randomResult] = correctText;`
		「0～ボールの数-1」の範囲で1つだけ正解の文字をランダムで設定したいので、new Random() でランダム値を発生させます。発生させる値は、Next(ballCount) として、0～ballCount未満の値をとりだすようにします

⓫	`for (int i = 0; i < ballCount; i++)`
	`{`
	`    balls[i] = new`
	`Ball(mainPictureBox, canvas,`
	`ballColor[i], kanjis[i], fontName);`
	`}`
		ボールが複数になったのでforループ文を利用してループします。配列の要素数に合わせて、0からballCount未満の範囲でループします。ループの内部の処理は、balls変数のi番目の値に、ボールのi番目のインスタンスを設定しています。初期値はボールクラスのコンストラクタに設定した値を初期値としています。終了条件にイコールを含めていない「i < ballCount」ので、ballCountは含まれません

⓬	`for (int i = 0; i < ballCount; i++)`
	`{`
	`    balls[i].PutCircle(new Random().`
	`Next(mainPictureBox.Width),`
	`        new Random().`
	`Next(mainPictureBox.Height));`
	`}`
		ボールのインスタンスが5個できたのであとは、その5個をどこに配置するかをきめるだけですね。こちらもランダム関数を利用します。Next(mainPictureBox.Width)の処理で、Y座標は、mainPictureBox の幅の範囲内で設定しています。Next(mainPictureBox.Height)の処理で、X座標は、mainPictureBox の高さの範囲内で設定しています

⓭	`FormBallGame_Load( sender,  e);`	［再スタート］ボタンをクリックしたときの処理は、今回はFormBallGame_Load()とまったく同じなので、そのままFormBallGame_Load()を呼びました。本来は、イベントハンドラーは目的が異なるので、内部の処理はサブルーチン化する方が良いです

⓮	`for (int i = 0; i < ballCount; i++)`
	`{`
	`    balls[i].Move();`
	`}`
		元々のballs.Move()を配列の要素の数だけ、異なったインスタンスのMove()メソッドを呼ぶ処理に変更します。余計な情報がないのでこの処理が一番変化がわかりやすいかと思います

⓯	`for (int i = 0; i < ballCount; i++)`
	`{`
	`    g.FillEllipse(ballColor[i], i *`
	`height, 0, height, height);`
	`}`
		上部の判定に使う円も、忘れずに5個分に増やします。forループ文の変数の変化を利用してボールを描いています。ボールの幅と高さが同じheightで、描く位置のX座標がheightの倍数になっています。そのように描くことで、X座標の方向に綺麗に並んで表示されます。後ほど図で詳しく説明します

上級編 Chapter 7

⓯の上部の円の描画に関して、ループをうまく使って計算で円を並べて描く処理のイメージは、次の通りです。

1回目の値は、i= 0; なので、結果として、(0,0)の位置 を起点として、
height × height の大きさで円を書きます。背景色は、ballColor[0]です。

```
g.FillEllipse(ballColor[0], 0 * height, 0, height, height);
```

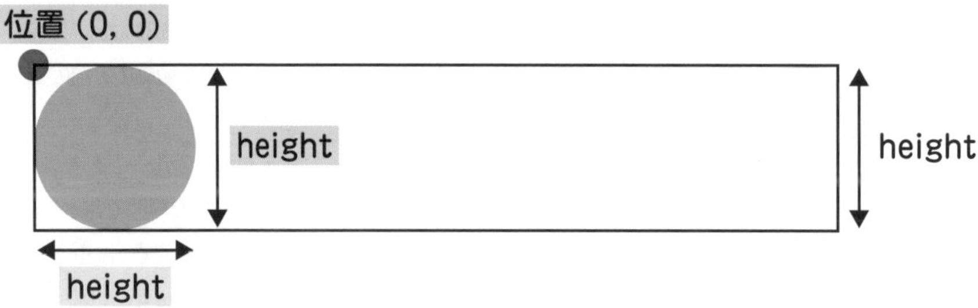

図7-23：1回目の値

2回目の値は、i= 1; なので、結果として、(height,0)の位置 を起点として、
height × height の大きさで円を書きます。背景色は、ballColor[1]です。

```
g.FillEllipse(ballColor[1], 1 * height, 0, height, height);
```

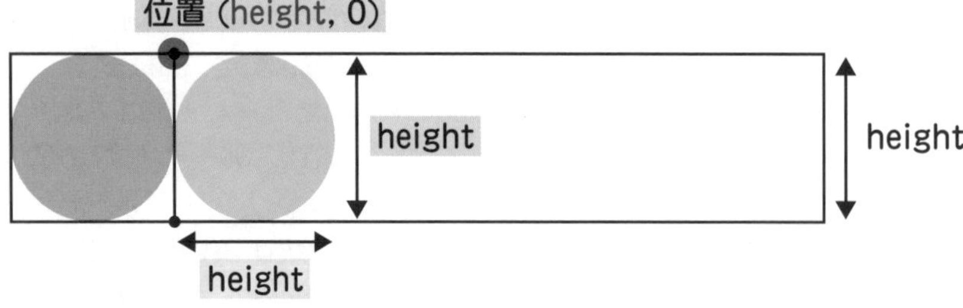

図7-24：2回目の値

5回目の値は、i= 4; なので、結果として、(4 * height,0)の位置 を起点として、height × height の大きさで円を書きます。背景色は、ballColor[4]です。

```
g.FillEllipse(ballColor[4], 4 * height, 0, height, height);
```

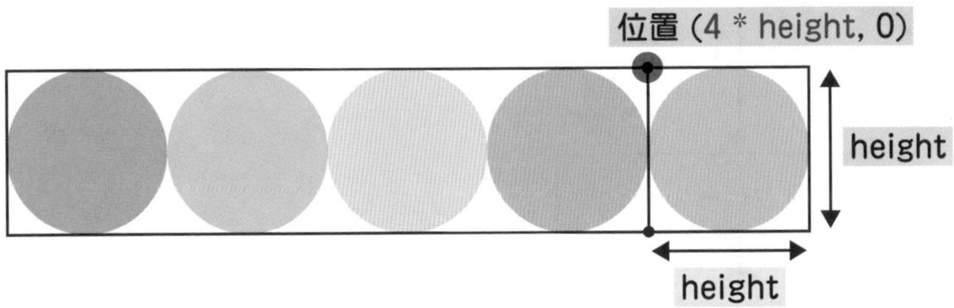

図7.25：5回目の値

ここまでの実装が気になりますね。動かしてみましょう。ボールが5つに増えていることが確認できます。[再スタート] ボタンも動作しますね。

最後に、判定処理の実装を行いましょう。

上のPictureBox内部のボールをクリックしたときに、そのクリックしたボールが正解と同じ色であれば正解の処理、間違っていればペナルティーの処理を行います。ポイントは正解の判定ですが、実はそれほど難しくはありません。

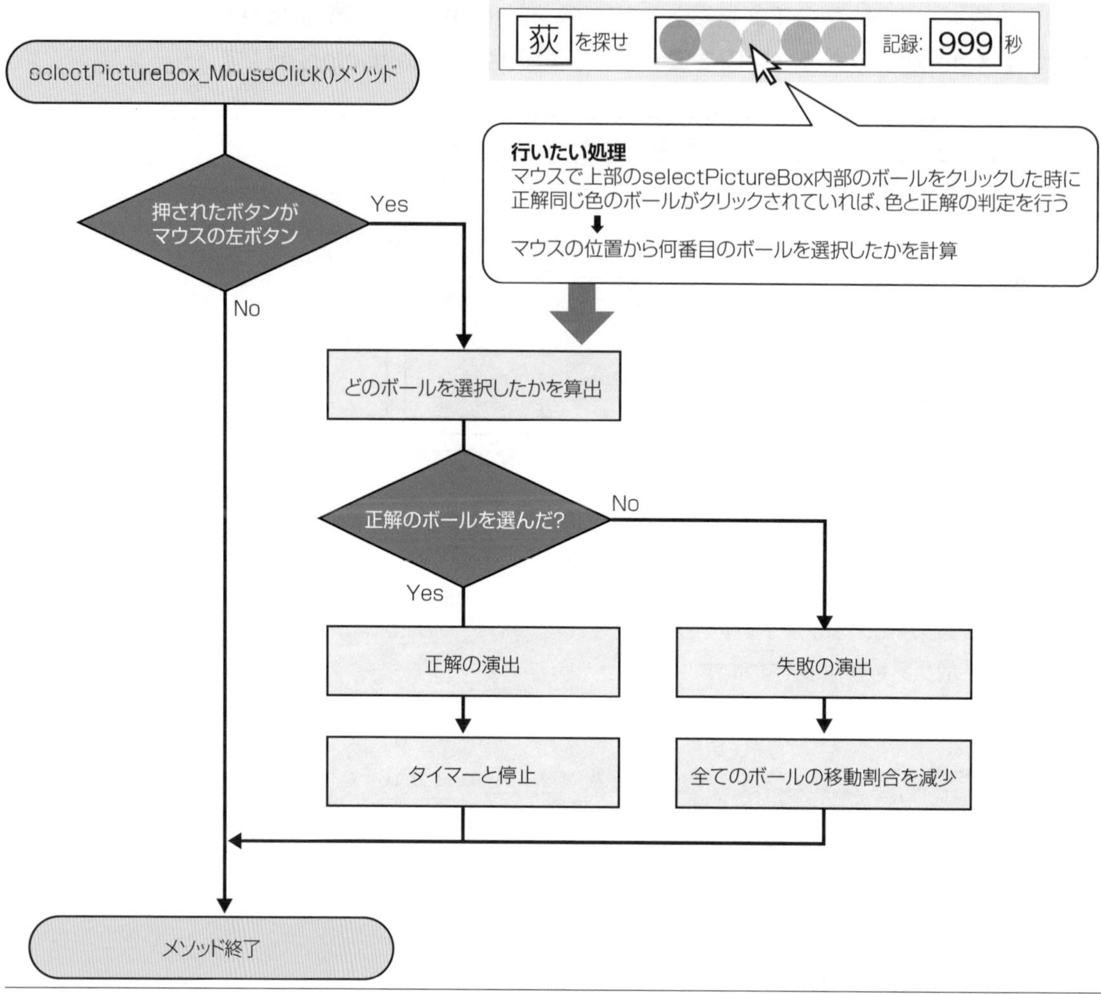

図7-26：正解の判定のフローチャート

List 7 サンプルコード（判定処理の実装：Form1.cs）

```
// 上のピクチャーボックスが押された時、呼ばれるイベントハンドラー
private void selectPictureBox_MouseClick(object sender, MouseEventArgs e)
{
  // 押されたx座標で正解判定
  //<判定> 押されたボタンがマウスの左ボタン？
  if (e.Button == MouseButtons.Left)
  {
    // どの円を選択したかを計算で算出（クリックしたx座標の位置/PictureBoxの横幅）
❶  int selectCircle = e.X / selectPictureBox.Height;
```

```
❷if (randomResult == selectCircle) // 正解の円を選んだ
    {
❸     timer1.Stop();
      DrawMainPictureBox(Brushes.Red, "○");   // 正解
    }
    else // 失敗
    {
      // 移動の割合を減少させる
      for (int i = 0; i < ballCount; i++)
      {
❹       balls[i].Pitch -= balls[i].Pitch / 2; // 移動の割合を半分にする
      }
      nowTime = nowTime + 10; // ペナルティー
❺     DrawMainPictureBox(Brushes.Red, correctText);   // 赤で正解の文字を背景に強調
    }
  }
}
```

表7-21：List13のコード解説

No.	コード	説明
❶	int selectCircle = e.X / selectPictureBox.Height;	上のselectPicrureBoxをマウスでクリックしたときの横の位置（X座標）から、どのボールを選択したかを計算で算出します。円なので1つのボールの高さ（Height）と幅が同じです。「マウスの位置がボール何個分なのか」という単純な割り算で判定できます。詳しくは、次ページで解説します
❷	if (randomResult == selectCircle)	ランダムで正解に設定した値randomResultと、先ほど計算で算出した選択したボールの番号が一致していれば、正解のボールが選ばれたことになります
❸	timer1.Stop(); DrawMainPictureBox(Brushes.Red, "○");	正解した場合の一連の処理です。時間計測を止めます。赤い色で正解を示す円を背景に描きます
❹	balls[i].Pitch -= balls[i].Pitch / 2;	Ballクラスのボールの移動の割合（pitch）が公開されているので、直接書き換えます。今の速度の半分になるようにしています
❺	DrawMainPictureBox(Brushes.Red, correctText);	不正解の場合の処理です。背景を赤で塗った、正解の文字を表示します

❶の「int selectCircle = e.X / selectPictureBox.Height;」の考え方を図にしてみます。

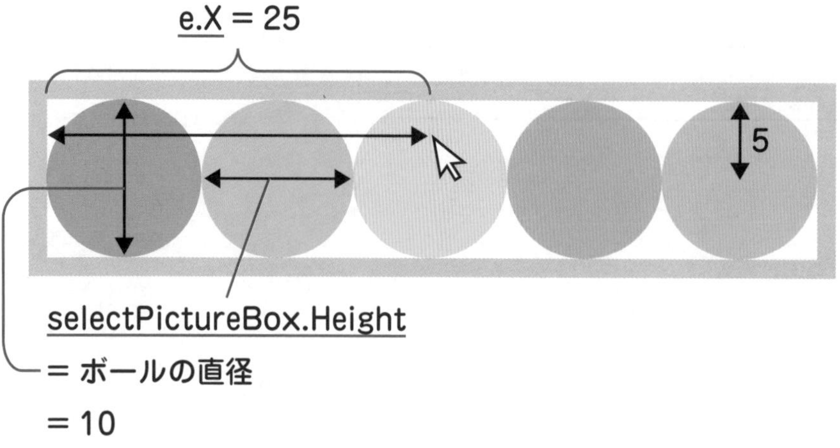

図7-27：ボールの判定の考え方

①まず、計算しやすいように、ボールの半径を5とします。
②ボールの半径が5の場合、直径は「5×2=10」ですね。
③ボール1つの横幅も10です。
④マウスのX座標が25の場合、図を見て、3個目のボールだと雰囲気でわかりますね。
⑤実際に計算してみると、「selectCircle = e.X / selectPictureBox.Height」→「25/10」→「2」となります（int型の計算結果であるため）。
⑥C#の配列の要素（[ ] の中の数字）は、先頭が0から始まります→selectCircleは2という値ですが、0,1,2の順で3番目ということになります。

●手順⑧ 動かしてみる

ツールバーの［▶ MoveCircle］ボタンをクリックして、「間違いボール探しゲーム」アプリケーションを実際に動かしてみましょう。正しい動作をしているかどうかを確認するには、手順①で書いた特徴の通りに動いているかをチェックするとよいですね。

以下の表7-22にチェック項目を挙げますので、同じようにチェックしてみてください。

表7-22：「間違いボール探しゲーム」のチェック項目

No.	「間違いボール探しゲーム」の特徴	実行したときの画面	コメント	チェック結果
❶	開始するとランダムにボールが飛び交っている		・ボールが5個・あまり重なっておらずランダムな位置にある ・いきなりボールがうごきまわっている ・タイマーもカウントされている	OK?
❷	壁に当たると跳ね返る		ボールの動きを見ると壁で跳ね返っている	OK?
❸	発見するまでの秒数がカウントされる	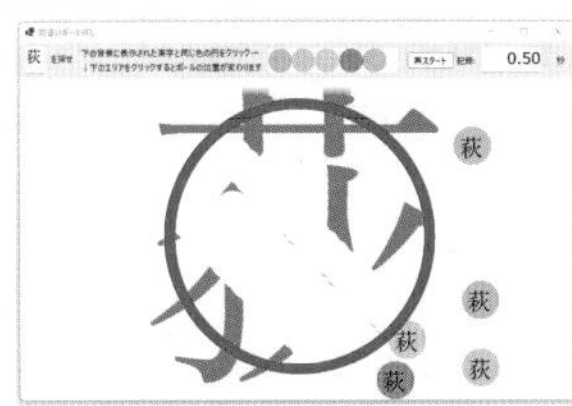	タイマーがカウントされている	OK?
❹	正解の文字の場所がランダムに表示されている	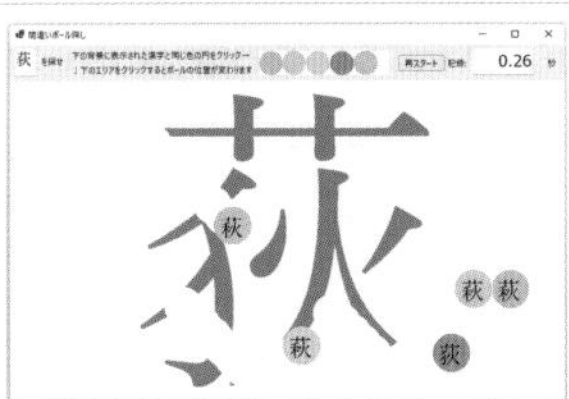	・何度か実行して確認 ・正解の文字の色が毎回異なっている ・ボールの開始位置が毎回異なっている	OK?
❺	飛び交うボールの色と同じ色のボールが画面上部に配置されている		画面上部のボールの色と画面下部のボールの色が同じ	OK?
❻	画面下部の間違った色と同じ色の画面上部のボールをクリックすると、ボールの移動速度が遅くなる	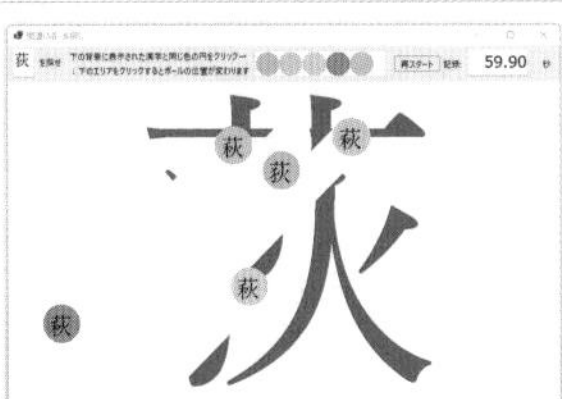	・間違うと背景に赤字で正解の文字が表示される ・画面下部の移動しているボールの移動速度がすべて遅くなる ・5つのボールの移動速度は体感的に同じ ・連続して何度も間違えてもボールは止まらない	OK?

❼	間違ったボールをクリックすると10秒加算される		・タイマーの動作に着目し、画面上部の間違った色のボールをクリック ・感覚的にタイマーの値が10増えている	OK?

いかがでしたでしょうか？ Windowsフォームで図形を描写したり、その図形を動かすことができましたね。

ここまでできるようになってくると、いろいろ改良してみたくなると思います。どんどん改良してみてください。

練習1

正解の文字を「崎」、間違いの文字を「﨑」（右上が「大」ではなく、「立」になっています）にしてみてください（もう一人の作者の宮崎さんにちなんでいます）。

練習2

ボールを7つに増やしてみてください。Form1.csのballCountを7に変更するだけですと、うまく動作しません。ヒントは、ボールの色を追加すること、画面上部のPictureBoxコントロールの横幅をボール2個分拡張することです。

練習3

Graphics ClassをMicrosoftの公式のリファレンス（https://docs.microsoft.com/ja-jp/dotnet/api/system.drawing.graphics?view=dotnet-plat-ext-6.0）で調べたりして、円以外の図形でも試してみてください。まだまだ余裕のある方は、色違いの魚の絵を取り込んでも面白いですね。

まとめ

- **クラスをうまく使うと、コード量が少なくなる。似ているけど、少し違うといった変更が容易にできるようになる。**

4 復習ドリル

3つの応用編のアプリケーションを作ったChapter7の理解を深めるためにドリルを用意しました。

●ドリルにチャレンジ

以下の1～16までの空白部分を埋めてください。

1 誰でも無償で利用できるソフトウェアのことを［　　　　］という。

2 Visual StudioにOSSを取り入れることができるツールの名前を［　　　　］という。

3 カンマ区切りのデータのことを［　　　　］という。

4 Excel表のようにデータを表形式で表示できるコントロールは、［　　　　］コントロールを使う。

5 次のコードは、Csvライブラリを利用してカラムのデータを設定している処理です。コメントを参考にしてコードを完成させてください。

```
foreach (ICsvLine line in CsvReader.ReadFromText(csv))
{
    // 1行分のデータのヘッダの情報を取り出す
    foreach (var item in [        ])
    {
        dataTable.Columns.Add([        ]);  // 内部のテーブルのカラムに設定
    }
    break; // 2列目以降のデータもカラム名は同じなのでcsvの読み込みを終了
}
```

6 次のコードは、Csvライブラリを利用して、読み込んだcsvのデータを内部のテーブルに割り当てる設定している処理です。コメントを参考にしてコードを完成させてください。

```
// 読み込んだcsvのデータを、内部のテーブルに割り当てる
// もう一度csv から1行取得し、結果をline変数に入れる
foreach (ICsvLine line in CsvReader.ReadFromText(csv))
{
    dataTable.Rows.Add([        ]);     // 1レコード分まとめて設定
```

```
}
dataGridViewCsv.DataSource = [          ];  // 表示用のDataGridViewに内部のテーブルを割り当て
```

7 アプリからSlackに投稿を行う場合には、[   ]の設定が必要になる。

8 Webなど、外部で処理を行った結果を共有する仕組みを[   ]という。

9 .NETでグラフィックを表現したいときは、[   ]コントロールを使う。

10 次のコードは、selectPictureBoxという名前のPictureBoxコントロールに円を描くサンプルコードです。コメントを参考にコードを埋めてください。

```
var height = selectPictureBox.[          ];                    // 高さをselectPictureBoxから取得
var width = selectPictureBox.[          ];                     // 幅をselectPictureBoxから取得
var selectCanvas = new [          ](width, height);            // 幅×高さでキャンバス作成
using var g = [          ].FromImage(selectCanvas);            // キャンバスに絵を描く準備
g.[          ](Brushes.LightBlue,                              // 円を描きます。薄い青で
    0, 0, height, height);                                     // (0,0)の位置に高さ：height，幅：height
selectPictureBox.Image = [          ];                         // キャンバスに描いた絵をImageに設定
```

11 次のコードを普通のif文で書き換えてください。

```
canvas ??= new Bitmap(mainPictureBox.Width, mainPictureBox.Height);
```

■普通のif文

```
if ( [          ] ) {
    canvas = new Bitmap(mainPictureBox.Width, mainPictureBox.Height);
}
```

12 次の構文の変数 g がメソッドを抜けたタイミングで解放する処理を書いてください。

```
[          ] var g = Graphics.FromImage(canvas);
```

13 次の構文をprevious.X、previous.Yに分解した各々のif文で書き換えてください。

```
previous = (previous == new Point(0, 0)) ? position : previous;
```

■書き換え後

```
if([          ])
{
    previous.X = position.X;
}
```

```
else
{
    previous.X = previous.X;
}
if ([        ])
{
    previous.Y = position.Y;
}
else
{
    previous.Y = previous.Y;
}
```

14 次のコードは Ball クラスを定義したコードです。コメントに従い処理を完成させてください。

```
private [        ] balls;  // 配列として複数のボールを管理
balls = new [        ];     // ballsをballCount分配列として用意
```

15 次のコードは、Ballクラスのインスタンスの配列 ballsのMove()メソッドを ballCount個分呼ぶ処理です。処理を完成させてください。

```
// ballCount分ループしてMove()を実行
for ([        ])
{
    balls[i].Move();
}
```

16 次のコードは、ボールの色をBrushクラスを使って5個分配列で初期化するコードです。空白を埋めてコードを完成させてください。

```
private Brush[] ballColor = [        ]      // ボールの色、5個分配列で定義
                            {
                                Brushes.LightPink,      // 薄いピンク
                                Brushes.LightBlue,      // 薄い青
                                Brushes.LightGray,      // 薄い灰色
                                Brushes.LightCoral,     // 薄い珊瑚色
                                Brushes.LightGreen      // 薄い緑
                            };
```

上級編 Chapter 7

復習ドリルの答え

1 OSS (open-source software)
2 NuGet
3 CSV
4 DataGridView
5 順に、line.Headers、item
6 順に、line.Values、dataTable
7 Incoming Webhook
8 API (Application Programming Interface)
9 PictureBox
10 順に、Height、Width、Bitmap、Graphics、FillEllipse、selectCanvas
11 canvas == null
12 using
13 順に、previous.X == 0、previous.Y == 0
14 順に、Ball[]、Ball[ballCount]
15 int i = 0; i < ballCount; i++
16 new[]

アプリケーションの
作成の流れはわかっ
たかな？

Chapter 8

最後に

ここまでプログラミングをされてきて、いかがでしたか？アプリケーション作成の流れについて、何となく理解いただけたのではないかと思います。この後は、みなさんの考えたアプリケーションを作成してみてください。

そして、これからC#でプログラミングをするにあたってわからないことがあった場合、どのようにすればよいか？という考え方を紹介します。C#でのプログラミングを楽しんでくださいね！

このChapterの目標

- ✔ ヘルプの使い方を理解する。
- ✔ Microsoft社のサイトを活用する方法を知る。
- ✔ Microsoft社提供のフォーラムを活用する方法を知る。
- ✔ コミュニティを活用する方法を知る。
- ✔ 次のステップに進む考え方を学ぶ。

もし、わからないことがあった場合は？

ここではアプリケーションを作成していく過程で、わからないことが発生した場合や、さらに学習を進めるための参考情報を記載します。

●ヘルプを活用する

わからないことが出てきた場合には、まずは**ヘルプ**を活用してください。

昔はヘルプの内容が少なかったため、よくわからないということも多々ありましたが、.NET 6.0では、ヘルプがかなり充実し、サンプルコードなども多く載っています。

1 調べたい部分をクリックする

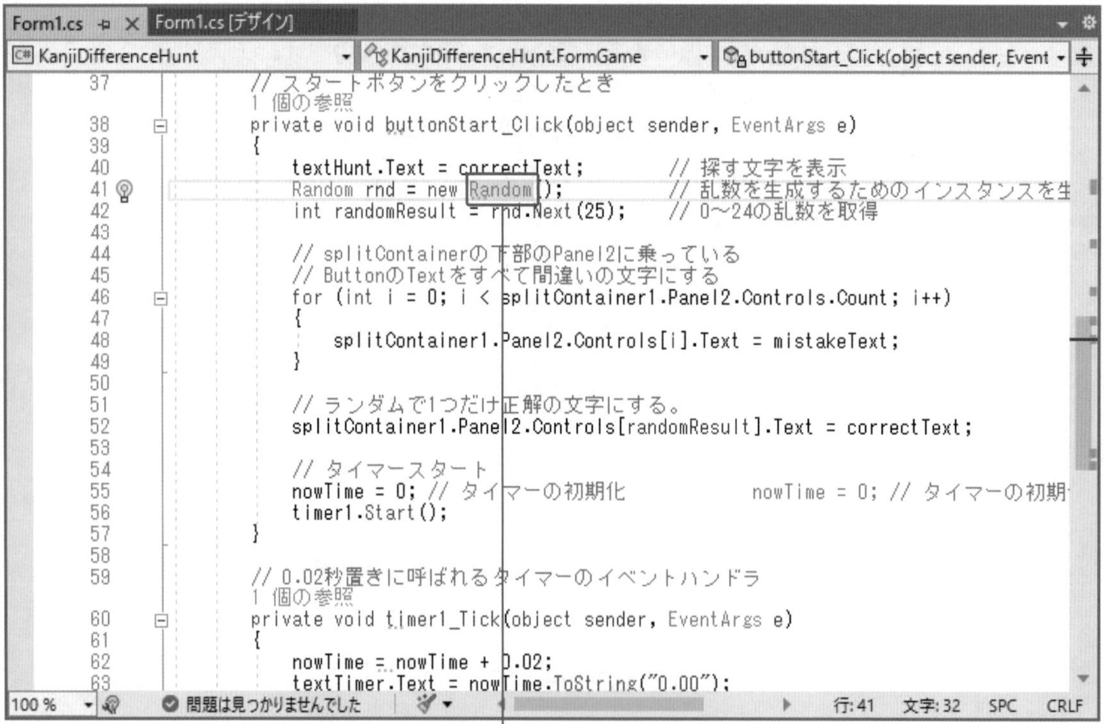

Form1.cs　Form1.cs [デザイン]

KanjiDifferenceHunt　KanjiDifferenceHunt.FormGame　buttonStart_Click(object sender, Event

```
// スタートボタンをクリックしたとき
1 個の参照
private void buttonStart_Click(object sender, EventArgs e)
{
    textHunt.Text = correctText;          // 探す文字を表示
    Random rnd = new Random();            // 乱数を生成するためのインスタンスを生
    int randomResult = rnd.Next(25);      // 0～24の乱数を取得

    // splitContainerの下部のPanel2に乗っている
    // ButtonのTextをすべて間違いの文字にする
    for (int i = 0; i < splitContainer1.Panel2.Controls.Count; i++)
    {
        splitContainer1.Panel2.Controls[i].Text = mistakeText;
    }

    // ランダムで1つだけ正解の文字にする。
    splitContainer1.Panel2.Controls[randomResult].Text = correctText;

    // タイマースタート
    nowTime = 0; // タイマーの初期化          nowTime = 0; // タイマーの初期
    timer1.Start();
}

// 0.02秒置きに呼ばれるタイマーのイベントハンドラ
1 個の参照
private void timer1_Tick(object sender, EventArgs e)
{
    nowTime = nowTime + 0.02;
    textTimer.Text = nowTime.ToString("0.00");
```

100 %　問題は見つかりませんでした　行: 41　文字: 32　SPC　CRLF

コードを表示して、調べたい部分をクリックし、カーソルが点滅している状態で、[F1] キーを押します

2 Webブラウザーが起動する

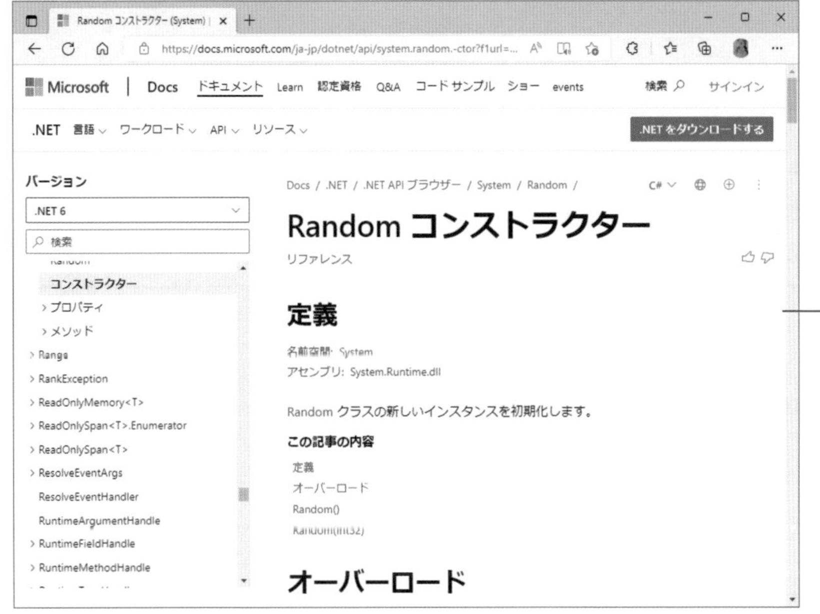

Webブラウザーが起動し、調べたい内容の解説ページが表示されます（この例では、Ramdomについて調べています）

また、インターネット上の検索サイトを利用する方法もあります。

▼.NET API ブラウザー

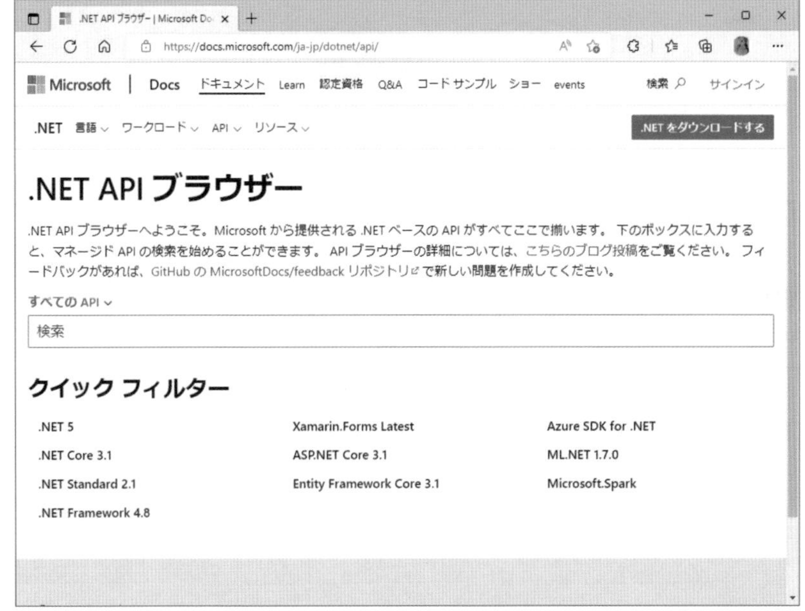

▼URL

```
https://docs.microsoft.com/ja-jp/dotnet/api/
```

例えば、Googleを利用して、DateGridViewコントロールを検索する場合には、下記のように検索することにより、.NET APIブラウザーの中からのみ検索することが可能となります（□は半角スペースです）。この検索方法は、Yahoo!やBing等一般的な検索サイトで使用可能です。

```
DataGridView□site:docs.microsoft.com/ja-jp/dotnet/api/
```

Tips 検索した結果の.NETのバージョンに注意

例えば、「DataGridView site:docs.microsoft.com/ja-jp/dotnet/api/」というキーワードで検索した場合、基本的には最新バージョンのドキュメントがヒットするようです。

最新バージョンでは実装されていても、過去のバージョンで実装されていない場合など、過去のバージョンのドキュメントを参照する場合には、画面上からバージョンを選択することで参照可能です。

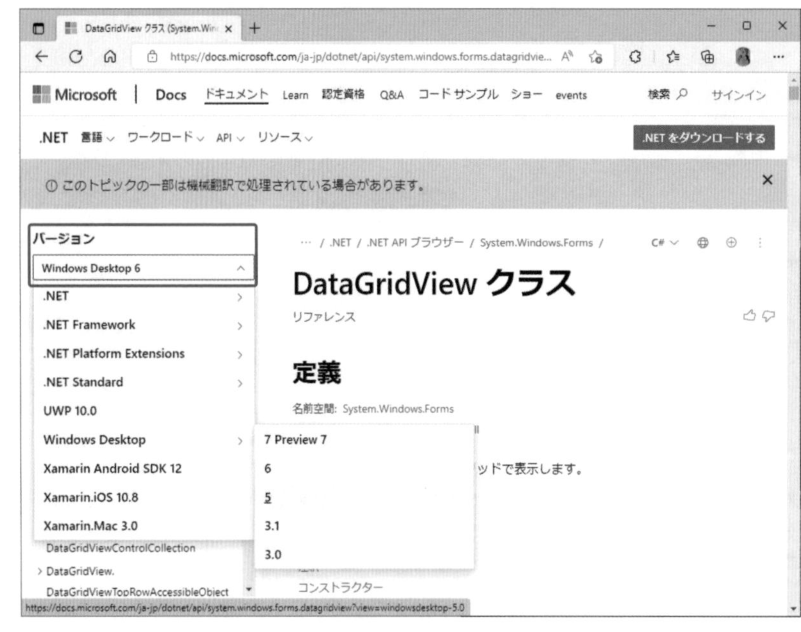

Microsoft社のサイトを活用する

Microsoft開発者ページなど、Microsoft社のサイトにも様々な情報が掲載されています。こういう情報を活用することで、わからない点を解決できたり、新たな知識を身に付けたりできます。

▼Microsoft Developer

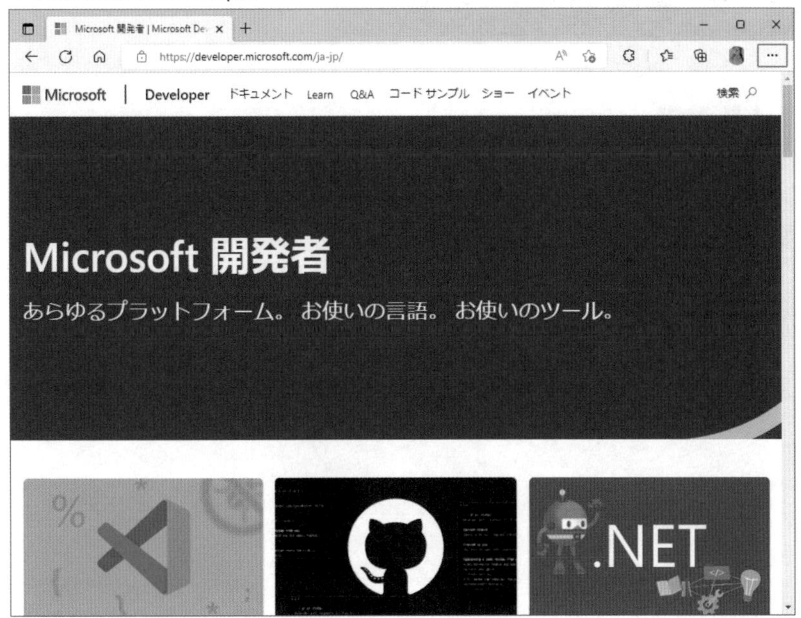

▼URL

https://developer.microsoft.com/ja-jp/

また、無償のセミナーの開催も行われています。ぜひ活用して、さらなる学習の手助けにしてみてはいかがでしょうか？

Microsoft社提供のフォーラムを活用する

疑問点の解決は、まずはヘルプやライブラリを探してみることが基本となりますが、探しても見つからないことについては、ほかの開発者に聞いてみましょう。**MSDNフォーラム**という形で、Microsoft社が掲示板を用意してくれています。

こちらには多くの開発者が集まっているので、質問をしてみるのもいいでしょう。ただし、掲示板で回答をくれる人も、ボランティアで参加しています。このため、回答を強要したり、回答を急かしたりしないようにすることがマナーです。

また、回答されやすい質問の仕方もあるので、ほかの人の質問などを見て、どう質問するのがよいのかを参考にしてみるとよいでしょう。

▼MSDNフォーラム

▼URL

https://social.msdn.microsoft.com/Forums/ja-JP/home

●コミュニティを活用する

ここまでは、Microsoft社が提供している情報でしたが、このほかにもインターネット上には多くの情報があります。いろいろな技術情報の提供や勉強会など、ぜひ活用してみてください。

今はオンラインの勉強会が多いですが、今後オフラインの勉強会が増えてくると、懇親会も増えてくると思います（人によっては懇親会がメイン？）。こういった場で、質問に回答してくれた人にお礼を言うなどして、知り合いの輪を広げるのもよいですね。

●勉強会

勉強会は、下記のような募集を行うWebサイトがありますので、検索してみるとよいでしょう。

▼connpass - エンジニアをつなぐIT勉強会支援プラットフォーム

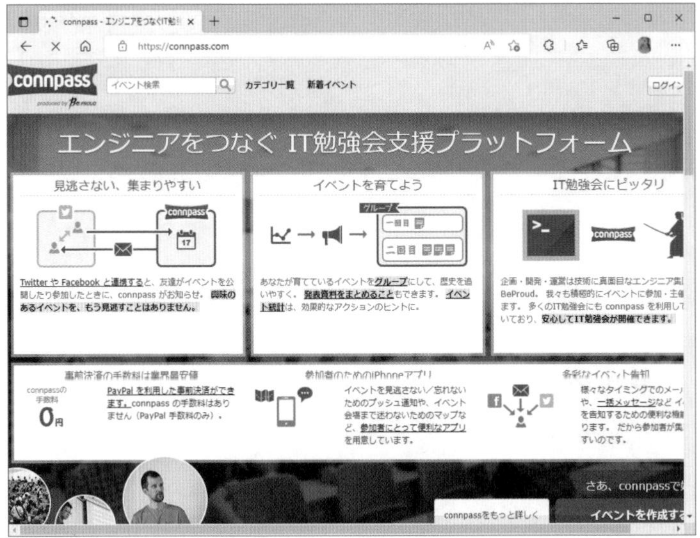

▼URL

```
https://connpass.com/
```

●技術情報

技術情報は、GoogleやBingなどで検索するのもよいですが、下記のような技術情報を集めたサイトがありますので、「C#」で検索したり、定期的に見に行くことで、新しい情報に巡り合えるかもしれません。

▼Qiita

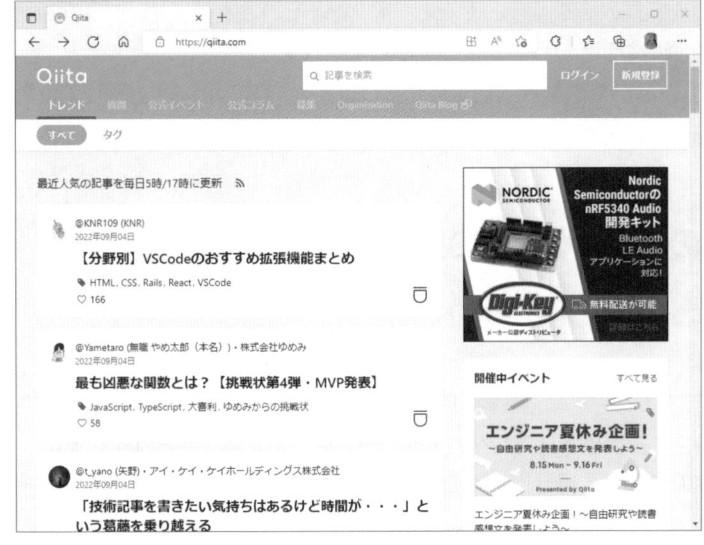

▼URL

```
https://qiita.com/
```

▼Zenn｜エンジニアのための情報共有コミュニティ

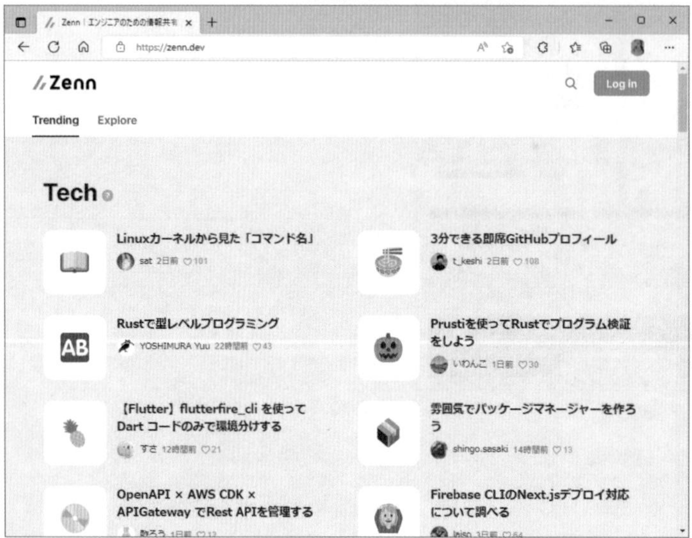

▼URL

```
https://zenn.dev/
```

このほか、Twitterやfacebookなどで情報発信している方もおられますので、気になるアカウントをフォローしておくといいですね。

料理でも音楽でも、まず最初は、うまい人の真似をすることで、少しずつ覚えていきます。プログラムも同じで、いろんな人のコードを見ることで勉強になり、いろいろなことが覚えられます。

Visual C#には、まだ本書では解説していない文法などがたくさんありますが、「楽しいな」と感じていただければ、あれこれ調べて、どんどんいろんなことが覚えられると思います。

●次のステップへ（著者のオススメ本の紹介）

著者が新人クンの講師をしているときに、よく聞かれる質問に以下の2つがあります。

質問１

本書『作って覚えるVisual C# 2022　デスクトップアプリ超入門』を読んだ後、もう少しC#の勉強をしたいのですが、たくさんの本の中から、自分に合った本を選ぶコツはありますか？

あくまで著者の経験に基づくものですが、自分に合った本を選ぶコツはあります。

ループ文など、同じテーマに絞って複数の本を読む比べるとよいでしょう。その中で「解説がわかりやすい」「納得できる」という本が見つかると思います。

本書では、文法についてあまり体系的にはふれていませんでしたが、以下のキーワードが重要です。

①制御文
②配列
③クラス、インターフェイス、継承、構造体
④ジェネリック
⑤コレクション
⑥LINQ
⑦例外

質問2

どのような本を読むとよいですか？　オススメはありますか？

実際にはプログラム経験やレベルによってオススメしたい本が異なるので、独断でまとめてみました。以下がその表になります。

●ほかの言語の経験あり

表8-1：ほかの言語の経験ありの方への推薦本

推薦本の名前	書影	著者	出版社	発売日	推薦理由
C#で入門 はじめてのプログラミング　基礎からオブジェクト指向まで		飯塚泰樹、大森康朝、松本哲志、木村功、大西建輔	森北出版	2021/9/7	C#の基本的な文法がわかりやすい絵と共に解説されています。筆者の方は大学の教授の方。初心者が分からないところが詳しく解説されています
確かな力が身につくC#「超」入門 第2版		北村愛実	SBクリエイティブ	2020/7/7	macOSでC#の解説がある唯一の本。プログラミング初心者向けです。ゲームのようなアプリを作りながらC#が学べます

●C#を1年以上経験

表8-2：C#を1年以上経験された方への推薦本

推薦本の名前	書影	著者	出版社	発売日	推薦理由
現場ですぐに使える! Visual C# 2022逆引き大全 500の極意		増田智明	秀和システム	2022/6/29	実際にアプリケーションを作成しているときに、こんな機能をつくりたいが、C#ではどうやって書くのか？といったことが載っている、やりたいことからコードを調べることができる逆引き本。「ネットで調べれば不要では？」と思いがちですが、調べた周辺の方法も網羅されているので、調べた周りからC＃を学ぶことができます
基礎からしっかり学ぶC#の教科書 第3版 C# 10対応		WINGSプロジェクト 高江賢	日経BP	2022/3/3	C#の文法が網羅されているので、インプットに良いかと思います。Visual Studioでクラスをどうやって作るか？といった解説はないので、ある程度、慣れた人が新しい知識をインプットするのに向いています
Visual C# 2022パーフェクトマスター		金城俊哉	秀和システム	2021/11/26	文法だけを解説している入門書とは異なり、C＃でできることが広範囲に網羅されています。Windows Form、DBとの接続、Webアプリケーション等、タイトルの通りC#でできることがカラーで解説してあります

●C#を極めたい！

表8-3：C#を極めたい方への推薦本

推薦本の名前	書影	著者	出版社	発売日	推薦理由
C#コードレシピ集		出井秀行	技術評論社	2021/8/14	C#で仕事をしていて、より良い書き方はあるのかな？と突き詰めたい方向け。他人のコードから良い書き方が学べる。ある程度、C#を知っている人がより上のステップに向かう上級者向け
独習C# 第5版		山田祥寛	翔泳社	2022/7/1	C#の文法を極めたい人向け。最新のC# 10.0のコードの解説も詳しく丁寧に書かれているので、すでにC#を数年使っている人が最新の書き方を整理して学ぶのに適しています
プログラミングC# 第8版		Ian Griffiths	オライリージャパン	2021/6/22	既にC#を使いこなしている人がC# 8.0を学ぶための本。ある意味この本を読んで理解できるようになれば一人前といえる。翻訳本のため、日本語ネイティブではない人にとっては日本語が難しく感じるらしいです
.NET 6プログラミング入門		増田智明	日経BP	2022/5/12	.NET Frameworkをすでに利用していた人が、新しくできた.NET 6でどんなことができるのか？を網羅的にインプットできる本
Unityの教科書 Unity 2022完全対応版		北村愛実	SBクリエイティブ	2022/6/29	C#で2Dや3Dのゲームを作りたい人向け。2Dや3Dが簡単に作れるライブラリがメインで、その動作必要なC#の部分がわかりやすく学べる。絵もかわいいので読みやすく、初心者にも理解しやすい

●あとがきにかえて

最後まで読んでいただき、ありがとうございました。いかがでしたでしょうか。Visual Studio Community 2022に慣れていただけましたでしょうか？

本書は、はじめてプログラムに挑戦する方や、統合開発環境のVisual Studio Community 2022をはじめて触る方を対象にしているので、特に「楽しむ」ということを意識しながら執筆しました。何より「楽しい」と感じてもらうことで、自然とプログラミングの方法を覚えていただけると思っております。

まだちょっと「自信がない」と思われる方は、Chapter3以降のアプリケーションを何度か作成してみてください。設計図だけ見て、後のコードは自分だけで書けるようになると、さらに面白くなってくると思います。

また、ツールボックスにあるコントロールを少し変えてみると、いろんな発見があって面白いものです。例えば、TextBoxコントロールを別のコントロールに変えてみたりすると、勉強になります。

Chapter4で作成した「今日の占い」アプリケーションだと、ボタンのイラストを描いて、Buttonコントロールの Imageプロパティで設定すれば、カラフルなオリジナルのボタンにすることもできますね。

このように自分で考えて、アプリケーションにいろいろと改良を加えると、プログラミングはますます面白くなってきます。

Chapter4～Chapter7のアプリケーションの説明では、頭の中で考えていく過程を追って解説しました。人によって違いが出てくる部分ですが、自分でプログラミングする際には参考にしてください。

これらのアプリケーションには簡単な機能しかありませんので、ぜひ楽しみながら、自分で改良してオリジナルのアプリケーションを作成してみてください。ブログなどで発表していただくのも面白いですね！

索引

O

P

R

S

T

お

か

き

く

け

こ

さ

INDEX

し

す

せ

そ

た

ち

つ

て

と

な

ぬ

ね

は

ひ

ふ

へ

ほ

ま

● 著者略歴

荻原 裕之（おぎわら ひろゆき）

1968年生まれ。京都コンピュータ学院・情報科学科卒。学生時代にBASIC、QuickBasicを使ってプログラムを行ったことが切っ掛けとなり、プログラマーの道へ進む。1992年、日立ソフトウェアエンジニアリング株式会社に入社。会社独自のプログラム言語の開発に携わる。その後は、C++、VBなどの開発を得て、2000年から40件以上の.NETアプリケーションの開発のほか、.NETの教育、開発標準化、開発支援、.NETよろず相談等に携わる。2006年、米国Microsoftと米国Accentureの合弁会社であるAvanade.Incの日本法人、アバナード株式会社に入社。Microsoft系テクノロジーのITコンサルタントとして.NET案件の開発支援などを100件以上行った経験を持つ。その中で新入社員への教育も担当し、「作って覚える」シリーズのテキストを用いてC#のトレーニングも行っている。趣味は、カラオケ、卓球、フットサル、スキー、テニス、開発関連の本の読書。最近は電子書籍がお気に入り。コロナ禍で運動系の趣味が実施できていないのが気になるところ。

宮崎 昭世（みやざき あきよ）

1971年生まれ。ハンドル名は「こぐま」。金沢工業大学・工学部電子工学科卒。1994年、日立ソフトウェアエンジニアリング株式会社に入社。その後、日立グループ内の会社統合などを経て、現在は株式会社 日立製作所に所属。まだドラッグ＆ドロップで画面のデザインができない頃のWindowsアプリケーションやC言語で作っていた初期のWebアプリケーションの時代からプログラミングを始める。その後、VB5やVB6、ASPなどの開発を経て、.NETの教育、開発標準化、開発支援などに従事。現在はMicrosoft社の技術全般に関する開発支援などに従事する。REMIX TokyoやXMLコンソーシアム等での講演も行う。趣味は、スキー、弓道だが、育児に追われお休み中……。

● special thanks

木工房ゆうむ

https://www.creema.jp/creator/1122775
https://minne.com/@koubouu-m
https://www.iichi.com/shop/mokkoubouU-m

※本書の内容につきまして、木工房ゆうむに
お問い合わせいただくことは御遠慮ください。

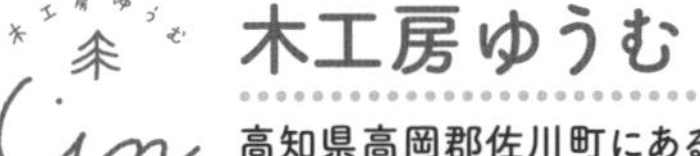

木工房ゆうむ

高知県高岡郡佐川町にある、山と森に囲まれた工房です。無垢の木にこだわり、ひとつひとつていねいに手作りしています。使い捨てではなく、使うほどに愛着の持てる生活雑貨。お子様も大人も笑顔になれる夢いっぱいのオモチャ。毎日の暮らしが楽しくなるような作品を目指しています。
下記ネットショップからご購入頂くことが可能です。

● Creema（クリーマ）
https://www.creema.jp/creator/1122775
● Minne（ミンネ）
https://minne.com/@koubouu-m
● iichi（いいち）
https://www.iichi.com/shop/mokkoubouU-m

作って覚える
Visual C# 2022
デスクトップアプリ超入門

発行日	2022年 12月 3日	第1版第1刷
	2024年 5月 21日	第1版第2刷

著　者　荻原　裕之／宮崎　昭世

発行者　斉藤　和邦
発行所　株式会社　秀和システム
〒135-0016
東京都江東区東陽2-4-2　新宮ビル2F
Tel 03-6264-3105（販売）Fax 03-6264-3094
印刷所　株式会社シナノ　Printed in Japan

ISBN978-4-7980-6833-6 C3055

定価はカバーに表示してあります。
乱丁本・落丁本はお取りかえいたします。
本書に関するご質問については、ご質問の内容と住所、氏名、電話番号を明記のうえ、当社編集部宛FAXまたは書面にてお送りください。お電話によるご質問は受け付けておりませんのであらかじめご了承ください。